체크업

이러닝 운영관리사 필기

기출문제 + 모의고사

이러닝지도사 이준희 편저

북스케치
합격을 스케치하다

학습문의 및 정오표 안내

저희 북스케치는 오류 없는 책을 만들기 위해 노력하고 있으나, 미처 발견하지 못한 잘못된 내용이 있을 수 있습니다. 학습하시다 문의 사항이 생기실 경우, 북스케치 이메일(booksk@booksk.co.kr)로 교재 이름, 페이지, 문의 내용 등을 보내주시면 확인 후 성실히 답변 드리도록 하겠습니다.

또한, 출간 후 발견되는 정오 사항은 북스케치 홈페이지(www.booksk.co.kr)의 도서정오표 게시판에 신속히 게재하도록 하겠습니다.

좋은 콘텐츠와 유용한 정보를 전하는 '간직하고 싶은 수험서'를 만들기 위해 늘 노력하겠습니다.

체크업
이러닝
운영관리사 필기
기출문제 + 모의고사

초판 발행	2023년 06월 30일
개정판 발행	2024년 04월 30일
편저자	이준희
펴낸곳	북스케치
출판등록	제2022-000047호
주소	경기도 파주시 광인사길 193 2층(문발동)
전화	070 - 4821 - 5514
팩스	0303 - 0955 - 3012
학습문의	booksk@booksk.co.kr
홈페이지	www.booksk.co.kr
ISBN	979 - 11 - 91870 - 97 - 8

머리말

이러닝은 대표적인 지식산업으로서, 비대면 교육 수요의 가속화로 인하여 국내뿐만 아니라, 전 세계적으로도 높은 성장세를 보이고 있습니다. 앞으로도 비대면 학습 기술과 콘텐츠 개발 등 이러닝에 대한 수요가 높은 상황이기 때문에, 산업 현장에서 이러닝의 도입은 더욱 확대될 전망입니다.

이러닝 관련 산업 현장의 수요에 따라 이러닝 인력 개발을 위해 2023년 산업통상자원부에서 이러닝운영관리사 국가자격시험을 신설하였습니다. 이로써, 이러닝 담당 업무를 하는 분들이 전문가로서 더욱 인정받고 성장할 수 있는 계기가 되었습니다.

본 교재의 학습 목표는 이러닝운영관리사 국가자격시험을 대비하여 각 출제과목의 이론을 공부하고, 이론과 관련된 예상 문제를 풀어봄으로써, 이러닝운영관리사로서 갖추어야 할 지식을 이해하고 점검하여, 시험에 합격할 수 있도록 안내하는 것입니다. 따라서, 시험 대비에 초점을 맞추고자 산업통상자원부에서 공지한 시험의 출제 범위와 기준을 파악하고, 이론적인 내용뿐만 아니라, 최신 이러닝 관련 법률과 최신 기술 내용에 대해 깊고 쉽게 접근할 수 있도록 심혈을 기울였습니다.

또한 온라인 강의를 통해 책의 내용을 쉽게 이해할 수 있도록 모든 파트의 강의 영상을 준비하였습니다. 온라인 강의에서는 핵심 부분을 집중적으로 다루어서, 시간을 쪼개어 가며 준비하시는 분들이 핵심 내용 이해에 필요한 학습 시간을 단축하실 수 있도록 하였습니다.

합격을 위해 3회 이상 본 도서를 숙지하고, 예상 문제 또한 3회 이상 풀어보시기를 바랍니다. 본 교재와 저자 직강 온라인 강의를 병행하며, 이러닝운영관리사 시험을 준비하시는 모든 분이 단기간에 합격의 영광을 누리시기를 바랍니다.

시험 대비뿐 아니라, 실무에서도 도움이 되는 이러닝 관련 LMS 화면 자료들도 다양하게 수록하여, 실제 이러닝 분야에서 근무하고자 준비하시는 분들에게도 많은 도움이 될 것이라고 예상합니다.

마지막으로 이 책의 출판과 강의를 위해 많은 도움을 주신 북스케치와 스터디채널, 맑은소프트 임직원 분들에게 진심으로 감사드립니다.

이러닝지도사 1급, 한국이러닝컨설팅 대표 **이준희**

이러닝운영관리사 소개

1. 시험 정보

(1) 이러닝운영관리사 개요

이러닝 운영관리사는 이러닝환경에서 효과적인 교수학습을 위하여 교육과정에 대한 운영계획을 수립하고, 학습자와 교·강사의 활동을 촉진하며, 학습콘텐츠 및 시스템의 운영을 지원하는 직무이다.

국가기술자격제도의 산업 현장성 강화를 위해 농국가직무능력표준(NCS)을 활용해 국가기술자격 종목을 신설(4종목)하였으며, 자격의 내용·시험 과목·시험 방법 등을 NCS를 토대로 구성하고 국가기술자격법 시행령 제12조 절차에 따라 세부 직무 분야별 전문위원회의 심의를 거쳐 확정하였다.

(2) 시험 실시 관련

① 시행기관 : 한국산업인력공단

② 관련부처 : 산업통상자원부

③ 실시기관 홈페이지 : 큐넷(http://www.q-net.or.kr)

(3) 시험 일정 및 절차

① 제1회 시험 일정 : 2024. 05. 09(목) ~ 05. 28(화) 예정

② 절차 : 필기 시험 → 실기 시험 → 합격

(4) 시험 과목 및 방법

필기	시험 과목	이러닝 운영계획 수립, 이러닝 활동지원, 이러닝 운영관리
	시험 방법	객관식 100문제, 2시간 30분
	합격 기준	과목당 40점 이상 득점, 전과목 평균 60점 이상 득점
실기	시험 과목	이러닝 운영 실무
	시험 방법	필답형, 약 2시간
	합격 기준	100점 만점 중60점 이상 득접

(5) 응시 자격

없음

※ 시험 내용은 바뀔 수 있으므로 반드시 큐넷에 올라온 최종 공고문을 확인하시기 바랍니다.
　(http://www.q-net.or.kr)

2. 이러닝운영관리사 필기 출제 기준

직무 분야	교육 · 자연 과학 · 사회과학	중직무 분야	교육 · 자연 과학 · 사회과학	자격 종목	이러닝운영관리사	적용 기간	2023. 1. 1. ~ 2025. 12. 31.
직무 내용	이러닝환경에서 효과적인 교수학습을 위하여 교육과정에 대한 운영계획을 수립하고, 학습자와 교 · 강사의 활동을 촉진하며, 학습콘텐츠 및 시스템의 운영을 지원하는 직무이다.						
필기 검정방법	객관식			문제 수	100	시험 시간	2시간 30분

필기과목명	주요항목	세부항목	세세항목
1과목 이러닝 운영계획 수립 (40문항)	이러닝 산업 파악	이러닝 산업동향 이해	산업 동향 / 분류 체계 / 산업 용어 / 이해관계자 특성 / 서비스 특성 / 콘텐츠 특성 / 시스템 특성 / 인프라 특성
		이러닝 기술동향 이해	기술 구성 요소(서비스, 콘텐츠, 시스템, 인프라 등) / 기술 동향 및 특성 / 기술 용어
		이러닝 법제도 이해	법과 제도 / 법과 제도의 주요 이슈
	이러닝 콘텐츠의 파악	이러닝콘텐츠 개발 요소 이해	개발 자원 / 개발 장비 / 개발 산출물
		이러닝콘텐츠 유형별 개발 방법 이해	콘텐츠 유형 / 콘텐츠 유형별 개발 특성 / 서비스 환경
		이러닝콘텐츠 개발환경 파악	개발 절차 / 개발 인력 및 역할 / 개발 범위 / 개발 공간
	학습시스템 특성 분석	학습시스템 이해	학습시스템 유형 및 특성 / 학습시스템 구조 / 학습시스템 요소 기술
		학습시스템 표준 이해	표준 분야 / 서비스 표준 / 데이터 표준 / 콘텐츠 표준
		학습시스템 개발과정 이해	정보시스템 구축 운영 지침 / 학습시스템 기능 요소 / 학습시스템 요구사항 분석 / 학습시스템 개발 프로세스
		학습시스템 운영과정 이해	학습시스템 기본 기능 / 학습시스템 운영 프로세스 / 학습시스템 리스크 관리
	학습시스템 기능 분석	학습시스템 요구사항 분석	요구사항 수집 · 분석 · 명세서
		학습시스템 이해관계자 분석	학습자 특성 분석 / 교수자 특성 분석 / 참여자 역할 정의
		학습자 기능 분석	교수학습 활동 분석 / 교수학습 기능 분석
	이러닝운영 준비	운영환경 분석	운영서비스 점검 / 학습도구 점검 / 콘텐츠 점검
		교육과정 개설	교육과정 특성 분석 / 과정개설 / 차시 등록 / 학습자 보조자원 등록 / 평가 문항 등록
		학사일정 수립	학사일정 수립 및 공지 / 운영절차 준수
		수강신청 관리	수강승인 관리 / 입과 안내 / 사용자정보 등록 / 수강변경 사후 관리

필기과목명	주요항목	세부항목	세세항목
2과목 이러닝 활동 지원 (30문항)	이러닝 운영 지원도구 관리	운영지원도구 분석	– 운영지원도구의 종류와 특성 – 운영지원도구 활용 방법
		운영지원도구 선정	– 과정특성별 적용 방법 – 적용방법 매뉴얼
		운영지원도구 관리	– 사용현황에 따른 문제점 – 운영지원도구별 개선점 – 운영지원도구 활용 보고서
	이러닝 학습활동 지원	학습환경 지원	– 수강학습환경(PC, 모바일 등) 확인 – 학습자의 질문 및 요청사항 대처 – 학습환경 문제 상황 사례와 조치
		학습활동 안내	– 학습절차 – 과제수행 방법 – 평가기준 – 상호작용 방법 – 자료등록 방법 – 상황에 적합한 의사소통
		학습활동 촉진	– 학습진도 관리 – 학습 참여 독려(과제, 평가 등) – 상호작용 활성화 – 커뮤니티 활동 – 학습 과정 중의 학습자 질문 대응 – 학습동기 부여 – 학습 중 자주 발생하는 질문 유형 – 학습 촉진 전략
		수강오류 관리	– 학습활동 오류 – 수강오류 내용과 처리방법
	이러닝 운영 활동관리	운영활동 계획	– 운영활동 수행에 필요한 항목 – 단계별 절차 및 목표 – 단계별 평가준거 – 단계별 필요 문서 – 단계별 운영계획서
		운영활동 진행	– 학습자의 효과적인 운영활동 – 운영자의 효과적인 운영활동 – 시스템 관리자의 효과적인 운영활동 – 학습만족도 향상을 위한 운영활동
		운영활동 결과보고	– 운영활동 결과보고서 – 결과보고에 따른 후속 조치 – 결과에 따른 피드백
	학습평가 설계	과정평가전략 설계	– 과정 성취도 측정을 위한 평가 유형 – 과정 성취도 측정을 위한 시기 및 주체 – 과정 평가 유형에 따른 과제 및 시험 방법 – 과정 평가의 활용성과 난이도 파악 및 콘텐츠 개발에 피드백
		단위별 평가전략 설계	– 단위별 성취도 측정을 위한 평가 유형 – 단위별 성취도 측정을 위한 시기 및 주체 – 단위별 평가 유형에 따른 과제 및 시험 방법 – 단위별 평가의 활용성과 난이도 파악 및 콘텐츠 개발에 피드백
		평가문항 작성	– 성취도 측정 평가도구 – 평가문항 작성지침 – 문제 난이도 및 적정성

필기과목명	주요항목	세부항목	세세항목
3과목 이러닝 운영 관리 (30문항)	이러닝운영 교육과정 관리	교육과정관리 계획	– 교육수요 예측 – 운영전략 목표 및 체계 수립 – 과정별 상세 정보 – 학습목표 수립 – 과정 선정 및 관리
		교육과정관리 진행	– 과정관리 항목 특징 – 유관부서 협업 – 과정관리 항목 사전준비 – 과정관리 매뉴얼 – 운영 성과 – 품질기준
		교육과정 관리 결과보고	– 운영 결과 분석 – 운영 결과 양식과 내용 – 시사점 도출 및 피드백
	이러닝운영 평가 관리	과정만족도 조사	– 조사 대상 범위(교수자, 학습자, 운영자, 콘텐츠, 시스템 등) – 조사 항목 구성 – 조사 도구 선정 – 조사 수행 – 조사 결과 통계 분석
		학업성취도 관리	– 평가결과 통계 – 학업성취도 분석 – 유사과정 비교분석 – 학업성취도 향상을 위한 운영전략
		평가결과 보고	– 평가 결과보고서 – 운영 결과보고서
	이러닝운영 결과 관리	콘텐츠운영결과 관리	– 콘텐츠 내용과 운영 목표 비교 – 콘텐츠 개발 결과 – 콘텐츠 운영 결과
		교·강사운영결과 관리	– 교·강사 활동 평가기준 – 교·강사 활동 관리 – 교·강사 활동 결과 – 활동 결과 피드백 – 교·강사 등급 관리
		시스템운영결과 관리	– 운영 결과 취합 – 추가기능 도출 및 제안 – 개선사항 반영
		운영결과관리보고서 작성	– 운영준비 활동 – 학사관리 지원 – 교·강사 지원 – 학습활동 지원 – 과정평가 관리 – 운영성과 관리

이 책의 차례

| 생 | 각 | 을 | | 스 | 케 | 치 | 하 | 다 |
| 세 | 상 | 을 | | 스 | 케 | 치 | 하 | 다 |

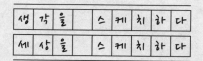

북스케치

이러닝운영관리사
필기

북스케치

합격을 스케치하다

Part 1

이러닝 운영 계획 수립

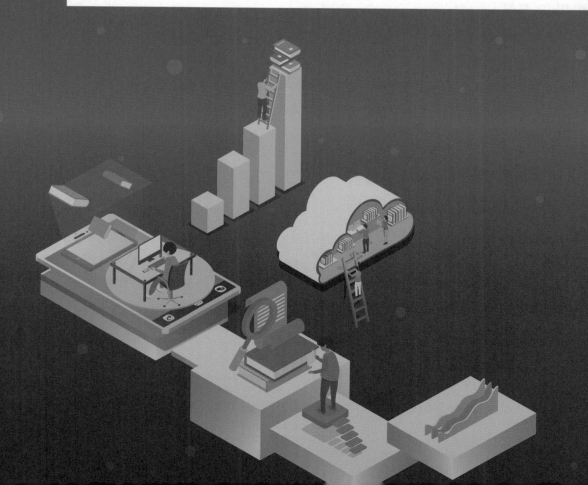

Chapter 01 이러닝 산업 파악

01 이러닝 산업 동향 이해

(1) 이러닝 산업의 구성요소

이러닝 산업은 크게 공급자와 수요자로 구분된다. 우선, 이러닝 산업의 정의부터 살펴보면 다음과 같다.

1) 이러닝 산업의 정의

'**이러닝**'이란 전자적 수단, 정보통신 및 전파 · 방송 기술을 활용하여 이루어지는 학습을 의미하며, '**이러닝 산업**'은 이를 위한 콘텐츠, 솔루션, 서비스, 하드웨어를 개발 · 제작 및 유통하는 사업을 의미한다.

2) 이러닝의 특징

- 학습자와 교수자 모두에게 다양한 편리성을 주어 시공간을 넘어 누구나 수준에 맞게 최신 학습정보에 쉽게 접근할 수 있도록 하는 체제
- 학습자에게는 자신이 필요할 때 반복수강이 가능하다는 면에서 매우 융통성 있음
- 온라인의 양방향성과 사진이나 그래픽 등의 시각적 보조 자료를 온라인에 첨부할 수 있는 특징이 있음

3) 이러닝 산업의 공급자

이러닝과 관련된 산업의 공급자는 크게 3가지로 분류할 수 있다.

〈표 1-1〉 이러닝 산업의 공급자

분류	내용
콘텐츠 사업체	이러닝에 필요한 정보와 자료를 멀티미디어 형태로 개발, 제작, 가공, 유통하는 사업체
솔루션 사업체	이러닝에 필요한 교육관련 정보시스템의 전부나 일부를 개발, 제작, 가공, 유통하는 사업체

서비스 사업체	온라인으로 교육, 훈련, 학습 등을 쌍방향으로 정보통신 네트워크를 통해 개인, 사업체 및 기관에게 직접 서비스를 제공하는 사업과 이러닝 교육 및 구축 등 이러닝 사업 제반에 관한 컨설팅을 수행하는 사업체 ⓐ 정규교육 사업체 : 초 · 중 · 고교 및 대학교와 연계하여 학위를 주는 사업체 ⓑ 사설학원 사업체 : 사설학원을 운영하면서 전부 또는 일부를 이러닝을 통해 서비스를 제공하는 사업체 ⓒ 일반 사업체 : 자가 소유 또는 임차한 정보통신 네트워크를 통하여 사업체가 교육, 훈련, 학습의 서비스를 제공하는 사업체

※ 출처 : 산업통상자원부, 이러닝산업실태조사보고서 2022

4) 이러닝 산업의 수요자

이러닝 산업의 수요자는 크게 구분하면, 다음과 같다.

〈표 1-2〉 이러닝 산업의 수요자

분류	조사 대상	조사 범위
단체	사업체	종사자 수 1인 이상 전 업종 (단, 정부 및 공공기관, 가사서비스업, 국제 및 외국기관 제외)
	정규교육기관	초 · 중 · 고 · 대학 전체 교육기관(원격대학교 제외
	정부/공공기관	중앙정부, 교육청, 광역지방자치단체, 정부출자/출연기관, 지방공사/공단 등
개인	개인	가구방문조사를 통한 전국 만 3세이상 60대(69세까지) 인터넷 이용자

5) 이러닝 사업체 수

- 2022년 기준 이러닝 사업체 수는 총 2,393개
- 사업 분야별로 서비스 사업체 1,518개, 콘텐츠 사업체 519개, 솔루션 사업체 356개
- 2021년 대비 280개 사업체가 증가함(13.3% 증가)

〈표 1-3〉 이러닝 사업분야별 사업체 수

(단위 : 개, %)

구분	2018년		2019년		2020년		2021년		2022년		전년대비 증감	
전체	1,753	100.0	1,811	100.0	1,905	100.0	2,113	100.0	2,393	100.0	280	13.3
콘텐츠	412	23.5	431	23.8	463	24.3	459	21.7	519	21.7	60	13.1
솔루션	240	13.7	253	14.0	279	14.6	314	14.9	356	14.9	42	13.4
서비스	1,101	62.8	1,127	62.2	1,163	61.0	1,340	63.4	1,518	63.4	178	13.3

6) 이러닝 공급시장 규모

- 2022년 이러닝 매출액은 5조 3,508억 원으로 나타남
- 2021년 이러닝 매출액 5조 218억 원 대비 6.6% 증가함
- 솔루션 부분은 전년 대비 7.6%p, 서비스 사업체는 7.0%p, 콘텐츠 사업체는 4.2%p 증가함

〈표 1-4〉 2022년 이러닝 매출액 분포

(단위 : 백만 원, %)

구분	2018년		2019년		2020년		2021년		2022년		전년 대비 증감률
	매출액	구성비	매출액	구성비	매출액	구성비	매출액	구성비	매출액	구성비	
소계	3,845,009	100.0	3,951,593	100.0	4,630,115	100.0	5,021,821	100.0	5,350,864	100.0	6.6
콘텐츠	730,126	19	751,212	19	840,440	18.2	860,321	17.1	896,418	16.8	4.2
솔루션	365,167	9.5	366,216	9.3	401,533	8.7	422,272	8.4	454,167	8.5	7.6
서비스	2,749,716	71.5	2,834,165	71.7	3,388,142	73.2	3,739,228	74.5	4,000,279	74.8	7.0

〈표 1-5〉 이러닝 공급 시장 규모 추이

(단위 : 백만 원, %)

연도	시장 규모	전년대비 증가액	전년대비 증가율
2004년	1,298,484	221,443	20.6
2005년	1,470,817	172,333	13.3
2006년	1,617,797	146,980	10.0
2007년	1,727,057	109,230	6.8
2008년	1,870,475	143,418	8.3
2009년	2,091,033	220,558	11.8
2010년	2,245,833	154,800	7.4
2011년	2,451,364	205,531	9.2
2012년	2,747,766	296,402	12.1
2013년	2,947,083	199,317	7.3
2014년	3,214,167	267,084	9.1
2015년	3,485,119	270,952	8.4
2016년	3,487,574	2,455	0.1
2017년	3,699,183	211,609	6.1
2018년	3,845,009	145,826	3.9
2019년	3,951,593	106,584	2.8
2020년	4,630,115	678,522	17.2
2021년	5,021,821	391,706	8.5
2022년	5,350,864	329,043	6.6

※ 시장 규모 : 사업체 매출액의 총합계(추정)

7) 이러닝 인력 현황

- 2022년 기준 이러닝 산업에 종사하고 있는 인력은 35,346명으로 추정됨
- 2021년 대비 1,695명 증가함

〈표 1-6〉 이러닝 종사자 수 추이

(단위 : 명, %)

구분	2017년	2018년	2019년	2020년	2021년	2022년
전체	27,250	27,795	28,211	31,747	33,651	35,346
연간 인력 증가율	3.6	2.0	1.5	11.1	6.0	5.0

- **이러닝 콘텐츠 개발자**가 이러닝 산업에 종사하는 인력 중 24.6%의 가장 높은 비중을 차지함
- 이러닝 과정 운영자 22.7%, 이러닝 컨설턴트 19.3%, 이러닝 시스템 개발자 18.7% 등의 순으로 나타남

(2) 분류 체계

① 2015년 이러닝 산업 특수분류가 제정됨
② 특수분류 제정 추진 배경
- 2015년 이전까지 한국표준산업분류(KSIC) 상 여러 업종에 산재해 있어 정확한 전자학습(이하 이러닝)산업 기업, 고용, 매출 등의 파악이 어려웠음
- 이러닝 산업은 한국표준산업분류상 소프트웨어 개발공급업(582), 컴퓨터 프로그래밍, 시스템통합 및 관리업(620), 정보서비스업(631) 및 일반교습학원(855) 등으로 산재
- 이러닝 업계도 산재해 있는 이러닝 산업 영역을 환경변화에 맞게 보다 세분화·구체화하고 단일업종으로 통합해 관리할 수 있는 산업분류체계 제정 필요성이 지속해서 제기됨
- 이러닝 산업 특수분류는 이러닝 사업자의 생산활동을 이러닝 ① 콘텐츠, ② 솔루션, ③ 서비스, ④ 하드웨어 4개로 대분류하고, 그 하위에 12개 중분류, 33개 소분류로 이러닝 범위를 구체화함

세부 범위	정의
이러닝 콘텐츠	이러닝을 위한 학습 내용물을 개발, 제작 또는 유통하는 사업
이러닝 솔루션	이러닝을 위한 개발도구, 응용소프트웨어 등의 패키지 소프트웨어 개발과 이에 대한 유지 · 보수업 및 관련 인프라 임대업
이러닝 서비스	전자적 수단, 정보통신 및 전파 · 방송기술을 활용한 학습 · 훈련을 제공하는 사업
이러닝 하드웨어	이러닝 서비스 제공 및 이용을 위해 필요한 기기, 설비를 제조, 유통하는 사업

(3) 산업 용어

① 제정 배경
- 제정 이전 이러닝은 e-러닝, e러닝, e-Learning, 사이버교육, 원격교육 등 다양한 형태로 사용되어 일반인들뿐만 아니라 전문가들도 정보 검색의 어려움 발생
- e-러닝과 같은 국적 없는 용어를 사용할 경우 국어사전에 용어를 등록하기 어려운 문제점들이 존재함
- 2006년 이러닝 분야의 국제표준에 대한 기술적 개념을 보다 명확하고 쉽게 이해할 수 있도록 이러닝 분야 용어에 대한 **KS 국가표준**을 제정함

② 이러닝 용어 ☆☆

용어	뜻
교육(education)	– 지식(K)과 기술(S), 태도(A)를 가르치며 인격을 기르는 행위를 의미함
학습(learning)	– 비교적 지속적인 행동의 변화나 그 잠재력의 변화를 의미함 – 지식을 습득하는 과정을 의미하기도 함 – 이러닝에서는 인터넷, 컴퓨터 기반 교육, 디지털 미디어와 같은 전자 수단을 통해 지식과 기술을 습득하는 과정으로 정의함
훈련(training)	– 정신적인 것과 기술적인 것을 일정한 목표나 기준에 도달할 수 있도록 만드는 실제적인 교육 활동을 의미함
역량	– 학습자가 온라인 교육 활동을 통해 습득하는 지식, 기술 및 능력을 말함
학습 양식	– 개인이 선호하는 정보 습득 및 처리 방법을 의미함 – 학습자의 학습 양식을 이해하면, 학습자의 고유한 학습 요구 사항과 선호도에 맞는 효과적인 교육 자료를 설계하는 데 도움이 됨
이러닝(e-learning)	– 전기선을 연결하여 사용하는 학습 매체를 통해 인터넷과 같은 네트워크를 매개체로 이루어지는 학습을 의미함 – 온라인 학습, 가상 학습, 사이버 교육과 동일한 의미임
엠러닝(m-learning)	– 모바일(mobile) 러닝의 약어 – 이동성이 강화된 학습을 말함 – 핸드폰, 태블릿 등 개인이 가볍게 들고 다니는 기기를 통해서 학습할 수 있는 것을 의미함

유러닝(u-learning)	– 유비쿼터스(Ubiquitous) 러닝의 약어 – '어디에나 있는, 아주 흔한'의 의미로, 특별한 기기를 들고 다니지 않아도, 주변의 물건에 정보통신 기술이 내재되어 있어 필요할 때마다 학습에 접근할 수 있다는 것을 의미함
T러닝(t-learning)	– 티비(TV) 러닝의 약어 – 텔레비전을 통한 학습을 의미함(EBS 교육방송과 유사) – 학습자가 원하는 강의를 선택해서 들을 수 있음
G러닝(g-learning)	– Game-Learning의 약어 – 학습의 단점을 보완해 줄 수 있는 학습 방법 – 학습자에게 동기부여와 몰입을 줄 수 있는 학습 방법 – 주로 초중등 학교에서 많은 실험과 연구가 되고 있는 분야
스마트러닝 (smart-learning)	– 마치 스마트폰, 태블릿PC, 스마트TV 등 각종 스마트 기기에서 학습하는 것을 스마트러닝이라고 오해하는 경우가 있음 – 그동안 기술적 한계로 인해 학습에 접근할 수 없었던 다양한 제약사항을 스마트 기기를 활용해 극복해내는 학습임 – 사람이 기계에 맞추고 정해진 학습방법을 따르는 것이 아니라 사람의 학습 방법에 기계들이 스마트하게 지원하는 학습 형태를 의미하는 사람 중심의 학습방법을 의미함
소셜러닝 (social-learning)	– 사회적 학습의 의미 – 사람들이 다른 사람을 통해 새로운 지식을 배우는 지속적인 과정을 의미함
마이크로 러닝 (micro-learning)	– 특정 정보와 기술을 짧은 시간 내에 제공하도록 설계된 짧고 집중적인 학습 콘텐츠를 활용한 학습을 의미함
MOOC 💡 1회 필기 기출	– Massive, Open, Online, Course의 줄임말 – 누구나, 언제 어디서나 원하는 강좌를 무료로 들을 수 있는 온라인 공개강좌 서비스
컴퓨터 학습 관리(CML)	– 학습 프로그램의 제공 및 관리를 하기 위해 컴퓨터 기술을 사용하는 것을 의미함 – 학습관리시스템(LMS)과 학습콘텐츠관리시스템(LCMS)이 CML의 일부라고 할 수 있음
학습관리시스템 [(learning management system(LMS)] 💡 1회 필기 기출	– 학습자의 학습을 지원하고 관리하는 시스템 – 보통은 가상학습시스템이라고도 함 – 조직에서 직원, 학생 또는 기타 학습자에게 이러닝 학습과정 및 교육 프로그램을 관리하고 제공할 수 있도록 하는 소프트웨어 플랫폼임
학습콘텐츠관리시스템 [learning contents management system(LCMS)] 💡 1회 필기 기출	– 학습 객체를 관리하는 시스템 – LMS에 탑재될 학습 콘텐츠를 관리할 수 있는 기능을 제공함 – 관리라는 것은 학습 객체의 탑재, 수정, 삭제 등의 기본 기능을 포함함 – 종류를 살펴보면, Moodle 및 Sakai와 같은 오픈 소스 플랫폼, Blackboard 및 Canvas와 같은 독점 시스템, Adobe Captivate Prime 및 Docebo와 같은 클라우드 기반 플랫폼 등의 여러 가지 유형이 있음

학습기술시스템 (learning technology system)	– 이러닝 프로그램의 제공, 관리 및 통계에 사용되는 도구, 소프트웨어, 하드웨어의 집합을 말함 – 학습관리시스템(LMS), 가상 교실, 멀티미디어 저작 도구 및 평가 도구와 같은 다양한 소프트웨어 도구들이 포함됨
학습기술시스템 아키텍처 (learning technology systems architecture)	– 온라인 학습 경험을 제공하는데 사용되는 기술 시스템의 전반적인 설계 및 구조를 의미함
가상 교실	– 전통적인 강의실 환경을 시뮬레이션하여 원격 학습자가 교수자 및 다른 학생과 실시간으로 상호 작용할 수 있도록 하는 온라인 플랫폼
웹 세미나	– 인터넷을 통해 실시간으로 제공되는 온라인 세미나 또는 프레젠테이션을 의미함
인공지능(AI)	– 자동화된 평가, 개인화된 교육 및 기타 애플리케이션을 위해 이러닝에서 사용되는 기계의 인간 지능 시뮬레이션을 의미함
저작 도구	– 시험, 퀴즈, 시뮬레이션과 같은 이러닝 콘텐츠를 생성하는데 사용되는 소프트웨어 애플리케이션을 의미함
공개 교육 리소스(OER)	– 사용, 재사용, 수정 및 공유를 위해 자유롭게 사용할 수 있는 오픈 라이센스가 있는 공개된 교육 자료를 의미함
개인 학습 네트워크(PLN)	– 학습자가 개인 학습 목표 및 관심사를 지원하기 위해 사용하는 비공식 학습 네트워크를 의미함
웹 기반 학습 (web-based learning)	– 인터넷을 수단으로 하여 교수와 학습자 간의 배움이 이루어지는 학습 활동을 지칭함 – 원격 학습, 온라인 학습, 사이버학습, 이러닝(e-Learning) 등의 다양한 용어와 혼용하여 사용함
컴퓨터 기반 학습(CBL)	– 컴퓨터 기술을 사용하여 학습 과정을 용이하게 하는 이러닝의 한 유형을 의미함 – 학습들은 컴퓨터 프로그램, 시뮬레이션, 멀티미디어 프레젠테이션 및 기타 디지털 리소스를 사용하여 지식과 기술을 습득함
프로젝트 기반 학습	– 학습자가 지식과 기술을 개발하기 위해 다른 사람과 협력하여 실제 프로젝트 및 과제를 완료하는 교육 접근 방식
온라인 학습(on-line learning)	– 전자적 수단, 정보통신, 전파, 방송, 인공지능, 가상현실 및 증강현실 관련 기술을 활용하여 이루어지는 학습을 의미함
오프라인 학습(off-line learning)	– 면대면(face to face) 학습을 의미함 – 강의장에서 교수자와 학습자가 만나 이뤄지는 모든 교육 방식을 의미함 – 인터넷 연결 없이 다양한 교육 자료를 사용하여 학습하는 과정을 의미함
혼합형 학습 (blended learning)	– 두 가지 이상의 학습방법이 지니는 장점을 결합하여 적절히 활용함으로써 학습효과를 극대화하기 위한 학습형태 – 면대면 교실수업과 사이버 학습 등 오프라인과 온라인 활동을 결합한 학습이 가장 대표적인 혼합형 학습임

컴퓨터 지원 협력 학습(CSCL)	– 기술을 사용하여 학습들 간의 협력 학습 활동을 지원하고 향상하는 학습 및 교육 접근 방식임 – 학습자는 온라인 토론 포럼, 그룹 채팅방, 위키 및 공동 편집 도구와 같은 컴퓨터 매개 커뮤니케이션 도구를 사용하여 공동의 학습 목표를 달성하기 위해 함께 작업함 – 학습자 간의 적극적인 참여와 소통을 촉진함
교수설계 [[instructional design(ID)]]	– 교수설계는 교사와 교수개발자에 의해 수행되는 전문적인 활동임 – 특정한 학습내용이나 특정의 학습진단에 대하여 학습자의 지식과 기능 면에서 기대하는 변화를 일으킬 수 있는 최적의 교수방법이 무엇인지를 결정해 나가는 과정임
학습 설계(learning design)	– 기술을 사용하여 지식, 기술 및 태도의 습득과 개발을 지원하는 학습 경험을 만드는 체계적이고 의도적인 프로세스를 의미함 – 적절한 교육 전략, 콘텐츠 및 미디어를 선택하고 효과적인 평가 및 평가를 설계하는 것이 포함됨
교수방법(instructional method)	– 이러닝의 교수법은 온라인 교육 콘텐츠를 설계하고 학습자에게 전달하는 데 사용되는 접근 방식을 의미함 – 가상 환경에서 학습 과정을 촉진하기 위해 교사가 사용하는 방법, 전략 및 기술이 포함됨 – 비동기 학습, 동기식 학습, 혼합 학습, 프로젝트 기반 학습, 게임화, 공동 학습 등의 교수방법이 있음
학습 콘텐츠(learning contents)	– 학습 경험을 위해 멀티미디어 형태로 의도적으로 제공되는 정보를 의미함
멀티미디어(multimedia)	– 여러 가지(multiple) + 매체(media)의 합성어 – 그림, 동영상, 문자, 음향 등과 같은 다양한 매체를 복합적으로 만든 장치나 소프트웨어의 형태를 말함
하이퍼미디어(hypermedia)	– 텍스트, 이미지, 오디오 및 비디오와 같은 다양한 유형의 디지털 콘텐츠를 비선형적인 방식으로 연결하여 대화형 학습 경험을 가능하게 하는 기술 – 유연하고 매력적인 정보 전달 방식을 제공하고, 학습자가 자신의 속도에 맞춰 콘텐츠를 탐색할 수 있기 때문에, 이러닝에서 널리 사용됨
학습 객체(learning object)	– 지식, 기술 등의 습득을 용이하게 하기 위해 이러닝에서 사용되는 디지털 자원임 – 학습 관리 시스템, 웹사이트 및 모바일 앱과 같은 다양한 학습 환경에 쉽게 통합될 수 있도록 설계됨 – 텍스트, 비디오, 오디오, 이미지, 대화형 시뮬레이션, 게임 등 기타 모든 디지털 자산이 학습 객체가 될 수 있음
학습 객체 메타데이터 (learning object metadata)	– 학습 객체를 설명하는 정보를 의미함 – 제목, 작성자, 주체, 학습 목표, 형식 및 난이도와 같은 메타데이터들이 학습 객체의 콘텐츠 정보에 포함됨 – 학습 객체 메타데이터의 목적은 사용자가 온라인 저장소나 학습 관리 시스템에서 학습 객체를 더 쉽게 검색, 접근, 재사용할 수 있도록 하는 것임

학습 자원(learning resource)	– 온라인 또는 디지털 환경에서 학습을 촉진하는 데 사용되는 모든 자료, 도구 또는 기술을 말함 – 비디오, 오디오 녹음, 대화형 게임, 시뮬레이션, 퀴즈, 전자책, 온라인 토론 포럼 등 다양한 형태로 제공될 수 있음
학습 자원 메타데이터 (learning resource metadata)	– 온라인 과정, 비디오 및 대화형 모듈과 같은 이러닝 학습 자원을 설명하는 정보를 말함 – 학습자와 교수자가 이러닝 리소스를 효과적으로 찾고 사용할 때 도움이 됨
내용전문가 [subject matter expert(SME)]	– 가르칠 내용에 대한 전문가를 의미함 – 일반적으로는 '강사'를 지칭함
멘토링(mentoring)	– 멘토 : 학습자들의 학습을 보조적으로 도와주는 안내자로서의 교수자를 의미함 – 온라인 교육에서의 멘토링이란 학습에 있어서의 여러 장애나 문의점, 불편 사항들을 해소해주고 학습 내용을 포함한 여러 가지 사항들에 관해 학습자들을 도와주는 행위를 뜻함(예 질문게시판의 Q&A 답변 등)
시뮬레이션(simulation)	– 실험형 수업이라고도 함 – 학습자가 주어진 원 교수자료를 토대로 하여 스스로 학습을 이끌어가는 형태의 교수방법을 말함 – 지적영역보다는 심리, 운동적 영역의 능력을 학습하는데 적합함
문제중심학습 [problem based learning(PBL)]	– 의학, 경영학, 교육학, 건축학, 법학, 공학, 사회학을 포함하여 수많은 고등교육 분야에서 사용되고 있음 – 실제로 발생하는 문제와 상황을 중심으로 교수–학습활동을 구조화한 교육적 접근임 – 학습자들이 문제를 협력적이고 자기 주도적으로 해결해 가는 과정을 통해 내용에 대한 학습, 비판적 사고력과 협력기능을 기르도록 하는 교수학습 형태임
서비스 지향 아키텍처 (service oriented architecture)	– SOA는 이러닝 시스템에서 일반적으로 사용되는 소프트웨어 아키텍처를 말함
수행 정보	– 이러닝 학습자가 특정 학습과정 또는 프로그램에서 얼마나 잘 수행하고 있는지에 대해 수집된 데이터 및 피드백을 의미함
전자 포트폴리오	– e–포트폴리오라고도 하며, 학습자의 진행 상황, 성취도 및 학습 결과를 보여주는 디지털 아키텍트(인공 산물, 인위적인 생성물) 모음을 의미함
지식 재산권 권리 🔔 1회 필기 기출	– 지적 재산권 자산을 식별하고, 보호 및 관리 하는 것을 의미함. – 온라인 코스, 교육 자료, 비디오, 소프트웨어 애플리케이션 등과 같이 교육 목적으로 사용되는 모든 형태의 디지털 콘텐츠가 포함됨
학습 경로	– 학습자에게 유연하고 개인화된 학습 여정을 안내하는 일련의 상호 연결된 과정 또는 모듈을 의미함
플립형 강의실	– 학습자가 수업 전에 영상으로 예습하여 수업 시간 동안 보다 능동적이고 협력적인 학습을 할 수 있도록 하는 교육 방식
반응형 디자인	– 다양한 장치 및 화면 크기에서 접근하고 사용할 수 있도록 설계된 이러닝 콘텐츠 및 플랫폼

(4) 이해관계자 특성

① 이러닝 인력의 정의

이러닝 인력이란, '이러닝 사업 관련 업무를 행하는 자'를 일컫는다. 이러닝 컨설턴트, 이러닝 교수설계자, 이러닝 콘텐츠개발자, 이러닝 시스템 개발자, 이러닝 과정운영자를 포괄하며, 이러닝 외의 업무를 수행하더라도 이러닝 업무를 겸업으로 종사하는 경우에는 이러닝 종사자에 포함시킬 수 있다.

② 이러닝 직종별 정의 ☆☆

위에서 언급한 이러닝 인력을 직종별로 구분하여 정의하면 다음과 같다.

ⓐ 이러닝 컨설턴트 : 이러닝 사업 전체를 이해하고 이러닝 기획과 콘텐츠설계, 개발, 시스템개발, 과정 운영 등 이러닝 사업에 대한 제안과 문제점 진단, 해결 등에 관하여 자문하며, 이러닝 직무 분야 중 하나 이상의 전문 역량과 경험을 보유한 자

ⓑ 이러닝 교수설계자 : 콘텐츠에 대한 기획력을 갖고 학습목적을 고려하여 학습 내용과 자원을 분석, 학습 목표와 교수 방법을 설정하여 학습 내용이 학습 목표를 달성하는데 도움이 될 수 있도록 콘텐츠 개발의 전 과정을 진행 및 관리하는 업무에 종사하는 자

ⓒ 이러닝 콘텐츠개발자 : 이러닝 콘텐츠에 대한 기획력을 갖고, 교수설계 내용을 이해하여, 멀티미디어 요소를 활용해서, 콘텐츠를 구현하는 역할을 수행하는 업무에 종사하는 자

ⓓ 이러닝 영상제작자 : 이러닝 콘텐츠 구현에 필요한 교육용 영상을 기획하고, 촬영 및 편집 등을 포함한 전반적인 영상제작 관련 업무에 종사하는 자

ⓔ 이러닝 시스템개발자 : 온라인 학습과 관련된 다양한 시스템에 대한 기획, 프로젝트 관리를 포함하여 학습의 운영과 관리에 필요한 소프트웨어를 설계하고 개발하는 업무에 종사하는 자

ⓕ 이러닝 과정운영자 : 학습자의 학습성과를 극대화하기 위하여 교육과정에 대한 운영 계획을 수립하고, 학습자와 교강사 활동을 지원하며, 학습과 관련한 불편사항을 개선함으로써 학습목표 달성을 지원하는 업무에 종사하는 자

(5) 이러닝 콘텐츠와 서비스의 특성

1) 콘텐츠 특성

① 이러닝 콘텐츠의 제작 활성화를 위한 개발 · 투자의 다양화

- 취약 계층, 고령층 및 교육 사각지대 학습자의 학습권 확장을 위한 콘텐츠 개발 지원
- 다양한 콘텐츠 제작을 위한 제작 펀드 활용

- 보증사업을 확대하여 콘텐츠 제작자금 조달 지원

② 제작 비용이 상대적으로 높은 기술·공학 분야 등을 대상으로 공공 주도의 직업훈련 콘텐츠 공급 확대

- 민간에서 비용 문제 등으로 공급이 저조한 기계, 전기, 전자 분야 및 신기술 관련 이러닝 가상훈련(VR) 콘텐츠 개발·보급
- 취업 전·후 단계에서 공통 필요한 기초 직무능력 콘텐츠 제작 추진

③ 공공 민간 훈련기관, 개인 등이 개발한 콘텐츠를 유·무료로 판매·거래할 수 있는 콘텐츠 마켓 운영 확대

- 산재되어 있는 다양한 훈련제공 주체의 콘텐츠를 한 곳에서 검색·이용할 수 있도록 STEP 콘텐츠 오픈 마켓에 탑재·개방

④ 해외 MOOC 플랫폼과 협력을 통한 글로벌 우수강좌제공 및 강좌 활용 제고를 위한 학습지원 서비스 지원

- 다양한 분야의 풍부한 해외석학 MOOC 강좌를 보유한 세계적 무크 플랫폼과 연계(21.12~)하여 70개 내외 강좌 제공·운영
- 해외 MOOC 강좌 상호 교차 탑재 및 공동개발 확대, 다국어 자막 번역 확대 등으로 국제교류 활성화

⑤ DICE(위험·어려움·부작용·고비용) 분야를 중심으로 산업 현장의 특성에 맞는 실감형 가상훈련 기술개발 및 콘텐츠 개발 추진

- 산업 현장 직무체험, 운영, 유지, 정비 및 제조 현장 안전관리 등을 가상에서 구현하는 메타버스 등 실감형 기술개발

2) 서비스 특성

① 사용자에게 다양한 교수·학습 서비스 및 맞춤형 학습환경을 제공하는 미래형 교수학습지원 플랫폼 구축

- 민간 및 교육부 내 23개 시스템(e-학습터, 기초학력진단정보 시스템 등)을 통합·연계하여 통합서비스 제공(2024년 개시)
- 맞춤형 수업 지원 서비스, 콘텐츠 및 에듀테크 유통, AI·빅데이터 기반 학습분석까지 일괄 지원
- AI 학습 튜터링 시스템, AI 기반 모니터링 시스템, 통합 유통관리시스템, 에듀테크 지원센터 구축(2024년)

② 학습자가 평생교육 콘텐츠를 맞춤형으로 받고 학습 이력을 통합 관리할 수 있는 '온 국민 평생 배움터' 구축

- 비대면 사회 전환에 대응하여 온라인 기반 교육 서비스 접근성 강화 및 학습자 맞춤형 평생교육 서비스 제공
- ISP 추진(~2021.8월) → 플랫폼 구축(2022~2024) → 대국민 서비스 운영(2024~)

③ 양질의 온라인 직업능력개발서비스 제공을 위해, '공공 스마트 직업훈련 플랫폼(STEP)' 고도화

02 이러닝 기술동향 이해

(1) 기술 구성요소 ✩

1) 이러닝 기술의 구성요소

이러닝 기술의 구성요소인 서비스, 콘텐츠, 시스템, 인프라는 서로 다른 역할을 수행하며, 이러닝을 가능하게 한다. 이러닝 기술이 이루어지기 위해서는 이러닝 서비스, 콘텐츠, 시스템, 인프라가 잘 구성되어 있어야 한다. 각각을 보면, 다음과 같다.

① 서비스

이러닝 서비스는 학습자와 교사나 관리자가 온라인상에서 교육과 관련된 다양한 기능을 제공하는 웹 서비스를 말한다. 이러닝 서비스의 예로는 학습자 관리, 강의 관리, 시간표 작성, 출결 관리, 성적 관리 등이다. 이러한 서비스는 학습자와 교사가 쉽게 교류할 수 있도록 도와준다.

② 콘텐츠

이러닝 콘텐츠는 학습에 필요한 교재, 강의자료, 문제집 등을 말한다. 이러닝 콘텐츠는 온라인상에서 제공되며, 다양한 형태로 제공된다. 예를 들어, 텍스트, 이미지, 오디오, 비디오, 시뮬레이션, 게임 등이 있다.

③ 시스템

이러닝 시스템은 학습자와 교사가 이러닝 콘텐츠를 사용하고 관리할 수 있도록 하는 기술적인 요소를 말한다. 이러닝 시스템은 학습자의 학습 기록, 출결 기록, 성적 기록 등

을 관리하며, 학습자들이 학습에 집중할 수 있도록 다양한 기능을 제공한다. 이러닝 시스템의 예로는 학습 관리 시스템(LMS), 가상 강의실(Virtual Classroom), 출석체크 시스템 등이 있다.

④ 인프라

이러닝 인프라는 이러닝을 위해 필요한 하드웨어, 소프트웨어, 네트워크 등을 말한다. 이러닝 인프라는 학습자들이 온라인상에서 콘텐츠에 접근하고, 학습에 참여할 수 있도록 지원한다.

2) 이러닝 콘텐츠 개발의 구성요소

이러닝 콘텐츠를 개발할 때 필요한 요소들을 살펴보면 다음과 같다.

① 교육 설계 : 학습 목표를 정의하고, 콘텐츠를 디자인하고, 평가를 개발하여 코스를 만드는 체계적인 프로세스를 말한다.

② 콘텐츠 생성 : 코스에 적합한 텍스트, 이미지, 오디오, 비디오 등의 콘텐츠를 생성하는 작업을 말한다.

③ 멀티미디어 통합 : 비디오, 오디오, 인포그래픽, 대화형 슬라이드, 게임 및 시뮬레이션과 같은 다양한 멀티미디어 요소를 코스에 통합하는 작업을 말한다.

④ LMS(학습 관리 시스템) : 코스 콘텐츠를 전달하고 학습자의 진행 상황 및 평가를 모니터링하는 소프트웨어 애플리케이션을 말한다.

⑤ 접근성 및 사용성 : 이러닝 콘텐츠를 제작할 때 고려해야 하는 요소로, 이것을 고려하여 이러닝 콘텐츠를 개발하면 신체적 · 인지적 또는 기타 장애에 관계없이 모든 학습자가 콘텐츠를 사용할 수 있다.

⑥ 품질 보증 : 코스 콘텐츠를 검토하여 오류, 부정확성, 철자 오류 또는 학습자의 주의를 분산시킬 수 있는 기타 문제가 없는지 확인하는 작업이 포함된다.

(2) 기술 동향 및 특성

이러닝 기술은 학습자 중심의 맞춤형 학습과 다양한 콘텐츠와 학습 방법, 즉각적인 피드백과 평가, 유연성과 접근성, 빠르게 진화하는 기술 등의 특성을 가지고 있다.

1) 학습자 중심의 개인 맞춤형 학습 ☆☆

이러닝 기술은 학습자 중심의 개인 맞춤형 학습을 가능하게 한다. 학습자의 학습 수준, 흥미, 성향 등을 파악하여 맞춤형 학습을 제공하고, 학습자의 진도에 맞게 자동으로 적응하여 학습 효과를 극대화한다. 따라서 학습자 중심의 개인 맞춤형 학습을 위해서는 다음과 같은 기술들이 필요하다.

① 학습 분석 기술

학습 분석 기술은 학습자의 학습 데이터를 수집하고 분석하여 학습자의 학습 수준, 성향, 관심사 등을 파악하는 기술이다. 이러한 분석을 통해 학습자에게 최적의 학습 콘텐츠를 제공하고, 맞춤형 학습을 제공할 수 있다.

② 인공지능 기술

인공지능 기술은 기계 학습, 자연어 처리, 음성 인식 등의 기술을 통해 학습자와 상호작용하고, 학습자의 특성에 맞는 맞춤형 학습을 제공한다. 예를 들어, 학습자의 학습 데이터를 분석하여 학습자의 특성에 맞는 문제를 출제하거나, 학습자가 어려움을 느끼는 부분에 대해 자동으로 보충학습을 제공한다.

③ 학습 경로 추천 기술

학습 경로 추천 기술은 학습자의 학습 수준을 파악하여 최적의 학습 경로를 추천하는 기술이다. 이러한 기술은 학습자의 학습 효과를 극대화할 수 있으며, 학습자가 효과적으로 학습을 진행할 수 있도록 지원한다.

현재 이러닝 기술에서는 위에서 언급한 기술들이 상당부분 적용되고 있다. 특히, 학습 분석 기술과 인공지능 기술은 빠르게 발전하고 있으며, 많은 기업들이 이러한 기술을 활용하여 맞춤형 학습 서비스를 제공하고 있다. 학습 경로 추천 기술도 점차 발전하고 있으며, 앞으로 더욱 발전할 것으로 예상된다.

2) 다양한 콘텐츠와 학습 방법

이러닝 기술은 다양한 콘텐츠와 학습 방법을 제공한다. 이러닝 콘텐츠는 텍스트, 이미지, 오디오, 비디오, 시뮬레이션, 게임 등 다양한 형태로 제공되며, 학습 방법도 블렌디드 러닝, 모바일 러닝, 마이크로 러닝 등 다양한 형태로 제공된다. 이러닝 콘텐츠를 다양한 형태로 제공하고, 학습 방법을 다양화하는 기술적인 방법은 크게 세 가지로 나눌 수 있다.

① 멀티미디어 기술

멀티미디어 기술은 텍스트, 이미지, 오디오, 비디오, 시뮬레이션, 게임 등 다양한 콘텐츠를 하나의 학습 자료로 통합하는 기술이다. 이를 통해 학습자는 여러 형태의 콘텐츠를 통해 학습함으로써 학습 효과를 극대화할 수 있다.

② VR/AR 기술

VR/AR 기술은 가상현실과 증강현실을 활용하여 학습 환경을 제공하는 기술이다. 이러한 기술은 학습자가 실제 상황을 체험하며 학습을 할 수 있도록 지원하며, 학습자의 학습 흥미와 참여도를 높일 수 있다.

③ 모바일 디바이스 및 앱

모바일 러닝을 위해서는 모바일 디바이스와 앱이 필요하다. 모바일 디바이스는 학습자들이 언제 어디서나 학습을 진행할 수 있도록 한다. 앱은 모바일 디바이스에서 학습 콘텐츠를 제공하고, 학습자와 상호작용할 수 있도록 한다.

이러한 기술은 현재 기술적으로 많은 발전을 이루고 있다. AR/VR, 인공지능, 빅데이터 등의 기술을 활용하여 더욱 다양한 형태의 콘텐츠를 제공하고 있으며, 학습 방법도 다양하게 제작할 수 있다.

3) 즉각적인 피드백과 평가

이러닝 기술은 학습자에게 즉각적인 피드백과 평가를 제공한다. 학습자가 학습을 진행하면서 이러닝 시스템은 학습자의 학습 결과를 즉각적으로 분석하여 피드백을 제공하고, 학습자의 학습 진도와 성취도를 측정하여 평가한다. 이를 위해 다음과 같은 기술이 필요하다.

① 즉각적인 평가 기술

즉각적인 평가 기술은 학습자의 학습 진도를 측정하여 즉각적으로 피드백을 제공하는 것을 말한다. LMS(학습관리시스템)의 기능을 활용하여, 학습자가 푼 문제에 대한 답변을 즉각적으로 제공할 수 있다. 이를 통해 학습자는 자신의 학습 상황을 파악하고, 문제점을 인식할 수 있다.

② 즉각적인 보상 기술

즉각적인 보상 기술은 학습자가 학습을 완료하거나, 문제를 해결한 경우, 바로 보상을 제공하여 학습자의 학습 동기를 높이는 방법을 말한다. 이 또한 LMS에서 제공하는 기능을 통해 제공할 수 있다. 학습자는 학습에 대한 긍정적인 피드백을 받으며, 학습의 성취감을 느낄 수 있다.

4) 유연성과 접근성

이러닝 기술은 유연성과 접근성을 제공한다. 학습자는 언제 어디서나 인터넷에 연결된 기기를 통해 쉽게 이러닝 서비스에 접근할 수 있으며, 학습자의 학습 진도와 상황에 맞게 학습을 진행할 수 있다. 이러닝의 기술이 유연성과 접근성을 제공하기 위해서는 다음과 같은 기술들이 포함되어야 한다.

① 모바일 기술

이러닝의 유연성과 접근성을 제공하기 위해서는 학습자가 언제 어디서든 학습을 진행할 수 있어야 한다. 따라서, 모바일 기술은 이러닝에서 필수적인 기술이다. 학습자가 모바일 디바이스로 학습 콘텐츠를 손쉽게 이용할 수 있도록 하며, 언제 어디서든 접근 가능한 학습 환경을 제공한다.

② 클라우드 기술

클라우드 기술은 학습 콘텐츠를 저장하고, 관리하는데 필요한 기술이다. 학습자가 언제 어디서든 학습 콘텐츠에 접근할 수 있도록 하며, 학습 콘텐츠를 공유하고, 관리할 수 있도록 한다.

③ 인터넷 기술

이러닝에서는 인터넷 기술이 매우 중요하다. 학습자가 인터넷을 통해 학습 콘텐츠를 다운로드하거나, 온라인으로 학습을 진행할 수 있다. 또한, 학습자와 강의자가 원활하게 상호작용할 수 있도록 한다.

④ 영상 제작 기술

영상 제작 기술은 학습 콘텐츠를 보다 생동감 있게 제공하는데 필요하다. 학습자가 영상을 통해 학습 콘텐츠를 이해할 수 있도록 하며, 학습 효과를 높이는데 효과적이다.

⑤ 가상 현실(VR) 기술

가상 현실 기술은 학습자가 실제로 경험하지 못한 상황을 가상으로 체험할 수 있도록 한다. 이를 통해 학습자는 실제 상황과 유사한 상황에서 학습을 진행할 수 있으며, 학습 효과를 높일 수 있다.

5) 빠르게 진화하는 기술

이러닝 기술은 빠르게 진화하고 있다. 인공지능, 가상현실, 증강현실 기술은 이러닝 분야에서 혁신적으로 활용되고 있다. 이러한 기술들은 학습자의 학습 경험을 보다 풍부하게 만들어주며, 학습 효과를 극대화하는데 큰 역할을 한다.

① 인공지능 기술

인공지능 기술은 학습자의 학습 경로를 분석하고, 개인 맞춤형 학습 계획을 제공한다. 학습자의 학습 상황에 따라 적절한 학습 콘텐츠를 추천하며, 학습자의 학습 상황을 분석하여 적시에 피드백을 제공한다. 또한, 인공지능 기술을 활용하여 학습자의 학습 동작을 인식하고, 학습 효과를 분석한다. 이를 통해 학습자는 최적의 학습 경로를 제시받을 수 있으며, 학습 효과를 극대화할 수 있다.

② 가상현실(VR) 기술

가상현실 기술은 학습자가 실제로 경험하지 못한 상황을 가상으로 체험할 수 있도록 한다. 이를 통해 학습자는 실제 상황과 유사한 상황에서 학습을 진행할 수 있으며, 학습 효과를 높일 수 있다. 예를 들어, 의료 분야에서는 가상현실 기술을 활용하여 수술 시뮬레이션을 제공하고, 학습자들이 실제 수술 전에 가상으로 연습할 수 있도록 한다.

③ 증강현실(AR) 기술

증강현실 기술은 학습 콘텐츠를 현실 공간에 적절하게 투영하여 학습자들이 현실 공간에서 학습을 진행할 수 있도록 한다. 이를 통해 학습자는 학습 콘텐츠를 보다 생생하게 경험할 수 있으며, 학습 효과를 높일 수 있다. 예를 들어, 공학 분야에서는 증강현실 기술을 활용하여 기계 부품을 쉽게 파악하고, 조립하는 학습을 진행할 수 있다.

이러한 기술들은 학습자의 학습 경험을 보다 풍부하게 만들어주며, 학습 효과를 극대화하는데 매우 유용하다. 이러한 기술들은 현재 많은 이러닝 플랫폼에서 활용되고 있으며, 앞으로 더욱 발전하여 학습자들의 학습 경험을 보다 개선시킬 것으로 기대된다.

(3) 기술 용어 ✰✰

1) 솔루션

- 말 그대로 문제를 해결하는 방법임
- 특정 업무나 목적을 수행하기 위하여 제공되는 것들의 집합체
- 여기에는 하드웨어, 소프트웨어 등이 복합적으로 포함될 수 있음

  예 우리 회사는 보안을 위하여 안철수 연구소의 보안 솔루션을 채택하였다.
  e-Learning을 위한 최적의 솔루션은 ABC 회사의 123 솔루션이다.

2) 플랫폼

- 보통 시스템의 OS를 말하기도 하며, 애플리케이션을 구동하기 위한 기술적인 기반을 이야기하기도 함

  예 본 제품은 JAVA 기반의 플랫폼에서 구동되는 제품입니다. 본 제품은 윈도우, 리눅스, 유닉스 등 다양한 플랫폼을 지원합니다.

3) 소프트웨어

- 문제 해결 목적에서는 솔루션과 같지만, PC나 서버에서 구동되는 프로그램을 의미함
- 보통 하드웨어와 구분 지을 때 사용됨. 비슷한 개념으로 애플리케이션이라고 불리기도 함

  예 e-Learning 콘텐츠를 개발하기 위하여 매크로미디어사의 소프트웨어를 주로 사용한다.

4) 시스템

- 보통 하드웨어를 뜻하지만 경우에 따라서 솔루션이나 소프트웨어를 지칭하기도 함

  📋 본 시스템은 완벽한 복구기능이 내장되어 있습니다. e–Learning 위한 LMS 시스템으로 AAA
  를 사용하고 있습니다. 소프트웨어 시스템 통합을 위한 프로젝트가 진행중입니다. 등

5) LMS (Learning Management System) 🔆 1회 필기 기출

- 학습 관리 시스템으로, 학습자들의 학습 프로세스를 관리하고 추적하는 시스템

6) LCMS (Learning Content Management System) 🔆 1회 필기 기출

- 학습 콘텐츠 관리 시스템으로, 학습 콘텐츠를 생성 · 관리 · 배포하는데 사용되는 시스템

7) CMS (Content Management System)

- 웹사이트나 애플리케이션 등의 콘텐츠를 관리하는 시스템
- 이러닝에서는 학습 콘텐츠를 관리하는데 사용됨

8) SCORM (Sharable Content Object Reference Model)

- 학습 콘텐츠를 다양한 LMS나 LCMS에서 사용하기 위한 국제 표준

9) xAPI (Experience API) 🔆 1회 필기 기출

- 학습자의 학습 경험을 추적하고 분석하는데 사용되는 국제 표준

10) Gamification 🔆 1회 필기 기출

- 학습 콘텐츠에 게임 요소를 추가하여 학습자들의 참여와 학습 동기 부여를 높이는 방법

11) Microlearning

- 5분 이내의 짧은 시간 동안 1~2개의 주제를 담아서, 학습할 수 있도록 제작한 작은 용량
  의 콘텐츠를 활용하여 학습하는 방법

12) MOOC (Massive Open Online Course) 🔆 1회 필기 기출

- 대규모 온라인 강좌로, 대부분 무료로 제공됨
- 수많은 학습자들이 함께 수강할 수 있는 강좌를 의미
- K-MOOC는 한국의 MOOC 과정을 의미

13) 화면 속 화면(Picture–in–picture, PiP) 🔆 1회 필기 기출

- 어떤 화면에 다른 화면이 동시에 같이 올라가서 구현되는 것

- 두 개 이상의 영상소스를 한 화면에 띄워 송출하는 방식
- 소리의 경우 메인 프로그램의 소리만 들리는 것이 보통임
- 모바일에서도 멀티 윈도우 및 팝업 화면을 지원함

14) LRS(Learning Record Store) 🔆 1회 필기 기출

xAPI 형태로 축적된 빅데이터 트래킹 정보를 DSL(Domain Specific Language)를 정의하고 이를 통해 빅데이터에 대한 복합조회 및 다형성 결과 도출을 위한 Query Language를 지원하는 시스템

15) LRS(Learning Record System) 🔆 1회 필기 기출

데이터를 저장하는 공간, 학습경험의 데이터가 쌓임, 맞춤형 교육서비스가 가능, 성과와 학습의 상관관계를 밝힐 수 있음

03 이러닝 법제도 이해

(1) 이러닝 법제도 파악

1) 인터넷 원격훈련 및 우편 원격훈련 관련법

고용노동부에서는 직업능력개발훈련의 한 형태로 이러닝을 활용한 인터넷 원격훈련과 우편 원격훈련을 실시하고 있다. 이에 따라 이러닝을 활용하는 기업교육 기관은 고용노동부의 "국민평생직업능력개발법(2022.1.11 일부개정, 약칭: 평생직업능력법)"의 규정에 따른 "사업주(제3장 사업주 등의 직업능력개발사업 지원 등"에 해당되어 직업능력개발훈련을 실시하며 "직업능력개발훈련시설의 인력, 시설·장비 요건에 등에 관한 규정"을 적용하고 있다.

※ "국민평생직업능력개발법(2022.1.11 일부개정, 약칭: 평생직업능력법)"은 기존의 "근로자직업능력개발법"의 내용을 모두 포괄하고 있으며, 대상의 범위가 '모든 국민'으로 "근로자직업능력개발법"의 '근로자'보다 훨씬 넓다.

① 원격훈련의 법제도 근거

ⓐ 사업주 직업능력개발훈련 지원 규정

"사업주 직업능력개발훈련 지원 규정(2022.12.28 일부개정)"은 "고용보험법" 및 동법 시행령, "국민평생직업능력개발법" 및 동법 시행령에 따라, 사업주가 실시하는 직업능력개발훈련과정의 인정 및 비용지원 등에 필요한 사항을 규정한 것이다. 주요 내용은 훈련과정의 인정요건(제6조), 훈련실시신고(제8조), 지원금 지급 기준(제11조),

원격훈련 등에 대한 훈련비 지원금(제13조) 등이 해당된다.

ⓑ 직업능력개발훈련시설의 인력, 시설 · 장비 요건에 관한 규정

"직업능력개발훈련시설의 인력, 시설 · 장비 요건에 등에 관한 규정은 직업능력개발훈련시설의 설립요건 및 운영에 필요한 사항 등을 규정함을 목적으로 제정한 것이다. 주요 내용은 직업능력개발훈련 시설의 장소, 강의실 및 실습실 등 규모(제4조), 집체훈련 및 원격훈련의 장비 기준(제5조), 원격훈련을 실시하고자 하는 자의 인력 기준(제6조) 등이 해당된다.

ⓒ 직업능력개발훈련 모니터링에 관한 규정

"직업능력개발훈련 모니터링에 관한 규정"은 직업능력개발훈련 사업의 모니터링에 필요한 사항을 규정한 것이다. 주요 내용은 모니터링의 개념(제2조), 규정의 적용범위(제3조), 훈련 모니터링 산업인력공단 위탁(제4조), 모니터링 대상사업 결정(제5조), 모니터링 수행방법(제7조) 등이 해당된다.

② 원격훈련의 세부 내용

"사업주 직업능력개발훈련 지원 규정"에 따른 인터넷 원격훈련과 우편 원격훈련에 대한 세부 내용은 다음과 같다.

ⓐ 인터넷 원격훈련 또는 스마트훈련의 개념과 훈련과정 인정요건

인터넷 원격훈련 또는 스마트훈련에 대한 개념은 "사업주 직업능력개발훈련 지원 규정 제2조 제10호와 제12호"에 다음과 같이 명시되어 있다.

> **"인터넷 원격훈련"**이란 정보통신매체를 활용하여 훈련이 실시되고 훈련생관리 등이 웹상으로 이루어지는 원격훈련을 말한다.
> **"스마트훈련"**이란 위치기반서비스, 가상현실 등 스마트 기기의 기술적 요소를 활용하거나 특성화된 교수방법을 적용하여 원격 등의 방법으로 훈련이 실시되고 훈련생관리 등이 웹상으로 이루어지는 훈련을 말한다.

인터넷 원격훈련 또는 스마트훈련에 대한 훈련과정 인정요건은 "사업주 직업능력개발훈련 지원 규정 제6조 제3호"에 다음과 같이 명시되어 있다.

> **인터넷 원격훈련 또는 스마트훈련을 실시하려는 경우**
> 가. 한국기술교육대학교의 사전 심사를 거쳐 적합 판정을 받은 훈련과정일 것
> 나. 훈련과정 분량이 4시간 이상일 것. 다만, 스마트훈련은 집체훈련을 포함할 경우 원격훈련분량은 전체 훈련시간(분량)의 100분의 20 이상(소수점 아래 첫째 자리에서 올림한다)이어야 한다.
> 다. 학습목표, 학습계획, 적합한 교수 · 학습활동, 학습평가 및 진도관리 등이 웹(훈련생 학습관리 시스템)에 제시될 것
> 라. 훈련의 성과에 대하여 평가를 실시할 것. 다만, 제25조에 따라 우수훈련기관으로 선정된 훈련기관에서 실시하는 제7조 제4호에 해당하는 훈련과정 중 전문지식 및 기술습득을 목적으로 하는 훈련과정의 경우에는 평가를 생략할 수 있다.
> 마. 공단이 운영하는 원격훈련 자동모니터링시스템을 갖출 것
> 바. 별표 1의 원격훈련 인정요건을 갖출 것

ⓑ 우편 원격훈련의 개념과 훈련과정 인정요건

우편 원격훈련에 대한 개념은 "사업주 직업능력개발훈련 지원 규정 제2조 제11호"에 다음과 같이 명시되어 있다.

> **"우편 원격훈련"**이란 인쇄매체로 된 훈련교재를 이용하여 훈련이 실시되고 훈련생관리 등이 웹상으로 이루어지는 원격훈련을 말한다.

우편 원격훈련에 대한 훈련과정 인정요건은 "사업주 직업능력개발훈련 지원 규정 제6조 제4호"에 다음과 같이 명시되어 있다.

> **우편 원격훈련을 실시하려는 경우**
> 가. 한국기술교육대학교의 사전 심사를 거쳐 적합 판정을 받은 훈련과정일 것
> 나. 교재를 중심으로 훈련과정을 운영하면서 훈련생에 대한 학습지도, 학습평가 및 진도관리가 웹(훈련생학습관리시스템)으로 이루어질 것
> 다. 나목에 따른 교재에는 학습목표 및 학습계획 등이 제시되고, 학습목표 및 내용에 적합한 교수 및 학습활동에 관한 사항이 포함될 것. 다만, 교재 이외의 보조 교재 및 인터넷 콘텐츠를 활용할 수 있다.
> 라. 훈련기간이 2개월(32시간) 이상일 것
> 마. 월 1회 이상 훈련의 성과에 대하여 평가를 실시하고, 주 1회 이상 학습과제 등 진행단계 평가를 실시할 것. 다만, 제25조에 따라 우수훈련기관으로 선정된 훈련기관에서 실시하는 제7조 제4호에 해당하는 훈련과정 중 전문지식 및 기술습득을 목적으로 하는 훈련과정의 경우에는 평가를 생략할 수 있다.
> 바. 원격훈련 자동모니터링시스템을 갖출 것
> 사. 별표 1의 원격훈련 인정요건을 갖출 것

ⓒ 혼합훈련의 개념과 훈련과정 인정요건

혼합훈련에 대한 개념은 "사업주 직업능력개발훈련 지원 규정 제2조 제13호"에 다음과 같이 명시되어 있다.

> **"혼합훈련"**이란 집체훈련, 현장훈련 및 원격훈련 중에서 두 종류 이상의 훈련을 병행하여 실시하는 직업능력개발훈련을 말한다.

혼합훈련에 대한 훈련과정 인정요건은 "사업주 직업능력개발훈련 지원 규정 제6조 제5호"에 다음과 같이 명시되어 있다.

혼합훈련을 실시하려는 경우

가. 제1호부터 제4호에 따른 훈련방법(집체훈련, 현장훈련, 원격훈련)별로 해당 요건을 갖출 것
나. 가목에도 불구하고 현장훈련이 포함되어 있는 경우에는 제2호에 따른 현장훈련 과정의 요건 중 나목 및 라목을 제외한 요건을 갖출 것. 다만, 훈련시간은 병행하여 실시되는 집체훈련과정 또는 원격훈련과정 훈련시간의 100분의 400 미만(최대 600시간 이하)이어야 한다.
다. 원격훈련이 포함되어 있는 경우에는 원격훈련 분량은 전체 훈련시간(분량)의 100분의 20 이상(소수점 아래 첫째자리에서 올림한다)일 것. 다만, 우편원격훈련이 포함되어 있는 경우 훈련 분량은 2개월(32시간) 이상이어야 한다.
라. 훈련목표, 훈련내용, 훈련평가 등이 서로 연계되어 실시될 것
마. 훈련과정별 훈련 실시기간은 서로 중복되어 운영되지 않을 것

2) 원격교육에 대한 학점인정 기준

평생교육진흥원 학점은행관련 부서에서 인증한 **학점은행제 원격교육기관**은 이러닝을 활용한 원격교육을 실시할 수 있고 학점인정 대상인 평가인정 학습과목을 개설할 수 있다.

평가인정 학습과목은 교육기관(대학 부설 평생교육원, 직업전문학교, 학원, 각종 평생교육시설 등)에서 개설한 학습과정에 대하여 대학에 상응하는 질적 수준을 갖추었는가를 평가 하여 학점으로 인정하는 과목이다.

이러한 과목을 원격교육으로 실시하고 학점으로 인정하기 위해서는 "원격교육에 대한 학점인정 기준(평생교육진흥원 고시 제2009-5호)"을 적용하여야 한다.

① 학점은행제도

학점은행제는 「학점인정 등에 관한 법률」에 의거하여 학교에서 뿐만 아니라 학교 밖에서 이루어지는 다양한 형태의 학습과 자격을 학점으로 인정하고, 학점이 누적되어 일정 기준을 충족하면 학위취득을 가능하게 함으로써 궁극적으로 열린 교육사회, 평생학습 사회를 구현하기 위한 제도이다.

1995년 5월, 대통령 직속 교육개혁위원회가 열린 평생학습사회의 발전을 조성하는 새로운 교육체제에 대한 비전을 제시하면서 학점은행제를 제안하였고 학점인정 등에 관한 법률 등 관련 법령을 제정하고 1998년 3월부터 시행하게 되었다. 학점은행제 이용대상은 고등학교 졸업자나 동등 이상의 학력을 가진 사람들은 누구라도 학점은행제를 활용할 수 있다. 학점은행제 실시를 통해 학습자, 교육훈련기관 등은 다음과 같은 사회적 영향을 제공하고 있다.

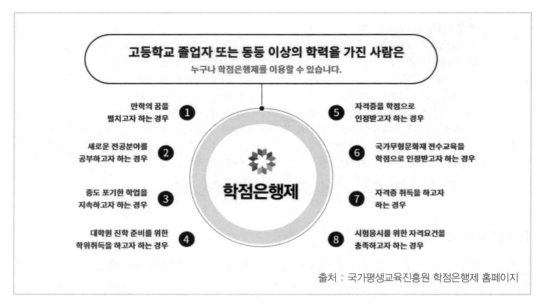

출처 : 국가평생교육진흥원 학점은행제 홈페이지

[그림 1-1] 학점은행제 이용대상

② 학점은행제 학점인정 대상

학점은행제를 통해 학점을 인정받는 방법 중에 **'표준교육과정'**이 있다. 표준교육과정은 학점은행제 원격교육 인증기관에서 이러닝을 활용하여 개설되며 학점인정 기준을 적용하여 운영된다. 평가인정 학습과목의 운영 제반 사항(이수시간, 수강 비용 등)은 각 교육기관의 자체적인 방침에 의해 결정되는데 인터넷 원격훈련을 활용한다. 다음은 평생교육진흥원 홈페이지에서 제공하는 표준교육과정과 교육기관 정보검색 페이지이다.

③ 원격교육에 대한 학점인증 기준의 세부 내용

평생교육진흥원은 평생교육진흥원 고시 제2009-5호 「원격교육에 대한 학점인정 기준」의 일부개정(2009.3.10)을 고시하였다. 세부 내용으로는 목적, 용어의 정의, 적용범위, 수업일수 및 수업시간, 시설 및 설비, 수업방법, 이수학점, 현장조사, 학점 인정 거부 등의 사항이 규정되어 있다. 이 중 수업방법에 원격교육에 대한 비율이 구체적으로 포함되어 있다.

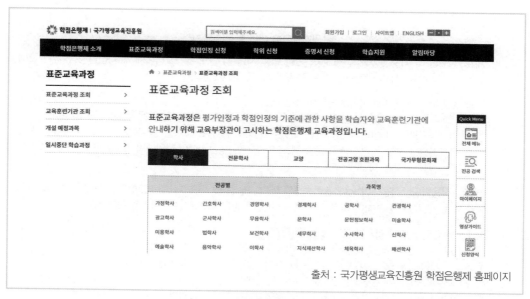

출처 : 국가평생교육진흥원 학점은행제 홈페이지

[그림 1-2] 학점은행제 전공 및 표준교육과정 조회 화면

출처 : 국가평생교육진흥원 학점은행제 홈페이지

[그림 1-3] 학점은행제 교육훈련기관 조회 화면

이러닝 운영 계획 수립

「원격교육에 대한 학점인정 기준」

제1조 (목적) 이 기준은 「학점인정 등에 관한 법률 시행령」 별표 제1호 바목에서 '학점인정심의위원회'에 위임한 원격교육에 대한 학점인정 기준을 규정함을 목적으로 한다.

제2조 (정의) 이 기준에서 정하는 용어의 뜻은 다음과 같다.
1. "원격교육"이란 원격(방송 · 통신 · 인터넷 등)으로 교육과정 · 학습과정을 운영하는 것을 말한다.
2. "원격교육기관"이란 법령에 원격(방송 · 통신 · 인터넷 등)으로 교육을 할 수 있도록 허가 · 인가 · 신고 된 교육기관을 말한다. 단, 고등교육법 제2조의 규정에 의한 대학 · 산업대학 · 교육대학 · 전문대학 · 기 술대학 · 각종학교를 제외한다.

제3조 (적용범위) 「학점인정 등에 관한 법률」 제7조 제1항 및 동조 제2항 제3호의 규정에 따른 학습과정 이수자 및 시간제로 등록하여 원격교육을 통해 수업을 받은 자에 대한 학점인정 시에 적용한다.

제4조 (수업일수 및 수업시간 등) 💡 1회 필기 기출
① 수업일수는 출석수업을 포함하여 15주 이상 지속되어야 한다. 단, 고 등교육법 시행령 제53조 제6항에 의한 시간제등록제의 경우에는 8주 이상 지속되어야 한다.
② 원격 콘텐츠의 순수 진행시간은 25분 또는 20프레임 이상을 단위시간으로 하여 제작되어야 한다.
③ 대리출석 차단, 출결처리가 자동화된 학사운영플랫폼 또는 학습관리시스템을 보유해야 한다.
④ 학업성취도 평가는 학사운영플랫폼 또는 학습관리시스템 내에서 엄정하게 처리하여야 하며, 평가 시 작시간, 종료시간, IP주소 등의 평가근거는 시스템에 저장하여 4년까지 보관하여야 한다.

제5조 (시설 및 설비) ① 학점인정 등에 관한 법률 제3조 제1항에 의한 원격교육기관의 시설 및 설비 기 준은 동법 시행령 제5조 제1항 제2호의 시설 · 설비기준을 따라야 한다.
② 시간제 등록제 수업을 원격교육으로 실시하는 대학은 학습자가 서버에 접속하여 학습할 때 원활히 학 습할 수 있도록 하는 시설 · 설비를 구비하여야 한다.

제6조 (수업방법) ① 원격교육의 수업은 법령 및 학칙(또는 원칙)등 에서 수업방법을 원격으로 할 수 있도 록 규정한 학습과정 · 교육과정에 한하여 인정한다.
② 원격교육의 비율은 다음 각 호의 범위에서 운영하여야 한다.
　가. 원격교육기관: 수업일수의 60% 이상 (실습 과목은 예외)
　나. 원격교육기관 외의 교육기관 : 수업일수의 40% 이내
　다. 고등교육법 시행령 제53조 제3항에 의한 시간제 등록생만을 대상으로 하는 수업 : 수업 일수의 60% 이내

제7조 (이수학점) ① 연간 최대 이수학점은 42학점으로 하되, 학기(매년 3월 1일부터 8월 31일까지 또는 9월 1일부터 다음 해 2월말일 까지를 말한다)마다 24학점을 초과하여 이수할 수 없다.

제8조 (현장조사 등) 평생교육진흥원장은 수업일수, 시설 · 설비, 수업방법, 학습관리시스템 등의 확인을 위하여 자료 요구 및 현장조사 등을 실시할 수 있다.

제9조 (학점 인정 거부) 이 기준을 위반하여 학습과정 또는 교육과정을 운영한 경우와 자료 제출 및 현장 조사 등을 거부하는 경우 평생교육진흥원장은 학점의 인정을 거부할 수 있다.

3) 이러닝(전자학습) 산업 발전 및 이러닝 활용 촉진에 관한 법률

　'이러닝(전자학습) 산업 발전 및 이러닝 활용 촉진에 관한 법률'은 약칭하여 **'이러닝산업법'** 이라고도 한다. 이 법은 이러닝산업 발전 및 이러닝의 활용 촉진에 필요한 사항을 정함으로 써 이러닝을 활성화하여 국민의 삶의 질을 향상시키고 국민경제의 건전한 발전에 이바지하

기 위한 목적으로 산업통상자원부가 2015.1.28 법률 제13091호로 일부 개정하였고 2015.7.28 부터 시행되고 있다.

① 이러닝산업법(약칭)의 개정 이유

이러닝 제품 및 서비스의 품질 향상을 위하여 품질인증 제도가 시행되고 있으나, 인증제도 자체의 경직성과 인증에 드는 시간과 비용 등으로 인하여 <u>급변하는 정보통신기술과 시장의 요구를 반영한 자유롭고 창의성 있는 콘텐츠 개발을 저해한다</u>는 비판이 제기되고 있으므로, 이러닝 품질인증 제도를 폐지하여 이러닝콘텐츠 개발을 활성화하려는 것이다(출처: 법제처 국가법령정보센터 홈페이지).

② 이러닝산업법(약칭)의 주요 내용

이러닝 산업발전법의 주요 내용을 살펴보면 다음과 같다.

ⓐ 이러닝과 이러닝산업 등에 대한 정의를 마련

제2조에서는 이러닝과 관련된 용어를 다음과 같이 정의하였다.

> 1. "**이러닝**"이라 함은 전자적 수단, 정보통신 및 전파·방송기술을 활용하여 이루어지는 학습을 말한다.
> 2. "**이러닝콘텐츠**"라 함은 전자적 방식으로 처리된 부호·문자·도형·색채·음성·음향·이미지·영상 등의 이러닝과 관련된 정보나 자료를 말한다.
> 3. "**이러닝산업**"이라 함은 다음 각목에 해당하는 업을 말한다.
>   가. 이러닝콘텐츠 및 이러닝콘텐츠 운용소프트웨어의 연구·개발·제작·수정·보관·전시 또는 유통하는 업
>   나. 이러닝의 수행·평가·자문과 관련된 서비스업
>   다. 그 밖에 이러닝을 수행하는데 필요하다고 대통령령이 정하는 업

ⓑ 산업통상자원부는 다음과 같은 사항을 심의 및 의결하기 위하여 이러닝진흥위원회를 두도록 함

- 기본계획의 수립 및 시행계획의 수립·추진에 관한 사항
- 이러닝산업 발전 및 이러닝 활용 촉진 정책의 총괄·조정에 관한 사항
- 이러닝산업 발전 및 이러닝 활용 촉진 정책의 개발·자문에 관한 사항
- 그 밖에 위원장이 이러닝산업 발전 및 이러닝 활용 촉진에 필요하다고 인정하는 사항
- 이러닝진흥위원회는 위원장 1명과 부위원장 1명을 포함하여 20명 이내의 위원으로 구성
- 위원장은 산업통상자원부 차관 중에서 산업통상자원부 장관이 지정하는 사람이 됨
- 이러닝진흥위원회의 부위원장은 교육부의 고위공무원단에 속하는 일반직공무원 또는 3급 공무원 중에서 교육부 장관이 지명하는 사람이 됨

ⓒ 이러닝 산업의 전문인력 양성 등 기반조성을 지원

제10조에서 제19조에 따르면 전문인력 양성, 표준화, 기술개발 등을 통한 산업기반 조성에 힘쓰고 이러닝 제품에 대한 품질인증지원 및 이러닝 콘텐츠제작 활성화를 위한 지적재산권 보호 등을 수행한다.

ⓓ 이러닝 지원센터의 설치 및 통계조사를 실시

제20조에 따르면 정부는 이러닝 지원을 효율적으로 수행하기 위해 이러닝 센터를 지정하여 운영하게 할 수 있다. 중소기업의 이러닝을 지원하기 위한 교육 및 경영 자문을 하며, 이러닝에 의한 지역공공서비스 제공을 대행하며, 이러닝 전문인력 양성 등을 시행한다.

ⓔ 이러닝 활성화 및 타 교육방법과의 차별을 금지

제18조, 제19조에 따르면, **공공기관의 장**은 이러닝이 교육훈련방법으로 정착될 수 있도록 그 정착에 필요한 비용의 지원, 다른 교육훈련방법과의 차별개선 등 필요한 조치를 하여야 한다. 또한 **정부**는 이러닝산업의 발전 및 활성화를 위하여 조세특례제한법 · 지방세법 그 밖의 조세관련 법률이 정하는 바에 따라 조세감면 등 필요한 조치를 할 수 있다.

ⓕ 이러닝관련 소비자 보호 등을 실시

제11조, 제25조 및 제26조에 따르면 **산업자원부장관은** 이러닝산업의 발전을 위하여 관계 중앙행정기관의 장과 협의를 통해 이러닝에 관한 표준의 제정 · 개정 · 폐지 · 보급 및 국내외 표준의 조사 · 연구 및 개발에 관한 사업을 추진할 수 있도록 한다. 또한 **정부**는 소비자보호법 · 전자상거래 등에서의 소비자보호에 관한 법률 등 관계법령의 규정에 따라 이러닝과 관련되는 소비자의 기본권익을 보호, 이러닝에 관한 소비자의 신뢰성을 확보하고 소비자 피해 예방과 구제를 위한 시책을 수립 · 시행하도록 한다.

관련 법령

사업주 직업능력개발훈련 지원규정

[시행 2024. 1. 1.] [고용노동부고시 제2023-70호, 2024. 1. 1., 일부개정]

제1장 총칙

제1조(목적) 이 고시는 「고용보험법」 제27조 및 제28조와 같은 법 시행령 제41조 및 제42조, 「국민 평생 직업능력 개발법」 제20조, 제24조, 제53조 및 제54조와 같은 법 시행령 제19조, 제22조, 제48조 및 제49조와 같은 법 시행규칙 제8조 및 제21조에 따라 사업주가 실시하는 직업능력개발훈련과정의 인정 및 비용지원, 「고용보험법」 제31조와 같은 법 시행령 제52조에 따른 직업능력개발의 촉진 등에 필요한 사항을 규정함을 목적으로 한다.

제2조(정의) 이 고시에서 사용하는 용어의 뜻은 다음과 같다.

1. "사업주"란 「고용보험법」 제3장의 직업능력개발사업을 적용받는 사업주를 말한다.

2. "재직근로자"란 「고용보험법」 제3장에 따른 직업능력개발사업이 적용되는 사업에 재직하고 있는 고용보험 피보험자와 피보험자가 아닌 사람으로서 해당 사업주에게 고용된 사람을 말한다.

3. "채용예정자"란 「고용보험법」제3장에 따른 직업능력개발사업이 적용되는 사업이나 그 사업과 관련되는 사업에서 고용하려는 사람을 말한다.

4. "구직자"란 「직업안정법」 제2조의2 제1호에 따른 직업안정기관에 구직등록한 사람을 말한다.

5. "자체훈련"이란 사업주가 훈련비용을 부담하여 훈련계획 수립, 훈련실시, 훈련생관리 등을 수행하는 직업능력개발훈련을 말한다.

6. "위탁훈련"이란 사업주가 훈련비용을 부담하여 재직근로자, 채용예정자를 다른 훈련기관에 위탁하고 해당 훈련기관(이하 "수탁훈련기관"이라 한다)이 훈련실시, 훈련생관리 등을 직접 수행하는 직업능력개발훈련을 말한다.

7. "집체훈련"이란 직업능력개발훈련을 실시하기 위하여 설치한 훈련전용시설, 그 밖에 훈련을 실시하기에 적합한 시설(산업체의 생산시설 및 근무 장소는 제외한다)에서 실시하는 직업능력개발훈련을 말한다.

8. "현장훈련"이란 산업체의 생산시설 또는 근무장소에서 실시하는 직업능력개발훈련을 말한다.

9. "원격훈련"이란 먼 곳에 있는 사람에게 정보통신매체 등을 이용하여 실시하는 직업능력개발훈련을 말한다.

10. "인터넷원격훈련"이란 정보통신매체를 활용하여 훈련이 실시되고 훈련생관리 등이 웹상으로 이루어지는 원격훈련을 말한다.

11. "우편원격훈련"이란 인쇄매체로 된 훈련교재를 이용하여 훈련이 실시되고 훈련생관리 등이 웹상으로 이루어지는 원격훈련을 말한다.

12. "스마트훈련"이란 위치기반서비스, 가상현실 등 스마트 기기의 기술적 요소를 활용하거나 특성화된

교수방법을 적용하여 원격 등의 방법으로 훈련이 실시되고 훈련생관리 등이 웹상으로 이루어지는 훈련을 말한다.

13. "혼합훈련"이란 집체훈련, 현장훈련 및 원격훈련 중에서 두 종류 이상의 훈련을 병행하여 실시하는 직업능력개발훈련을 말한다.

14. "우선지원 대상기업"이란 「고용보험법 시행령」 제12조에 따른 우선지원 대상기업을 말한다.

15. "원격훈련 자동모니터링시스템"이란 인터넷원격훈련기관이나 우편원격훈련기관에서 운영하는 훈련과정의 훈련생 관리 정보를 자동 수집하여 모니터링 할 수 있는 시스템을 말한다.

16. "대체인력"이란 「고용보험법 시행령」 제41조 제1항 제5호나목에 따라 사업주가 소속 근로자에게 30일 이상의 유급휴가를 주어 120시간 이상의 훈련을 실시하는 동안에 해당 근로자가 담당하였던 업무를 직접 수행하거나, 해당 업무 수행을 위해 직무재배치를 실시하고 이에 따라 발생되는 업무공백을 채우기 위하여 새로 채용한 근로자를 말한다.

17. "기업대학"이란 사업주가 재직근로자 및 채용예정자를 대상으로 고숙련 수준의 훈련과정을 운영하기 위하여 설치한 시설을 말한다. 다만, 「고등교육법」 또는 「평생교육법」 등에 따라 학위가 인정되는 시설은 제외한다.

18. 삭제

19. "외국어 과정"이란 어학능력개발 및 향상을 위해 실시하는 훈련과정을 말한다.

20. "모니터링"이란 직업능력개발훈련기간 중 또는 훈련이 종료된 이후에 훈련현장 방문, 관계인 면담, 전화, 설문조사 및 「국민 평생 직업능력 개발법」 제6조에 따른 직업능력개발정보망(이하 "HRD-Net"이라 한다) 또는 원격훈련 자동모니터링 시스템을 통하여 얻은 훈련 관련 자료의 조사·분석으로 훈련실태 및 직업능력개발훈련 사업의 제도개선 또는 부정·부실 훈련 방지를 목적으로 하는 일련의 활동을 말한다.

제2장 훈련과정의 인정 등
제3조(훈련과정의 인정신청 등)

① 「국민 평생 직업능력 개발법 시행규칙」(이하 "규칙"이라 한다) 제8조 제2항에 따라 직업능력개발훈련과정(이하 "훈련과정"이라 한다)을 인정 받으려는 자는 한국산업인력공단(이하 "공단" 이라 한다) 분사무소에 별지 제1호 서식의 훈련실시계획서를 제출하여야 한다.

② 원격훈련과정과 원격훈련이 포함된 혼합훈련과정의 인정을 받으려는 자는 제4조 제2항에 따른 훈련과정 적합 여부 심사를 거쳐 인정신청을 하여야 한다. 다만, 사업주가 사전에 적합 판정을 받은 원격훈련을 포함한 혼합훈련을 자체적으로 실시하는 경우에는 예외로 한다.

③ 제1항 및 제2항의 규정에도 불구하고 「고용보험법 시행령」 제41조 제1항 제4호에 따른 직업능력개발훈련(이하 "구직자 훈련"이라 한다)의 경우 직업능력개발사업을 주된 사업으로 하는 사업주의 신청을 제한할 수 있다.

④ 공단은 규칙 제8조 제4항에 따라 훈련과정 인정신청 결과를 신청인에게 통지하여야 한다.

제3조의2(훈련과정 인정요건의 사전신청 등)

① 제3조 제1항에 따라 집체 또는 현장훈련 과정 인정신청을 하려는 자는 훈련과정 인정에 필요한 훈련 실시장소, 훈련시설, 훈련교사 등 요건에 대해 제4조에 따른 적합심사 전에 공단 분사무소에 인정신청을 할 수 있다.

② 공단은 제1항에 따른 인정신청에서 적합하다고 인정한 경우에는 제4조의 적합심사 시 훈련실시장소, 훈련시설, 훈련교사 등의 요건에 대한 심사를 생략할 수 있다.

③ 훈련과정 인정신청을 하려는 자가 제1항에 따른 사전 인정을 받은 경우에는 훈련실시계획서를 훈련 개시일 전날까지 제출할 수 있다.

제4조(훈련과정의 적합심사 등)

① 공단은 제3조 제1항에 따른 인정신청에 대하여 훈련과정 적합여부를 심사하여야 한다.

② 제1항에도 불구하고 다음 각 호의 훈련과정은 적합여부에 대한 심사를 「국민 평생 직업능력 개발법」 제52조의2에 따라 설립된 한국기술교육대학교(이하 "한국기술교육대학교"라 한다)에서 실시할 수 있다. 이 경우 고용노동부장관은 심사절차, 심사기준 등에 관한 사항을 별도로 공고하여야 한다.

 1. 위탁훈련과정(직업능력개발사업을 주된 사업으로 하는 자가 자체훈련과 위탁훈련을 혼합하여 운영하는 훈련과정을 포함한다)

 2. 원격훈련과정 및 원격훈련이 포함된 과정

③ 제2항에도 불구하고 위탁훈련 중 다음 각 호의 훈련과정에 대한 적합 여부 심사는 제1항에 따른다.

 1. 사업주(생산물의 완성·판매 등에 있어 협력관계에 있는 사업주를 포함한다)가 훈련 기본 계획(훈련의 목적·내용·일정 등을 말한다)을 수립하여 위탁하는 맞춤형 훈련과정

 2. 제1호에 따른 사업주가 감정근로자의 스트레스 관리를 위한 훈련 기본계획(훈련의 목적·내용·일정 등을 말한다)을 수립하여 위탁하는 맞춤형 훈련과정

 3. 채용예정자 훈련과정 및 「외국인근로자의 고용 등에 관한 법률」 제11조에 따른 외국인 취업교육 훈련과정

④ 제1항부터 제3항까지의 훈련과정 적합 여부 심사는 근로자 직무수행능력 향상과의 직접적 관련성, 훈련분량의 적정성, 교·강사 적정성, 훈련내용·방법의 적정성, 훈련평가 방법·내용의 적정성 등을 고려하여 심사하여야 한다.

⑤ 제2항에 따른 심사에서 적합 판정을 받은 훈련과정 중 원격훈련 및 원격훈련이 포함된 과정에 대해서는 훈련시장에서의 공급 실태, 훈련내용·방법의 적정성 수준 등에 따라 등급을 부여할 수 있다.

⑥ 제2항에 따른 심사에서 적합 판정을 받은 훈련과정 중 원격훈련과정은 심사발표일로부터 2년간 효력을 갖는다. 다만, 유효기간 자동연장 기준을 갖춘 훈련과정에 대해서는 1년 범위에서 효력기간을 연장할 수 있다.

⑦ 제5항의 등급 부여 및 제6항의 효력기간 연장에 관한 세부 기준은 고용노동부장관의 승인을 얻어 한국기술교육대학교에서 별도로 정하여 공고한다.

제5조(훈련과정 인정 제외 대상)

규칙 제8조 제1항 제2호에 따라 다음 각 호의 어느 하나에 해당하는 과정은 훈련과정으로 인정받을 수 없다.

1. 시사, 일반상식 등 교양증진을 주된 목적으로 하는 과정

2. 직무에 필요한 지식 및 기술·기능과 관련이 없는 취미활동, 오락, 스포츠, 부동산·주식 투자 등을 주된 목적으로 하는 과정. 다만, 직무전환 및 전직지원 등을 목적으로 하는 훈련의 경우에는 그러하지 아니한다.

3. 「고등교육법」 제2조 제4호에 따른 전문대학 이상의 교육기관이 학위를 부여할 목적으로 개설한 정규 교육과정. 다만, 다음 각 목의 교육과정은 그러하지 아니하다.

　가. 사업주가 근로자의 직무수행능력 향상을 위하여 직접 개설·운영하는 「평생교육법」 제32조에 따른 사내대학의 교육과정

　나. 「고등교육법」에 따른 기술대학이 근로자의 직무능력향상을 위하여 개설·운영하는 교육과정

　다. 상시근로자 1,000인 미만 기업이 「산업교육진흥 및 산학협력촉진에 관한 법률」 제8조 제1항에 따라 근로자의 직무능력향상을 위하여 같은 법 제2조 제2호 다목에 따른 대학과 계약을 통해 설치·운영하는 교육과정으로서 「대학설립·운영규정」 별표 1에 따른 계열별 구분 중 소계열 상 이학·공학에 해당하는 전문학사·산업학사·학사과정

4. 외국어 능력 평가 시험 등을 주된 목적으로 하는 과정

5. 근로자의 직무와 관계 없이 다른 법령에서 정한 바에 따라 사업주가 자신이 사용하는 모든 근로자를 대상으로 실시하여야 하는 교육과정

6. 사업장에 필요한 물품을 제공할 목적으로 물품을 제작하거나 실습물을 제공하는 등 부정행위가 발생할 우려가 있는 훈련 과정

7. 다른 법령에 따라 중앙행정기관 등 공공기관에서 지원을 받는 과정

8. 그 밖에 훈련과정으로 부적합하다고 고용노동부장관이 인정하는 과정

제6조(훈련과정의 인정요건 등)

규칙 제8조 제1항 제3호에 따른 훈련과정의 인정요건은 다음 각 호와 같다. 다만, 외국어 과정은 집체 훈련 또는 인터넷원격훈련으로만 가능하다.

1. 집체훈련을 실시하려는 경우

　가. 학급당 정원은 60명 이내일 것. 다만, 「국민 평생 직업능력 개발법 시행령」(이하 "영"이라 한다) 제22조 제1항 제1호 단서에 따라 실시되는 훈련과정이거나 훈련과정 운영의 효율성을 높이기 위하여 불가피한 사유가 있는 경우 정원을 초과할 수 있다. 또한 제4조에 따라 공단이 적합여부를 심사하는 훈련과정은 당해 훈련기관이 인정받은 실시 과정 수의 100분의 5이내에서 인정인원의 100분의 5 범위에서 필요한 경우 정원을 초과할 수 있다.

　나. 1일 훈련시간은 8시간을 초과하지 않을 것. 다만, 공단 분사무소의 인정을 받은 경우에는 그러하지 아니한다.

다. 구직자 훈련을 실시하려는 사업주는 당해 사업장의 주된 업(業)을 위한 독립된 훈련전용시설을 갖출 것

라. 그 밖에 해당 훈련과정의 운영에 필요한 시설·장비, 인력 등을 갖출 것

2. 현장훈련을 실시하려는 경우

가. 사업주가 직접 실시할 것. 다만, 우선지원 대상기업의 경우에는 다른 사업주와 공동으로 실시할 수 있다.

나. 집체훈련과정 또는 원격훈련과정을 수료한 훈련생을 대상으로 한 훈련과정으로 해당 집체훈련과정 또는 원격훈련과정의 훈련목적, 훈련내용 등과 관련성이 있을 것. 다만, 우선지원 대상기업이 채용예정자 및 재직기간이 1년 이내인 근로자를 대상으로 600시간 이내의 현장훈련을 실시하는 경우 또는 신규 생산 설비의 도입·업무 전환·장기 현장 훈련이 필요한 직무 특성 등의 사유로 공단 분사무소의 인정을 받은 경우에는 그러하지 아니한다.

다. 훈련내용 중 이론편성비율이 100분의 10 이상일 것. 다만, 우선지원 대상기업이 채용예정자 및 재직기간이 1년 이내인 근로자를 대상으로 600시간 이내의 현장훈련을 실시하는 경우 또는 신규 생산 설비의 도입·업무 전환·장기 현장 훈련이 필요한 직무 특성 등의 사유로 공단 분사무소의 인정을 받은 경우에는 그러하지 아니한다.

라. 훈련시간은 현장훈련 이전에 실시한 집체훈련과정 또는 원격훈련과정 훈련시간의 100분의 400 미만(최대 600시간 이하)일 것. 다만, 우선지원 대상기업이 채용예정자 및 재직기간이 1년 이내인 근로자를 대상으로 600시간 이내의 현장훈련을 실시하는 경우 또는 신규 생산 설비의 도입·업무 전환·장기 현장 훈련이 필요한 직무 특성 등의 사유로 공단 분사무소의 인정을 받은 경우에는 그러하지 아니한다.

마. 해당 근무현장에서 영 제28조에 따른 직업능력개발훈련교사 또는 영 제27조에 해당하는 사람이 가르칠 것

3. 인터넷원격훈련 또는 스마트훈련을 실시하려는 경우

가. 한국기술교육대학교의 사전 심사를 거쳐 적합 판정을 받은 훈련과정일 것

나. 훈련과정 분량이 4시간 이상일 것. 다만, 스마트훈련은 집체훈련을 포함할 경우 원격훈련분량은 전체 훈련시간(분량)의 100분의 20 이상(소수점 아래 첫째 자리에서 올림한다)이어야 한다.

다. 학습목표, 학습계획, 적합한 교수·학습활동, 학습평가 및 진도관리 등이 웹에 제시될 것

라. 훈련의 성과에 대하여 평가를 실시할 것. 다만, 제25조에 따라 우수훈련기관으로 선정된 훈련기관에서 실시하는 제7조제4호에 해당하는 훈련과정 중 전문지식 및 기술습득을 목적으로 하는 훈련과정의 경우에는 평가를 생략할 수 있다.

마. 공단이 운영하는 원격훈련 자동모니터링시스템을 갖출 것

바. 별표 1의 원격훈련 인정요건을 갖출 것

4. 우편원격훈련을 실시하려는 경우

가. 한국기술교육대학교의 사전 심사를 거쳐 적합 판정을 받은 훈련과정일 것

나. 교재를 중심으로 훈련과정을 운영하면서 훈련생에 대한 학습지도, 학습평가 및 진도관리가 웹(훈련생학습관리시스템)으로 이루어질 것

다. 나목에 따른 교재에는 학습목표 및 학습계획 등이 제시되고, 학습목표 및 내용에 적합한 교수 및 학습활동에 관한 사항이 포함될 것. 다만, 교재 이외의 보조교재 및 인터넷 콘텐츠를 활용할 수 있다.

라. 훈련기간이 2개월(32시간) 이상일 것 🔦 1회 필기 기출

마. 월 1회 이상 훈련의 성과에 대하여 평가를 실시하고, 주 1회 이상 학습과제 등 진행단계 평가를 실시할 것. 다만, 제25조에 따라 우수훈련기관으로 선정된 훈련기관에서 실시하는 제7조 제4호에 해당하는 훈련과정 중 전문지식 및 기술습득을 목적으로 하는 훈련과정의 경우에는 평가를 생략할 수 있다. 🔦 1회 필기 기출

바. 원격훈련 자동모니터링시스템을 갖출 것

사. 별표 1의 원격훈련 인정요건을 갖출 것

5. 혼합훈련을 실시하려는 경우

가. 제1호부터 제4호에 따른 훈련방법(집체훈련, 현장훈련, 원격훈련)별로 해당 요건을 갖출 것

나. 가목에도 불구하고 현장훈련이 포함되어 있는 경우에는 제2호에 따른 현장훈련과정의 요건 중 나목 및 라목을 제외한 요건을 갖출 것. 다만, 훈련시간은 병행하여 실시되는 집체훈련과정 또는 원격훈련과정 훈련시간의 100분의 400 미만(최대 600시간 이하)이어야 한다.

다. 원격훈련이 포함되어 있는 경우에는 원격훈련분량은 전체 훈련시간(분량)의 100분의 20이상(소수점 아래 첫째자리에서 올림한다)일 것. 다만, 우편원격훈련이 포함되어 있는 경우 훈련 분량은 2개월(32시간) 이상이어야 한다.

라. 훈련목표, 훈련내용, 훈련평가 등이 서로 연계되어 실시될 것

마. 훈련과정별 훈련 실시기간은 서로 중복되어 운영되지 않을 것

제7조(훈련과정 인정 등의 특례)

고용노동부장관은 제3조부터 제6조까지의 규정에도 불구하고 다음 각 호의 어느 하나에 해당하는 훈련과정의 경우에는 인정요건 및 절차 등을 달리 정할 수 있다.

1. 기업대학이 운영하는 훈련과정
2. 새로운 제도 도입 등을 위한 시범 훈련과정
3. 우선지원 대상기업 근로자, 비정규직 등 취약계층을 위한 맞춤형 훈련과정
4. 고숙련 · 신기술의 훈련과정
5. 삭제
6. 국가직무능력표준(NCS)를 적용한 훈련과정
7. 직무전환 및 전직지원 훈련과정
8. 제5조 제3호다목에 따른 훈련과정
9. 그 밖에 고용노동부장관이 한시적으로 고용 지원이 필요하다고 판단하여 별도로 정하는 업종과 관련된 훈련과정

제8조(훈련실시신고 등)

① 법 제24조에 따라 훈련과정의 인정을 받은 자가 훈련을 실시하고자 하는 경우 훈련개시 전까지 별지 2호 훈련실시신고서 서식에 따라 직업능력개발정보망(이하 "HRD-Net"이라 한다)에 실시신고를 하여야 한다. 다만, 기업대학이 운영하는 훈련과정은 훈련 개시 후 30일 이내에 훈련실시신고를 할 수 있다.

② 제1항에도 불구하고 훈련일수가 2일 이하인 훈련과정의 훈련개시일이 토요일 또는 「관공서의 공휴일에 관한 규정」에 따른 공휴일 및 대체공휴일인 경우에는 그 훈련개시일 직전의 공휴일이 아닌 날(다만, 해당일이 토요일인 경우에는 그 직전의 공휴일이 아닌 날로 한다)의 오후 6시까지 훈련실시신고를 하여야 한다.

③ 제1항에 따른 훈련실시신고 사항 중 훈련생 명단이 변경된 경우에는 제18조에 따른 훈련 종료 보고 전까지 변경신고를 하여야 한다.

④ 훈련과정을 인정받은 자가 제1항에 따른 신고를 할 때에는 훈련생의 휴대전화번호 또는 이메일 주소를 포함하여 제출하여야 하며, 동일 훈련생이 동일 훈련과정을 반복 수강하는 경우에는 별지 제4호서식의 「재수강 사유서」를 첨부하여 제출하여야 한다.

⑤ 훈련과정의 인정을 받은 자는 분기별 개설 일정에 관한 정보를 HRD-Net에 등록하여야 한다.

⑥ 제1항부터 제5항까지의 규정에 따른 신고 등은 「전자정부법」 제2조 제7호의 전자문서로 할 수 있다.

⑦ 공단은 제2조제6호에 해당하는 훈련에 대해서는 당해연도 훈련비 예산 규모, 훈련실시 시급성, 훈련실시 현황 등을 고려하여 훈련실시 인원 등을 조정할 수 있다. (2024. 1. 1. 개정)

제9조(훈련과정의 변경인정 등)

① 법 제24조에 따라 훈련과정의 인정을 받은 자(다만, 제4조 제2항 제1호에 따라 훈련과정을 인정받은 자는 사업주 직업능력개발훈련으로 심사 신청한 경우에 한정한다)가 인정 내용 중 다음 각 호의 어느 하나를 변경하려는 경우에는 규칙 제8조 제3항에 따라 신청하여야 한다.

　1. 시설 또는 기관의 명칭·소재지와 인정받은 사람의 성명(법인인 경우에는 법인의 명칭·소재지와 대표자의 성명)

　2. 훈련과정의 명칭, 훈련교재, 훈련장소(소재지 관할 공단 분사무소가 변경되는 경우에 한정한다), 훈련시설·장비, 교·강사(다만, 원격훈련의 경우 사전심사에서 적합 받은 교·강사 풀로 한정한다)

② 공단은 제1항에 따른 변경인정신청이 있는 경우 변경 적합 여부를 심사하여 변경예정일 전날까지 그 결과를 통지하여야 한다.

③ 제1항에도 불구하고 변경내용이 다음 각 호의 어느 하나에 해당하는 경우에는 변경예정일의 전날까지 변경신고를 하여야 한다. 다만, 제3조의2에 따라 사전인정을 받은 경우에는 제18조에 따른 훈련 종료 보고 전까지 변경신고를 할 수 있다.

　1. 훈련교사에 관한 사항

　2. 훈련실시 장소에 관한 사항(최초 인정받은 시설면적 이상의 장소로 변경하는 경우에 한정한다) 다만, 제4조에 따라 공단이 적합여부를 심사하는 훈련과정은 최초 인정받은 시설면적 미만으로

강의실을 변경할 수 있으나, 훈련실시 장소와 동일한 건물 내에서 변경하는 경우에 한정한다. 이 경우 면적은 훈련생 1인당 1.5㎡ 이상을 충족하여야 한다.

3. 훈련장비에 관한 사항(최초 인정받은 장비사양 이상의 것으로 변경하는 경우에 한정한다)

4. 훈련내용의 변경이 없는 훈련교재, 원격훈련 콘텐츠 변경에 관한 사항

5. 훈련기간, 훈련시간의 변경이 없는 훈련시간표 변경에 관한 사항

④ 제8조 제5항에 따른 분기별 개설 일정을 변경하려는 경우에는 훈련개시일 3일 전까지 해당 사항을 변경하여 등록하여야 한다.

⑤ 제1항 및 제3항에도 불구하고 제7조 제1호에 따라 기업대학 훈련과정을 인정을 받은 자가 인정받은 내용을 변경한 경우에는 해당 훈련과정 종료일부터 30일 이내에 실시신고를 한 공단 분사무소에 변경 사항을 신고하여야 한다. 이 경우 해당 신고 등의 방법 및 절차 등은 고용노동부장관이 따로 정한다.

⑥ 제1항부터 제5항까지의 규정에 따른 신고 등은 「전자정부법」 제2조 제7호의 전자문서로 할 수 있다.

제10조(훈련과정의 출결관리)

① 집체훈련 및 현장훈련과정의 인정을 받은 자가 훈련을 실시하는 경우에는 지문인식 출결관리시스템 또는 그 밖에 고용노동부장관이 별도로 인정하는 출결관리시스템을 통해 훈련생에 대한 출결관리를 하여야 한다. 이 경우 훈련생에 대한 출결관리기준은 다음 각 호와 같다.

1. 지각, 조퇴 또는 외출 3회는 1일 결석한 것으로 처리할 것. 다만, 지각, 조퇴 또는 외출로 실 훈련시간이 1일 목표 훈련시간의 100분의 50 미만인 경우에는 그 날 훈련은 결석한 것으로 본다.(훈련일수가 10일 이상이고 훈련시간이 40시간 이상인 훈련과정에 한정한다.)

2. 소정훈련일수가 10일 이상인 훈련과정의 훈련생이 예비군훈련, 민방위훈련, 선거 등으로 부득이하게 훈련을 받지 못한 경우에는 「국민내일배움카드 운영규정」 제34조의 출석인정일수를 준용하여 훈련을 받은 것으로 본다.

② 제1항에 따른 지문인식 출결관리시스템 또는 고용노동부장관이 별도로 인정하는 출결관리시스템(이하 "출결관리시스템" 이라 한다)을 사용하는 사업주 또는 해당 출결관리시스템을 사용하는 훈련기관과 위탁계약을 체결하려는 사업주는 위탁 대상 근로자에게 별지 제5호 서식의 개인정보의 수집·이용에 관한 동의서를 받아 첨부하여야 한다. 다만, 근로자가 동의를 거부하는 경우에는 그 사유서를 받아 첨부하여야 한다.

③ 지문인식 출결관리시스템 또는 고용노동부장관이 별도로 인정하는 시스템을 사용하는 사업주 또는 훈련기관은 다음 각 호의 사유가 발생하여 출석체크를 할 수 없는 경우 해당사유가 발생한 다음 날까지 HRD-Net을 통하여 출석입력을 요청할 수 있다. 이 경우 별지 제6호 서식의 출석입력요청대장에 출결상황을 기재하여야 한다.

1. 정전, 단말기 고장 등 불가피한 사유가 발생한 경우

2. 지문인식 장애 등 공단 분사무소의 장이 인정하는 사유가 발생한 경우

④ 훈련을 실시하는 자는 제3항에 따라 출석입력을 요청하는 경우에 별지 제6호 서식의 출석입력요청대장을 작성하고 갖추어 두어야 한다.

제3장 사업주 등에 의한 직업능력개발훈련 지원

제11조(지원금 지급 기준 등)

① 이 규정에 따른 지원금 지급을 위한 훈련생의 수료기준은 다음 각 호와 같다. 다만, 기업대학 훈련과정은 제7조에 따라 정해진 수료기준에 따른다.

1. 집체훈련과정 및 현장훈련과정
    가. 해당 훈련과정의 인정받은 훈련일수의 100분의 80 이상(훈련일수가 10일 미만이거나 훈련시간이 40시간 미만인 경우에는 인정받은 훈련시간의 100분의 80 이상)을 출석할 것.
    나. 해당 훈련과정을 이수하였을 것.

2. 인터넷원격훈련과정 및 스마트훈련과정
    가. 제6조 제3호 라목의 본문에 따른 평가성적이 훈련실시자가 수립한 기준 이상일 것. 단, 평가는 공단 분사무소로부터 인정을 받은 경우를 제외하고는 훈련기간 중에 실시하여야 한다.
    나. 학습진도율이 100분의 80 이상일 것. 다만, 1일 학습시간은 8시간을 초과할 수 없다.
    다. 가목 및 나목 이외에 훈련실시자가 수립한 수료기준에 도달할 것

3. 우편원격훈련과정
    가. 제6조 제4호 마목의 본문에 따른 평가성적이 60점(100점 만점 기준) 이상일 것. 단, 평가는 공단 분사무소로부터 인정을 받은 경우를 제외하고는 훈련기간 중에 실시하여야 한다.
    나. 가목에 따른 평가 이외에 훈련생학습관리시스템을 이용하여 주 1회 이상 학습과제 작성 등 훈련실시기관에서 부여한 학습활동 참여율이 100분의 80이상 일 것. 이 경우 참여율은 학습활동에 참여한 주의 수를 전체 훈련 주수로 나눈 값(소수점 둘째 자리에서 반올림한다)을, 전체 훈련 주수는 훈련개시일부터 훈련종료일까지의 전체 일수를 1주일 단위로 나눈 값(소수점이하는 버린다)을 말한다.
    다. 가목 및 나목 이외에 훈련실시자가 수립한 수료기준에 도달할 것

4. 혼합훈련과정은 제1호부터 제3호까지의 해당 훈련방법에 따른 수료기준에 각각 도달하여야 한다.

② 「고용보험법 시행령」 제41조 제1항 제5호 나목에 따른 대체인력의 채용에 대한 지원금 지급을 위한 요건은 다음 각 호와 같다.

1. 대체인력의 채용일은 해당 근로자의 훈련 시작일 이전 14일부터 시작일 이후 7일까지 일 것
2. 대체인력은 고용보험 피보험자일 것

③ 자체훈련과 위탁훈련을 혼합하여 실시하는 경우에는 자체훈련 수료인원이 전체 훈련실시 인원의 100분의 10이상인 경우에 한해 훈련지원금을 지급할 수 있다.

제12조(집체훈련에 대한 훈련비 지원금)

① 사업주가 재직근로자, 채용예정자 및 구직자 등(이하 "재직근로자 등" 이라 한다)을 대상으로 집체훈련을 자체훈련 또는 자체훈련과 위탁훈련을 혼합하여(이하 "자체훈련 등"이라 한다) 실시하는 경우에는 제27조 제2항에 따른 직종별 훈련비용 기준단가에 훈련시간 및 훈련수료인원을 곱하여 얻은 금액에 별표 3의 사업주 규모별 지원율을 곱한 금액을 지원한다.

② 사업주가 재직근로자 등을 대상으로 집체훈련을 위탁훈련으로 실시하는 경우에는 제27조 제2항에 따른 직종별 훈련비용 기준단가 또는 제4조 제2항에 따라 고용노동부장관이 별도로 공고한 심사를 거쳐 책정된 정부지원승인단가에 훈련시간 및 훈련수료인원을 곱하여 얻은 금액(이하 "위탁훈련 지원금 기준금액"이라 한다)에 별표 3에 따른 사업주 규모별 지원율을 곱한 금액을 지원한다.

③ 제1항에서 제2항까지의 규정에도 불구하고 우선지원 대상기업이 아닌 사업주가 「고용보험법」 제27조 제2항 제1호부터 제4호에 따른 기간제근로자, 단시간근로자, 파견근로자, 일용근로자 또는 퇴직 예정자를 대상으로 하는 전직훈련은 제27조 제2항에 따른 자체훈련 지원금 기준단가 또는 위탁훈련 지원금 기준단가에 다음 각 호의 비율에 해당하는 금액을 지원할 수 있다.

1. 상시 근로자 1,000인 미만 기업(우선지원 대상기업 제외) : 100분의 70

2. 상시 근로자 1,000인 이상 기업 : 100분의 70

④ 제1항부터 제3항까지의 규정에도 불구하고 사업주가 재직근로자 등을 대상으로 「고용보험법 시행령」 제52조 제1항 제6호에 의한 훈련을 실시하는 경우에는 자체훈련 지원금 기준단가의 100분의 100에 해당하는 금액을 지원한다.

⑤ 제1항에서 제4항까지의 규정에도 불구하고 제7조 제2호 및 제4호에 해당하는 훈련과정에 대한 훈련비 지원금은 직종별 훈련비용 기준단가의 100분의 300 범위 내에서 지급할 수 있다.

⑥ 제1항에서 제5항까지의 규정에도 불구하고 출석률이 100분의 50이상 100분의 80 미만인 훈련인원에 대해서는 해당 출석률에 제27조 제2항에 따른 직종별 훈련비용 기준단가와 훈련시간 및 훈련인원을 곱한 금액에 기업규모별지원율을 곱한 금액의 100분의 80 금액을 지원한다.

⑦, ⑧ 삭제 (2024. 1. 1. 개정)

제13조(원격훈련 등에 대한 훈련비 지원금)

① 사업주가 재직근로자 등을 대상으로 원격훈련을 실시한 경우(위탁하여 실시한 경우를 포함한다)에는 제5항에 따른 금액을 합산하여 얻은 금액(이하 "원격훈련 지원금 기준금액"이라 한다)에 별표 6의 원격 훈련과정 공급 수준에 따른 조정계수 및 다음 각 호의 비율을 곱하여 얻은 금액을 지원한다.

1. 우선지원 대상기업 : 100분의 100. 단, 위탁훈련의 경우 100분의 90(스마트훈련은 100분의 95)

2. 상시 근로자 1,000인 미만 기업 : 100분의 80(스마트훈련은 100분의 90)

3. 상시 근로자 1,000인 이상 기업 : 100분의 40(스마트훈련은 100분의 60)

② 제1항의 규정에도 불구하고 원격훈련 과정당 사업주(위탁훈련의 경우 수탁훈련기관)에게 지원되는 금액에 해당하는 훈련인원이 다음 각 호의 인원을 초과하는 경우 초과 인원에 대해서는 제1항에 따른 지원금의 100분의 15에 해당하는 금액을 지원한다.

1. 3,000명. 다만, 제25조에 따라 우수훈련기관으로 선정된 훈련기관은 5,000명

2. 제4조 제2항 제1호에도 불구하고 제16조 제1항의 교육에 해당하지 않는 훈련과정으로서 제4조 제2항의 적합심사 시 사업주 또는 훈련기관이 직접 개발한 훈련과정으로 확인된 경우에는 5,000명. 다만, 제25조에 따라 우수훈련기관으로 선정된 훈련기관은 10,000명

3. 제1호 및 제2호의 규정에도 불구하고 제16조제1항의 교육에 해당하는 훈련과정은 3,000명으로 한다.

③ 제1항의 규정에도 불구하고 제4조 제2항에서 별도로 공고하는 훈련과정에 대해서는 조정계수를 적용하지 아니할 수 있다. (2024. 1. 1. 개정)

④ 제4조 제2항에 따른 훈련과정 적합 심사에서 타 법령 등에 의해 중앙행정기관에서 훈련 품질을 엄격히 관리하는 것이 인정되는 경우에는 제2항의 규정에도 불구하고 다음 각 호의 인원을 초과하는 인원에 대해 제1항에 따른 지원금의 100분의 15에 해당하는 금액을 지원한다.

1. 5,000명

2. 10,000명(제4조 제2항의 적합 심사 시 훈련기관이 직접 개발한 훈련과정으로 확인된 경우)

⑤ 원격훈련 지원금 기준금액은 다음 각 호에 따른 금액을 합산하여 얻은 금액으로 한다.

1. 제11조 제1항 제2호 및 제3호에 따른 훈련수료의 경우 : 별표 4의 원격훈련 지원금 × 훈련시간 × 훈련수료인원

2. 제11조 제1항 제2호에 해당하는 훈련에서 학습진도율이 100분의 50이상 100분의 80 미만인 경우 또는 평가성적이 훈련실시자가 수립한 기준 미만인 경우 : 학습진도율 × 별표 4의 원격훈련 지원금 × 훈련시간 × 훈련인원 × 80%

제14조(현장훈련에 대한 훈련비 지원금)

사업주의 현장훈련에 대한 지원금은 제12조 제1항, 제3항 및 제4항을 준용한다.

제15조(혼합훈련에 대한 훈련비 지원금)

사업주가 재직근로자 등을 대상으로 제6조 제5호의 혼합훈련을 실시한 경우에는 제12조에서 제14조까지의 지원금을 기준으로 훈련방법별 분량에 따라 산정된 금액을 지원한다.

제16조(훈련비 지원금의 예외)

① 제12조에서 제15조까지의 규정에도 불구하고 다른 법령에서 정한 교육으로서 교육 대상의 직무가 해당 법령에 특정된 교육이거나 개별 사업주에 대한 평가 또는 인증 등의 필요에 따라 실시하는 교육에 대한 훈련비는 집체훈련의 경우에는 자체훈련 지원금 기준금액 또는 위탁훈련 지원금 기준금액에 다음 각 호의 비율을 곱하여 얻은 금액을 지원하고, 원격훈련(위탁하여 실시한 경우를 포함한다.)의 경우에는 원격훈련 지원금 기준금액에 다음 각 호의 비율을 곱하여 얻은 금액을 지원한다.

1. 우선지원 대상기업 : 100분의 50

2. 상시 근로자 1,000인 미만 기업 : 100분의 30. 단, 원격훈련에 대해서는 100분의 40

3. 상시 근로자 1,000인 이상 기업: 100분의 20

② 고용노동부장관은 제12조부터 제15조까지의 규정에도 불구하고 제7조에 따라 인정받은 훈련과정에 대한 지원금을 달리 정할 수 있다.

③ 제12조 및 제13조의 규정에도 불구하고 외국어 과정에 대한 지원금은 해당 규정에 따라 산정한 지원금의 100분의 50을 지원한다.

④ 제5조 제3호다목의 과정에 대한 지원금은 제12조에 따라 지급한다. 다만, 제12조에 따른 지급액이 해당 과정 등록금의 100분의 10(우선지원 대상기업은 100분의 20)에 미달하는 경우에는 해당 과정 등록금의 100분의 10(우선지원 대상기업은 100분의 20)을 지급한다.

⑤ 삭제 (2024. 1. 1. 개정)

⑥ 제12조에서 제15조의 규정에도 불구하고 「고용정책기본법」 제32조, 같은 법 시행령 제29조 및 제30조에 따라 고용조정 지원 등이 필요한 업종 또는 지역에 속하는 기업이 실시하는 훈련비는 지원의 수준을 달리 정할 수 있다.

⑦ 제12조 제2항의 규정에도 불구하고 「기업 활력 제고를 위한 특별법」 제31조 및 같은 법 시행령 제20조에 따라 사업 재편 계획을 승인 받은 기업이 근로자의 재취업 교육과 새로 진출한 업종에 대한 근로자 교육 등을 위해 집체훈련을 실시(자체훈련, 위탁훈련, 자체훈련과 위탁훈련을 혼합하여 실시한 경우를 말한다)한 경우 각각의 지원금 지급금액의 100분의 80(우선지원 대상기업 100분의 100, 1,000인 이상 기업은 100분의 60)에 해당하는 금액을 지원할 수 있다.

⑧ 제12조, 제14조 및 제15조까지에도 불구하고 사업주가 「고용보험법 시행령」 제41조 제1항 제3호에 해당하는 훈련을 실시한 경우에는 제27조 제2항에 따른 직종별 훈련비용 기준단가에 다음 각 호에 해당하는 값을 곱하여 얻은 금액을 지원한다.

1. 훈련시간

2. 제18조 제2항 단서의 서류에 따라 채용이 확인된 훈련생 수

3. 제2호의 채용이 확인된 훈련생 수를 훈련수료인원으로 나누어 얻은 비율(이하 "약정 기업 취업률")에 따라 정한 별표 5의 사업주 규모별 지원율

⑨ 제12조에서 제15조까지에도 불구하고 채용예정자를 대상으로 훈련을 실시한 자에 대해서는 다음 각 호에서 정하는 기준을 초과하지 않는 훈련 인원의 범위 내에서 지원한다.

1. 우선지원 대상기업: 고용보험 가입 피보험자 수의 100분의 100으로 하되, 피보험자 수가 3인 미만인 경우에는 3인

2. 상시 근로자 1,000인 미만 기업: 고용보험 가입 피보험자 수의 100분의 50

3. 상시 근로자 1,000인 이상 기업: 고용보험 가입 피보험자 수의 100분의 30

⑩ 제12조에서 제15조까지의 규정에도 불구하고 장애인고용촉진 및 직업재활법 제22조 제3항에 따른 장애인 표준사업장에 대해서는 우선지원대상기업 지원율에 해당하는 금액을 지원한다. (2024. 1. 1. 개정)

제17조(훈련수당 등의 지원)

① 사업주가 「고용보험법」 제27조 제2항 제1호부터 제4호까지에 해당하는 근로자를 대상으로 직업능력개발훈련을 실시한 경우에는 제12조 및 제15조에 따른 훈련비 외에 인정받은 훈련시간에 「최저임금법」 제10조 제1항에 따라 고용노동부장관이 고시하는 시간급 최저임금액(우선지원 대상기업은 100분의 120)을 곱하여 얻은 금액을 지원한다. 다만, 사업주가 해당 근로자에게 지급한 임금 중 해당 훈련에 참여하는 시간에 해당되는 금액을 초과할 수 없다.

② 사업주가 채용예정자 또는 구직자를 대상으로 월 평균 120시간 이상의 양성훈련을 1개월 이상 실시하고 훈련생에게 훈련수당을 지급한 경우에는 월 20만원까지 지원한다. 단, 사업주가 훈련생에게 지급한 금액을 초과할 수 없다.

③ 사업주가 재직근로자 등을 대상으로 훈련시간이 1일 평균 5시간 이상인 훈련(위탁훈련을 포함한

다)을 실시하고 훈련생에게 숙식을 제공하거나 숙식비를 지급한 경우에는 제12조의 제1항부터 제5항까지의 규정에 따른 훈련비 외에 식비는 1일 3,300원까지, 숙식비는 1일 14,000원(1개월 이상의 훈련과정으로 주 5일 이상 연속하여 훈련을 실시하고 휴일에도 기숙사를 운영하는 경우에는 1개월 330,000원 한도)까지 비용을 지원한다.

④ 사업주가 재직근로자 등을 대상으로 1개월(120시간) 이상의 훈련을 실시하고 다음 각 호에 해당하는 경우에는 제11조에 따른 수료기준에 미달하더라도 훈련에 참여한 기간의 지원금을 일할계산(日割計算)하여 지원한다.

    1. 채용예정자 및 구직자가 월 평균 120시간 이상의 훈련과정을 수강하는 경우 : 제2항에 따른 훈련수당

    2. 재직근로자 등이 120시간 이상의 훈련과정을 수강하는 경우 : 제12조 및 제14조 규정에 따른 훈련비, 제3항에 따른 식비 및 숙식비

⑤ 사업주가 「고용보험법 시행령」 제41조 제1항 제5호에 따라 해당 사업에 고용된 피보험자에게 유급휴가를 주어 실시하는 직업능력개발훈련은 다음 각 호에 해당하는 임금 등을 추가로 지원할 수 있다.

    1. 소정훈련시간에 「최저임금법」 제10조 제1항에 따라 고용노동부장관이 고시하는 시간급 최저임금액(우선지원 대상기업은 100분의 150)을 곱하여 얻은 금액. 다만, 사업주가 해당 근로자에게 지급한 임금 중 해당 훈련에 참여하는 시간에 해당되는 금액을 초과할 수 없다.

    2. 「고용보험법 시행령」 제41조 제1항 제5호나목에 따른 대체인력의 채용일부터 훈련종료일까지의 소정근로시간에 「최저임금법」 제10조 제1항에 따라 고용노동부장관이 고시하는 시간급 최저임금액을 곱하여 얻은 금액. 다만, 사업주가 채용일부터 훈련종료일까지 대체인력에게 지급한 임금에 해당하는 금액을 초과할 수 없다.

⑥ 제1항~제4항까지의 규정에도 불구하고 해당 지원금은 집체훈련 및 현장훈련에 한정하여 지원한다.

⑦ 고용노동부장관은 제1항부터 제6항까지의 규정에도 불구하고 제7조에 따라 인정받은 훈련과정에 대한 훈련수당 등의 지원수준을 달리 정할 수 있다.

⑧ 삭제

제18조(훈련 종료 보고 및 지원금 등의 신청)

① 훈련을 실시한 자는 훈련 종료일부터 14일 이내에 별지 제3호 훈련수료자보고서 서식에 따라 HRD-Net을 통해 훈련실시신고를 한 공단 분사무소에 수료자보고를 하여야 한다. 다만, 원격훈련 및 기업대학이 운영하는 훈련과정은 30일 이내에 제출할 수 있다.

② 이 규정에 따른 지원금을 받으려는 자는 「고용보험법 시행규칙」 별지 제58호 서식의 사업주 직업능력개발훈련 비용지원신청서를 그 사업장의 소재지를 관할하는 공단 분사무소에 제출하여야 한다. 다만, 채용예정자를 대상으로 훈련을 실시한 경우에는 훈련종료 후 90일이 경과한 시점에 훈련생 채용을 확인할 수 있는 서류를 제출하여야 한다.

③ 제17조에 따른 지원금을 받으려는 자는 다음 각 호의 서류를 「고용보험법 시행규칙」 별지 제58호 서식의 사업주 직업능력개발훈련 비용지원신청서에 붙여 제출하여야 한다.

1. 대체인력의 소정근로시간을 확인할 수 있는 서류 1부

2. 사업주가 지급한 임금액을 확인할 수 있는 서류

④ 제2항 및 제3항에 따라 지원금의 신청을 받은 공단은 이를 검토하여 지원 여부를 결정하고 신청일로부터 10일 이내에 지원금 지급 여부를 알려주어야 한다. 다만, 부정훈련으로 의심되는 경우 법 제58조에 따른 조사가 종료될 때까지 지원금의 지급을 연기할 수 있다.

⑤ 공단은 제4항에 따른 지원여부를 결정할 때에 해당 훈련과정이 제1항에 따라 보고된 수료자의 직무와 직접적으로 관련성이 없는 경우에는 지원하지 않을 수 있으며, 공단 분사무소는 제8조에 따라 훈련실시를 신고받은 때에 신고자에게 이를 안내하도록 노력하여야 한다.

⑥ 공단은 제8조 제4항에 따라 제출받은 「재수강 사유서」를 심사하여 동일·유사한 과정을 반복하여 수강하는 정당한 사유가 있는 경우에 한하여 훈련비를 지원한다. 이 경우, 반복수강에 대한 지원은 동일 회계연도 내 1회에 한하여 제한한다.

제19조(기술·기능장려를 위한 특례)

「고용보험법 시행령」 제41조 제1항 제5호 바목에서 "기능·기술 장려를 위하여 근로자 중 생산직 또는 관련 직에 종사하는 근로자로서 고용노동부장관이 고시하는 자"란 다음 각 호의 어느 하나에 해당하는 사람을 말한다.

1. 「숙련기술장려법」 제10조 제1항에 따른 우수 숙련기술자

2. 「숙련기술장려법」 제16조 제2항에 따라 선정된 숙련기술 장려 모범사업체에서 숙련기술 장려 모범 사업체로 선정된 연도의 다음 연도 1월 1일부터 3년까지 생산 및 그 관련 직에 종사하는 근로자

제20조(교대근로를 통한 고용창출 지원 특례)

① 「고용보험법 시행령」 제41조 제2항 후단에서 "사업주가 근로자를 조(組)별로 나누어 교대로 근로하게 하는 교대제를 새로 실시하거나 늘려 교대제를 실시(4조 이하로 실시하는 경우로 한정한다)한 이후 교대제의 적용을 받는 근로자로서 고용노동부장관이 고시하는 자"란 휴무조에 속하는 근로자를 말한다.

② 제1항에 해당하는 근로자를 대상으로 직업능력개발훈련을 실시한 우선지원 대상기업 외의 사업주에게는 자체훈련 지원금 기준금액 또는 위탁훈련 지원금 기준금액의 100분의 80에 해당하는 금액을 지급한다. 다만, 제16조 제1항의 교육에 해당하는 훈련과정에 대해서는 자체훈련 기준금액 또는 위탁훈련 지원금 기준금액의 100분의 40에 해당하는 금액을 지급한다.

③ 제1항에 해당하는 근로자를 대상으로 직업능력개발훈련을 실시하고 비용을 지원받으려는 사업주는 「고용보험법 시행규칙」 별지 제58호 서식의 사업주 직업능력개발훈련 비용지원신청서에 다음 각 호의 서류를 붙여 제출하여야 한다.

1. 사업주가 근로자를 조(組)별로 나누어 교대로 근로하게 하는 교대제를 새로 실시하거나 근로자를 늘려 교대제를 실시(4조 이하로 실시하는 경우로 한정한다)하였음을 증명할 수 있는 서류 1부

2. 휴무조에 속하는 근로자 여부를 확인할 수 있는 서류 1부

제21조(건설근로자의 직업능력개발훈련 지원)

건설업의 사업주 또는 사업주단체가 고용보험에 가입된 건설회사 사업주로부터 건설근로자 확인을 받은 근로자 등 건설근로자를 대상으로 직접 직업능력개발훈련을 실시하는 경우에는 제12조 제1항부터 제3항, 제17조 제2항부터 제4항에 따라 지원금을 지급한다.

제22조(최저지원한도액)

「고용보험법 시행령」 제42조 제3항에 따른 비용지원한도 최소금액은 500만원으로 하되, 공단 이사장이 제27조 제1항에 따라 실시하는 훈련비용 실태조사 등을 참고하여 매년 고용노동부 고시로 달리 정할수 있다. 다만, 「고용보험법」 제35조에 따라 지원·융자제한의 행정처분을 받은 사업주에 대해서는 그 처분의 효력이 끝나는 보험연도부터 3년간 비용지원한도 최소금액은 개산보험료 240%로 한다.

제23조(중소기업 직업능력개발훈련 참여 촉진)

① 고용노동부장관은 우선지원 대상기업의 직업능력개발훈련 참여 촉진을 위해 중소기업 훈련지원센터를 지정할 수 있다.

② 한국산업인력공단 이사장은 제1항에 따른 중소기업 훈련지원센터 지정 절차, 담당 업무, 지원대상 우선지원 대상기업의 범위, 비용 지급 등의 사항을 고용노동부장관에게 보고하여야 한다.

제23조의2(유급휴가 훈련 지원 및 보고)

① 「고용보험법 시행령」 제42조 제4항 제3호나목에 따라 인정을 받을 수 있는 훈련과정은 다음 각 호의 요건을 모두 갖추어야 한다.

　1. 사업주가 근로자에게 20일 이상의 유급휴가(근로기준법 제60조의 연차 유급휴가가 아닌 경우로서 휴가기간 중 같은 법 시행령 제6조에 따른 통상임금에 해당하는 금액 이상의 임금을 지급하는 경우)를 줄 것

　2. 훈련기간이 4주 이상일 것

② 제1항에도 불구하고 제7조 제9호의 훈련과정의 경우 지원요건을 달리 정할 수 있다.

③ 공단 이사장은 제1항 및 제2항에 따른 훈련과정에 대한 인정기준, 지원대상, 비용 지급 등의 사항을 고용노동부장관의 승인을 얻어 공고한다.

제4장 훈련기관 평가에 따른 환류

제24조(차등 지원)

영 제49조 제1항의 평가 결과에 따른 차등지원의 수준은 다음 각 호의 금액을 한도로 한다.

1. 법 제53조에 따른 평가 결과 최하위 평가등급을 받은 훈련기관에서 실시한 집체훈련과정은 제12조 제1항부터 제4항까지의 규정에 따른 지원금액의 100분의 50에 해당하는 금액

2. 법 제53조에 따른 평가 결과 최하위 평가등급을 받은 훈련기관에서 실시한 원격훈련과정은 제13조에 따른 지원금액의 100분의 50에 해당하는 금액

3. 법 제53조에 따른 평과결과 중 훈련이수자평가 결과가 우수한 훈련과정은 제12조 제1항부터 제4항까지의 규정에 따른 지원금액의 100분의 50에 해당하는 금액

제25조(우수훈련기관 선정 및 지원 등)

① 고용노동부장관은 재직근로자 등을 대상으로 직업능력개발훈련을 실시하는 사업주 또는 훈련기관 가운데 인증평가 등급, 훈련실적 및 성과 등을 고려하여 우수훈련기관을 선정할 수 있다.

② 고용노동부장관은 제1항에 따른 우수훈련기관을 매년 1회 이상 선정하여 공고하여야 한다.

③ 고용노동부장관은 우수훈련기관에 대하여 동 규정에 따른 훈련과정 인정과 지원금 수준 등을 달리 정할 수 있다.

제26조(훈련과정 인정제한)

공단은 법 제53조에 따라 최하위 등급을 받은 훈련기관에 대해 법 제24조 및 영 제22조에 따른 훈련과정 인정을 제한할 수 있다.

제5장 훈련직종별 기준단가 조정

제27조(기준단가 조정 및 공고)

① 공단 이사장은 3년마다 훈련비용 실태조사를 하고 직종별 훈련비용 기준단가 조정을 위한 방안을 만들어 고용노동부장관에게 보고하여야 한다.

② 고용노동부장관은 제1항에 따라 공단 이사장이 보고한 직종별 훈련비용 기준단가 조정을 위한 방안을 반영하여 매년 직종별 훈련비용 기준단가를 조정·공고하여야 한다. 다만, 훈련비용 실태조사를 실시하지 않는 보험연도에는 물가상승률 등을 반영하여 조정·공고할 수 있다.

제6장 자료 보존 및 현장 모니터링 실시

제28조(자료 보존)

훈련기관은 규칙 제7조의2에 따른 비용의 지원·융자에 관련된 서류를 보존하여야 하며, 원격훈련의 경우에는 웹을 통한 학습활동을 증명할 수 있는 전산상의 자료를 보존하여야 한다.

제29조(모니터링 실시)

① 공단과 한국기술교육대학교는 이 규정에 따라 훈련을 실시하는 훈련기관에 대하여 제2조 제20호에 따른 모니터링을 실시할 수 있다. 이 경우 해당 훈련기관은 출석부, 훈련비용에 관한 서류를 제공하는 등 모니터링에 성실히 응하여야 한다.

② 공단과 한국기술교육대학교는 제1항에 따른 모니터링 실시 결과 훈련기관이 훈련생 모집을 위하여 금품을 제공하거나 그 밖의 부당한 방법으로 훈련을 실시한 사실이 있는 경우에는 관할 고용센터에 해당 사실을 통보하여야 한다.

③ 한국기술교육대학교는 제1항에 따른 모니터링 실시 결과 훈련기관이 제4조 제5항에서 부여받은 등급 결과와 다르게 훈련을 실시한 사실이 있는 경우에는 훈련과정 등급을 조정하거나 제4조 제2항의 적합심사에 반영할 수 있다.

제7장 보칙

제30조(재검토기한)

고용노동부장관은 「훈령·예규 등의 발령 및 관리에 관한 규정」에 따라 이 고시에 대하여 2018년 1월 1일 기준으로 매 3년이 되는 시점(매 3년째의 12월 31일까지를 말한다)마다 그 타당성을 검토하여 개선 등의 조치를 하여야 한다.

부칙 〈제2023-70호, 2024. 01. 01.〉

이 고시는 2024년 1월 1일부터 시행한다.

[별표 1] 원격훈련의 인정요건(제6조 관련)

1. 원격훈련			원격훈련과정 인정요건
① 원격훈련을 가르칠 수 있는 사람	자체/위탁훈련		• 훈련과정별로 근로자직업능력개발법 시행령 제27조 각 호의 어느 하나에 해당하는 사람을 훈련교사로 둘 것 ※ 훈련과정별 교 · 강사 1인이 담당할 수 있는 월별 훈련생 평균 인원은 500명 이내로 함
② 훈련생 학습관리 시스템	훈련생 모듈	정보제공	• 훈련생학습관리시스템 초기화면에 훈련생 유의사항이 등재되어 있을 것 • 해당 훈련과정의 훈련대상자, 훈련기간, 훈련방법, 훈련실시기관 소개, 훈련진행절차(수강신청, 학습보고서 작성 · 제출, 평가, 수료기준, 1일 진도제한, 차시별 학습시간 등) 등에 관한 안내가 웹상에서 이루어질 것 • 훈련목표, 학습평가보고서 양식, 출결관리 등에 대한 안내가 이루어질 것 • 베낀 답안 기준 및 베낀 답안 발생시 처리기준 등이 훈련생이 충분히 인지할 수 있도록 안내할 것
		수강신청	• 훈련생 성명, 훈련과정명, 훈련개시일 및 종료일, 최초 및 마지막 수강일 등 수강신청 현황이 웹상에 갖추어져 있을 것
			• 수강신청 및 변경이 웹상에서도 가능하도록 되어 있을 것
		평가 및 결과확인	• 시험, 과제 작성 및 평가결과(점수, 첨삭내용 등) 등 평가 관련 자료를 훈련생이 웹상에서 확인할 수 있도록 기능을 갖출 것
		훈련생 개인 이력 및 수강이력	• 훈련생의 개인이력(성명, 소속, 연락번호 등)과 훈련생의 학습이력(수강중인 훈련과정, 수강신청일, 학습진도(차시별 학습시간 포함), 평가일, 평가점수 및 평가결과, 수료일 등)이 훈련생 개인별로 갖출 것 • 동일 ID에 대한 동시접속방지기능을 갖출 것 • 휴대폰(입과 시 최초 1회, 본인인증 필요 시) 및 일회용 비밀번호를 활용한 훈련생 신분확인이 가능한 기능을 각각 갖출 것 • 집체훈련(100분의 80 이하)이 포함된 경우 웹상에서 출결 및 훈련생관리가 연동될 것 • 훈련생의 개인정보를 수집에 대한 안내를 명시할 것
		질의응답 (Q&A)	• 훈련내용 및 운영에 관한 사항에 대하여 질의 · 응답이 웹상으로 가능하도록 되어 있을 것
	관리자 모듈	훈련과정의 진행 상황	• 훈련생별 수강신청일자, 진도율(차시별 학습시간 포함), 평가별 제출일 등 훈련진행 상황이 기록되어 있을 것
		과정운영 등	• 평가(시험)는 훈련생별 무작위로 출제될 수 있도록 할 것 • 평가(시험)는 평가시간 제한기능을 갖출 것 • 훈련참여가 저조한 훈련생들에 대한 학습 독려하는 기능을 갖출 것
			• 사전심사에서 적합 받은 과정으로 운영할 것 • 사전심사에서 적합 받은 평가(평가문항, 평가시간 등)로 시행할 것
			• 훈련생 개인별로 훈련과정에 대한 만족도 평가를 위한 설문조사 기능을 갖출 것

② 훈련생 학습관리 시스템		모니터링	• 훈련현황, 평가결과, 첨삭지도 내용, 훈련생 IP, 차시별 학습시간 등을 웹에서 언제든지 조회·열람 할 수 있는 기능을 갖출 것 • 베낀 답안 기준을 정하고 기준에 따라 훈련생의 베낀 답안 여부를 확인할 수 있는 기능을 갖출 것 • 제2조 제15호에 따른 "원격훈련 자동모니터링시스템"을 통해 훈련생 관리 정보를 자동 수집하여 모니터링을 할 수 있도록 필요한 기능을 갖출 것
	교강사 모듈	교강사 활동 등	• 시험 평가 및 과제에 대한 첨삭지도가 웹상에서 가능한 기능을 갖출 것 • 첨삭지도 일정이 웹상으로 조회할 수 있는 기능을 갖출 것
③ 전산시스템	하드웨어	자체훈련	• 직업능력개발훈련시설 설립의·운영 등에 관한 규정에 명시된 기준을 따를 것 • 안전성과 확장성을 가진 Web서버, DB서버, 동영상서버를 갖출 것 ※ 임차 및 클라우드 서버를 임차한 경우 계약서를 첨부해야하며, 타 훈련기관과 공동으로 사용하여서는 아니 됨 • 대용량의 콘텐츠를 안정적으로 백업할 수 있는 백업서버를 갖추고 있을 것 • 훈련과정에 대한 제반 정보를 최소 3년간 유지할 수 있는 방안을 제시할 것

		위탁훈련	• 직업능력개발훈련시설의 설립·운영 등에 관한 규정에 명시된 기준을 따를 것
			• 안정성과 확장성을 가진 독립적인 Web서버, DB서버, 동영상서버, 백업서버를 갖출 것(단, 우편원격훈련일 경우 동영상서버 제외 가능)
			• Web서버와 동영상서버는 분산 병렬 구성, DB서버는 Active-Standby 방식이나 Active-Active Cluster 방식 등을 이용하여 병렬 구성
			  – 서버는 독립적으로 구성(타 훈련기관과 공동으로 사용하여서는 아니 됨)하고, 훈련별 데이터는 독립적으로 수집이 가능하여야 함
			• 콘텐츠를 안정적으로 백업할 수 있는 백업정책(서비스) 또는 시스템을 갖출 것
			  – 백업방식 및 성능은 1일 단위(백업), 최소 5일치 보관, 3시간(복원) 기준을 충족하도록 구성할 것
			• 각종 해킹 등으로부터 데이터를 충분히 보호할 수 있는 보안서버를 갖추고 있을 것
			• 보안서버 : 100M 이상의 네트워크 처리 능력을 갖출 것
			  – 3중 보안(침입방지시스템(IPS)·Web방화벽 구축)중 한 가지 이상을 갖추고 DB 암호화 한 경우 정보보안 요건을 충족한 것으로 간주함
			• 30KVA이고 30분 이상 유지할 수 있는 무정전전원장치(UPS)를 갖출 것(IDC에 입주한 경우도 동일 기준 적용)
			(단, 우편원격훈련의 경우 10KVA이고 30분 이상 유지할 수 있는 무정전전원장치(UPS)를 갖출 것)

이러닝 운영 계획 수립

③ 전산시스템	하드웨어	위탁훈련	• 훈련과정에 대한 제반 정보를 최소 3년간 유지할 수 있는 방안을 제시할 것 • 자료보존 　– (훈련데이터) 로그인 이력 및 학습기록 등 원격훈련 모니터링 시스템에 전송되는 데이터는 훈련기관 DBMS상에서 원본을 확인 할 있도록 관리 　– (웹로그) 학습관리시스템 접속 기록 등 훈련생의 웹 상 활동을 증명 할 수 있는 운영기록을 보관(압축보관 가능)
	소프트 웨어	자체훈련	• 사이트의 안정적인 서비스를 위하여 성능·보안·확장성 등이 적정한 웹서버를 사용할 것 • DBMS는 과부하시에도 충분한 안정성이 확보된 것이어야 하고 각종 장애 발생 시 데이터의 큰 유실이 없이 복구 가능할 것 • 정보보안을 위해 방화벽과 보안 소프트웨어를 설치하고, 기술적·관리적 보호조치를 마련할 것
		위탁훈련	• 사이트의 안정적인 서비스를 위하여 성능·보안·확장성 등이 적정한 웹서버를 사용할 것 • DBMS는 과부하시에도 충분한 안정성이 확보된 것이어야 하고 각종 장애 발생 시 데이터의 큰 유실이 없이 복구 가능할 것 • 정보보안을 위해 방화벽과 보안 소프트웨어를 설치하고, 기술적·관리적 보호조치를 마련할 것 • DBMS에 대한 동시접속 권한을 20개 이상 확보할 것 　(단, 우편원격훈련의 경우 DBMS에 대한 동시접속 권한을 5개 이상 확보할 것)
	네트워크	자체훈련	• ISP업체를 통한 서비스 제공 등 안정성 있는 서비스 방법을 확보하여야하며, 인터넷전용선 100M 이상을 갖출 것
		위탁훈련	• ISP업체를 통한 서비스 제공 등 안정성 있는 서비스 방법을 확보하여야하며, 인터넷전용선 100M 이상을 갖출 것 　(단, 스트리밍 서비스를 하는 경우 최소 50인 이상의 동시사용자를 지원 할 수 있을 것) • 자체 DNS 등록 및 환경을 구축하고 있을 것 • 여러 종류의 교육 훈련용 콘텐츠 제공을 위한 프로토콜의 지원 가능할 것
		기타	• HelpDesk 및 사이트 모니터를 갖출 것 • 원격훈련 전용 홈페이지를 갖추어야 하며 플랫폼은 훈련생모듈, 훈련교사모듈, 관리자모듈 각각의 전용 모듈을 갖출 것
④ 평가 및 수료기준	평가		• 사전심사에서 적합 받은 과정의 평가(평가문항, 평가시간 등)로 시행할 것 • 평가는 시험, 과제 등 적절한 방법을 사용할 것 • 평가는 평가항목, 평가세부내역, 평가방법, 평가에 대한 채점기준 등이 명확하게 적혀져 있을 것 • 평가는 문제은행 방식(3배수 이상 확보)으로 출제하고, 과제의 성격에 맞춰 적절한 출제유형을 사용할 것 • 평가는 적정한 문항수로 구성할 것 • 평가항목이 부실하여 형식적인 평가가 이루어지지 않을 것

	평가	• 제출된 과제물은 첨삭을 실시하여 훈련생에게 통보할 것(훈련생 학습관리시스템에서 확인이 가능할 것)
④ 평가 및 수료기준	수료기준	• 진도율은 차시별로 과정심사 시 인정받은 최소 소요시간의 100분의 50 이상을 달성한 경우에 한해 해당 차시를 학습한 것으로 처리할 것 • 수료기준이 학습목표 달성 여부를 판단할 수 있도록 적정해야 할 것
⑤ 훈련시설 및 운영인력 (위탁훈련에 한정한다)	훈련시설	• 전용면적 66m² 이상의 사무실을 갖출 것
	운영인력	• 훈련생 관리시스템 관리자 1명 이상 갖출 것 • 경리 · 회계담당, 학사관리시스템 전담요원, 문서수발 · 교재 발송요원 등 훈련기관 소속 근로자가 상시 4명 이상(대표자 및 교사 제외) 확보되어 있을 것. 이 경우 상시 직원은 고용보험에 가입되어 있을 것

출제예상문제 Chapter 01 이러닝 산업 파악

01 다음 중 이러닝 산업에 대한 설명으로 옳지 않은 것은?

① 이러닝은 반복 학습이 가능하다는 점에서 융통성이 있다.

② 이러닝은 학습자, 교수자 모두 시공간을 넘어 최신 학습정보에 쉽게 접근할 수 있다.

③ 이러닝 산업의 공급자는 크게 단체와 개인으로 구분된다.

④ 이러닝 학습 시, 시각적 보조 자료를 온라인에 첨부할 수 있는 특징이 있다.

해설

이러닝과 관련된 산업의 공급자는 크게 '콘텐츠 사업체, 솔루션 사업체, 서비스 사업체' 3가지로 분류할 수 있고, 수요자는 '단체, 개인'으로 크게 구분할 수 있다.

02 다음 설명에 해당하는 이러닝 사업자의 생산활동 범위는?

> 이러닝 서비스 제공 및 이용을 위해 필요한 기기, 설비를 제조 · 유통하는 사업

① 이러닝 콘텐츠 ② 이러닝 솔루션
③ 이러닝 서비스 ④ 이러닝 하드웨어

해설

이러닝 산업 특수분류는 이러닝 사업자의 생산활동을 이러닝 콘텐츠, 솔루션, 서비스, 하드웨어 4개로 대분류하고, 그 하위에 12개 중분류, 33개 소분류로 이러닝 범위를 구체화하고 있다.
① 이러닝 콘텐츠 : 이러닝을 위한 학습 내용물을 개발, 제작 또는 유통하는 사업
② 이러닝 솔루션 : 이러닝을 위한 개발도구, 응용소프트웨어 등의 패키지 소프트웨어 개발과 이에 대한 유지 · 보수업 및 관련 인프라 임대업
③ 이러닝 서비스 : 전자적 수단, 정보통신 및 전파 · 방송기술을 활용한 학습 · 훈련을 제공하는 사업

03 다음 중 인터넷을 수단으로 하여 교수와 학습자 간의 배움이 이루어지는 학습 활동을 지칭하는 이러닝 용어는?

① 웹 기반 학습 ② 소셜러닝 ③ 스마트러닝 ④ 혼합형 학습

 해설

> 웹 기반 학습(web-based learning)은 인터넷을 수단으로 하여 교수와 학습자 간의 배움이 이루어지는 학습 활동을 지칭하며 원격 학습, 온라인 학습, 사이버학습, 이러닝(e-Learning) 등의 다양한 용어와 혼용하여 사용되고 있다.
> ② 소셜러닝(social-learning) : 사회적 학습의 의미로 사람들이 다른 사람을 통해 새로운 지식을 배우는 지속적인 과정을 의미한다.
> ③ 스마트러닝(smart-learning) : 사람이 기계에 맞추고 정해진 학습방법을 따르는 것이 아니라 사람의 학습 방법에 기계들이 스마트하게 지원하는 학습 형태이다.
> ④ 혼합형 학습(blended learning) : 두 가지 이상의 학습방법이 지니는 장점을 결합하여 적절히 활용함으로써 학습효과를 극대화하기 위한 학습 형태이다. 블렌디드 러닝이라고도 한다.

04 다음 중 이러닝 직종에 대한 설명이 옳게 연결된 것을 모두 고르면? 💡 2023 기출

> (ㄱ) 이러닝 컨설턴트 – 학습 운영과 관리에 필요한 소프트웨어를 설계하고 개발하는 업무에 종사하는 자
> (ㄴ) 이러닝 교수설계자 – 콘텐츠 개발의 전 과정을 진행 및 관리하는 업무에 종사하는 자
> (ㄷ) 이러닝 콘텐츠개발자 – 이러닝 콘텐츠에 대한 기획력을 갖고, 멀티미디어 요소를 활용하여 콘텐츠를 구현하는 역할을 수행하는 업무에 종사하는 자
> (ㄹ) 이러닝 과정운영자 – 교육과정에 대한 운영 계획 수립 및 활동 지원, 학습 관련 불편사항을 개선함으로써 학습목표 달성을 지원하는 업무에 종사하는 자

① (ㄱ), (ㄴ)
② (ㄴ), (ㄷ), (ㄹ)
③ (ㄷ), (ㄹ)
④ (ㄱ), (ㄴ), (ㄹ)

 해설

> (ㄱ) '이러닝 시스템개발자'에 대한 설명이다. '이러닝 컨설턴트'는 이러닝 사업 전체를 이해하고 이러닝 사업에 대한 제안과 문제점 진단, 해결 등에 대하여 자문하며, 이러닝 직무 분야 중 하나 이상의 전문 역량을 보유한 자이다.

05 다음 중 이러닝 서비스 분야의 특성에 대한 설명으로 적절한 것은?

① DICE(위험 · 어려움 · 부작용 · 고비용) 분야를 중심으로 산업 현장의 특성에 맞는 실감형 가상훈련 기술개발 및 콘텐츠 개발을 추진한다.

② 공공 민간 훈련기관, 개인 등이 개발한 콘텐츠를 유 · 무료로 판매 및 거래할 수 있는 콘텐츠 마켓 운영을 확대한다.

③ 학습자가 평생교육 콘텐츠를 맞춤형으로 받고 학습 이력을 통합 관리할 수 있는 온 국민 평생 배움터를 구축한다.

④ 해외 MOOC 플랫폼과 협력을 통한 글로벌 우수강좌제공 및 강좌 활용 제고를 위한 학습지원 서비스를 지원한다.

📊 **해설**

> ①, ②, ④는 이러닝 콘텐츠 분야의 특성에 해당하는 설명이다. ③은 이러닝의 서비스 분야에 해당되는 내용으로, '온 국민 평생 배움터'는 비대면 사회 전환에 대응하여 온라인 기반 교육 서비스 접근성 강화 및 학습자 맞춤형 평생교육 서비스를 제공하기 위해 개발되었다.

06 다음 공공기관의 향후 이러닝 과정 및 예산 전망을 나타내는 표에서 옳지 않은 내용은?

〈향후 이러닝 과정 및 예산 전망〉

(단위 : %)

구분	전체 교육과정 중 이러닝 과정이 차지하는 비율			총 교육 예산 중 이러닝 예산비율		
	2022년	2023년	2024년	2022년	2023년	2024년
전체	50.3	49.3	55.7	30.1	29.4	29.3
중앙정부기관	46.5	47.9	47.4	27.7	28.1	27.8
기초지방자치단체	54.6	51.4	82.0	29.9	28.2	27.6
지방공사 및 공단	52.7	51.9	51.9	36.3	35.6	36.9
교육청	45.7	45.8	46.6	11.7	11.3	11.6
광역지방자치단체	61.4	62.1	61.6	6.4	6.9	6.9
기타공공기관	43.7	43.6	41.6	24.3	24.3	22.4

① 공공기관의 전체 교육과정 중 이러닝이 차지하는 비율은 기타 공공기관이 가장 낮다.

② 교육과정 중 이러닝 과정이 차지하는 비율이 가장 큰 폭으로 증가한 기관은 기초지방자치단체이다.

③ 총 교육 예산 중 이러닝 예산비율은 모든 기관이 2023년보다 2022년이 높다.

④ 공공기관의 이러닝 예산비율은 지방공사 및 공단이 가장 크다.

07 다음 이러닝 기술 구성요소 중 서비스에 해당하는 설명은?

① 학습 관리 시스템, 가상 강의실, 출석체크 등이 해당한다.
② 학습에 필요한 강의자료, 문제집 등이 해당한다.
③ 학습자 관리, 강의 관리, 시간표 작성, 출결 관리가 해당한다.
④ 텍스트, 이미지, 오디오, 비디오 등 다양한 형태로 제공된다.

08 다음 중 이러닝 콘텐츠 개발의 구성요소에 해당하지 않는 것은?

① 모바일 디바이스 및 앱
② 접근성 및 사용성
③ 학습관리시스템
④ 품질 보증

09 다음 중 이러닝 기술의 특성에 대한 설명으로 옳지 않은 것은?

① 이러닝 기술은 기업 중심의 개인 맞춤형 학습을 가능하게 한다.

② 이러닝 기술은 다양한 콘텐츠 뿐만 아니라 학습 방법도 여러 형태로 제공된다.

③ 이러닝 기술의 즉각적인 보상 기능을 통해 학습자의 학습 동기를 높일 수 있다.

④ 이러닝의 접근성 제공을 위해서 모바일 기술은 이러닝의 필수적인 요소이다.

해설

이러닝 기술은 '학습자 중심의 개인 맞춤형 학습'을 가능하게 한다. 학습자의 학습 수준, 흥미, 성향 등을 파악하여 맞춤형 학습을 제공하고, 학습자의 진도에 맞게 자동으로 적응하여 학습 효과를 극대화한다.

10 다음 중 이러닝 기술이 유연성과 접근성을 제공하기 위해 포함되어야 하는 것이 아닌 것은?

① 클라우드 기술   ② 학습 분석 기술

③ 영상 제작 기술   ④ 가상 현실(VR) 기술

해설

학습 분석 기술은 학습자의 학습 데이터를 수집하고 분석하여 학습자의 학습 수준, 성향, 관심사 등을 파악하는 기술로 '학습자 중심의 개인 맞춤형 학습'을 제공하기 위해 포함되어야 하는 요소이다. 이러닝 학습자는 언제 어디서나 인터넷에 연결된 기기로 이러닝 서비스에 접근할 수 있어야 하므로 클라우드 기술, 영상 제작 기술, 가상 현실 기술 등으로 유연성과 접근성을 높일 수 있어야 한다.

11 다음 중 이러닝 기술용어에 대한 설명으로 옳은 것을 모두 고르면?

> (ㄱ) **소프트웨어** – 하드웨어와 구분 지을 때 사용되며 애플리케이션으로 불리기도 한다.
> (ㄴ) **시스템** – 솔루션이나 소프트웨어를 지칭하기도 한다.
> (ㄷ) **MOOC** – 대규모 온라인 강좌로 수많은 학습자들이 함께 수강할 수 있는 강좌이다.
> (ㄹ) **SCORM** – 학습자의 학습 경험을 추적하고 분석하는데 사용되는 국제 표준이다.
> (ㅁ) **LMS** – 이러닝에서는 학습 콘텐츠를 관리하는데 사용된다.

① (ㄱ), (ㄴ), (ㄷ)   ② (ㄱ), (ㄷ), (ㅁ)

③ (ㄴ), (ㄷ), (ㄹ)   ④ (ㄴ), (ㄹ), (ㅁ)

(ㄹ) 'xAPI'에 대한 설명이며, 'SCORM(Sharable Content Object Reference Model)'은 학습 콘텐츠를 다양한 LMS나 LCMS에서 사용하기 위한 국제 표준이다.

(ㅁ) 'CMS'에 대한 설명이며, 'LMS(Learning Management System)'는 학습 관리 시스템으로 학습자들의 학습 프로세스를 관리하고 추적하는 시스템이다.

12 다음의 이러닝 기술 용어 중 솔루션에 대한 설명이 아닌 것은?

① 특정 업무나 목적을 수행하기 위하여 제공되는 것들의 집합체이다.
② 문제를 해결하는 목적에서 소프트웨어와 솔루션은 같다.
③ 하드웨어, 소프트웨어 등이 복합적으로 포함될 수 있다.
④ 보통 시스템의 OS를 말한다.

④ '플랫폼'에 대한 설명으로, 플랫폼은 시스템의 OS를 말하기도 하며, 애플리케이션을 구동하기 위한 기술적인 기반을 칭하기도 한다.

13 다음 중 인터넷 원격훈련 및 스마트 훈련에 대한 설명으로 옳지 않은 것은?

① 인터넷 원격훈련은 정보통신매체를 활용하여 훈련이 실시되고 훈련생 관리가 웹상으로 이루어지는 훈련을 말한다.
② 훈련 실시의 경우 공단이 운영하는 원격훈련 자동모니터링시스템을 갖추어야 한다.
③ 인터넷 원격훈련은 한국기술교육대학교의 사전 심사를 거쳐 적합 판정을 받은 훈련과정이어야 한다.
④ 인터넷 원격훈련 또는 스마트훈련을 실시하는 경우 반드시 훈련의 성과에 대하여 평가를 실시해야 한다.

사업주 직업능력개발훈련 지원규정 제6조 제3호
인터넷 원격훈련 또는 스마트훈련을 실시하려는 경우
라. 훈련의 성과에 대하여 평가를 실시할 것. 다만, 제25조에 따라 우수훈련기관으로 선정된 훈련기관에서 실시하는 제7조 제4호에 해당하는 훈련과정 중 전문지식 및 기술습득을 목적으로 하는 훈련과정의 경우에는 평가를 생략할 수 있다.

14 다음 중 우편 원격훈련의 인정요건에 대한 설명으로 옳지 않은 것은?

① 우편 원격훈련 성과의 평가와 학습과제, 진행단계 평가를 월 5회 이상 실시해야 한다.

② 우편 원격훈련의 교재에는 학습목표와 계획이 제시되어야 하며 교재 이외의 인터넷 콘텐츠를 활용할 수 있다

③ 우편 원격훈련은 교재를 중심으로 훈련과정을 운영하면서, 학습평가 및 진도관리는 웹으로 이루어진다.

④ 우편 원격훈련의 훈련기간은 2개월 이상이어야 한다.

 해설

사업주 직업능력개발훈련 지원 규정 제6조 제4호
우편 원격훈련을 실시하는 경우
마. 우편 원격훈련 성과의 평가는 월 1회 이상 실시하고, 주 1회 이상 학습과제 등 진행단계 평가를 실시해야 한다. 우수훈련기관으로 선정된 훈련기관에서 실시하는 제7조 제4호에 해당하는 훈련과정 중 전문지식 및 기술습득을 목적으로 하는 훈련과정의 경우에는 평가를 생략할 수 있다.

15 다음 중 학점은행제도에 대한 설명으로 틀린 것은?

① 학점은행제는 학교 밖에서 이루어지는 학습과 자격도 학점으로 인정하는 제도이다.

② 학점은행제는 중등학교 졸업 이상 학력을 가진 사람은 누구나 활용할 수 있다.

③ 학점은행제는 평생학습사회를 구현하기 위한 제도이다.

④ 학점은행제는 시험응시를 위한 자격요건을 충족하고자 하는 경우에도 이용할 수 있다.

 해설

학점은행제는 고등학교 졸업자나 동등 이상 학력을 가진 사람은 누구나 활용할 수 있다.

16 다음 중 원격교육에 대한 학점인정 기준에 대한 설명으로 옳은 것은?

① 원격교육기관에는 전문대학과 기술대학이 포함된다.
② 원격교육을 통한 연간 최대 이수학점은 42학점으로 하되, 학기마다 24학점을 초과하여 이수할 수 없다.
③ 원격교육의 수업일수는 출석수업을 포함하여 8주 이상 지속되어야 한다.
④ 원격교육의 콘텐츠의 순수 진행시간은 20분 또는 25프레임 이상을 단위시간으로 하여 제작되어야 한다.

해설

① 원격교육기관이란 법령에 원격(방송·통신·인터넷 등)으로 교육을 할 수 있도록 허가·인가·신고된 교육기관을 말하며 고등교육법 제2조의 규정에 의한 대학·산업대학·교육대학·전문대학·기술대학·각종학교를 제외한다(원격교육에 대한 학점인정 기준 제2조 제2호).
③ 수업일수는 출석수업을 포함하여 15주 이상 지속되어야 한다. 단, 고등교육법 시행령 제53조 제6항에 의한 시간제등록제의 경우에는 8주 이상 지속되어야 한다(원격교육에 대한 학점인정 기준 제4조 제1항).
④ 원격 콘텐츠의 순수 진행시간은 25분 또는 20프레임 이상을 단위시간으로 하여 제작되어야 한다(원격교육에 대한 학점인정 기준 제4조 제2항).

17 다음 중 '이러닝(전자학습) 산업 발전 및 이러닝 활용 촉진에 관한 법률'의 주요 내용에 대한 설명으로 틀린 것은?

① 정부는 이러닝 센터를 지정하여 운영하게 할 수 있으며 이러닝에 의한 지역공공서비스 제공을 대행한다.
② 이러닝산업발전위원회는 산업통상자원부에 둔다.
③ 공공기관의 장은 이러닝이 교육훈련방법으로 정착될 수 있도록 필요한 비용 지원, 다른 교육훈련방법과의 차별개선 등 필요한 조치를 하여야 한다.
④ 교육부장관은 관계 중앙행정기관의 장과 협의를 통해 이러닝에 관한 표준의 제정·개정·폐지·보급 및 국내외 표준의 조사·연구 및 개발에 관한 사업을 추진할 수 있도록 한다.

해설

제11조, 제25조 및 제26조에 따르면 산업자원부장관은 관계 중앙행정기관의 장과 협의를 통해 이러닝에 관한 표준의 제정·개정·폐지·보급 및 국내외 표준의 조사·연구 및 개발에 관한 사업을 추진할 수 있도록 한다.

14 ① 15 ② 16 ② 17 ④

18 다음 중 사업주 직업능력개발훈련 지원규정에 따른 훈련과정 인정 제외 대상에 해당하지 않는 것은?

① 사업주가 근로자의 직무수행능력 향상을 위하여 직접 개설 · 운영하는 사내대학의 교육과정
② 다른 법령에 따라 중앙행정기관 등 공공기관에서 지원을 받는 과정
③ 직무에 필요한 지식 및 기술 · 기능과 관련 없는 부동산 투자 등을 주된 목적으로 하는 과정
④ 외국어 능력 평가 시험 등을 주된 목적으로 하는 과정

🖥 **해설**

사업주 직업능력개발훈련 지원규정 제5조(훈련과정 인정 제외 대상)
3. 「고등교육법」 제2조 제4호에 따른 전문대학 이상의 교육기관이 학위를 부여할 목적으로 개설한 정규 교육과정. 다만, 다음 각 목의 교육과정은 그러하지 아니하다.
　가. 사업주가 근로자의 직무수행능력 향상을 위하여 직접 개설 · 운영하는 「평생교육법」 제32조에 따른 사내대학의 교육과정

19 다음 사업주 직업능력개발훈련 지원규정 중 훈련과정의 인정에 대한 설명으로 옳지 않은 것은?

① 원격훈련을 실시하려는 경우 당해 사업장의 주된 업(業)을 위한 독립된 훈련전용시설을 갖추어야 한다.
② 훈련과정 적합여부 심사에서 적합 판정을 받은 훈련과정 중 원격훈련과정은 심사발표일로부터 2년간 효력을 갖는다.
③ 국가직무능력표준(NCS)을 적용한 훈련과정은 인정요건 및 절차 등을 달리 정할 수 있다.
④ 훈련과정의 인정을 받은 자가 훈련을 실시하고자 하는 경우 훈련개시 전까지 직업능력개발 정보망에 실시신고를 하여야 한다.

🖥 **해설**

사업주 직업능력개발훈련 지원규정 제6조(훈련과정의 인정요건 등)
1. 집체훈련을 실시하려는 경우
　다. 구직자 훈련을 실시하려는 사업주는 당해 사업장의 주된 업(業)을 위한 독립된 훈련전용시설을 갖출 것

20 다음 중 사업주 직업능력개발훈련 지원규정에서 지원금 지급 기준에 대한 설명으로 틀린 것은?

① 우편원격훈련과정은 평가성적이 100점 만점 기준으로 60점 이상이어야 한다.

② 지원금 지급을 위한 집체훈련과정의 수료기준은 해당 훈련과정의 인정받은 훈련일수의 100분의 60 이상 출석이다.

③ 혼합훈련과정의 지원금 지급을 위한 훈련생의 수료기준은, 해당 훈련방법에 따른 수료기준에 각각 도달해야 한다.

④ 자체훈련과 위탁훈련을 혼합하여 실시하는 경우, 자체훈련 수료인원이 전체 훈련실시 인원의 100분의 10이상인 경우에 한해 훈련지원금을 지급할 수 있다.

 해설

사업주 직업능력개발훈련 지원규정 제11조(지원금 지급 기준 등)
1. 집체훈련과정 및 현장훈련과정
　가. 해당 훈련과정의 인정받은 훈련일수의 100분의 80 이상(훈련일수가 10일 미만이거나 훈련시간이 40시간 미만인 경우에는 인정받은 훈련시간의 100분의 80 이상)을 출석할 것.

Chapter 02 이러닝 콘텐츠의 파악

01 이러닝 콘텐츠 개발요소 이해

(1) 이러닝 콘텐츠 개발 자원

이러닝 콘텐츠를 개발하기 위해서는 다양한 자원들이 필요하다. 이러한 자원들은 이러닝 콘텐츠를 제작하는데 필요한 모든 것들을 포함하고 있다. 아래는 이러닝 콘텐츠 개발에 필요한 자원들이다.

1) 전문가의 지식

이러닝 콘텐츠를 만들기 위해서는 해당 분야의 전문가들의 지식이 필요하다. 예를 들어, 의료 분야의 이러닝 콘텐츠를 만들기 위해서는 의료 전문가들의 지식이 필요하다.

2) 교수설계자 및 디자이너

이러닝 콘텐츠를 만들기 위해서는 교수설계자와 디자이너가 필요하다. 교수설계자는 전문가가 주는 학습 내용을 콘텐츠로 변경하기 위한 방법을 작성하고, 디자이너는 그래픽 디자인을 담당한다.

3) 문서화 도구

이러닝 콘텐츠를 만들기 위해서는 문서화 도구가 필요하다. 예를 들어, 워드프로세서 · 프레젠테이션 도구 · PDF 편집기 등을 사용하여 학습자가 쉽게 이해할 수 있는 문서를 작성할 수 있다.

4) 그래픽 디자인 도구

이러닝 콘텐츠는 디자인이 매우 중요하다. 따라서 그래픽 디자인 도구를 사용하여 콘텐츠에 들어갈 이미지 · 도표 · 차트 등을 만들면 내용을 더 효과적으로 전달할 수 있다.

5) 멀티미디어 도구

이러닝 콘텐츠에는 멀티미디어 자료가 많이 사용된다. 영상 편집 도구, 그래픽 제작 도구 등의 멀티미디어 도구를 사용하여 비디오 · 오디오 · 애니메이션 등을 만들 수 있다.

6) 콘텐츠 관리 시스템

이러닝 콘텐츠를 관리하기 위해서는 콘텐츠 관리 시스템이 필요하다. 예를 들어, LMS나 LCMS를 사용하여 콘텐츠를 업로드·관리·배포할 수 있다.

이러한 자원들을 통해 이러닝 콘텐츠를 개발할 수 있다. 이러닝 콘텐츠를 만들 때는 다양한 자원들을 융합하여 최상의 학습 경험을 제공할 수 있도록 노력해야 한다.

(2) 이러닝 콘텐츠 제작 순서 ☆ 🔵 1회 필기 기출

이러닝 콘텐츠를 제작하기 위한 여러 단계를 살펴 보면 다음과 같다.

1) 목표 설정

이러닝 콘텐츠를 만들기 위해서는 명확한 학습 목표를 설정하는 것이 중요하다. 목표를 설정하면 학습자들이 어떤 내용을 학습해야 하는지 명확하게 파악할 수 있다.

2) 콘텐츠 설계

이러닝 콘텐츠를 만들기 위해서는 콘텐츠를 구성하는 요소들을 설계해야 한다. 이러한 요소들은 학습자들이 이해하기 쉬운 구조로 구성되어야 한다.

3) 콘텐츠 개발

이러닝 콘텐츠를 개발하기 위해서는 여러 가지 도구들을 사용해야 한다. 예를 들어, 텍스트·이미지·비디오·오디오 등 다양한 미디어를 사용하여 콘텐츠를 제작할 수 있다.

4) 피드백 및 평가

이러닝 콘텐츠를 개발하면서 파일럿 테스트를 위해 섭외한 학습자들에게 피드백을 제공하고, 학습 효과를 평가하는 것이 중요하다. 이를 통해 학습자들은 학습 결과를 파악하고, 개발자들은 개선할 수 있는 기회를 얻을 수 있다.

5) 배포 및 관리

이러닝 콘텐츠를 배포하고 관리하기 위해서는 LMS나 LCMS와 같은 시스템을 사용해야 한다. 이러한 시스템을 사용하면 학습자들의 학습 상황을 추적하고, 콘텐츠를 업데이트하거나 수정하는 등의 작업을 수행할 수 있다.

위 요소들을 고려하여 콘텐츠를 개발하면 학습 효과를 극대화할 수 있다. 이러닝 콘텐츠를 개발할 때는 학습자들의 학습 특성과 요구를 고려하여 콘텐츠를 제작하는 것이 중요하다.

(3) 이러닝 개발 장비

이러닝 콘텐츠를 개발하기 위해서는 다양한 장비들이 필요하다. 이러한 장비들은 이러닝 콘텐츠 제작에 필요한 기능을 제공하기 위해 사용된다. 아래는 이러닝 콘텐츠 개발에 사용되는 주요 장비들이다.

1) 컴퓨터

이러닝 콘텐츠 개발에는 컴퓨터가 필수적이다. 컴퓨터는 콘텐츠 작성, 편집, 디자인, 그리고 테스트를 할 수 있는 중요한 도구이다.

[그림 2-1] 컴퓨터 예시

2) 그래픽 태블릿

그래픽 태블릿은 그래픽 디자인을 위해 사용된다. 디자이너는 이러닝 콘텐츠에 사용될 그래픽 요소들을 만들어내기 위해 그래픽 태블릿을 사용한다.

[그림 2-2] 그래픽 태블릿 예시

3) 디지털 카메라

이러닝 콘텐츠에 사용될 이미지, 사진, 동영상 등을 만들기 위해 디지털 카메라가 사용된다.

[그림 2-3] 디지털 카메라 예시

4) 마이크

음성 콘텐츠를 만들기 위해서는 마이크가 필요하다. 마이크는 음성 녹음을 할 수 있도록 도와준다.

[그림 2-4] 마이크 예시

5) 이어폰

이러닝 콘텐츠의 테스트를 위해서는 이어폰이 필요하다. 이어폰은 학습자가 콘텐츠를 들을 수 있도록 돕는다.

6) 스크린 레코더

이러닝 콘텐츠의 화면을 녹화하기 위해서는 스크린 레코더가 필요하다. 스크린 레코더를 사용하여 콘텐츠를 녹화하면 학습자가 수강할 때 동영상을 보여줄 수 있다.

7) 테스트 장비

이러닝 콘텐츠를 테스트하기 위해서는 테스트 장비가 필요하다. 예를 들어, 다양한 운영체제, 브라우저, 해상도 등을 갖춘 다양한 기기들을 사용하여 콘텐츠를 테스트할 수 있다.

위와 같은 장비들은 이러닝 콘텐츠 개발에 필요한 기능들을 제공하여 콘텐츠를 보다 효과적으로 제작할 수 있도록 도와준다.

(4) 이러닝 개발 장비의 특장점

1) 컴퓨터

① 다양한 형식 지원 : 컴퓨터를 사용하여 이러닝 콘텐츠를 만들면 HTML5, SCORM 등 다양한 형식으로 콘텐츠를 제공할 수 있다. 이러한 형식들은 웹 브라우저나 LMS(Learning Management System) 등에서 모두 사용할 수 있어 학습자들이 접근하기 쉽다.

② 쉬운 수정과 업데이트 : 이러닝 콘텐츠를 컴퓨터로 만들면 쉽게 수정하고 업데이트할 수 있다. 콘텐츠를 만든 후에도 수정이 가능하며, 새로운 정보나 자료를 추가하기도 쉽다.

③ 인터랙티브한 콘텐츠 제작 가능 : 컴퓨터로 이러닝 콘텐츠를 만들면 쌍방향으로 상호작용하는 콘텐츠를 제작할 수 있다. 예를 들어, 시뮬레이션·게임·퀴즈 등 다양한 인터랙티브한 콘텐츠를 만들 수 있다.

④ 다양한 미디어 활용 : 컴퓨터를 이용하면 다양한 미디어를 활용하여 이러닝 콘텐츠를 만들 수 있다. 이미지, 동영상, 음성 등을 적극적으로 활용하여 콘텐츠를 구성하면 학습 효과를 높일 수 있다.

⑤ 비용 절감 : 컴퓨터를 사용하여 이러닝 콘텐츠를 만들면 인쇄, 출판 등의 비용이 들지 않아 비용을 절감할 수 있다.

⑥ 시간 절약 : 이러닝 콘텐츠를 컴퓨터로 만들면 제작 시간을 단축시킬 수 있다. 다양한 템플릿과 도구들을 활용하여 콘텐츠를 쉽게 제작할 수 있기 때문이다.

2) 그래픽 태블릿

① 직관적인 제작 환경 : 그래픽 태블릿은 펜과 터치 인터페이스를 사용하여 직관적인 제작 환경을 제공한다. 그래픽 태블릿을 사용하면 손으로 직접 그리거나 쓰면서 이러닝 콘텐츠를 제작할 수 있어, 더욱 직관적이고 자연스러운 결과물을 얻을 수 있다.

② 다양한 그리기 도구 제공 : 그래픽 태블릿은 다양한 그리기 도구와 브러시·색상 등을 제공하여, 다양한 그래픽 요소를 쉽게 추가할 수 있다. 이러한 기능을 활용하여 그림·도표·차트 등을 만들 수 있다.

③ 다양한 포맷 지원 : 그래픽 태블릿은 다양한 파일 형식을 지원한다. 예를 들어, JPEG, PNG, PDF 등의 파일 형식을 지원하여, 다양한 방식으로 제작한 콘텐츠를 저장하고 공유할 수 있다.

④ **이동성** : 그래픽 태블릿은 콤팩트한 크기와 건전지나 충전식으로 사용할 수 있는 배터리를 가지고 있어 이동성이 좋다. 이러한 특징을 활용하여, 학습자가 언제 어디서든 학습할 수 있는 이러닝 콘텐츠를 제작할 수 있다.

⑤ **자유로운 표현** : 그래픽 태블릿은 자유로운 표현이 가능하다. 손으로 그린 그림이나 글씨, 색상 등을 활용하여 학습자의 흥미를 끌고, 보다 생동감 있는 이러닝 콘텐츠를 제작할 수 있다.

⑥ **빠른 제작 속도** : 그래픽 태블릿은 컴퓨터와 연결하여 사용할 수 있다. 이를 활용하여 컴퓨터에서 필요한 부분을 제작하고, 그래픽 태블릿으로 세부적인 작업을 수행하여, 더욱 빠른 제작 속도를 얻을 수 있다.

3) 디지털 카메라

① **고화질 이미지 촬영 기능** : 디지털 카메라는 고화질의 이미지 촬영 기능을 제공한다. 이를 활용하여, 높은 해상도의 이미지, 사진 및 도표 등을 제작할 수 있다.

② **다양한 촬영 모드 제공** : 디지털 카메라는 다양한 촬영 모드를 제공한다. 예를 들어, 매크로 모드, 플래시 모드, 수동 조절 모드 등을 활용하여, 다양한 촬영 상황에서 최적의 이미지를 얻을 수 있다.

③ **다양한 렌즈 선택 가능** : 디지털 카메라는 다양한 렌즈를 선택할 수 있다. 이를 활용하여, 원하는 시야각과 초점 거리에 따라 최적의 이미지를 촬영할 수 있다.

④ **다양한 포맷 지원** : 디지털 카메라는 다양한 파일 형식을 지원한다. 예를 들어, JPEG, RAW 등의 파일 형식을 지원하여, 다양한 방식으로 제작한 콘텐츠를 저장하고 공유할 수 있다.

⑤ **이동성** : 디지털 카메라는 컴팩트한 크기와 건전지나 충전식으로 사용할 수 있는 배터리를 가지고 있어 이동성이 높다. 이러한 특징을 활용하여, 학습자가 언제 어디서든 학습할 수 있는 이러닝 콘텐츠를 제작할 수 있다.

⑥ **빠른 제작 속도** : 디지털 카메라는 빠른 제작 속도를 제공한다. 촬영한 이미지를 컴퓨터로 전송하여, 쉽고 빠르게 이러닝 콘텐츠를 제작할 수 있다.

⑦ **쉬운 편집 기능** : 디지털 카메라로 촬영한 이미지는 컴퓨터에서 쉽게 편집할 수 있다. 이를 활용하여, 이미지를 자르거나 크기를 조정하는 등의 작업을 수행하여, 더욱 효과적인 이러닝 콘텐츠를 제작할 수 있다.

4) 마이크

① **음성 신호를 정확하게 수집** : 마이크는 음성 신호를 정확하게 수집할 수 있다. 이를 통해 설명과 강의를 명확하게 전달할 수 있다.

② **자연스러운 음질** : 마이크는 자연스러운 음질을 제공한다. 이를 활용하여, 학습자가 음성을 들을 때 불편함이 없도록 하여 학습 효과를 높일 수 있다.

③ **다양한 종류의 마이크** : 마이크는 다양한 종류가 있다. 예를 들어, 다이나믹 마이크, 컨덴서 마이크, 라벨 마이크 등이 있다. 이를 선택하여, 구체적인 촬영 상황에 맞게 사용할 수 있다.

④ **노이즈 제거 기능** : 일부 마이크는 노이즈 제거 기능을 가지고 있다. 이를 활용하여, 학습자가 음성을 더욱 깨끗하게 듣고, 알아듣기 쉽게 하여 학습 효과를 높일 수 있다.

⑤ **이동성** : 일부 마이크는 컴팩트한 크기와 무선 연결 기능을 가지고 있어 이동성이 높다. 이를 활용하여, 학습자가 언제 어디서든 학습할 수 있는 이러닝 콘텐츠를 제작할 수 있다.

⑥ **쉬운 연결** : 마이크는 컴퓨터와 쉽게 연결할 수 있다. 이를 활용하여, 빠르고 쉬운 이러닝 콘텐츠 제작이 가능하다.

⑦ **편리한 조작** : 일부 마이크는 편리한 조작 기능을 가지고 있다. 예를 들어, 음량 조절 기능, 녹음 시작 및 중지 기능 등을 제공하여, 사용자가 마이크를 보다 쉽게 사용할 수 있다.

5) 이어폰

① **개인 학습환경 제공** : 이어폰을 사용하면 개인 학습환경을 제공할 수 있다. 이를 통해 학습자는 주변의 소음으로 인해 쉽게 집중력을 잃지 않고, 보다 집중적인 학습이 가능하다.

② **뛰어난 음질** : 이어폰은 뛰어난 음질을 제공한다. 이를 통해 학습자가 음성을 더욱 선명하게 들을 수 있다.

③ **편리한 이동성** : 일부 이어폰은 무선 연결 기능을 가지고 있어, 사용자가 이동하면서도 쉽게 사용할 수 있다.

④ **다양한 종류의 이어폰** : 이어폰은 다양한 종류가 있다. 예를 들어, 인이어 이어폰, 오버 이어 이어폰, 블루투스 이어폰 등이 있다. 이를 선택하여, 구체적인 촬영 상황에 맞게 사용할 수 있다.

⑤ **노이즈 제거 기능** : 일부 이어폰은 노이즈 제거 기능을 가지고 있다. 이를 활용하여, 학습자가 음성을 더욱 쉽게 이해할 수 있도록 하여 학습 효과를 높일 수 있다.

⑥ **쉬운 연결** : 이어폰은 컴퓨터나 모바일 디바이스와 쉽게 연결할 수 있다. 이를 활용하여, 빠르고 쉬운 이러닝 콘텐츠 제작이 가능하다.

⑦ **편리한 조작** : 일부 이어폰은 편리한 조작 기능을 가지고 있다. 예를 들어, 음량 조절 기능, 녹음 시작 및 중지 기능 등을 제공하여, 사용자가 이어폰을 보다 쉽게 사용할 수 있다.

6) 스크린 레코더

① **화면 녹화** : 스크린 레코더는 화면 녹화를 할 수 있다. 이를 통해 학습자가 시각적으로 쉽

게 이해할 수 있는 이러닝 콘텐츠를 만들 수 있다.

② 음성 녹음 : 스크린 레코더는 음성 녹음을 할 수 있다. 이를 통해, 음성 설명과 함께 학습자에게 보다 자세한 정보를 전달할 수 있다.

③ 마우스 포인터 및 키 입력 녹화 : 스크린 레코더는 마우스 포인터와 키 입력을 녹화할 수 있다. 이를 통해 학습자는 실제로 어떤 작업을 수행해야 하는지를 더욱 명확하게 이해할 수 있다.

④ 다양한 포맷 지원 : 스크린 레코더는 다양한 파일 포맷으로 저장할 수 있도록 지원한다. 예를 들어, MP4, AVI, WMV 등으로 저장이 가능하다. 이를 선택하여, 구체적인 촬영 상황에 맞게 사용할 수 있다.

⑤ 편리한 조작 : 일부 스크린 레코더는 편리한 조작 기능을 가지고 있다. 예를 들어, 간단한 녹화 시작 및 중지 기능, 화면 캡처 기능 등을 제공하여, 사용자가 스크린 레코더를 보다 쉽게 사용할 수 있다.

⑥ 쉬운 연결 : 스크린 레코더는 컴퓨터와 쉽게 연결할 수 있다. 이를 활용하여, 빠르고 쉬운 이러닝 콘텐츠 제작이 가능하다.

⑦ 높은 화질 : 일부 스크린 레코더는 높은 화질을 제공한다. 이를 통해 학습자가 화면을 더욱 선명하게 볼 수 있어 학습 효과를 높일 수 있다.

7) 테스트 장비

① 다양한 종류의 테스트 장비 : 이러닝 콘텐츠 제작 시, 학습자가 사용할 수 있는 다양한 종류의 테스트 장비가 필요하다. 이러한 테스트 장비는 예를 들어, 모바일 디바이스, 테블릿, 노트북, PC 등이 있다. 이를 선택하여, 구체적인 촬영 상황에 맞게 사용할 수 있다.

② 다양한 운영 체제 지원 : 테스트 장비는 다양한 운영 체제를 지원한다. 예를 들어, Windows, Mac OS, Android, iOS 등이 있다. 이를 통해 학습자가 사용하는 운영 체제에 맞게 테스트를 진행할 수 있다.

③ 안정적인 테스트 환경 제공 : 테스트 장비는 안정적인 테스트 환경을 제공한다. 이를 통해 학습자는 원활하게 테스트를 진행할 수 있다.

8) 스크린캐스트(screencast)

① 컴퓨터 화면 출력의 디지털 녹화를 의미함. 비디오 스크린 캡처라고도 함

② 스크린샷과 차이점

- 스크린샷 : 컴퓨터의 한 화면의 모습을 그대로 저장한 이미지

- 스크린캐스트 : 시간의 경과에 따른 화면에 나타나는 모습을 그대로 저장하여, 영상과 소리를 녹취함

(5) 이러닝 개발 산출물 ⭐⭐

이러닝 개발 및 운영을 하면 다음과 같은 산출물을 얻을 수 있다.

1) 학습 목표 및 교육 계획서 💡1회 필기 기출

학습 목표와 교육 계획서는 이러닝 개발의 가장 기본이 되는 산출물이다. 학습 목표는 학습자가 어떤 지식과 기술을 습득할 수 있는지를 명확하게 정의한 것이고, 교육 계획서는 그 목표를 달성할 수 있도록 수업 내용과 평가 방법 등을 구체적으로 계획한 문서이다.

2) 학습흐름도

콘텐츠 개발을 할 때 한 차시의 내용이 전개되는 흐름을 한 눈에 알아볼 수 있도록 작성한 문서를 말한다. 일반적으로 도입, 학습, 평가, 정리의 흐름으로 진행된다. 이때 모든 차시가 하나의 통일된 흐름으로 진행되지 않을 수도 있다. 예를 들면, 이론 차시와 실습 차시로 구분되어 진행되는 경우라면, 차시의 흐름을 각각 나타내 주기도 한다. 또한 각각의 흐름 안에 들어가는 내용을 가급적이면 상세히 작성하는 것이 좋다. 즉, 학습흐름도는 한눈에 알아볼 수 있는 콘텐츠의 전체적인 구성도이다.

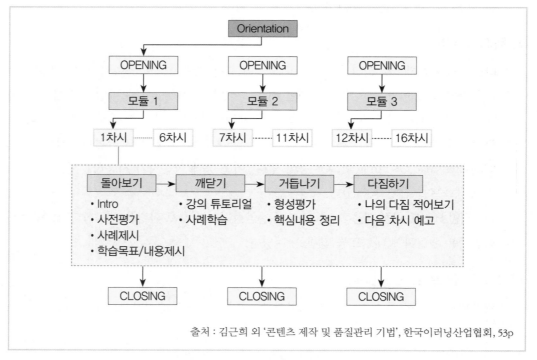

출처 : 김근희 외 '콘텐츠 제작 및 품질관리 기법', 한국이러닝산업협회, 53p

[그림 2-5] 콘텐츠 학습흐름도

3) 스토리보드

스토리보드는 영상으로 제작하기 전에 구현될 모습을 그린 화면을 말한다. 이러닝 콘텐츠는 스토리보드가 얼마나 상세하게 작성되었는지에 따라 개발 기간 및 공정에 차이가 생길 수 있다. 개발자가 스토리보드만으로 개발을 진행할 수 있도록 충분한 의사소통의 도구가 되어야 한다. 스토리보드에서는 이러닝 콘텐츠 개발 계획을 파악하고, 그에 맞춰 단위 콘텐츠를 확인할 수 있다. 보통 차시별 스토리보드를 말하며, 화면 단위 스토리보드를 확인한다.

스토리보드에는 학습전략에서 결정된 학습단계에 맞는 적절한 설계가 제시되어 있다. 반복되는 화면 작성 작업을 간략화하고, 화면들 간의 일관성을 유지하기 위하여 설계된 공통화면을 확인한다. 공통화면의 구성은 다음과 같다.

① 1단계 : 스토리보드의 화면 나열

제목, 내용소개 및 목표제시, 학습 차례, 학습내용 제시, 질문 제시, 피드백, 학습내용 정리, 학습 결과 정리 등 설계에 필요한 화면들이 나열된다.

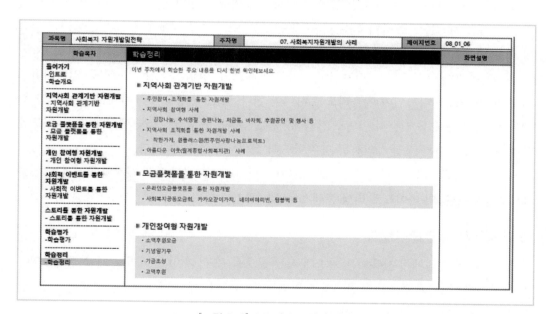

[그림 2-6] 스토리보드 화면 예시

② 2단계 : 화면의 구성, 요소 파악

공통 화면으로 정한 화면의 구성 요소들을 파악한다. 예를 들어서, 내용 제시 화면의 구성 요소들로는 내용 제목, 학습내용, 진행에 필요한 아이콘 등이 가능하다.

③ 3단계 : 구성 요소 제시 위치 확인

화면 구성 요소들이 화면의 종류별로 어떤 위치에 제시되어 있는지 확인한다. 이때, 어떤 요소가 어디에 제시되어야 한다는 원칙은 없다. 단, 일단 구성요소의 제시 위치를 결정하면 콘텐츠 내에서 일관성을 갖도록 해야 한다.

④ 4단계 : 레이아웃 설계

공통화면의 레이아웃을 설계할 때에는 각 화면의 구성요소가 명확히 구별되도록 하고, 단순성, 일관성, 상징성, 심미성, 공간성 등을 고려해야 한다. 특히, 공간성에 대해서는 내용의 기능에 따라서 영역을 구분하여 제시하며, 지나친 경계선의 사용을 피하고, 학습자의 시선이 좌측에서 우측으로, 그리고 상단에서 하단으로 이동함을 고려하여 영역과 내용을 적절히 배치해야 한다.

⑤ 5단계 : 레이아웃 작성

스토리보드에 화면의 전체적인 레이아웃이 적절히 작성되었는지 확인하고, 각 구성요소의 위치에 대한 구체적인 설명을 확인한다.

4) 동영상

스토리보드를 바탕으로 제작된 동영상은 시각적 영상과 청각적 요소를 동시에 전달하여 감성적 사고 처리를 가능하게 하여 학습 집중도를 높일 수 있는 매체이다. 동영상은 스타일과 내용이 다양하므로 인터페이스의 다른 요소들과 조화되도록 하여야 한다.

예를 들어 동영상의 프레임 디자인이나 가로와 세로의 비례, 동영상 컨트롤 등 인터페이스의 전체 스타일과 디자인이 어울리도록 하여야 한다. 또한 동영상의 크기에 따른 디스크 스페이스, 재생 속도 등 기술적인 면도 간과해서는 안 된다. 동영상은 학습에 집중할 수 있도록 하며, 교수나 강사가 직접 강의하는 경우 학습의 신뢰도를 높일 수 있다.

온라인 강의 동영상의 경우 일반적으로 1차시가 20~30분 분량으로 제작되나, 요즘은 5분 내외의 짧은 분량의 마이크로 러닝 콘텐츠로 제작하기도 한다.

5) 기술 문서 🔎 1회 필기 기출

이러닝 개발 과정에서 사용되는 기술 문서는 산출물 중 하나이다. 이러닝 개발에 사용되는 기술 문서는 주로 기술적인 측면에서 설명되는 문서이며, 예를 들어, 기능 명세서 · 디자인 문서 · 테스트 결과 보고서 등이 있다.

6) 평가 및 피드백 산출물

이러닝 개발 후 학습자의 학습 효과를 평가하고, 개선할 수 있는 평가 및 피드백 산출물이 필요하다. 이러한 산출물은 주로 학습자의 학습 결과 및 피드백을 수집한 보고서, 평가 결과 분석 보고서 등이 있다.

이러닝 개발 및 운영을 하면 이러한 산출물을 얻을 수 있다. 이러한 산출물을 토대로 학습자의 학습 효과를 높일 수 있으며, 이러닝 개발의 효과적인 관리와 개선에도 도움이 된다.

02 이러닝 콘텐츠 유형별 개발방법 이해

(1) 콘텐츠 유형

1) 학습내용의 유형

학습내용은 이론과 실습, 사례로 분류하여 설계전략 및 콘텐츠 개발유형을 적용할 수 있다. 먼저 학습내용에 따른 설계전략을 살펴보면 원리이해, 기능습득, 응용실습, 과제수행 및 문제해결 등이 있으며, 이에 따른 콘텐츠 유형은 다음과 같다.

① 원리이해

개념과 구조, 사양, 특징, 동작원리 등에 대한 이해를 위한 학습내용을 다룬다. 주요 콘텐츠 유형은 교강사의 현장감 넘치는 직접 동영상 강의형 또는 성우 음성을 이용한 설명형 강의 및 자료 제시 등이며, 학습 이해를 확인할 수 있는 활동을 제시한다.

② 기능습득

세부 기능과 동작, 절차, 명령어, 설정방법 등을 익혀 실제 수행해 보는 학습내용을 다루며, 주요 콘텐츠 유형은 소프트웨어 시연 등을 녹화하거나 자료를 제시하는 형태, 현장 시연 등을 동영상으로 촬영하여 제시하는 것으로 연습을 직접 수행해 볼 수 있도록 시뮬레이션을 개발한다.

③ 응용실습

응용적 상황으로 지식을 확장해 기능 활용, 제어, 운용을 실습해 보는 학습내용으로 콘텐츠 유형은 시뮬레이션 또는 소프트웨어 시연을 통해 학습을 진행한 후 실무 적용형 과제를 제시하고, 학습활동으로는 완성형, 순서배열형, 가상실험 등을 적용할 수 있다.

④ 과제수행 및 문제해결

구체적인 설계, 구현 과제를 실제로 완성해보는 과제 수행형으로 문제중심학습, 실무 적용 가능한 가상실험, 과제 제시 후 수행 유도형의 콘텐츠를 개발할 수 있으며, 소프트웨어 시연 등을 동영상 녹화하여 제시하거나 연습수행 시뮬레이션을 개발할 수 있다. 학습자가 스스로 수행미션 및 해결할 수 있도록 과제를 제시하는 활동을 제시한다.

2) 콘텐츠 개발유형 ✯

이러닝 콘텐츠 개발유형은 콘텐츠 개발형태와 제작기술을 결정하는데 매우 중요하다. 서비스 목적에 따라 개발형태와 적용한 제작기술은 학습 목적과 내용과도 연관이 있다. 이러닝 콘텐츠 유형별 콘텐츠 특징을 살펴보면 다음과 같다.

〈표 2-1〉 이러닝 콘텐츠 유형별 콘텐츠 특징

유형	콘텐츠 특징
개인교수형	모듈 형태의 구조화된 체계 내에서, 교수자가 학습자를 개별적으로 가르치는 것처럼 컴퓨터가 학습내용을 설명·안내하고, 피드백을 제공하는 유형
반복연습용	학습내용의 숙달을 위해 학습자들에게 특정 주제에 관한 연습 및 문제 풀이의 기회를 반복적으로 제공해주는 유형
동영상 강의용	특정 주제에 관해 교수자의 설명 중심으로 이루어진 세분화된 동영상을 통해 학습을 수행하는 유형
정보제공형	특정 목적 달성을 의도하지 않고 다양한 학습활동에 활용할 수 있도록 최신화 학습정보를 수시로 제공하는 유형
교수게임형	학습자들이 교수적 목적을 갖고 개발된 게임 프로그램을 통해 엔터테인먼트를 즐기는 것과 동시에 몰입을 통한 학습이 이루어지도록 하는 유형
사례기반형	학습 주제와 관련된 특정 사례에 기초하여 해당 사례를 둘러싸고 있는 다양한 관련요소들을 파악하고 필요한 정보를 검색 수집하며 문제해결 활동을 수행하는 유형
스토리텔링형	다양한 디지털 정보로 제공되는 서사적인 시나리오를 기반으로 하여 이야기를 듣고 이해하며 관련 활동을 수행하는 형태로 학습이 진행되는 유형
문제해결형	문제를 중심으로, 주어진 문제를 인식하고 가설을 설정한 뒤 관련 자료를 탐색, 수집하여 가설을 검증하고 해결안이나 결론을 내리는 형태로 학습이 진행되는 유형

3) 콘텐츠 설계전략

개발될 콘텐츠 유형을 고려하여 콘텐츠의 핵심 설계 전략을 다음과 같이 구분해 볼 수 있다.

① 학습내용 구성

학습내용의 구성은 목차를 어떻게 조직하고 배열하느냐에 따라 상세화된 학습요소의 내용 및 순서를 결정하며, 사용하는 매체가 달라질 수 있다. 학습내용의 순서를 결정하는 요소는 다음과 같다.

〈표 2-2〉 학습내용의 순서를 결정하는 요소

유형	콘텐츠 특징
주제	학습 내용을 주제별로 분류한 후 순서를 정해서 제시한다.
시간적 순서	특정한 시간적 순서로 개념이나 역사적 사실을 제시한다.
프로세스 순서	실제로 일을 수행하는 프로세스 순서에 따라 학습내용을 제시한다.
잘 알려진 사실	잘 알려진 사실이나 정보를 먼저 제시하고 잘 알려지지 않은 것은 나중에 제시한다.
단순하거나 쉬운 것	단순하거나 쉬운 것을 먼저 제시하고 복잡하거나 어려운 것을 나중에 제시한다.
일반적인 내용	일반적인 내용을 먼저 제시하고 특수한 내용을 나중에 제시한다.
전체적인 개요	전체적인 개요를 먼저 제시하고 그와 관련된 개별적 내용을 순차적으로 제시한다.
개별적 내용	전체를 구성하는 개별적 내용을 먼저 제시하고 나중에 전체적인 개요를 제시한다.

4) 학습 흐름 설정

학습을 전개하는 순서(흐름)는 기본적으로 도입-학습-마무리가 일반적이다. 이외에 적용, 활동, 성찰 등이 추가될 수 있다.

① 도입

이 단계는 학습할 내용이 개관을 소개하고, 학습목표를 제시한다. 학습자에게 주의집중 동기유발 전략이 사용된다.

② 학습(강의)

이 단계는 학습목표를 달성할 수 있도록 학습내용을 전달한다. 교수자 또는 성우 등 다양한 학습내용 전달전략이 사용되며, 학습자에게 관련성 동기전략이 사용된다.

③ 학습(활동)

이 단계는 학습자 활동을 통해서 실습 또는 적용할 수 있는 기회를 부여한다. 이 단계는 학습자가 스스로 적용하며 학습효과를 획득할 수 있는 자신감 동기전략이 사용된다.

④ 마무리

이 단계는 학습한 내용을 종합적으로 정리하고 평가를 실행한다. 이 단계에서는 학습자가 학습을 마무리하면서 만족감을 얻을 수 있는 동기전략이 사용된다.

(2) 콘텐츠 유형별 개발 특성 ☆

1) 개인교수형

- 개인교수형 콘텐츠는 학습자에게 개인 맞춤형 학습 경험을 제공하는 것이 특징임
- 콘텐츠를 개발할 때는 학습자의 학습 수준, 관심사, 성격 등을 고려하여 적절한 학습 자료와 학습 활동을 선택해야 함
- 개인교수가 없는 대규모 강의에 비해 비용이 높은 경우가 많으며, 개인 맞춤형 학습에 필요한 시간과 노력이 필요함
- 학습자와의 상호작용을 강조하기 때문에, 학습자의 피드백을 적극 수용하고 반영해야 함
- 개인교수형 콘텐츠를 개발하면, 학습자들은 보다 효과적인 학습 경험을 할 수 있음

2) 반복연습용

- 반복연습용 콘텐츠는 학습자가 특정한 기술이나 지식을 습득하기 위해 반복적으로 연습할 수 있는 기회를 제공하는 것이 특징임
- 콘텐츠를 개발할 때는 반복적인 학습을 효과적으로 이끌어내기 위해 학습자가 집중력을 유지할 수 있도록 단순하고 명료한 구성을 채택해야 함

- 학습자가 학습 내용에 대한 피드백을 즉시 받을 수 있도록 구성되어야 함
- 학습자가 자신이 어떤 부분에서 실수하고 있는지 인식할 수 있는 기회를 제공해야 함

3) 동영상 강의용

- 동영상 강의용 콘텐츠는 시각적인 자극을 제공하여 학습자들이 보다 쉽게 학습 내용을 이해할 수 있도록 돕는 것이 특징임
- 콘텐츠를 개발할 때는 학습자들이 학습 내용을 완전히 파악할 수 있도록 강의 내용을 체계적으로 구성해야 함
- 강의자의 말과 그림, 차트 등의 자료를 적절하게 조화시켜야 함
- 강의 내용이 너무 길어지지 않도록 강의 시간을 적절하게 조절해야 함
- 학습자들이 학습 내용을 쉽게 이해할 수 있도록 예시나 실제 사례 등을 활용하여 살아있는 강의를 제공해야 함

4) 정보제공형

- 정보제공형 콘텐츠는 학습자들이 특정한 정보를 습득할 수 있는 기회를 제공하는 것이 특징임
- 콘텐츠를 개발할 때는 학습자들이 필요로 하는 정보를 정확하고 명확하게 제공해야 함
- 정보가 학습자들에게 의미 있는 정보로 전달되도록 개발해야 함
- 그림, 차트, 표 등을 활용하여 정보를 시각적으로 표현하여 이해하기 쉽게 전달해야 함
- 학습자들이 스스로 학습을 진행할 수 있도록 구성되어야 함
- 필요한 경우 학습자들이 추가 정보를 볼 수 있는 링크나 참고 자료 등을 제공해야 함

5) 교수게임형

- 교수게임형 콘텐츠는 게임의 재미와 학습의 효과를 결합하여 학습자들이 보다 즐겁게 학습할 수 있도록 돕는 것이 특징임
- 콘텐츠를 개발할 때는 학습자들이 게임을 즐길 수 있는 재미와 동시에 학습 내용을 습득할 수 있도록 게임의 목적과 학습의 목적을 연결시켜야 함
- 게임을 진행하면서 학습자들이 자신이 어떤 부분에서 실수하고 있는지 인식할 수 있는 기회를 제공해야 함
- 게임을 통해 학습한 내용을 실제 상황에 적용할 수 있는 기회를 제공해야 함

6) 사례기반형

- 사례기반형 콘텐츠는 학습자들이 실제 상황에서 발생할 수 있는 문제를 해결하는 데 필요한 지식과 기술을 습득할 수 있도록 돕는 것이 특징임
- 콘텐츠를 개발할 때는 실제 상황에서 발생할 수 있는 문제를 모색하고, 그 문제를 해결할 수 있는 다양한 사례를 수집하여 콘텐츠로 구성해야 함
- 학습자들이 사례를 분석하고 해결책을 도출할 수 있도록 사례를 구성하는 방법과 학습자들이 사례를 분석하고 해결책을 도출할 수 있는 방법을 제공해야 함

7) 스토리텔링형

- 스토리텔링형 콘텐츠는 이야기를 통해 학습자들이 특정한 주제나 개념을 이해하고 습득할 수 있도록 돕는 것이 특징임
- 콘텐츠를 개발할 때는 이야기의 흐름과 학습 목적을 연결시켜야 함
- 이야기를 구성하는 요소들이 학습자들에게 의미 있는 정보로 전달되도록 해야 함
- 그림, 차트, 표 등을 활용하여 정보를 시각적으로 표현하여 이해하기 쉽게 전달해야 함
- 이야기의 전개 과정에서 학습자들이 자신의 생각을 발표하고 공유할 수 있는 기회를 제공하면 보다 적극적으로 학습에 참여할 수 있음

8) 문제해결형

- 문제해결형 콘텐츠는 학습자들이 실제 문제를 해결하는 데 필요한 지식과 기술을 습득할 수 있도록 돕는 것이 특징임
- 콘텐츠를 개발할 때는 실제 문제를 모색하고, 그 문제를 해결할 수 있는 다양한 방법을 제시해야 함
- 학습자들이 문제를 분석하고 해결책을 도출할 수 있도록 문제 해결 과정을 구성하는 방법과 학습자들이 문제를 분석하고 해결책을 도출할 수 있는 방법을 제공해야 함

(3) 이러닝 콘텐츠 유형별 서비스 환경 및 대상

1) 개인교수형

- 개인 맞춤형 학습 서비스
- 개인의 학습 속도와 상황에 따라 시간과 장소의 제약이 적어 유연한 학습이 가능함
- 주요 대상은 특정 분야의 전문 지식이나 기술을 습득하고자 하는 사람들임
- 대부분 높은 교육 수준이나 경력을 가진 사람이나 직장에서 업무 역량을 향상시키고자 하는 사람들이 이러한 서비스를 이용함

- 또한, 학습 목표와 관심사가 다른 경우 개인 맞춤형 학습이 필요한 학생들도 이러한 서비스를 이용함

2) 반복연습용

- 학습자가 특정 지식 또는 기술을 반복적으로 연습하며, 능숙도를 높이는 학습 방법
- 주로 언어 학습, 수학, 과학 등의 학습 분야에서 사용됨
- 문제 해결 능력과 기억력을 향상시킬 수 있으며, 학습자가 언제 어디서든 학습을 진행할 수 있어 편리함
- 학습자는 자신의 능력에 따라 적절한 난이도와 연습 횟수를 설정할 수 있음
- 주요 대상은 주로 특정 지식이나 기술을 습득하고자 하는 학습자임
- 특히, 언어학습에서는 단어나 문법 등을 반복적으로 연습하며, 수학이나 과학에서는 문제 해결 능력을 향상시키기 위해 사용됨

3) 동영상 강의용

- 주로 대학 강의나 전문 기술 교육, 업무 교육 등에서 사용됨
- 강의자의 강의력과 학습자의 시간과 장소의 제약을 극복하여 효율적인 학습이 가능함
- 학습자는 온라인 상에서 영상을 시청하며, 필요한 부분을 되돌리거나 반복해서 학습할 수 있음
- 대상은 대학생, 직장인 등 다양한 연령층과 직업군에게 적용됨
- 특히, 시간과 장소의 제약으로 인해 대학생들이나 직장인들이 자신의 능력을 향상시키기 위해 사용됨

4) 정보제공형

- 특정 분야의 정보를 제공하는 형태의 학습 콘텐츠임
- 취미나 일상 생활에서 필요한 정보를 제공하는 것이 목적임
- 주로 독학을 원하는 학습자나 일반 대중을 대상으로 함
  - 예 요리, 여행, 건강, 특정 분야의 업무 기술 등의 정보를 제공
- 학습자는 온라인 상에서 필요한 정보를 언제 어디서든 빠르게 찾아볼 수 있어 편리함

5) 교수게임형

- 게임 형식으로 학습을 수행하는 학습 콘텐츠임
- 대부분 언어 · 수학 · 과학 · 문화 등 학교 교육 분야를 대상으로 함
- 게임을 통해 학생들이 학습하면서 놀이를 즐길 수 있는 학습 방법이므로, 대부분 초중고 학생들이 주요 대상임

- 게임의 스토리, 캐릭터, 그래픽 등을 활용하여 즐겁게 학습할 수 있어, 학생들의 학습 동기를 높일 수 있음
- 교사나 학부모들도 교수게임형 e러닝 콘텐츠를 활용하여 학생들의 학습 동기를 높이고, 학습 효과를 극대화할 수 있음

6) 사례기반형

- 실제 사례나 문제를 기반으로 학습을 수행하는 학습 콘텐츠임
- 대부분의 경우, 전문 분야나 업무 교육 분야를 대상으로 함
- 학습자가 실제로 경험할 수 있는 문제를 제공하여 학습자가 문제해결 능력을 강화할 수 있도록 함
- 학습자는 실제 업무에서 발생한 문제를 기반으로 학습하므로, 학습 내용을 보다 쉽고 빠르게 이해하고 습득할 수 있음
- 주요 대상은 업무 역량을 강화하고자 하는 직장인들이나 전문 분야에 대한 지식 습득을 원하는 학생들임

7) 스토리텔링형

- 이야기나 스토리를 활용하여 학습을 수행하는 학습 콘텐츠임
- 대부분 문화 · 역사 · 인문학 등의 분야를 대상으로 함
- 학습자들이 스토리의 흐름을 따라가면서 지식을 습득하기 때문에, 학습자들의 이해도와 학습 흥미를 높일 수 있음
- 주요 대상은 문화 · 역사 · 인문학 등에 관심이 있는 일반인이나 학생들임

8) 문제해결형

- 실제 문제를 해결하면서 학습을 수행하는 학습 콘텐츠임
- 대부분의 경우, 전문 분야나 업무 교육 분야를 대상으로 함
- 학습자들이 실제로 경험할 수 있는 문제를 제공하여 학습자들이 문제해결 능력을 강화할 수 있도록 함
- 학습자들은 문제를 해결하면서 새로운 지식과 기술을 습득할 수 있음
- 주요 대상은 업무 역량을 강화하고자 하는 직장인들이나 전문 분야에 대한 지식 습득을 원하는 학생들임

03 이러닝 콘텐츠 개발환경 파악

(1) 개발 절차 : 4단계 ☆☆☆

이러닝 콘텐츠 개발 절차는 다음과 같다. 전체적인 개발 절차를 살펴보고, 단계별로 살펴보면 다음과 같다.

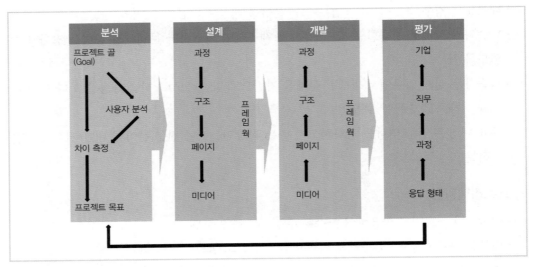

[그림 2–7] 일반적인 e–Learning 콘텐츠 개발 단계

모든 이러닝 프로젝트가 동일한 단계를 거치는 것은 아니지만 일반적인 흐름을 설명하는 가장 기본적인 절차라고 볼 수 있다.

1) 분석

분석은 어떤 콘텐츠를 만들어야 하는가에 대한 전반적인 정보를 수집하는 단계이다. 따라서 고객사와 함께 업무를 추진해야 하며, 뒤에 이어질 설계와 개발에 막대한 영향을 미치는 과정이기 때문에 철저한 사전 조사를 바탕으로 이루어져야 한다.

① 프로젝트 goal : 프로젝트가 끝났을 때 기대되는 형태를 의미한다. 프로젝트의 목표보다는 보다 포괄적이고, 함축적인 내용이며, 고객사의 요구가 바로 프로젝트의 goal이 되기도 한다.

② 사용자 분석 : 사용자 분석은 상당히 다양한 형태로 이루어질 수 있으며, 여러 가지 진단과 설문 항목들이 소개되어 있다. 주로 사용자의 디지털 리터러시, 학습 경험, 학습 스타일, 학습요구들을 인터뷰나 설문을 통하여 추출한다. 여기에 필요에 따라서 인프라 환

경을 조사하기도 한다. 특히 네트워크 환경이나 PC 사양, 모니터 환경 등은 설계 시 반영되어야 하는 중요한 사항이다.

③ 차이 측정 : 프로젝트의 골과 사용자 분석의 차이(Gap)를 측정하는 일을 말한다. 프로젝트의 골이 100이고, 사용자 분석에서 50이 나왔다면, 나머지 50을 어떻게 할 것인가에 대한 준비를 하는 부분이다.

④ 프로젝트 목표 : 차이 측정에서 발견한 차이를 이번 프로젝트에서 어떻게 소화할 것이며, 이번 프로젝트를 어디까지 포함할 것인가에 대한 구체적인 목표를 설정하는 단계이다.

2) 설계

분석 다음 단계로, 설계는 단순히 스토리보드를 작업하는 것만을 의미하지는 않는다. 위의 그림에서 보면 스토리보드는 페이지에 해당하는 부분이다. 주의할 점은 **설계는 반드시 큰 그림에서 작은 그림으로 진행**하여야 한다는 것이다.

① 과정 : 과정에 대한 설계는 과정의 전략을 짜는 과정이다. 이는 앞서 분석단계의 데이터를 바탕으로 개발할 과정의 접근방법과 교육전략, 콘텐츠 전략 등이 포함된다.

② 구조 : 코스-모듈-액티비티로 이루어지는 가지구조 모양의 구조를 잡는 작업이다. 이때 액티비티의 분량과 시간을 염두하면서 하나의 과정을 모듈화시키는 작업을 수행한다.

③ 페이지 : 많이 알고 있는 스토리보드 작업을 하는 부분이다. 페이지의 레이아웃과 페이지의 성격에 맞는 표현 방법, 소개·테스트·본문 등을 구분한 개발 방법이 결정되는 업무이다.

④ 미디어 : 미디어 설계는 해당 전문가들이 주로 작업을 한다. 예를 들어 사운드 녹음은 어떻게 할 것인지, 사운드 녹음을 위한 성우와 스튜디오는 어떻게 할 것인지, 영상물은 어떻게 작업할 것인지 등을 결정한다.

3) 개발

세 번째로는 개발 단계이다. 말 그대로 아웃풋을 만들어내는 단계로서, 개발자 리소스가 집중적으로 투입되는 시기이다. 여기서도 중요한 것은 설계와는 반대로 **작은 것부터 큰 것으로 만들어 간다**는 것이다. 즉 미디어와 같은 단일 항목에서 페이지, 구조 과정의 순서대로 개발작업이 진행된다.

① 미디어 : 사운드를 녹음하거나, 영상물을 제작하고, 텍스트 작업을 하는 일련의 과정을 말한다. 특히 이미지 부분은 시간이 걸리기 때문에 사전에 준비를 하는 것이 필요하다.

② 페이지 : 개발 쪽에서는 저작(Authoring)이라는 표현으로 불린다. 개발 툴을 이용하여 앞서 작업된 미디어들을 배치하고, 상호작용과 반응형태를 삽입하는 등의 작업을 진행한다.

③ 구조 : 과정의 흐름을 만드는 부분이다. 기존에는 LMS나 LCMS의 전담기능이었지만, 최근에는 콘텐츠 저작도구 내에 포함된 경우가 많이 있다.

④ 과정 : 과정은 개발이라기보다 설정으로 볼 수 있다. 만들어진 각각의 콘텐츠를 모아서, 하나의 패키지화된 과정을 만들어 서비스 한다.

4) 평가

마지막으로 평가 부분이다. 앞의 세 단계 모두 중요하지만 평가 부분은 절대로 간과해서는 안되는 부분이다. 하지만 현실적으로는 과정설문지나 소감문과 같이 형식적인 설문조사만을 통하여 지나치는 경향이 있다.

① 응답형태 : 실제 학습자가 콘텐츠를 학습하면서 추적되는 항목들을 의미한다. 작게는 접속 횟수, 학습 시간, 반복 횟수로부터 게시판 활동과 Q&A 활동들도 여기에 포함될 수 있다.

② 과정 : 과정평가는 일반적으로 수행해온 과정 평가서와 같은 의미이다. 즉 하나의 과정을 모두 끝마친 후 콘텐츠에 대한 피드백을 받는 것이다.

③ 직무 : 여기서부터는 평가의 방법이나 측정이 상당히 어려워진다. 학습콘텐츠를 공부하고 나서 그 과정이 자신의 업무에 얼마만큼 도움이 되었는가를 평가하는 것을 의미한다. 보통 과정 관리자나 매니저들이 업무일지나 업무고과와 교육과 연계시켜서 평가를 진행한다.

④ 기업평가 : 가장 장기적이며, 많은 자료를 필요로 하는 평가이다. 주로 ROI(Return on Investment, 투자 대비 효과)를 측정하여 e-Learning이 얼마만큼 기업의 생산성향상에 도움을 주었는가를 평가하는 것이다. 보통 연간 단위로 이루어지며, HR 부서에서 측정이 이루어진다.

(2) 개발 절차 : 5단계(ADDIE 모형)

ADDIE 모형은 전통적인 이러닝 콘텐츠 개발 프로세스 모형 중 하나로서, 분석(Analysis), 설계(Design), 개발(Development), 실행(Implementation), 평가(Evaluation)라는 다섯 가지 단계의 영어 첫 자를 따서 만든 개발 모형이다.

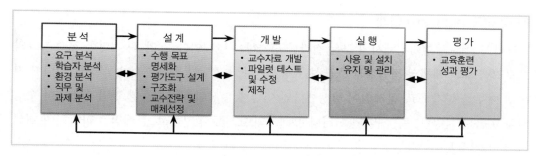

[그림 2-8] 이러닝 개발 절차 5단계(ADDIE 모형)

1) 분석(Analysis) 단계

학습 대상자와 학습과 관련된 요인들을 분석하는 단계로, 학습에 들어가기 전에 반드시 선행되어야 하는 단계이다. 학습자가 누구인지, 현재 어느 수준인지, 학습자의 특성을 파악하고, 학습자가 필요로 하는 것과 기대되는 것이 무엇인지 학습자의 요구를 분석한다. 교육 실제에 사용할 수 있는 물적 자원과 학습 공간의 물리적 환경을 분석하며, 교수자가 목표 달성을 위하여 필요로 하는 지식 · 기능 · 태도를 파악하고 분석한다.

2) 설계(Design) 단계 ✯

분석 단계에서 나온 결과를 토대로 교육 제반 사항에 대해 설계하는 단계이다. 수행목표를 행동적인 용어로 명확히 하며, 그 목표가 제대로 이루어지는지 평가도구를 선정한다. 학습자에게 효율적인 프로그램이 되도록 계열화하며 어떻게 가르칠 것인지 교수전략을 수립한다. 또한 학습활동을 촉진시킬 수 있는 적절한 교수매체를 선정한다. 학습 목표에 맞는 e러닝 콘텐츠를 디자인하는 단계이므로, 강의 계획서, 시나리오 및 스토리 보드 등이 산출물로 나온다.

3) 개발(Development) 단계

설계된 e러닝 콘텐츠를 실제로 개발하는 단계이다. 설계명세서 또는 스토리보드 등 이러닝에 필요한 교수자료를 실제로 개발하고 제작한다. 개발을 할 때 먼저 교수자료의 초안 또는 시제품을 개발하여 형성평가를 실시하고, 프로그램을 수정한 뒤에, 테스트하는 과정을 거쳐, 마지막으로 최종 산출물 즉, 완제품을 제작하는 단계이다.

4) 실행(Implementation) 단계

실행 단계는 설계되고 개발된 교육훈련 프로그램을 실제의 현장에 사용하고, 이를 교육과정에 설치하며, 계속적으로 유지하고 변화 및 관리하는 활동을 말한다. 즉, 개발된 e러닝 콘텐츠를 실제 학습자들이 사용할 수 있도록 구현하는 단계이다.

5) 평가(Evaluation) 단계

평가 단계는 실행과정에서의 모든 결과를 평가하는 단계이다. 설계 및 개발한 교수 자료와 프로그램, 교수매체의 적합성과 효율성을 평가한다. 또한, 이 과정을 계속 사용할 것인지 지속성 여부를 평가하고, 문제점이 발생했다면 어떻게 수정해서 재적용할 것인지에 대한 수정 사항 등을 평가한다. 즉, 개발된 이러닝 콘텐츠의 효과를 평가하고, 문제점을 파악하여 개선하는 단계이다.

ADDIE 모형은 이러닝 콘텐츠 개발의 전반적인 과정을 체계적으로 수행하며, 문제점을 발견하고 수정할 수 있는 장점이 있다.

(3) 개발 절차별 가이드라인

1) 추진 일정에 따른 가이드라인

콘텐츠 개발에 대한 품질관리 가이드라인은 개발의 절차를 고려하여 각 단계에서 어떤 내용의 품질관리를 실행할 것인가를 고려해야 한다. 이를 위해서는 다음과 같이 콘텐츠 개발에 요구되는 추진 내용과 더불어 추진 일정을 확인하고 산출물 관리를 실행한다.

각 단계에서 실행해야 할 사항을 정리하여 체크리스트를 생성한다. 다음은 추진 일정에 따른 품질관리 가이드라인의 개발 내용이다.

〈표 2-3〉 추진 일정에 따른 품질관리 가이드라인

추진 내용		추진 일정(週)						산출물
분석, 설계 단계	요구분석 정리							
	설계 전략 및 Idea 검토							
	원고 집필 및 검토							
	스토리보드 작성 및 검토							스토리보드
	프로토타입 개발							프로토타입
제작 단계	디자인 & HTML							개발물 소스
	Multimedia 제작							
테스트	수정 및 보완							
결과물	콘텐츠 & 과정개요서							소스파일, 과정개요서
LMS 포팅								

추진 일정을 고려하는 것에는 한정된 비용, 일정 및 자원의 제약 조건에서 바람직한 이러닝 콘텐츠의 품질, 기능성 및 성과를 달성하는데 요구되는 개발 활동을 계획·예측·일정 수립 자원 할당·개발 활동 수행·개발 과정을 추적 및 통제하는 제반 과정이 포함되어야 한다.

위의 표와 같이 분석 및 설계 단계에서 해야 할 일과 제작 단계에서의 업무, 테스트, 결과물 과 마지막으로 학습시스템에 포팅하는 단계에서 각각의 산출물별 가이드라인, 혹은 추진 내 용에 따른 가이드라인 등을 제시할 수 있다.

예를 들면, 각 단계에서 해당 내용이 어느 정도 실행되고 있는지를 확인하는 체크리스트를 작성하고, 불만에 대한 체크가 많을 경우, 어디에 문제가 있었는지를 구체화해서 품질관리를 할 수 있다. 즉, 콘텐츠 개발을 위한 프로세스별로 가이드라인을 제시할 수 있다.

가이드라인에서는 콘텐츠 개발과 관련된 내용을 어떻게 진행해야 하는지에 대한 측면도 고려되지만, 콘텐츠 개발의 각 단계에서 산출물이 만족스러운지에 대한 측면이 고려될 수도 있다. 따라서 현재 개발 중인 콘텐츠의 내용을 고려하여, 중간 단계에서 산출물에 대한 관리 를 실시하는 것도 바람직하다고 할 수 있다.

〈표 2-4〉 각각의 산출물에 대한 만족도 평가 예시

추진 내용		해당 내용 산출물의 만족 여부				
		매우 만족	만족	보통	불만	매우 불만족
분석, 설계 단계	요구분석 정리					
	설계 전략 및 Idea 검토					
	원고 집필 및 검토					
	스토리보드 작성 및 검토					
	프로토타입 개발					
제작 단계	디자인 & HTML					
	Multimedia 제작					
테스트	수정 및 보완					
결과물	콘텐츠 & 과정개요서					
LMS 포팅						

2) 개발 프로세스에 따른 가이드라인

다음은 개발 프로세스에 따라 가이드라인을 작성하기 위한 방법 중 하나이다.

〈표 2-5〉 가이드라인 구성의 예시

개발 프로세스		Analysis (분석/기획)	Design (설계)	Development (개발)	Implementation (운영)	Evaluation (평가)
		– 교육Needs 분석 – 과정 분석 – 환경 분석 – 학습자 분석	– 교육매체 선정 – 교수설계 – 화면설계 – 스토리보드 지원	– 프로그램 개발 – 디자인 제작	– 운영계획 수립 – 과정 운영	– 과정운영 평가 – 학습효과 분석 – 운영 효율성 평가
단계별 필요 산출물	계획서	●	●			
	스토리보드		●	●		
	프로토타입			●	●	
	콘텐츠 산출물			●	●	●
콘텐츠 개발 내용에 다른 품질 관리 내용	품질 전략	●				●
	저작권	●				●
	자원 관리	●	●	●	●	
	기술 신뢰성	●	●	●	●	
	요구 분석	●	●	●	●	●
	요구 설계	●	●	●	●	●
	상호 작용		●	●	●	●
	학습 지원		●			
	평가					●
	윤리성	●	●			
	학습 내용		●	●		
준비 서류		– 요구사항 분석서 – 조직도 – 인력 현황표	– 스토리보드 – 교수설계서	산출물	산출물	
해당 산출물 Index (Page)						
비고						

품질관리 가이드라인은 다양하게 설정할 수 있다. 콘텐츠 개발을 진행할 때, 어느 부분의 품질관리를 고려해야 할 것인지를 확정하고, 개발 프로세스에서 품질관리를 진행하거나 개발의 일정별로 해당 일정에 적합하게 개발이 진행되고 있는지를 확인하는 형태로 작성한다.

(4) 개발 인력 및 역할 ☆☆

이러닝 콘텐츠 개발을 위해서는 다양한 사람들의 전문적인 역할이 필요하다.

1) 프로젝트 매니저(Project Manager)

- 실무를 담당하는 총 책임자를 의미
- 지정된 시간에 한정된 비용을 가지고 프로젝트를 이끄는 사람을 의미하기도 함
- 고객사와의 커뮤니케이션 채널을 담당하게 되며, 프로젝트에 한하여 모든 책임을 지게 됨
- 조직관리나 시간관리 등 다양한 관리기술을 가지고 있어야 함
- 프로젝트 매니저에게 요구되는 능력은 다음과 같음

> - 다양한 업무 경험(대외적, 대내적)
> - 기술과 디자인, 미디어 이슈에 대한 기본적인 이해
> - 교수설계에 대한 기초지식
> - 회계기본에 대한 확실한 지식
> - 일정관리 능력, 생산성 관리능력, 의사소통 능력, 간트차트 분석능력, 스프레드시트 작성 능력, 회의 주관 능력

2) 주제전문가(SME ; Subject Matter Expert)

- 주제전문가는 하나의 풀(Pool)로 운영하는 것이 바람직함
- 특정 업무분야에 해박한 지식을 가지고 있으면서, 그 지식을 타인에게 전달할 수 있는 능력을 가진 사람을 의미함
- 상당히 많은 양의 강의용 문서를 만들어야 하며, 내용에 대한 설명을 알기 쉽고 명확하게 표현해야 함
- 주제전문가가 프로젝트에 투입되었을 때 꼭 지켜야 하는 사항은 다음과 같음

> - 콘텐츠 내용에 대한 확실성
> - 분량에 대한 시간 예측
> - 교수 설계자와 주로 작업 하기 때문에 원활한 커뮤니케이션 능력 필요

3) 교수 설계자(Instructional Designer) 🔖 1회 필기 기출

- 주제전문가의 내용을 교육적인 의도를 가지고 개발물을 설계하는 사람을 의미
- 내용과 개발의 중간적 위치에 있다고 볼 수 있음
- 내용과 기술에 대한 이해가 충분할 경우, 보통 프로젝트 매니저(PM)의 역할을 같이하는 경우가 있음
- 분석부터 평가의 모든 부분에 참여함
- 실제 인터뷰나 자료분석을 통하여 학습자의 요구와 현황을 파악하여야 하며, 이에 따른 전략서와 가이드라인을 만들어 냄
- 교육 과정 설계시에는 본격적인 교수설계 작업을 진행함
- 교수설계는 내용의 교육적 표현에 대한 설계를 의미함
- 개발시에는 '스토리보드' 작업에 대부분의 시간을 할애하게 됨. 스토리보드는 '고객', '주제전문가', '개발자' 모두가 이해할 수 있어야 함
- 평가 단계에서는 평가의 가이드를 제공함
- 교수 설계자가 갖추어야 할 기본적인 능력은 다음과 같음

  - 기술에 대한 기본적인 이해와 실제 구현이 가능한지에 대한 판단
  - 성인학습에 대한 개념과 원리를 이해하고 콘텐츠에 적용시킬 수 있는 능력
  - 학습자의 요구를 분석하고 현재 상황과의 차이를 발견하는 능력

4) 저작자(Writer)

- **역할 1** : 콘텐츠에 표현된 문구나 내용이 학습자에게 쉽고 명확하게 전달되는 것을 책임짐(교수설계자가 스토리보딩한 작업을 바탕으로 학습 대상의 나이, 성별, 직위 등 여러 변수조건을 감안하여 적절한 문체를 만들어 내는 것)
- **역할 2** : 콘텐츠의 외국어화 프로젝트를 진행할 경우 현지인(외국인)의 문화와 환경에 맞는 문제로 바꾸는 전문적인 작업을 수행함
- 모든 프로젝트에서 필요한 인력은 아니고, 대상이 특이하거나 내용이 특별할 경우, 주로 일정 기간 동안 계약을 통하여 프로젝트에 참여함
- 저작자가 갖추어야 하는 능력은 다음과 같음

  - 뛰어난 커뮤니케이션 스킬
  - 간결하고, 직접적이고, 부드럽게 연결되는 문체
  - 학습자의 주의와 집중을 끌어내는 창의적인 기술

5) 그래픽 디자이너(Graphic artist)

- 콘텐츠나 시스템의 화면 디자인을 담당하는 사람
- 크게 2D와 3D디자이너로 구분되며 상당한 창의력과 디자인 감각을 가지고 있어야 함
- 학습자에게 그래픽이 주는 비중은 상당히 높기 때문에, 콘텐츠의 내용에 부합하고 학습 대상자에 적합한 그래픽을 작업해야 함
- 현실적으로 가장 많은 말이 나오고, 이슈가 나올 수 있는 부분이 바로 그래픽 부분임
- 피드백이 다양할 수 있기 때문에, 자기의 주관이 확실하고, 작업의 목적이 뚜렷한 결과물을 만들어 내는 것이 중요함
- 그래픽을 비롯한 멀티미디어 아티스트가 가져야 하는 기본적인 능력은 다음과 같음

> − 학습자가 쉽게 이해하고 받아들일 수 있는 결과물 제작
> − 학습 대상의 문화와 학습경험을 빨리 습득할 수 있는 능력
> − 다양한 소프트웨어를 사용할 수 있으며, 빨리 받아들이는 능력

6) 프로그래머(Programmer)

- 프로그래머는 멀티미디어 아티스트가 만들어 놓은 미디어들을 바탕으로 교수 설계자가 만든 스토리보드에 따라 프로그래밍 작업을 하는 사람임
- 프로그래머는 다양하기 때문에, 웹 프로그래머, C/S 프로그래머, DB 작업자, 단순 코더(Coder) 등 만들고자 하는 결과물이 명확히 나와야 적절한 프로그래머를 선택할 수 있음
- 설계서를 똑같이 보고 작업하더라도, 어떤 프로그래머의 손에서 콘텐츠로 만들어지는가에 따라 그 결과물이 상당히 달라질 수 있음
- 개발하는 개발 툴이 현재의 시스템이나 디자인된 시스템과 잘 맞는지도 고려해야 하며, 기업의 전체 시스템과의 연동도 고려되어야 함
- 콘텐츠만을 작업하는 멀티미디어 저작자(multimedia Author)라고 별도로 부르기도 하며, 요즘은 웹기반의 콘텐츠가 주로 이루어지기 때문에 웹 개발자라고도 부름
- 프로그래머가 갖추어야 할 요건은 다음과 같음

> − 업무에 대한 분석적 방법을 이용한 접근 능력
> − 재활용이 가능한 객체형식이나 컴포넌트로 개발하는 능력
> − 학습자에 맞는 개발 툴을 선정하고 코드를 최적화할 수 있는 능력

7) 영상 제작자(Audiovisual Producers)

- 멀티미디어 아티스트와는 조금 다른 업무를 하는 그룹임
- 100% 창의적인 업무로 구성되어 있으며, 실제 제작·촬영·편집 등의 일을 총괄함

- 오디오, 비디오 작업이 스토리보드 상에 설계될 수도 있겠지만 대부분은 담당 전문가의 도움을 통하여 작업이 진행됨
- 최근 동영상 강의가 많아지면서 이러한 미디어 제작자들의 역할이 강화되고 있음

8) 품질 관리자(Quality Reviewers)

- 현장 테스트 이전에 반드시 품질 관리자의 검수를 거친 다음에 다음 프로세스로 넘어가는 것이 바람직함
- 프로젝트 기간 중 일정 기간만 참여하게 되며, 한번에 두 개 이상의 프로젝트에 동시에 참여하는 것도 가능함
- 기술과 내용 파악에 대한 뛰어난 능력을 가지고 있으면 더욱 좋으며, 개발자의 개발이 끝난 후 진행되는 알파테스트와 베타테스트에 함께 참여하여 작업을 수행함
- 기술적으로는 버그나 오류를 발견하는 일을 하며 가능하다면 기술적인 조언도 수행함
- 내용적인 측면으로는 내용전달의 가능성과 사용자 입장에서의 리포트를 작성해야 함
- 품질 관리자가 갖추어야할 요건은 다음과 같음

  - 개발 결과물에 대한 기능적 호환성과 예외 사항을 테스트하는 능력
  - 설계문서와 비교하여 정확한 결과물이 나왔는지 확인하는 능력
  - 논리적으로 학습자의 행위와 개발 결과물의 행위가 타당한지에 대한 분석능력
  - 현재 시스템의 구조와 환경에서 최상의 퍼포먼스를 내고 있는지에 대한 시스템 분석능력
  - 콘텐츠의 접근성과 사용자 친화성에 대한 분석과 보이는 대로 작동되는지(Look & Feel)확인하는 능력
  - 학습자 입장에서 문제에 부딪혔을 때 스스로 해결이 가능한지 확인하는 능력

실제 개발이나 미디어 제작은 외부 업체에 맡긴다고 하더라도 분석이나 설계, 평가를 담당하는 핵심인력은 이러닝팀 내에 반드시 두는 것이 좋다.

(5) 개발 범위 및 공간

이러닝 콘텐츠 개발 범위는 주로 다음과 같은 요소들을 고려하여 결정된다.

1) 개발 범위 결정 요소

① 학습 목표 : 이러닝 콘텐츠의 핵심적인 목표와 교육적 요구사항에 따라 개발 범위가 결정된다.

② 학습 대상자 : 학습자들의 연령, 교육 수준, 학습 경험 등에 따라 개발 범위가 결정된다.

③ 콘텐츠 유형 : 이러닝 콘텐츠가 제공하는 정보의 유형에 따라 개발 범위가 결정된다. 예를 들어, 비디오 · 음성 · 그래픽 등의 다양한 매체를 사용하는 경우 개발 범위가 확장될 수 있다.

④ 학습 방법 : 이러닝 콘텐츠의 학습 방법에 따라 개발 범위가 결정된다. 예를 들어, 상호작용적인 학습을 위해서는 학습자와의 대화·토론·퀴즈 등을 포함해야 하므로 개발 범위가 확장될 수 있다.

⑤ 개발 기간과 예산 : 이러닝 콘텐츠 개발에 필요한 예산과 개발 기간에 따라 개발 범위가 결정된다.

위와 같은 요소들을 고려하여 이러닝 콘텐츠 개발 범위를 결정하게 된다. 이러한 요소들은 교강사, 교수설계자 개발자 등이 함께 고민하고 결정해야 한다.

2) 개발 공간

이러닝 콘텐츠 개발을 위한 공간은 크게 두 가지로 나눌 수 있다.

① 물리적 공간 : 개발자들이 이러닝 콘텐츠를 개발하는 공간으로, 주로 컴퓨터와 개발용 소프트웨어가 필요하다. 개발자들이 자유롭게 이동하며 개발을 수행할 수 있도록 조명과 공기 환기 등의 환경적인 조건도 중요하다.

② 가상 공간 : 이러닝 콘텐츠 개발에 필요한 모든 자료와 프로그램을 인터넷을 통해 접근할 수 있는 가상 공간이다. 가상 공간은 개발자들이 협업하며 작업할 수 있도록 하는 플랫폼이 된다. 예를 들어, 구글 드라이브(Google Drive), 트렐로(Trello), 슬랙(Slack) 등의 협업 툴이 있다.

이러닝 콘텐츠 개발 공간은 개발자들이 자유롭게 작업할 수 있는 환경을 제공함으로써 효율적인 개발을 가능하게 한다. 또한, 가상 공간을 통해 전 세계 어디서든 개발 작업을 수행할 수 있으므로 지리적 제약이 없어지는 장점이 있다.

(6) 크리에이티브 커먼스 라이선스 🔆 1회 필기 기출

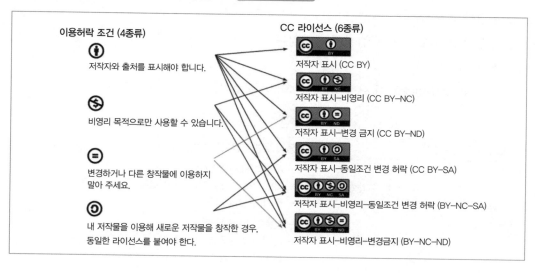

(7) 데일의 경험의 원추모형 🔍 1회 필기 기출

① 1946년에 에드거 데일(Edgar Dale)이 제시한 개념으로 사실주의에 근거함

② 시청각 교재를 구체성과 추상성에 따라 분류함

③ 원추의 꼭대기로 올라갈수록 짧은 시간 내에 더 많은 정보와 학습내용 전달이 가능하나, 추상성이 높아짐

④ Bruner가 분류한 직접적 목적적 경험, 영상을 통한 경험, 상징적 경험과 일치함

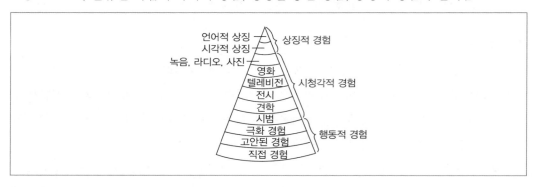

(8) 켈러(Keller)의 ARCS 동기 이론 🔍 1회 필기 기출

1) 학습동기를 유발하는 변인을 동기이론 모형의 네 가지 요소인 주의력(A), 관련성(R), 자신감(C), 만족감(S)으로 분류하고 수업에 있어서 체계적인 동기 전략의 필요성을 주장함

2) 4가지 요소

① 주의집중(Attention) : 학습자의 흥미를 사로잡거나 학습에 대한 호기심을 유발하는 것

② 관련성(Relevance) : 학습자의 필요와 목적에 수업을 맞추는 것

③ 자신감(Confidence) : 학습자가 자신의 통제 하에 스스로 성공할 수 있다고 느끼고 믿도록 도와주는 것

④ 만족감(Satisfaction) : 내재적, 외재적 보상을 통해 성취를 강화해 주는 것

〈표 2-6〉 ARCS 모형의 요소에 따른 동기 유발·유지 전략

동기 요소		동기 유발·유지를 위한 전략
주의 (Attention)	지각적 주의 환기	– 시청각 매체의 활용 – 비일상적인 내용이나 사건 제시 – 주의 분산과 자극 지양
	인식적 주의 환기	– 능동적 반응 유도 – 문제해결 활동의 구상 장려 – 신비감의 제공

	다양성	– 간결하고 다양한 교수형태 사용 – 일방적 교수와 상호작용적 교수의 혼합 – 교수자료의 변화 추구 – 목표–내용–방법의 기능적 통합
관련성 (Relevance)	친밀성	– 친밀한 인물 혹은 사건의 활용 – 구체적이고 친숙한 그림의 활용 – 친밀한 예문 및 배경지식의 활용
	목적 지향성	– 실용성에 중점을 둔 목표 제시 – 목적 지향적인 학습형태 활용 – 목적의 선택 가능성 부여
	필요나 동기의 부합성	– 다양한 수준의 목적 제시 – 학업성취 여부의 기록체제 활용 – 비경쟁적 학습 상황의 선택 가능 – 협동적 상호학습 상황 제시
자신감 (Confidence)	학습 필요조건 제시	– 수업의 목표와 구조의 제시 – 평가기준 및 피드백의 제시 – 선수 학습능력의 판단 – 시험의 조건 확인
	성공의 기회 제시	– 쉬운 것에서 어려운 것으로 과제 제시 – 적정한 수준의 난이도 유지 – 다양한 수준의 시작점 제공 – 무작위의 다양한 사건 제시 – 다양한 수준의 난이도 제공
	개인적 통제감	– 학습의 끝을 조절할 수 있는 기회 제시 – 학습속도 조절 가능 – 원하는 학습부분으로 재빠른 회귀 가능 – 선택 가능하고 다양한 과제와 난이도 제공 – 노력이나 능력에 성공 귀착
만족감 (Satisfaction)	자연적 결과 강조	– 연습문제를 통한 적용의 기회 제공 – 후속 학습상황을 통한 적용의 기회 제공 – 모의상황을 통한 적용의 기회 제공
	외적 보상 강조	– 적절한 강화계획의 활용 – 의미 있는 강화의 제공 – 정답을 위한 보상 강조 – 외적 보상의 사려 깊은 사용 – 선택적 보상체제 활용
	공정성 강조	– 수업목표와 내용의 일관성 유지 – 연습과 시험 내용의 일치

(9) 비고츠키의 근접발달영역과 인지발달이론 💡 1회 필기 기출

1) 근접발달영역 내에서 학습이 일어나는 과정을 4단계로 구분할 수 있다.

　① 1단계 : 타인의 도움을 받거나 모방하는 단계, 과제에 대한 책임감을 갖고 상호작용을 통해 이해하고 수행

　② 2단계 : 학습자 스스로 과제를 수행하는 단계, 학습자 수준 내에서 자기주도성을 시도하는 과도기적 단계

　③ 3단계 : 지식을 내면화하고 자동화하는 단계, 타인의 도움 없이 무의식적이고 자기주도적 학습활동이 자유로움

　④ 4단계 : 탈자동화 단계, 새로운 능력의 발달을 위해 근접발달영역 순환 과정

2) 비계설정(Scaffolding) : 근접발달영역 내에서 학습자에게 적절한 도움을 주는 것을 말함, 학습자가 주어진 과제를 잘 수행할 수 있도록 교사나 유능한 또래가 도움을 제공하는 것

(10) 가네(Gagné)의 9가지 수업사태(Events of instruction) 💡 1회 필기 기출

학습자의 내적 과정	수업사태	행동사례
주의집중	1. 주의집중 획득	갑자기 자극을 변화시킨다.
기대	2. 학습자에게 목표제시	학습자에게 학습 후 수행할 수 있게 되는 것이 무엇인지를 알려준다.
장기기억 재생	3. 선수학습의 회상	이전에 학습한 지식이나 기능을 회상시킨다.
선택적 지각	4. 자극 제시	변별적 특성을 갖는 내용을 제시한다.
부호화	5. 학습안내 제공	유의미한 조직을 제시한다.
재생 · 반응	6. 학습자 수행 유도	학습자가 수행하도록 요구한다.
강화	7. 피드백 제공	정보적 피드백을 제공한다.
인출 · 강화	8. 수행 평가	피드백과 함께 학습자에게 추가적인 수행을 요구한다.
일반화	9. 파지와 전이 증진	다양한 연습과 시간적인 간격을 두고 재검토한다.

(11) Glaser의 수업과정 모형 🔵 1회 필기 기출

1) 수업과정

① 수업목표 → ② 출발점 행동 → ③ 수업절차 → ④ 성취도 평가

2) 각 단계별 내용

① 수업목표 : 수업목표는 관찰, 측정, 기술이 가능한 것으로 세분화함, 특정한 수업이 끝났을 때 학생들이 보여줄 수 있는 성취, 즉 도착점 행동으로 기술함

② 출발점 행동 : 수업목표가 설정되면 이 수업목표에 관련된 학생들의 학습수준이 어느 정도 되는지를 진단함

③ 수업절차 : 학습지도의 장면을 말하는 것, 이 단계에서는 학습지도 방법과 형성평가에 의한 교정학습이 중요함

④ 성취도 평가 : 수업절차가 끝난 다음에는 설정된 수업목표에 근거하여 학습성과를 평가함. 도착점 행동의 성취여부를 알아보는 것임

출제예상문제 — Chapter 02 이러닝 콘텐츠의 파악

01 다음은 이러닝 콘텐츠를 개발하기 위한 자원들이다. 각 자원에 대한 설명으로 바르지 않은 것은?

① 교수 설계자 및 디자이너 – 교수설계자는 전문가가 주는 학습 내용을 콘텐츠로 변경하기 위한 방법을 작성하고, 디자이너는 그래픽 디자인을 담당한다.
② 콘텐츠 관리 시스템 – LMS나 LCMS를 사용하여 콘텐츠를 업로드・관리・배포할 수 있다.
③ 멀티미디어 도구 – 영상 편집 도구, 그래픽 제작 도구 등의 멀티미디어 도구를 사용하여 비디오・오디오・애니메이션 등을 만들 수 있다.
④ 그래픽 디자인 도구 – 워드프로세서・프레젠테이션 도구・PDF 편집기 등을 사용하여 학습자가 쉽게 이해할 수 있는 자료를 만들 수 있다.

해설

> 이러닝 콘텐츠 개발에 필요한 자원에는 전문가의 지식, 교수설계자 및 디자이너, 문서화 도구, 그래픽 디자인 도구, 멀티미디어 도구, 콘텐츠 관리 시스템 등이 있다. ④는 '그래픽 디자인 도구'가 아닌 '문서화 도구'에 해당하는 내용이다.

02 다음은 이러닝 콘텐츠를 제작하는 단계들이다. 순서에 맞도록 바르게 연결한 것은?

💡 2023 기출

> (가) 이러닝 콘텐츠를 개발하기 위해서는 여러 가지 도구들을 사용해야 한다. 예를 들어, 텍스트・이미지・비디오・오디오 등 다양한 미디어를 사용하여 콘텐츠를 제작할 수 있다.
> (나) 이러닝 콘텐츠를 개발하면서 학습자들에게 피드백을 제공하고, 학습 효과를 평가하는 것이 중요하다. 이를 통해 학습자들은 학습 결과를 파악하고, 개선할 수 있는 기회를 얻을 수 있다.
> (다) 이러닝 콘텐츠를 만들기 위해서는 명확한 학습 목표를 설정하는 것이 중요하다. 목표를 설정하면 학습자들이 어떤 내용을 학습해야 하는지 명확하게 파악할 수 있다.
> (라) 이러닝 콘텐츠를 만들기 위해서는 콘텐츠를 구성하는 요소들을 설계해야 한다. 이러한 요소들은 학습자들이 이해하기 쉬운 구조로 구성되어야 한다.
> (마) 이러닝 콘텐츠를 배포하고 관리하기 위해서는 LMS나 LCMS와 같은 시스템을 사용해야 한다. 이러한 시스템을 사용하면 학습자들의 학습 상황을 추적하고, 콘텐츠를 업데이트하거나 수정하는 등의 작업을 수행할 수 있다.

① (다) – (마) – (나) – (가) – (라)
② (다) – (라) – (가) – (나) – (마)
③ (라) – (다) – (가) – (나) – (마)
④ (라) – (다) – (가) – (마) – (나)

해설

이러닝 콘텐츠를 제작하기 위한 단계는 1. 목표 설정 → 2. 콘텐츠 설계 → 3. 콘텐츠 개발 → 4. 피드백 및 평가 → 5. 배포 및 관리이다. 각 순서대로 바르게 연결하면 (다) – (라) – (가) – (나) – (마)이다.

03 다음은 이러닝 개발 장비에 관한 설명이다. 장비와 특장점에 대한 내용으로 바르지 않은 것은?

① 컴퓨터는 콘텐츠 작성, 편집, 디자인, 테스트 등을 할 수 있는 필수 도구로 비용과 시간을 절약할 수 있다.

② 그래픽 태블릿은 펜과 터치 인터페이스를 사용하여 직관적인 제작 환경을 제공한다.

③ 스크린 레코더는 음성 신호를 정확하게 수집할 수 있으며, 노이즈 제거 기능이 있어 설명과 강의를 명확하게 전달할 수 있다.

④ 이어폰을 사용하면 개인 학습환경을 제공할 수 있다. 이를 통해 학습자는 주변의 소음으로 인해 쉽게 집중력을 잃지 않고, 보다 집중적인 학습이 가능하다.

해설

③은 마이크에 대한 설명이다. 스크린 레코더는 화면 녹화를 할 수 있다. 이를 통해 학습자가 시각적으로 쉽게 이해할 수 있는 이러닝 콘텐츠를 만들 수 있으며, 마우스 포인터와 키 입력을 녹화할 수 있다.

04 이러닝 개발 및 운영을 하면 여러 산출물을 얻을 수 있다. 다음 이러닝 개발 산출물에 대한 설명 중 바르지 않은 것은?

① 학습 목표는 학습자가 어떤 지식과 기술을 습득할 수 있는지를 명확하게 정의한 것이다.

② 교육 계획서는 목표를 달성할 수 있도록 수업 내용과 평가 방법 등을 구체적으로 계획한 문서이다.

③ 학습흐름도는 영상으로 제작하기 전에 구현될 모습을 그린 화면을 말한다.

④ 동영상은 스토리보드를 바탕으로 제작하여 시각적 영상과 청각적 요소를 동시에 전달함으로써 학습 집중도를 높일 수 있는 매체이다.

해설

영상으로 제작하기 전에 구현될 모습을 그린 화면은 '스토리보드'이다. '학습흐름도'는 한 차시의 내용이 전개되는 흐름을 한 눈에 알아볼 수 있도록 작성한 문서이다.

01 ④ 02 ② 03 ③ 04 ③

05 다음 중 이러닝 유형별 콘텐츠의 특징에 대한 설명이 잘못 연결된 것은?

① 개인교수형 – 학습내용의 숙달을 위해 학습자들에게 특정 주제에 관한 연습 및 문제 풀이의 기회를 반복적으로 제공해주는 유형
② 동영상 강의용 – 특정 주제에 관해 교수자의 설명 중심으로 이루어진 세분화된 동영상을 통해 학습을 수행하는 유형
③ 사례기반형 – 학습 주제와 관련된 특정 사례에 기초하여 해당 사례를 둘러싸고 있는 다양한 관련요소들을 파악하고 필요한 정보를 검색 수집하며 문제해결 활동을 수행하는 유형
④ 스토리텔링형 – 다양한 디지털 정보로 제공되는 서사적인 시나리오를 기반으로 하여 이야기를 듣고 이해하며 관련 활동을 수행하는 형태로 학습이 진행되는 유형

📊 해설

'반복연습용'은 학습내용의 숙달을 위해 학습자들에게 특정 주제에 관한 연습 및 문제 풀이의 기회를 반복적으로 제공해주는 유형이고, '개인교수형'은 교수자가 학습자를 개별적으로 가르치는 것처럼 컴퓨터가 학습내용을 설명하고 안내하고 피드백을 제공하는 유형이다.

이러닝 콘텐츠 유형별 콘텐츠 특징

유형	콘텐츠 특징
개인교수형	모듈 형태의 구조화된 체계 내에서, 교수자가 학습자를 개별적으로 가르치는 것처럼 컴퓨터가 학습내용을 설명·안내하고, 피드백을 제공하는 유형
반복연습용	학습내용의 숙달을 위해 학습자들에게 특정 주제에 관한 연습 및 문제 풀이의 기회를 반복적으로 제공해주는 유형
동영상 강의용	특정 주제에 관해 교수자의 설명 중심으로 이루어진 세분화된 동영상을 통해 학습을 수행하는 유형
정보제공형	특정 목적 달성을 의도하지 않고 다양한 학습활동에 활용할 수 있도록 최신화 학습정보를 수시로 제공하는 유형
교수게임형	학습자들이 교수적 목적을 갖고 개발된 게임 프로그램을 통해 엔터테인먼트를 즐기는 것과 동시에 몰입을 통한 학습이 이루어지도록 하는 유형
사례기반형	학습 주제와 관련된 특정 사례에 기초하여 해당 사례를 둘러싸고 있는 다양한 관련요소들을 파악하고 필요한 정보를 검색 수집하며 문제해결 활동을 수행하는 유형
스토리텔링형	다양한 디지털 정보로 제공되는 서사적인 시나리오를 기반으로 하여 이야기를 듣고 이해하며 관련 활동을 수행하는 형태로 학습이 진행되는 유형
문제해결형	문제를 중심으로, 주어진 문제를 인식하고 가설을 설정한 뒤 관련 자료를 탐색, 수집하여 가설을 검증하고 해결안이나 결론을 내리는 형태로 학습이 진행되는 유형

06 다음 이러닝 콘텐츠 설계전략에서 학습내용의 순서를 결정하는 요소의 설명이 바른 것은?

① 시간적 순서 : 특정한 시간적 순서로 개념이나 역사적 사실을 제시한다.

② 잘 알려진 사실 : 잘 알려지지 않은 사실이나 정보를 먼저 제시하고 잘 알려진 것은 나중에 제시한다.

③ 전체적인 개요 : 개별적인 내용을 먼저 제시하고 전체적인 개요를 순차적으로 제시한다.

④ 일반적인 내용 : 특수한 내용을 먼저 제시하고 일반적인 내용을 나중에 제시한다.

해설

학습내용의 구성은 목차를 어떻게 조직하고 배열하느냐에 따라 상세화된 학습요소의 내용 및 순서를 결정하며, 사용하는 매체가 달라질 수 있다. 학습내용의 순서를 결정하는 요소는 다음과 같다.

학습내용의 순서를 결정하는 요소

유형	콘텐츠 특징
주제	학습 내용을 주제별로 분류한 후 순서를 정해서 제시한다.
시간적 순서	특정한 시간적 순서로 개념이나 역사적 사실을 제시한다.
프로세스 순서	실제로 일을 수행하는 프로세스 순서에 따라 학습내용을 제시한다.
잘 알려진 사실	잘 알려진 사실이나 정보를 먼저 제시하고 잘 알려지지 않은 것은 나중에 제시한다.
단순하거나 쉬운 것	단순하거나 쉬운 것을 먼저 제시하고 복잡하거나 어려운 것을 나중에 제시한다.
일반적인 내용	일반적인 내용을 먼저 제시하고 특수한 내용을 나중에 제시한다.
전체적인 개요	전체적인 개요를 먼저 제시하고 그와 관련된 개별적 내용을 순차적으로 제시한다.
개별적 내용	전체를 구성하는 개별적 내용을 먼저 제시하고 나중에 전체적인 개요를 제시한다.

따라서 설명이 바르게 된 것은 ①이다.

07 다음은 이러닝 콘텐츠 유형별 서비스 환경 및 대상에 대한 설명이다. 아래 제시된 내용은 어느 유형에 가장 적절한가?

- 대부분 문화 · 역사 · 인문학 등의 분야를 대상으로 함
- 학습자들의 이해도와 학습 흥미를 높일 수 있음
- 주요 대상은 문화 · 역사 · 인문학 등에 관심이 있는 일반인이나 학생들임

① 개인교수형   ② 반복연습용   ③ 정보제공형   ④ 스토리텔링형

해설

스토리텔링형은 이야기나 스토리를 활용하여 학습을 수행하는 학습 콘텐츠로, 학습자들이 스토리의 흐름을 따라가면서 지식을 습득하기 때문에 이해도와 학습 흥미를 높일 수 있다.

05 ①   06 ①   07 ④

08 다음 중 이러닝 콘텐츠 개발 절차 4단계에 대한 내용이 잘못 설명된 것은?

① '분석'에서 사용자 분석은 주로 사용자의 디지털 리터러시, 학습 경험, 학습 스타일 등을 인터뷰나 설문을 통하여 추출한다.

② '설계'에서 미디어 설계는 코스-모듈-액티비티로 이루어지는 가지구조 모양의 구조를 잡는 작업이다.

③ '개발'은 아웃풋을 만들어내는 단계로서 개발자 리소스가 집중적으로 투입되는 시기이다.

④ '평가'에서 응답형태는 실제 학습자가 콘텐츠를 학습하면서 추적되는 항목들을 의미한다.

해설

'설계'에서 미디어 설계는 해당 전문가들이 주로 작업을 한다. 예를 들어 사운드 녹음은 어떻게 할 것인지, 사운드 녹음을 위한 성우와 스튜디오는 어떻게 할 것인지, 영상물은 어떻게 작업할 것인지 등을 결정한다. 코스-모듈-액티비티로 이루어지는 가지구조 모양의 구조를 잡는 작업은 '설계'에서 '구조'에 해당한다.

09 다음은 이러닝 콘텐츠 개발 절차 4단계 내용 중 무엇에 대한 설명인가?

가장 장기적이며, 많은 자료를 필요로 하는 평가이다. 주로 ROI를 측정하여 e-Learning이 얼마만큼 생산성향상에 도움을 주었는가를 평가하는 것이다. 보통 연간 단위로 이루어지며, HR 부서에서 측정이 이루어진다.

① 프로젝트 goal
② 기업 평가
③ 프로젝트 목표
④ 응답형태

해설

이러닝 콘텐츠 개발 절차 4단계 '평가'는 응답형태, 과정, 직무, 기업평가 등의 요소로 구성된다. 이 중에서 제시된 설명은 '기업평가'에 대한 설명이다.

② 기업평가 : 가장 장기적이며, 많은 자료를 필요로 하는 평가이다. 주로 ROI(Return on Investment, 투자 대비 효과)를 측정하여 e-Learning이 얼마만큼 기업의 생산성향상에 도움을 주었는가를 평가하는 것이다. 보통 연간 단위로 이루어지며, HR 부서에서 측정이 이루어진다.

① 프로젝트 goal : 콘텐츠 개발 절차 4단계 중 '분석'의 구성 요소이며, 프로젝트가 끝났을 때 기대되는 형태를 의미한다. 프로젝트의 목표보다는 포괄적이고 함축적인 내용이며, 고객사의 요구가 바로 프로젝트의 goal이 되기도 한다.

③ 프로젝트 목표 : 콘텐츠 개발 절차 4단계 중 '분석'의 구성 요소이며, 차이 측정에서 발견한 차이를 이번 프로젝트에서 어떻게 소화할 것이며, 이번 프로젝트를 어디까지 포함할 것인가에 대한 구체적인 목표를 설정하는 단계이다.

④ 응답형태 : 콘텐츠 개발 절차 4단계 중 '평가'의 구성 요소이며, 실제 학습자가 콘텐츠를 학습하면서 추적되는 항목들을 의미한다. 작게는 접속 횟수, 학습 시간, 반복 횟수로부터 게시판 활동과 Q&A 활동들도 여기에 포함될 수 있다.

10 다음 중 이러닝 콘텐츠 개발 프로세스 모형인 ADDIE 모형 중 세 번째 단계에 해당하는 내용을 고르면?

① 개발된 교육훈련 프로그램을 현장에 사용하고 교육과정에 설치하며, 유지하고 변화 및 관리하는 활동을 말한다.

② 수행목표가 제대로 이루어지는지 평가도구를 선정하고, 학습자에게 효율적으로 어떻게 가르칠 것인지 교수전략을 수립한다.

③ 학습자의 수준과 특성을 파악하고, 학습자가 필요로 하는 것과 기대되는 것이 무엇인지 학습자의 요구를 분석한다.

④ 교수자료의 초안 또는 시제품을 개발하여 형성평가를 실시하고, 프로그램 수정과 테스트 후 완제품을 제작하는 단계이다.

📊 해설

ADDIE 모형은 전통적인 이러닝 콘텐츠 개발 프로세스 모형 중 하나로서, 분석(Analysis), 설계(Design), 개발(Development), 실행(Implementation), 평가(Evaluation)라는 다섯 가지 단계의 영어 첫 자를 따서 만든 개발 모형이다.

여기서 세 번째 단계인 개발(Development)은 설계된 이러닝 콘텐츠를 실제로 개발하는 단계이다. 설계명세서 또는 스토리보드 등 이러닝에 필요한 교수자료를 실제로 개발하고 제작한다. 개발을 할 때 먼저 교수자료의 초안 또는 시제품을 개발하여 형성평가를 실시하고, 프로그램을 수정한 뒤에, 테스트하는 과정을 거쳐, 마지막으로 최종 산출물인 완제품을 제작하는 단계이다.

①은 네 번째 실행(Implementation) 단계, ②는 두 번째 설계(Design) 단계, ③은 첫 번째 분석(Analysis) 단계에 대한 설명이다.

11 다음은 이러닝 콘텐츠 개발을 위한 인력 중 어느 역할에 요구되는 능력인가?

- 다양한 업무 경험(대외적, 대내적)
- 기술과 디자인, 미디어 이슈에 대한 기본적인 이해
- 교수설계에 대한 기초지식
- 회계기본에 대한 확실한 지식
- 일정관리 능력, 생산성 관리능력, 의사소통 능력
- 간트차트 분석능력, 스프레드시트 작성 능력, 회의 주관 능력

① 교수 설계자   ② 주제 전문가

③ 품질 관리자   ④ 프로젝트 매니저

08 ② 09 ② 10 ④

해설

> 제시된 내용은 프로젝트 매니저에게 요구되는 능력이다. 프로젝트 매니저(Project Manager)는 실무를 담당하는 총 책임자로서, 고객사와의 커뮤니케이션 채널을 담당하게 되며, 프로젝트에 한하여 모든 책임을 지게된다. 조직관리나 시간관리 등 다양한 관리기술이 요구된다.

12 다음은 이러닝 콘텐츠 개발을 위한 인력 중 어느 역할에 요구되는 능력인가?

> - 업무에 대한 분석적 방법을 이용한 접근 능력
> - 재활용이 가능한 객체형식이나 컴포넌트로 개발하는 능력
> - 학습자에 맞는 개발 툴을 선정하고 코드를 최적화할 수 있는 능력

① 그래픽 디자이너   ② 품질 관리자
③ 영상 제작자   ④ 프로그래머

 해설

> 제시된 내용은 프로그래머(Programmer)가 갖추어야 할 요건으로, 프로그래머는 멀티미디어 아티스트가 만들어 놓은 미디어들을 바탕으로 교수 설계자가 만든 스토리보드에 따라 프로그래밍 작업을 하는 사람을 의미한다.

13 다음 중 교수설계자의 역할과 필요한 능력에 대한 설명으로 적절하지 않은 것은?

`2023 기출`

① 내용과 개발의 중간적 위치에 있으며 교육의 목적을 살려 개발물을 설계하는 사람을 의미한다.
② 인터뷰나 자료분석을 통하여 학습자의 요구와 현황을 파악하고, 이에 따른 전략과 가이드라인을 만들어낼 수 있어야 한다.
③ 기술에 대한 기본적인 이해와 실제 구현이 가능한지에 대한 판단 능력과 성인학습에 대한 원리를 이해하고 콘텐츠에 적용시킬 수 있는 능력이 요구된다.
④ 특정 업무분야에 해박한 지식을 가지고 있으면서, 그 지식을 타인에게 전달할 수 있는 능력이 필요하다.

해설

> ④는 주제전문가에 대한 설명이다. 주제전문가(SME ; Subject Matter Expert)는 특정 업무분야에 해박한 지식을 타인에게 전달할 수 있는 능력을 가진 사람을 의미하며, 상당히 많은 양의 강의용 문서를 만들고, 내용에 대한 설명을 알기 쉽고 명확하게 표현할 수 있어야 한다. 주제전문가는 하나의 풀(Pool)로 운영하는 것이 바람직하다.

교수 설계자(Instructional Designer)
• 주제전문가의 내용을 교육적인 의도를 가지고 개발물을 설계하는 사람을 의미
• 내용과 개발의 중간적 위치에 있다고 볼 수 있음
• 내용과 기술에 대한 이해가 충분할 경우, 보통 프로젝트 매니저(PM)의 역할을 같이하는 경우가 있음
• 분석부터 평가의 모든 부분에 참여함

14 다음 중 품질 관리자(Quality Reviewers)에 대한 설명으로 바르지 않은 것은?

① 기술과 내용 파악에 대한 뛰어난 능력이 필요하며, 개발자의 개발이 끝난 후 진행되는 알파테스트와 베타테스트에 함께 참여하여 작업을 수행한다.

② 현장 테스트 이전에 반드시 거쳐야 하는 검수를 맡게 되며, 검수를 거친 다음에 다음 프로세스로 넘어가는 것이 바람직하다.

③ 기술적으로는 버그나 오류를 발견하는 일을 하며 가능하다면 기술적인 조언도 수행할 수 있어야 한다.

④ 프로젝트 기간 중 일정 기간만 참여하게 되며, 검수의 품질을 위해 한 번에 두 개 이상의 프로젝트에 동시에 참여하는 것은 불가능하다.

해설

프로젝트 기간 중 일정 기간만 참여하게 되며, 한 번에 두 개 이상의 프로젝트에 동시에 참여하는 것도 가능하다. 품질 관리자가 갖추어야 할 요건은 다음과 같다.
• 개발 결과물에 대한 기능적 호환성과 예외 사항을 테스트하는 능력
• 설계문서와 비교하여 정확한 결과물이 나왔는지 확인하는 능력
• 논리적으로 학습자의 행위와 개발 결과물의 행위가 타당한지에 대한 분석능력
• 현재 시스템의 구조와 환경에서 최상의 퍼포먼스를 내고 있는지에 대한 시스템 분석능력
• 콘텐츠의 접근성과 사용자 친화성에 대한 분석과 보이는 대로 작동되는지(Look & Feel) 확인하는 능력
• 학습자 입장에서 문제에 부딪혔을 때 스스로 해결이 가능한지 확인하는 능력

15 다음 이러닝 콘텐츠와 관련한 요소 중 그 성격이 다른 하나를 고르면?

① 구글 드라이브   ② 조명
③ 환기 시스템   ④ 컴퓨터

해설

이러닝 콘텐츠 개발을 위한 공간은 개발자들이 이러닝 콘텐츠를 개발하는 '물리적 공간'과 이러닝 콘텐츠 개발에 필요한 자료와 프로그램을 인터넷을 통해 접근하는 '가상 공간'으로 나뉜다. 구글 드라이브(Google Drive)·트렐로(Trello)·슬랙(Slack) 등의 협업 툴은 가상 공간 플랫폼이며, 컴퓨터·조명·공기 환기 등의 환경적 조건은 물리적 공간에 해당한다.

11 ④ 12 ④ 13 ④ 14 ④ 15 ①

Chapter 03 학습시스템 특성 분석

01 학습시스템 이해

(1) 학습시스템 유형 및 특성

1) 동기식과 비동기식

이러닝 학습시스템은 크게 두 가지 유형으로 나눌 수 있다.

① 비동기식 학습시스템

학습자가 자유롭게 학습할 수 있는 시스템으로, 강의나 교재, 미디어 자료 등을 이용하여 학습한다. 학습자들은 각자의 학습 속도와 시간에 맞게 학습할 수 있으며, 학습자들끼리의 상호작용이 적은 것이 특징이다. 예를 들어, 강의 영상을 온라인으로 제공하는 강의 사이트나, 학습자들에게 교재와 과제를 제공하는 학습 관리 시스템(LMS)이 있다.

② 동기식 학습시스템

학습자들이 동시에 참여하여 학습하는 시스템으로, 실시간으로 강의나 토론, 퀴즈 등을 수행하며 학습한다. 학습자들끼리의 상호작용이 많고, 집중력과 참여도가 높은 것이 특징이다. 예를 들어, 원격 수업, 웹 기반 실시간 토론 시스템 등이 있다.

이러한 두 가지 학습 시스템은 각각의 특징에 따라 다양한 학습 방식을 제공한다. 이러닝 학습을 개발하는 경우, 학습 목적과 대상에 따라 적절한 유형을 선택하여 개발해야 한다.

2) LMS와 LCMS ✮

이러닝 학습시스템은 다양하게 분류될 수 있으나, 일반적으로 교육과정을 효과적으로 운영하고 학습의 전반적인 활동을 지원하기 위한 '**학습관리시스템**(LMS : Learning Management System)', 이러닝 콘텐츠를 개발하고 유지 및 관리하기 위한 '**학습콘텐츠관리시스템**(LCMS : Learning Contents Management System)'으로 분류할 수 있다.

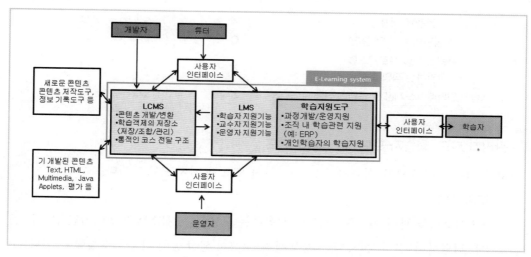

[그림 3-1] e-Learning 시스템 구성도

① 학습관리시스템(LMS)

이러닝 환경에서 가상공간에 교육과정을 개설하고 교실을 만들어 사용자들에게 교수·
학습활동을 원활하게 하도록 전달하고 학습을 관리하고 측정하는 등의 학습과정을 가
능하게 하는 시스템이다.

② 학습콘텐츠관리시스템(LCMS)

개별화된 이러닝 콘텐츠를 학습객체의 형태로 만들어 이를 저장하고 조합하고 학습
자에게 전달하는 일련의 시스템을 말한다. 학습관리시스템(LMS)이 학습활동을 전개
시킴으로써 학습을 통해 역량을 강화시키는 시스템인 반면에, 학습콘텐츠관리시스템
(LCMS)은 학습 콘텐츠의 제작, 재사용, 전달, 관리가 가능하게 해주는 시스템이라고 할
수 있다.

〈표 3-1〉 학습관리시스템(LMS)과 학습콘텐츠관리시스템(LCMS) 비교

구분	학습관리시스템(LMS)	학습콘텐츠관리시스템(LCMS)
주사용자	튜터/강사, 교육담당자	콘텐츠개발자, 교수설계자 프로젝트 관리자
관리대상	학습자	학습콘텐츠
수업(학습관리)	O	X
학습자 지원	O	O
학습자 데이터 보존	O	X
학습자 데이터 ERP 시스템과 공유	O	X
일정관리	O	O
기술 격차분석을 통한 역량 맵핑 제공	O	O(일부 가능)
콘텐츠 제작 가능성	X	O

콘텐츠 재활용	X	O
시험문제 제작 및 관리	O	O
콘텐츠 개발 프로세스를 관리하는 직업 도구	X	O
학습자 인터페이스 제공 및 콘텐츠 전송	X	O

3) 관리자 모드, 학습자 모드, 교·강사 모드

LMS에서는 관리자 모드, 학습자 모드, 교·강사 모드 세 가지 모드가 있다.

① 관리자 모드

LMS 시스템을 관리하는 관리자들이 사용하는 모드이다. 시스템의 전반적인 관리와 운영을 담당하며, 강의 등록, 학습 일정 관리, 보고서 생성 등의 기능을 수행할 수 있다. 또한, 시스템 설정, 보안 관리, 사용자 관리 등의 작업을 수행할 수 있다.

② 학습자 모드

LMS 시스템을 이용하는 학습자들이 사용하는 모드이다. 강의 수강, 학습 일정 확인, 과제 제출, 퀴즈 응시, 시험 응시 등의 기능을 수행할 수 있다. 또한, 학습 이력, 출석 기록, 시험 결과 등을 확인할 수 있다.

③ 교·강사 모드

LMS 시스템에서 강의를 진행하는 교·강사들이 사용하는 모드이다. 강의 등록, 강의 자료 업로드, 과제 출제, 퀴즈 출제, 시험 출제 등의 기능을 수행할 수 있다. 또한, 학생들의 학습 상황을 파악하고, 피드백을 제공할 수 있다.

이렇게 각각의 모드별로 다양한 기능을 제공하여, LMS 시스템에서 사용자들이 보다 효과적으로 학습을 관리하고 운영할 수 있도록 지원한다.

(2) 학습시스템 구조

LMS(Learning Management System)는 학습자들의 학습을 관리하고 지원하기 위한 시스템으로 구조는 크게 '사용자 관리, 콘텐츠 관리, 학습 관리, 보고서 생성 관리'인 네 가지 요소로 나눌 수 있다.

1) 사용자 관리

LMS의 사용자 관리 기능은 학습자들의 정보와 학습 이력 등을 관리한다. 이를 위해 사용자 계정 생성, 정보 수정, 비밀번호 변경 등의 기능을 제공한다.

① 사용자 계정 생성

사용자 계정 생성은 LMS에 등록된 학습자들의 정보를 기반으로 계정을 생성한다. 계정 생성 시 학습자들에게 사용자 아이디와 비밀번호를 제공한다. 이를 통해 학습자들은 LMS에 로그인하여 학습을 수행할 수 있다.

② 사용자 정보 수정

사용자 정보 수정은 학습자들의 정보를 변경하는 기능이다. LMS에 등록된 학습자들의 정보가 변경되었을 경우, 이를 LMS에 업데이트하여 최신 정보를 반영한다. 이를 통해 학습자들의 정보를 신속하게 관리할 수 있다.

③ 비밀번호 변경

비밀번호 변경은 학습자들이 자신의 비밀번호를 변경할 수 있는 기능이다. 이를 통해 학습자들은 자신의 계정을 안전하게 관리할 수 있다.

이러한 사용자 관리 기능은 LMS에서 학습자들의 관리를 효율적으로 수행할 수 있도록 한다. LMS는 교육 기관이나 기업 등에서 학습 관리를 위해 널리 사용되고 있으며, 사용자 관리 기능은 LMS에서 가장 기본적인 필수 기능 중 하나이다.

2) 콘텐츠 관리

LMS의 콘텐츠 관리 기능은 학습에 필요한 콘텐츠를 관리한다. 이를 위해 콘텐츠 업로드, 수정, 삭제, 공유 등의 기능을 제공한다.

① 콘텐츠 업로드

콘텐츠 업로드는 LMS에 학습에 필요한 콘텐츠를 업로드하는 기능이다. 강의 영상, 교재, 학습자료 등을 업로드하여 학습자들에게 제공한다.

② 콘텐츠 수정

콘텐츠 수정은 LMS에 업로드된 콘텐츠를 수정하는 기능이다. 새로운 내용이나 수정된 정보를 반영하여 학습자들이 최신 정보를 학습할 수 있게 한다.

③ 콘텐츠 삭제

콘텐츠 삭제는 LMS에서 업로드된 콘텐츠를 삭제하는 기능이다. 더 이상 필요하지 않은 콘텐츠를 삭제하여 LMS의 용량을 절약하고, 학습자들의 혼란을 방지할 수 있게 한다.

④ 콘텐츠 공유

콘텐츠 공유는 LMS에 업로드된 콘텐츠를 학습자들끼리 공유하는 기능이다. 학습자들은 다른 학습자들이 공유한 콘텐츠를 활용하여 학습할 수 있다.

3) 학습 관리

LMS의 학습 관리 기능은 학습자들의 학습을 관리한다. 이를 위해 학습 일정, 과제, 퀴즈, 시험 등의 기능을 제공한다.

① 학습 일정

학습 일정은 학습자들이 수강해야 할 강의 일정을 제공한다. LMS에서 학습 일정을 설정하면, 학습자들은 강의 일정을 미리 파악하여 학습 계획을 세울 수 있다.

② 과제

과제는 학습자들에게 제출할 과제를 설정하는 기능이다. 과제를 제출하면, 강사나 교육자가 과제를 채점하고 피드백을 제공한다.

③ 퀴즈

퀴즈는 학습자들의 이해도를 측정하기 위한 기능이다. LMS에서 퀴즈를 출제하면, 학습자들은 퀴즈를 풀고 자신의 이해도를 파악할 수 있다.

④ 시험

시험은 학습자들의 학습 성취도를 측정하는 기능이다. LMS에서 시험을 출제하면, 학습자들은 시험을 보고 성적을 받을 수 있다.

4) 보고서 생성 관리

LMS의 보고서 생성 기능은 학습자들의 학습 상황 및 성취도를 측정하는 기능이다. 이를 위해 학습자들의 학습 이력, 출석, 시험 결과 등을 기록하고, 이를 바탕으로 보고서를 생성한다.

① 학습 이력 관리

학습 이력은 학습자들이 강의를 수강한 이력을 기록하는 기능이다. LMS에서 학습 이력을 기록하면, 학습자들의 학습 상황을 파악할 수 있다.

② 출석 기록

출석은 학습자들이 강의에 출석한 이력을 기록하는 기능이다. LMS에서 출석을 기록하면, 학습자들의 출석 상황을 파악할 수 있다.

③ 시험 결과 기록

시험 결과는 학습자들이 시험을 보고 받은 성적을 기록하는 기능이다. LMS에서 시험 결과를 기록하면, 학습자들의 학습 성취도를 파악할 수 있다.

이러한 학습자들의 학습 이력, 출석, 시험 결과 등을 바탕으로 LMS에서 보고서를 생성한다. 보고서에는 학습자들의 학습 상황 및 성취도 등이 나타나며, 학습자들이 학습한 내용과 학습자들의 학습 상황 등을 파악할 수 있다.

(3) 학습시스템 요소 기술

LMS 학습시스템 요소에 필요한 기술은 다음과 같다.

1) 웹 기술

LMS는 주로 웹 기반으로 동작하기 때문에, 웹 기술에 대한 이해와 스킬이 필요하다. 웹 기술은 LMS 시스템을 개발하고 운영하기 위해 필요한 핵심 기술 중 하나이다. HTML, CSS, JavaScript 등의 웹 기술을 이용하여 LMS UI를 개발하고, 웹 서버와 데이터베이스를 설정하고 관리해야 한다.

① HTML : HTML은 웹 페이지를 구성하는 마크업 언어이다. LMS 시스템에서는 HTML을 이용하여 UI를 구성하고, 다양한 기능을 구현한다.

② CSS : CSS는 HTML로 작성된 웹 페이지의 스타일링을 담당하는 스타일시트 언어이다. LMS 시스템에서는 CSS를 이용하여 UI 디자인을 구성하고, 다양한 스타일링 효과를 적용한다.

③ JavaScript : JavaScript는 웹 페이지의 동적인 기능을 구현하는 프로그래밍 언어이다. LMS 시스템에서는 JavaScript를 이용하여 다양한 이벤트 핸들링, UI 인터랙션, AJAX 등의 기능을 구현한다.

④ 웹 서버 : 웹 서버는 LMS 시스템이 동작하는 서버이다. 웹 서버는 클라이언트로부터 요청을 받아 정적인 파일(HTML, CSS, 이미지 등)을 반환하거나, 동적인 페이지를 생성하여 반환한다.

2) 데이터베이스 기술

LMS 학습시스템 요소에 필요한 기술 중 데이터베이스 기술은 다양한 데이터를 처리하고 저장하는데 필요한 기술이다. LMS 시스템에서는 학습자 정보, 강의 정보, 학습 이력, 출석 정보, 시험 결과 등의 데이터를 저장하고, 이를 기반으로 보고서를 생성하고 분석한다. 이를 위해 데이터베이스 개발과 관리에 대한 기술이 필요하다. 데이터베이스 기술의 주요 기술 요소는 다음과 같다.

① 데이터베이스 설계 : 데이터베이스 설계는 LMS 시스템에서 사용될 데이터의 구조와 특성을 결정하는 작업이다. 이를 위해 ER 모델링, 스키마 설계 등의 기술을 이용하여 데이터베이스의 구조와 속성, 관계 등을 정의한다.

② SQL : SQL은 데이터베이스에서 데이터를 검색, 추가, 수정, 삭제하는데 사용되는 언어이다. LMS 시스템에서는 SQL을 이용하여 데이터를 조회하고, 분석하며, 보고서를 생성한다.

③ 데이터베이스 관리 : 데이터베이스 관리는 데이터베이스의 백업, 복구, 보안, 성능 최적화 등을 관리하는 작업이다. LMS 시스템에서는 데이터베이스 관리를 통해 데이터의 안정성과 보안성을 보장하며, 시스템의 성능을 최적화한다.

④ 데이터베이스 성능 최적화 : 데이터베이스 성능 최적화는 LMS 시스템에서 대량의 데이터를 빠르게 처리하기 위한 기술이다. 이를 위해 인덱스, 쿼리 최적화, 파티셔닝 등의 기술을 이용하여 데이터베이스의 성능을 최적화한다.

⑤ 대용량 데이터 처리 기술 : LMS 시스템에서는 대량의 데이터를 처리해야 한다. 이를 위해 대용량 데이터 처리 기술인 Hadoop, Spark 등의 기술을 이용하여 데이터를 분산 처리하고, 병렬 처리한다.

3) 학습 콘텐츠 제작 기술

LMS 학습시스템 요소에 필요한 기술 중 학습 콘텐츠 제작 기술은 학습자들이 학습 내용을 습득하고, 이해할 수 있도록 다양한 콘텐츠를 개발하는 기술이다. 이를 위해 강의 자료, 학습 동영상, 시뮬레이션, 게임, 테스트 등 다양한 형태의 학습 콘텐츠를 개발한다. 학습 콘텐츠 제작 기술의 주요 기술 요소는 다음과 같다.

① 콘텐츠 디자인 : 콘텐츠 디자인은 학습자가 콘텐츠를 쉽게 이해하고, 습득할 수 있도록 디자인하는 작업이다. 이를 위해 콘텐츠의 구조, UI, 색상, 글꼴 등을 디자인한다.

② 멀티미디어 개발 : 멀티미디어 개발은 다양한 형식의 콘텐츠를 개발하는 작업이다. 이미지, 동영상, 음성, 애니메이션 등 다양한 멀티미디어 기술을 이용하여 콘텐츠를 개발한다.

③ 시뮬레이션 개발 : 시뮬레이션 개발은 학습자가 실제 상황에서 경험할 수 있는 시뮬레이션을 개발하는 작업이다. 이를 위해 3D 그래픽 기술, 가상현실 기술 등을 이용하여 시뮬레이션을 구현한다.

④ 게임 개발 : 게임 개발은 학습자들이 게임을 통해 학습 내용을 습득할 수 있도록 하는 작업이다. 게임 엔진, 캐릭터 디자인, 스토리라인 등의 기술을 이용하여 게임을 개발한다.

⑤ 저작권 관리 : 저작권 관리는 학습 콘텐츠를 개발할 때, 저작권 문제를 해결하기 위한 기술이다. 이를 위해 저작권 관리 시스템, 저작권 보호 기술 등을 이용하여 학습 콘텐츠의 저작권을 보호한다.

4) 보안 기술

LMS 학습시스템 요소에 필요한 기술 중 보안 기술은 학습자들의 개인정보와 학습 데이터를 보호하고, 불법적인 접근과 공격으로부터 시스템을 보호하는 기술이다. 이를 위해 다양한 보안 기술이 사용된다. SSL[보안 소켓 계층(secure sockets layer)의 약어. 인터넷을 통해 전송되는 데이터의 인증, 암호화, 복호화를 위한 웹 브라우저 및 서버용 프로토콜], 암호화 등의 기술을 이용하여 보안을 강화하고, 보안 이슈에 대한 대응책을 마련해야 한다. 보안 기술의 주요 기술 요소는 다음과 같다.

① 암호화 기술 : 암호화 기술은 학습자들의 개인정보와 학습 데이터를 안전하게 보호하기 위한 기술이다. 이를 위해 암호화 알고리즘을 이용하여 정보를 암호화하고, 복호화하는 기술을 사용한다.

② 인증 및 접근 제어 기술 : 인증 및 접근 제어 기술은 학습자들이 학습 시스템에 안전하게 접근할 수 있도록 하는 기술이다. 이를 위해 다양한 인증 방식과 접근 제어 기술을 사용한다.

③ 네트워크 보안 기술 : 네트워크 보안 기술은 학습자들이 학습 시스템에 접속할 때, 네트워크를 통해 전송되는 데이터를 안전하게 보호하기 위한 기술이다. 이를 위해 방화벽, 침입 탐지 시스템, 가상 사설망 등의 기술을 사용한다.

④ 무결성 검증 기술 : 무결성 검증 기술은 학습자들이 학습 시스템에서 제공되는 정보가 변조되지 않았는지를 확인하기 위한 기술이다. 이를 위해 해시 알고리즘, 전자 서명 등의 기술을 사용한다.

⑤ 보안 관리 기술 : 보안 관리 기술은 학습 시스템에서 발생하는 보안 문제를 관리하고, 대응하는 기술이다. 이를 위해 보안 이벤트 모니터링, 보안 취약점 관리, 보안 정책 관리 등의 기술을 사용한다.

5) 인공지능 기술

최근에는 LMS에서 인공지능 기술을 적용하여 학습자들의 학습 상황을 분석하고, 개인 맞춤형 학습을 제공하는 추천 시스템 등이 개발되고 있다. 이를 위해 머신러닝, 딥러닝 등의 인공지능 기술에 대한 이해와 스킬이 필요하다.

① 머신러닝 기술의 주요 기술 요소

ⓐ 강화 학습 : 강화 학습은 학습자들이 목표를 달성하기 위해 시행착오를 겪으며 학습하는 기술이다. 이를 위해 보상 함수를 설계하고, 에이전트 모델링, 상태 공간 모델링 등의 기술을 사용한다.

ⓑ 분산 학습 : 분산 학습은 학습자들의 학습 데이터를 여러 개의 컴퓨터에서 분산하여 처리하는 기술이다. 이를 위해 분산 처리 시스템, 분산 머신러닝 알고리즘 등의 기술을 사용한다.

ⓒ 전이 학습 : 전이 학습은 이미 학습된 모델을 이용하여 새로운 학습 데이터를 분석하고, 이를 이용하여 학습 모델을 구축하는 기술이다. 이를 위해 사전 학습된 모델, 전이 학습 알고리즘 등의 기술을 사용한다.

② 딥러닝 기술의 주요 요소

ⓐ 인공 신경망 : 인공 신경망은 학습자들의 학습 데이터를 분석하고, 이를 이용하여 학

습자들에게 맞춤형 학습 콘텐츠를 제공하는 기술이다. 이를 위해 다층 퍼셉트론, 컨볼루션 신경망, 순환 신경망 등의 인공 신경망 모델을 사용한다.

ⓑ 딥러닝 알고리즘 : 딥러닝 알고리즘은 학습자들의 학습 데이터를 분석하고, 이를 이용하여 학습자들에게 맞춤형 학습 콘텐츠를 제공하는 알고리즘이다. 이를 위해 역전파 알고리즘, 경사 하강법 등의 알고리즘을 사용한다.

ⓒ 자동 추출 기술 : 자동 추출 기술은 학습자들의 학습 데이터에서 핵심 정보를 추출하고, 이를 이용하여 학습자들에게 맞춤형 학습 콘텐츠를 제공하는 기술이다. 이를 위해 차원 축소, 특징 추출 등의 기술을 사용한다.

ⓓ 분산 학습 기술 : 분산 학습 기술은 학습자들의 학습 데이터를 여러 개의 컴퓨터에서 분산하여 처리하는 기술이다. 이를 위해 분산 처리 시스템, 분산 신경망 등의 기술을 사용한다.

ⓔ 자기 학습 기술 : 자기 학습 기술은 학습자들의 학습 데이터를 이용하여 스스로 학습하는 기술이다. 이를 위해 강화 학습, 자기 지도 학습 등의 기술을 사용한다.

02 학습시스템 표준이해

(1) 표준 분야

1) 이러닝 표준화의 필요성 〔🔆 1회 필기 기출〕

이러닝은 기본적으로 학습자 개인별로 주문형(on-demand)과 실시간(real-time) 학습환경을 제공해주고 있으며, 학습 시스템과 학습자 사이에 다양하고 자유로운 상호작용을 지원하고 학습자의 수준에 맞는 맞춤형 학습이 가능한 환경을 제공할 수 있는 새로운 교육 패러다임이라고 할 수 있다.

그러나 이러한 새로운 교육 패러다임이 효과적으로 수행되기 위해서는 표준화를 기반으로 질적 수월성이 확보된 콘텐츠와 이 콘텐츠를 운용하여 서비스할 수 있는 시스템이 요구된다.

① 재사용 가능성(Reusability) : 기존 학습 객체 또는 콘텐츠를 학습 자료로서 다양하게 응용하여 새로운 학습 콘텐츠를 구축할 수 있는 특성

② 접근성(Accessibility) : 원격지에서 학습자료에 쉽게 접근하여 검색하거나 배포할 수 있는 특성

③ 상호운용성(Interoperability): 서로 다른 도구 및 플랫폼에서 개발된 학습 자료가 상호간에 공유되거나 그대로 사용될 수 있는 특성

④ 항구성(durability) : 한번 개발된 학습 자료는 새로운 기술이나 환경변화에 큰 비용부담 없이 쉽게 적응될 수 있는 특성의 향상이 이러닝 표준화의 중요한 목표라고 할 수 있다.

2) 이러닝 표준 분야 ☆☆

이러닝 학습시스템은 학습 콘텐츠, 학습 관리 시스템(LMS), 학습자 데이터 등 다양한 데이터와 서비스를 포함하고 있다. 이러한 데이터와 서비스들은 각각의 표준을 따르고 있어야 전체적인 시스템이 효과적으로 동작할 수 있다. 따라서 이러닝 학습시스템은 서비스 표준, 데이터 표준, 콘텐츠 표준을 준수해야 한다.

① 서비스 표준

이러닝 학습시스템은 학습자, 교사, 관리자 등 다양한 이해관계자들이 사용하는 다양한 서비스를 제공한다. 이러한 서비스들은 서로 상호작용하며 전체적인 시스템을 이루게 된다. 서비스 표준은 이러한 서비스들 간의 인터페이스와 상호운용성을 보장하기 위한 표준이다. 대표적인 서비스 표준으로는 웹 서비스 표준인 SOAP, REST 등이 있다.

② 데이터 표준

이러닝 학습시스템은 학습자 정보, 교육과정 정보, 학습자 학습 기록 등 다양한 데이터를 관리한다. 이러한 데이터들은 서로 다른 시스템에서도 공유될 수 있도록 표준화된 형식으로 구성되어야 한다. 데이터 표준은 이러한 데이터들의 구조와 형식을 표준화하여 상호운용성을 보장하기 위한 표준이다. 대표적인 데이터 표준으로는 학습자 정보를 위한 IMS Learner Information Package, 학습자 학습 기록을 위한 IMS Caliper Analytics 등이 있다.

③ 콘텐츠 표준

이러닝 학습시스템은 학습 콘텐츠를 다양한 형식으로 제공한다. 이러한 학습 콘텐츠는 다양한 플랫폼에서 사용될 수 있도록 표준화된 형식으로 제공되어야 한다. 콘텐츠 표준은 이러한 학습 콘텐츠의 구조와 형식을 표준화하여 상호운용성을 보장하기 위한 표준이다. 대표적인 콘텐츠 표준으로는 SCORM, AICC, xAPI 등이 있다.

3) 이러닝 표준화 기관 현황

이러닝와 관련된 ISO/IEC JTC 1 SC36, IMS Global Learning consortium, IEEE/LTSC, ADL, CEN, DCMI 등과 같은 국제 조직 및 활동에 대해 살펴보자.

① ISO/IEC JTC1 SC36 개요

- 국제표준화기구(International Organization for Standardization; ISO)는1947년 2월 23일 설립된 비정부간 기구로 국제적인 표준화 기구로서의 명망이 높고, 제품과 서비스

의 국제적 교환을 용이하게 하고 지적 분야, 과학적 분야, 기술적 분야, 경제적인 활동 분야에서 국제적인 협력을 증진하고자 설립된 기관이다.

- ISO의 분과위원회들 중 정보기술에 대한 국제표준화를 목적으로 하는 JTC1(Join Technical committee)의 하위위원회인 SC36은 1999년 한국에서 개최되었던 제14차 JTC1 연차회의의 결의안에 따라 설립되었다.

- SC36의 표준화 활동은 국가적인 차원의 회의 형식으로 이루어지고 있다. ISO에서 제시되는 공식적인 표준을 만들기 위해서는 실제 구현에서 입증된 자료를 토대로 효율적인 이러닝 활용을 위한 분명한 기준제시를 필요로 한다. SC36에서는 '교육정보와 관련된 표준으로서 교육 대상은 개인 · 기관 · 조직 등 어떠한 사용자 주체를 포함할 수 있어야 하며, 교육자원이나 교육도구의 재사용성과 상호운용성을 가능하게 해야 한다는 것'을 범위로 하고 있다.

- SC36은 학습, 교육 및 훈련을 목적으로 개인, 그룹 또는 조직을 지원하고 자원과 도구의 상호연동성과 재사용을 가능하도록 하기 위한 정보기술 분야의 표준을 관장하고 있는 것이다. SC36에서 진행되는 표준화의 영역은 학습자와 운영기관과 개발사간에 양호한 성능과 호환성을 기대할 수 있는 영역 전반에 걸쳐서 진행되고 있으며, 단 문화전통이나 특정학습 내용을 정의하는 표준이나 기술보고서를 목표로 하지는 않는다.

② IMS Global Learning Consortium

- IMS Global Learning Consortium(이하 IMS Global)는 1997년 EduComNLII (NATional learning infrastructure Initiative)로부터 시작된 기업체와 연구기관, 정부기관들 사이의 합동프로젝트이다.

- 교육 자료의 위치와 사용, 학습과정 추적 등의 교육 관련 서비스들이 상호운용성을 가질 수 있도록 교육 분야 자료의 기술을 위한 메타데이터 및 기술적(Technical) 측면의 요구 사항들을 연구 · 개발해 널리 보급하기 위한 전 세계적 협회 조직이다. IMS Global의 회원 및 회원 기관은 교육기관, 기업 그리고 정부기관 등을 망라하고 있으며 협력기관은 세계적인 ICT와 교육관련 표준화 기관들이 포함돼 있다. 따라서 IMS Global에서 발표하는 명세서는 세계적인 표준안이라고 할 수 있다.

③ IEEE/LTSC

- IEEE는 1880년대 초에 설립된 미국전기학회(AIEE: American Institute of Electrical Engineers)와 1912년에 설립된 무선학회(IRE: Institute of Radio Engineers)가 1963년에 현재의 명칭과 조직으로 합병하여 설립된 것으로, 세계 최대의 전기 · 전자 · 전기통신 · 컴퓨터 분야의 비영리 전문가 단체이다.

- IEEE는 세계 최대 기술 전문가 협회로 엔지니어, 과학자 등의 컴퓨터 과학자, 소프트

웨어 개발자, 정보기술전문가, 물리학자, 의사 및 IEEE의 전기 전자 공학 전문가들로 구성되어 있다.

- IEEE는 통신, 교육, 컴퓨터 부품, 의학, 물리학, 원자물리학 등 다방면에 걸쳐있고 각 분야마다 독립적인 위원회에서 관련 기술의 표준화를 추진하고 있다. 그 중 정보 분야(Information Technology)의 학습 기술 표준화 위원회(LTSC, Learning Technology Standardization Committee)에서는 다양한 학습기술과 관련된 표준을 제정하고 있다.

- IEEE/LTSC는 이러닝의 단체규격 표준 연구 및 생성의 실질적인 기관으로 ADL, IMS와 밀접하게 프로젝트를 진행하고 있으며 이들이 개발 중인 규격에는 이미 AICC, IMS에서 개발한 규격들이 많이 상정되어 있다. 과거 IEEE/LTSC는 이러닝 콘텐츠를 이러닝 국제 표준으로 제시된 SCORM 표준으로 만드는데 중요한 역할을 했다.

④ ADL

- ADL(Advanced Distributed Learning)은 교육훈련의 현대화와 학습에 필요로 하는 정보통신 기술을 사용하는데 필요한 전략 개발을 위해 미국 국무부와 백악관 과학기술 정책국에 의해 1997년 조직되었다.

- 차세대 분산학습 시스템 위원회인 ADL은 교육 훈련의 현대화와 정보통신 기술의 사용에 필요한 전략을 개발하고 있으며, 콘텐츠 재사용성, 접근성, 지속성, 상호운용성 등 학습 콘텐츠를 개발하는 필요 요건을 제시하고 있다.

- ADL의 목표는 역동적이면서도 비용 효율적인 학습용 소프트웨어와 시스템을 대규모로 개발하고 이러한 제품들을 수용할 수 있는 시장 활성화에 있다. ADL은 미국정부 뿐만 아니라 기업들과 많은 교육/훈련 기관들이 협동적으로 함께 참여하고 있는 그룹이 되어, 영국, 캐나다, 한국, 호주 등이 협력기관의 역할을 공동으로 수행하고 있으며, ADL의 목표달성을 위한 기술로 XML 기반의 Reference model인 SCORM(Sharable content Object Reference Model)이 있다.

- SCORM 규격은 국제 표준으로 응용되고 있는데, 이는 AICC, IEEE, IMS의 규격을 활용하여 표준화를 이끌어낸 규격이라 할 수 있다. ADL의 SCORM은 컴퓨터 및 웹 기반 학습의 공통 기술 기반 내에서 "교수 객체(instructional object)"로서 재사용이 가능한 학습 콘텐츠의 구성을 촉진한다.

- SCORM은 교육콘텐츠를 기능별 모듈로 나누어 개발함으로써 재사용과 공유가 가능하도록 표준화 시킨 모델로 SCORM의 특징은 도구와 플랫폼이 다른 학습 환경에서도 상호호환성과 콘텐츠 재사용, 유지보수 비용 절감의 장점을 가진다는 것이다. 또한 원격지에서 비용을 투자하여 다시 디자인 하거나, 구조 변경, 또는 코딩 작업을 다시 하지 않고도 접근할 수 있도록 변동 사항과 기술 진화에 대처하는 능력이 있다.

⑤ CEN

- ISSS(Information Society Standardization Systems)는 유럽의 기술표준화 위원회인 CEN(European Committee for Standardization)에 의해 1997년 창설되었다. CEN/ISSS 는 전자기술과 통신 분야를 제외한 영역의 표준화를 선도하는 유럽의 3대 기구 중의 하나로 전자상거래, e-비즈니스, 전자서명, 지식경영, 학습지원 테크놀로지 등과 관련된 정보 분야의 워크숍을 해설하고 여기에서 LT-WS(Learning Technologies Workshop)를 조직하여 이러닝에 관한 표준을 논의하고 있다.
- CEN/ISSS의 주된 목적은 유럽의 환경에 적합한 학습지원 표준 개발에 있으며 각국이 효과적으로 활용하는데 중점을 두고 있다. 최첨단 표준을 준비하고 개발하기 위해 CEN은 50개 국가 국가 표준기준들과의 네트워크를 통해 소비자, 노동자, 중소기업 등 이해관계를 가지는 전문가의 협력을 통해 운영한다.

⑥ DCMI

- DCMI(Dublin Core Metadata Initiative)는 싱가포르(Singapore)에서 개런티(Guarantee)에 의해 제한되는 공공의 비영리 회사로 법인화되었다. DCMI는 메타데이터 디자인과 광범위한 목적을 가지고, 비즈니스 모델들에서 모범적인 실행을 위한혁신을 지원한다.
  DCMI 워킹그룹은 DCMI 커뮤니티와 DCMI 특정 업무 그룹(Task Group)으로 재편될 예정이다.
- DCMI 커뮤니티는 DCMI 메타데이터와 관련된 특정 주제 또는 특정 영역 내 DCMI의 사용에 관심을 가지는 사람의 모임으로 DCMI 커뮤니티의 운영자들은 DCMI 웹 사이트 상에 웹페이지를 보유하고 토의와 정보교환을 위한 메일링리스트를 운영한다.
- DCMI는 2015년 구조화된 메타데이터의 필요성을 언급하면서 메타데이터 사회의 모임을 통해 메타테이터의 상호운용성과 조화를 촉진하는 목표를 진행할 것이라고 발표했다.

4) 국내 표준화 동향

국내 단체표준 이러닝 분야에서는 IMS GLC(Global Learning Consortium)의 국내 대응 거점 단체인 IMS Korea 표준화 포럼이 이러닝 표준 개발과 적용을 주도하고 있다.

2008년 IMS Global Learning consortium과 사무국인 한국교육학술정보원 간 협약 체결을 시작으로 IMS KOREA 표준화 포럼이 생겼으며, 이러닝 분야의 표준 개발 및 기술 혁신을 위해 교육기관, 기업, 공공기관 등 다양한 이해관계자들이 참여하였다.

위 포럼은 학습 분석 표준 프로젝트와 이러닝 콘텐츠 접근성 제공을 위한 표준으로 활동 범위를 넓혔으며, 디지털 교과서를 위한 프로젝트도 전자출판 표준화 포럼과 공동으로 진행하였다.

(2) 서비스 표준

서비스 표준은 이러닝 학습시스템에서 제공되는 다양한 서비스들 간의 인터페이스와 상호 운용성을 보장하기 위한 표준이다. 이러한 서비스들은 다양한 이해관계자들이 사용하는 학습자, 교사, 관리자 등의 서비스로 구성된다.

1) 교육을 제공하는 입장에서의 표준

서비스 표준은 XML 웹 서비스를 기반으로 하며, SOAP, REST 등이 대표적인 서비스 표준이다. 이러한 서비스 표준을 준수하면 이러닝 학습시스템에서 제공되는 서비스들은 서로 상호작용할 수 있으며, 확장성과 유연성이 높아진다.

2) 교육을 받는 입장에서의 표준

① 개인용 컴퓨터(PC: Personal Computer)

학습자가 이러닝 콘텐츠를 원활하게 학습하기 위해 개인용 컴퓨터에서 기본적으로 갖추어야 할 필수 항목은 하드웨어 환경, 소프트웨어 환경, 인터넷 환경이다. 특히 하드웨어와 소프트웨어 환경이 갖추어져 있다고 하더라도, 컴퓨터의 다양한 환경 설정 값에 따라 예상치 못한 상황이 발생할 수 있다. 이러한 문제점을 최소화하기 위해서는 사용 가능한 최소 권장사항이 제시되어야 한다. 하드웨어와 달리 소프트웨어는 다양한 설정에 의해 많은 문제점이 발생할 수 있다는 것을 고려하여 버전에 대한 지원정책도 마련되어야 한다.

〈표 3-2〉 권장 PC 사양 예

구분	항목	권장사항
하드웨어 환경	CPU	인텔 코어 i5 이상 또는 동급의 AMD 프로세서
	메모리	8GB RAM이상
	통신회선	5Mbps 이상의 인터넷 회선
	멀티미디어 장비	헤드셋 또는 스피커, 마이크
소프트웨어 환경	운영체제	Windows 10 이상, MacOS 10.12 이상
	브라우저	Google Chrome, Mozilla Firefox, Microsoft Edge, Safari 최신 버전
	미디어 플레이어	Adobe Flash Player 최신 버전, VLC Media Player 최신 버전
	해상도	1024 x 768 이상

〈표 3-3〉 권장 프로그램 예

프로그램 명	기능
Windows Media Player 12	강의 동영상 플레이어용(Windows 10 사용자 기준)
Acrobat Reader DC	파일 확장자가 pdf인 파일을 볼 수 있는 프로그램
MS-PowerPoint Viewer	pptx, ppt인 파일을 볼 수 있는 파워포인터 프로그램
MS-Word Viewer	파일 확장자가 docx, doc인 파일을 볼 수 있는 워드프로그램
MS-Excel Viewer	파일 확장자가 xlsx, .xls인 파일을 볼 수 있는 엑셀프로그램
아래아한글 뷰어	파일 확장자가 hwp인 파일을 볼 수 있는 한글뷰어 프로그램
여러가지 글꼴	강의에 사용된 글자를 제대로 보기 위해 필요한 폰트

② 모바일 지원기기

모바일 기기에서 이러닝 콘텐츠를 학습하기 위하여 개발될 콘텐츠의 최소사양을 지정한다.

모바일 기기의 학습 환경에서 고려해야 할 사항으로는 운영체제, CPU, 해상도의 최소사양에 대한 지원 지침이 마련되어야 한다. 특히 모바일 운영체제는 안드로이드와 iOS로 양분되어 있으나 잦은 업그레이드로 인한 버전에 대한 호환성도 고려되어야 한다.

〈표 3-4〉 학습 가능한 운영체제 버전과 기기목록

구분	기기명	OS버전
안드로이드 계열	갤럭시 S5, S6, S7 등, 갤럭시 노트 3, 4, 5, Edge, FE 등 LG G3, G4, G5 등	4.4 이상 버전
iOS 계열	iPhone 5s 이상의 모든 기종, SE, 6/6 Plus, 6s/6s Plus, 7/7 Plus, 8/8 Plus, X, XR, XS/XS Max, 11, 11 Pro/11 Pro Max, SE (2세대), 12/12 mini/12 Pro/12 Pro Max	11 이상 버전

③ 모바일 기기 학습 시 고려해야 할 사항

ⓐ 콘텐츠가 원활히 수행되는 모바일 기기의 최소 사양을 명시한다. 예를 들어 콘텐츠 수행에 가장 큰 영향을 미치는 요소인 운영체제의 종류와 버전, CPU(Central Process Unit: 중앙처리장치), 스크린의 해상도 등을 포함한다.

ⓑ 콘텐츠를 앱으로 개발하여 제공하는 경우, 학습자의 기기가 앱스토어 또는 마켓을 정상적으로 이용할 수 있는 기기만 지원하도록 명시한다.

ⓒ 무선 또는 유료 통신회선 사용을 고려한다. 만약, 오프라인일 경우 출석 처리의 문제가 발생할 수 있고, 무선데이터 이동통신이 연결된 경우 데이터 요금이 청구될 수 있음을 확인하도록 한다. 무선인터넷(Wi-fi)을 이용하여 강의를 다운로드한 후 수강하도록 권장한다.

ⓓ 다운로드 받은 강의는 DRM(Digital Right Management : 저작권보호기술)로 보호되어 지정된 기간까지 이용할 수 있도록 하거나, 다른 기기로 이동하면 이용할 수 없도록 조치가 되어야 한다.

ⓔ 로그인 인증을 고려한다. 로그인은 학습의 출결 처리와 관련이 높다. 모바일 기기의 특성상 접속 IP가 유동적으로 이루어지기 때문에 핸드폰 SMS인증이나 공인인증서등의 수단을 추가적으로 도입한다.

〈표 3–5〉 로그인 방식에 따른 로그인 방법 및 이용가능 서비스

로그인 방식	서비스 내용
공인인증서	– 로그인 화면에서 학번과 비밀번호 입력을 대신하여 공인인증서 로그인 – 출결체크, 퀴즈, 시험 응시, 게시판 활동 등 모든 서비스
SMS 인증	– 개인정보에 등록된 휴대폰 번호로 인증번호를 발송하면 인증번호를 입력함으로써 본인임을 인증 – 출결체크, 퀴즈, 시험 응시, 게시판 활동 등 모든 서비스
아이디/비밀번호	– 아이디 및 비밀번호 입력을 통한 로그인 – 게시글 읽기 가능 – 강의수강 불가 및 출결 처리 불가, 게시판 쓰기 제한, 성적조회 불가, 개인정보 수정 불가 등

(3) 데이터 표준

이러닝 학습시스템에서는 학습자 정보, 교육과정 정보, 학습자 학습 기록 등 다양한 데이터를 관리한다. 이러한 데이터들은 서로 다른 시스템에서도 공유될 수 있도록 표준화된 형식으로 구성되어야 한다. 이를 위해 데이터 표준이 사용된다.

데이터 표준은 이러닝 학습시스템에서 사용되는 데이터의 구조와 형식을 표준화하여 상호 운용성을 보장하기 위한 표준이다. 이러한 데이터들은 IMS(Instructional Management System) Global Learning Consortium에서 제정한 국제 표준인 IMS(Common Cartridge, Learning Tools Interoperability, Learner Information Package, Caliper Analytics 등), IEEE(LOM, LOM-ES 등), ISO(MLR, RDF, MPEG-7 등) 등에서 제공되는 표준들을 준수할 수 있다.

예를 들어, 학습자 정보를 표준화된 형식으로 구성하여 관리하면, 학습자 정보를 다른 시스템과 공유할 때 형식 변환이나 데이터 변환 등의 복잡한 과정 없이도 공유할 수 있다. 또한 학습자 학습 기록을 표준화된 형식으로 구성하여 관리하면, 학습자의 학습 상황을 다양한 시스템에서 모니터링을 하거나 학습자의 학습 기록을 자동으로 분석하여 학습자에게 맞춤형 학습을 제공하는 등의 다양한 기능을 구현할 수 있다.

〈표 3-6〉 데이터 관련 표준1-자원 제공 및 사용자 데이터 관련 기술 데이터

표준코드	세부 내용
ISO/IEC 23988 : 2007	정보기술 전달에 사용되는 코드
ISO/IEC 24751 시리즈	전자학습, 교육 및 훈련에 적응성과 접근성 개별화
ISO/IEC TS 29140 시리즈	이동성 및 모바일 기술
ISO/IEC 20016-1 : 2014	전자학습 응용 프로그램(언어접근성 등)
ISO/IEC 29187 시리즈	언어접근성 및 휴먼 인터페이스 전자 학습 응용 프로그램

※ 출처 : JTC1 SC36 Business Plan for the period 2015-2016(2015.9)

〈표 3-7〉 데이터 관련 표준2-데이터 추적을 통한 학습자 분석 지원

표준코드	세부 내용
ISO/IEC 24703 : 2004	참가자 식별자
ISO/IEC 19778 시리즈	협업 기술
ISO/IEC 19780 시리즈	협업 학습 커뮤니케이션
ISO/IEC 36000 시리즈	품질관리, 보증 및 측정

※ 출처 : JTC1 SC36 Business Plan for the period 2015-2016(2015.9)

따라서 데이터 표준은 이러닝 학습시스템에서 데이터의 효율적인 관리와 활용을 위해 매우 중요한 역할을 한다.

(4) 콘텐츠 표준 ☆☆

1) 이러닝 콘텐츠 표준

이러닝 학습시스템에서는 학습자가 학습하는 콘텐츠를 다양한 형식으로 제공한다. 이러한 콘텐츠들은 서로 다른 시스템에서도 공유될 수 있도록 표준화된 형식으로 구성되어야 한다. 이를 위해 콘텐츠 표준이 사용된다.

콘텐츠 표준은 이러닝 학습시스템에서 사용되는 콘텐츠의 구조와 형식을 표준화하여 상호운용성을 보장하기 위한 표준이다. 이러한 콘텐츠 표준은 IMS Global Learning Consortium에서 제정한 국제 표준인 **SCORM**(Sharable Content Object Reference Model), **AICC**(Aviation Industry Computer-Based Training Committee), **xAPI**(Experience API) 등이 있다.

2) SCORM(Sharable Content Object Reference Model)

SCORM은 미국의 ADL(Advanced Distributed Learning)에서 여러 기관이 제안한 이러닝 학습콘텐츠를 관리하는 시스템을 통합한 표준안이다. SCORM은 세계적으로 많이 사용되고 있으며 이러닝 표준으로서 콘텐츠 객체와 학습자의 상호작용에 대한 정보를 전달하기 위한 다양한 API(Application Program Interface)를 제공하고 있다.

또한, SCORM은 학습 콘텐츠를 작은 단위로 나누어서 이러닝 학습시스템에서 쉽게 재사용할 수 있도록 구성하는 표준이다. SCORM은 학습 콘텐츠를 학습자의 학습 상황에 맞게 컨트롤하고, 학습 기록을 추적할 수 있는 기능을 제공한다. 이러한 기능을 통해 학습자는 다양한 학습 콘텐츠를 다양한 플랫폼에서 학습할 수 있으며, 교사와 관리자는 학습자의 학습 상황을 다양한 시스템에서 모니터링할 수 있다.

그리고 이러한 정보를 표현하기 위한 데이터 모델, 학습콘텐츠의 호환성을 보장하기 위한 콘텐츠 패키징, 학습콘텐츠를 정의하기 위한 표준 메타데이터 요소, 학습콘텐츠 구성을 위한 표준 순열 규칙과 내비게이션이 정의되어 있다.

3) SCORM CMI(Computer Managed Instruction)를 위한 패키징 💡 1회 필기 기출

CMI 데이터 모델은 학습객체와 학습관리시스템 간에 정보를 교환할 수 있도록 정보를 기능에 따라 패키징하는 방법을 정의하고 있다. 또한 학습자의 정보, 질문과 테스트 상호작용, 상태 정보, 평가 등의 기능을 포함하고 있다.

4) 웹 접근성을 고려한 콘텐츠 제작

'한국형 웹 콘텐츠 접근성 지침 2.2'는 원칙, 지침, 검사 항목의 3단계로 구성되어 있다. 지침을 준수할 경우, 장애인, 고령자 등이 비장애인, 젊은이 등과 동등하게 웹 사이트에서 제공하는 콘텐츠를 인식하고, 이를 운영하고 이해할 수 있다. 그러나 표준 지침을 모두 준수한 경우에도 학력, 장애 유형과 정도(장애의 중복 또는 장애의 경중 등), 컴퓨터 및 인터넷 사용 경험, 보조 기술 이용 능력 등에 따라 웹 콘텐츠에 대한 접근이 불가능한 경우가 발생할 수도 있다. 그렇기 때문에 장애인 및 노인 등을 대상으로 하는 정보화 교육이 필요하며, 장애인에게는 맞춤형 보조 기술을 제공할 필요가 있다. 웹 접근성 표준을 준수하여 웹 콘텐츠를 제작하는 경우에는 단일 장애를 지닌 사용자에게 필요한 대부분의 웹 접근성과 관련된 문제를 해결할 수 있다.

① 인식의 용이성(Perceivable)

인식의 용이성은 사용자가 장애 유무 등에 관계없이 웹사이트에서 제공하는 모든 콘텐츠를 동등하게 인식할 수 있도록 제공하는 것을 의미한다. 인식의 용이성은 대체 텍스트, 멀티미디어 대체수단, 적응성, 명료성의 4가지 지침으로 구성되어 있다.

〈표 3-8〉 인식의 용이성 지침

지침(4개)		검사항목(9개)
대체 텍스트	적절한 대체 텍스트 제공	텍스트 아닌 콘텐츠는 그 의미나 용도를 인식할 수 있도록 대체 텍스트를 제공해야 한다.
멀티미디어 대체수단	자막 제공	멀티미디어 콘텐츠에는 자막, 대본 또는 수어를 제공해야 한다.
적응성	표의 구성	표는 이해하기 쉽게 구성해야 한다.
	콘텐츠의 선형구조	콘텐츠는 논리적인 순서로 제공해야 한다.
	명확한 지시사항 제공	지시사항은 모양, 크기, 위치, 방향, 색, 소리 등에 관계없이 인식될 수 있어야 한다.
명료성	색에 무관한 콘텐츠 인식	콘텐츠는 색에 관계없이 인식될 수 있어야 한다.
	자동 재생 금지	자동으로 소리가 재생되지 않아야 한다.
	텍스트 콘텐츠의 명도 대비	텍스트 콘텐츠와 배경 간의 명도 대비는 4.5 대 1 이상이어야 한다.
	콘텐츠 간의 구분	이웃한 콘텐츠는 구별될 수 있어야 한다.

※ 출처 : 방송통신표준심의회(2022) 한국형 웹 콘텐츠 접근성 지침 2.2

② 운용의 용이성(Operable)

운용의 용이성은 사용자가 장애 유무 등에 관계없이 웹사이트에서 제공하는 모든 기능을 운용할 수 있도록 제공하는 것을 의미한다. 운용의 용이성은 **입력장치 접근성, 충분한 시간 제공, 광과민성 발작 예방, 쉬운 내비게이션, 입력 방식**의 5가지 지침으로 구성되어 있다.

〈표 3-9〉 운용의 용이성 지침 및 검사항목

지침(5개)		검사항목(15개)
입력장치 접근성	키보드 사용 보장	모든 기능은 키보드만으로도 사용할 수 있어야 한다.
	초점 이동과 표시	키보드에 의한 초점은 논리적으로 이동해야 하며, 시각적으로 구별할 수 있어야 한다.
	조작 가능	사용자 입력 및 콘트롤은 조작 가능하도록 제공되어야 한다.
	문자 단축키	문자 단축키는 오동작으로 인한 오류를 방지하여야 한다.
충분한 시간 제공	응답 시간 조절	시간제한이 있는 콘텐츠는 응답시간을 조절할 수 있어야 한다.
	정지 기능 제공	자동으로 변경되는 콘텐츠는 움직임을 제어할 수 있어야 한다.
광과민성 발작 예방	깜박임과 번쩍임 사용 제한	초당 3~50회 주기로 깜빡이거나 번쩍이는 콘텐츠를 제공하지 않아야 한다.
쉬운 내비게이션	반복 영역 건너뛰기	콘텐츠의 반복되는 영역은 건너뛸 수 있어야 한다.
	제목 제공	페이지, 프레임, 콘텐츠 블록에는 적절한 제목을 제공해야 한다.
	적절한 링크 텍스트	링크 텍스트는 용도나 목적을 이해할 수 있도록 제공해야 한다.
	고정된 참조 위치 정보	전자출판문서 형식의 웹 페이지는 각 페이지로 이동할 수 있는 기능이 있어야 하고, 서식이나 플랫폼에 상관없이 참조 위치 정보를 일관되게 제공·유지해야 한다.

입력 방식	단일 포인터 입력 지원	다중 포인터 또는 경로기반 동작을 통한 입력은 단일 포인터 입력으로도 조작할 수 있어야 한다.
	포인터 입력 취소	단일 포인터 입력으로 실행되는 기능은 취소할 수 있어야 한다.
	레이블과 네임	텍스트 또는 텍스트 이미지가 포함된 레이블이 있는 사용자 인터페이스 구성요소는 네임에 시각적으로 표시되는 해당 텍스트를 포함해야 한다.
	동작기반 작동	동작기반으로 작동하는 기능은 사용자 인터페이스 구성요소로 조작할 수 있고, 동작기반 기능을 비활성화할 수 있어야한다.

※ 출처 : 방송통신표준심의회(2022) 한국형 웹 콘텐츠 접근성 지침 2.2

③ 이해의 용이성(Understandable)

이해의 용이성은 사용자가 장애 유무 등에 관계없이 웹 사이트에서 제공하는 콘텐츠를 이해할 수 있도록 제공하는 것을 의미한다. 이해의 용이성은 **가독성, 예측 가능성, 입력 도움**의 3가지 지침으로 구성되어 있다.

〈표 3-10〉 이해의 용이성 지침 및 검사항목

지침(3개)	검사항목(7개)	
가독성	기본 언어 표시	주로 사용하는 언어를 명시해야 한다.
예측 가능성	사용자 요구에 따른 실행	사용자가 의도하지 않은 기능(새 창, 초점에 의한 맥락 변화 등)은 실행되지 않아야 한다.
	찾기 쉬운 도움 정보	도움 정보가 제공되는 경우, 각 페이지에서 동일한 상대적인 순서로 접근할 수 있어야 한다.
입력 도움	오류 정정	입력 오류를 정정할 수 있는 방법을 제공해야 한다.
	레이블 제공	사용자 입력에는 대응하는 레이블을 제공해야 한다.
	접근 가능한 인증	인증 과정은 인지 기능 테스트에만 의존해서는 안 된다.
	반복 입력 정보	반복되는 입력 정보는 자동 입력 또는 선택 입력할 수 있어야 한다.

※ 출처 : 방송통신표준심의회(2022) 한국형 웹 콘텐츠 접근성 지침 2.2

④ 견고성(Robust)

견고성은 사용자가 콘텐츠를 이용할 수 있도록 기술에 영향을 받지 않아야 함을 의미한다. 견고성은 **문법 준수, 웹 애플리케이션 접근성**의 2가지 지침으로 구성되어 있다.

〈표 3-11〉 견고성 지침 및 검사항목

지침(2개)	검사항목(2개)	
문법 준수	마크업 오류 방지	마크업 언어의 요소는 열고 닫음, 중첩 관계 및 속성 선언에 오류가 없어야 한다.
웹 애플리케이션 접근성	웹 애플리케이션 접근성 준수	콘텐츠에 포함된 웹 애플리케이션은 접근성이 있어야 한다.

※ 출처 : 방송통신표준심의회(2022) 한국형 웹 콘텐츠 접근성 지침 2.2

(5) 국내 이러닝 표준화 연구 과정

우리나라에서의 이러닝 표준화는 그리 오래되지 않았다. ISO/IEC JTC1 산하에 SC36(교육 기술 전담 위원회)이 1999년 12월에 발족되고 난 1년 후 국내에서는 2000년 4월에 SC36 국내 전문위원회가 설립되어 활동을 시작한 이후 이러닝에 대한 표준화 필요성과 중요성이 인식 되기 시작하였다. 특히 2004년 1월 『e러닝산업발전법』이 제정되고, 이러닝 산업을 신성장동 력산업에 포함하여 차세대 고부가가치 지식산업으로 발전시키기로 결정하는 등 이러닝에 대 한 사회적 인식이 높아지면서 이러닝의 표준화에 대한 관심도 높아지게 되었다.

우리나라의 이러닝 표준화는 선진국들과 같은 민간주도보다는 정부기관 주도의 표준화가 더 활발하게 연구되었다. 초·중등 교육 분야의 이러닝을 중심으로 하는 교육부 소속기관 한 국교육학술정보원(KERIS)의 이러닝 표준화, 산업통상자원부 국가기술표준원을 중심으로 하 는 이러닝 산업 및 기술표준, 그리고 고용노동부 소속기관 한국직업능력개발원의 직업훈련 관련 이러닝 표준화 등이 대표적인 연구 진행 사례들이다.

한국교육학술정보원의 경우 KEM(Korea Educational Metadata)을 2004년 12월에 '초·중등 교육정보 메타데이터' 국가표준(KS)을 제정하여 활용하고 있으며 고등교육과 평생교육 및 저작권 문제까지 망라한 새로운 KEM 버전도 제정되었다.

산업통상자원부의 경우 한국전자거래진흥원(현재 '정보통신산업진흥원'으로 통합)을 중 심으로 이러닝의 표준화와 산업화, 그리고 차세대 이러닝 연구, 그리고 이러닝 품질인증 작 업(2007)을 추진하였으며, 국가기술표준원을 중심으로 앞에서 언급한 SC36의 제반활동의 지 원과 이러닝의 가장 기본 요소라고 할 수 있는 용어표준을 제시하였다.

그리고 고용노동부의 경우 한국직업능력개발원을 중심으로 이러닝의 운영 및 서비스에 대 한 표준을 추진하였다.

한편, 우리나라의 이러닝 표준화를 위한 국제활동은 SC36을 중심으로 볼 때 아시아권에서 는 가장 활발하다고 볼 수 있다. 특히 용어표준화, 상호협력학습, 메타데이터, 품질관리 분야 의 국제적 프로젝트에서 우리나라의 현황을 알리고 한국 측의 제안사항을 반영하는 등 핵심 적인 역할을 수행하고 있다.

(6) 국내 이러닝 표준 제정

이러닝 표준은 2004년 12월 최초로 제정되었고, 이후 개정 작업을 거치면서 표준으로서의 골격을 형성하였다. 이러닝 표준은 메타데이터에 대한 표준, 콘텐츠에 대한 표준, 서비스에 대한 표준으로 구분할 수 있다.

초중등 교육 분야의 경우, 데이터, 콘텐츠, 서비스에 대한 표준을 모두 보유하고 있으며, 산업교육 분야는 콘텐츠에 대한 표준만 제정되었다. 구체적인 내용은 다음과 같다.

1) 초중등 이러닝 표준

처음 초중등 이러닝 표준이 구성된 목적은 2005년부터 전국적으로 실시된 초중등 학생들을 위한 사이버 가정학습의 학습관리시스템에 적합한 콘텐츠 규격을 설정하는 것이었다. 즉, 전국에서 공통된 콘텐츠를 서비스해야 하므로 표준의 규격이 필요하였다.

따라서 KEM(Korea Educational Metadata)을 통해 모든 시도에서 공통으로 사용할 콘텐츠를 제작할 수 있도록 하였다.

콘텐츠 표준의 경우, 사이버 가정학습 콘텐츠와 더불어 초중등 교사들을 원격으로 연수하는 원격교육연수원 콘텐츠에 대한 평가기준이 마련되었고, 평가기준의 영역에 대한 조작적 정의를 토대로 KS 표준이 개정되었다.

서비스 표준의 경우, 초중등 교사들을 원격으로 연수하는 원격교육연수원에 대한 운영 평가의 근거가 되었던 운영 평가 기준을 토대로 작성되었다. 즉, 교사들을 연수하는 기관에 대한 운영 품질을 제고하기 위하여 운영 평가에 대한 기준을 마련하였고, 이를 토대로 KS 표준의 문서가 구성되었다. 각 표준들의 제정 및 개정 시기는 다음과 같다.

〈표 3-12〉 초중등 분야의 이러닝 표준

구분	표준번호	표준명	제정시기	비고
메타데이터	KS X 7001	초 · 중등 교육정보 메타데이터	2004. 12	최초
	KS X7001-1	교육정보 메타데이터 – 개요	2006. 7	제정
	KS X7001-2	교육정보 메타데이터 – 초 · 중등 교육 분야	2006. 7	개정
	KS X7001-3	교육정보 메타데이터 – 고등 교육 분야	2006. 7	제정
품질인증 (콘텐츠)	KS X7002-1	이러닝 품질인증 가이드라인 – 콘텐츠 : 개요	2008. 10 2010. 12 2012. 12	제정 개정 개정
	KS X7002-2	이러닝 품질인증 가이드라인 – 콘텐츠 : 초 · 중등 교육 분야	2008. 10 2010. 12	제정 개정
품질인증 (서비스)	KS X7003-1	이러닝 품질인증 가이드라인 – 서비스 : 개요	2008. 10	제정
	KS X7003-2	이러닝 품질인증 가이드라인 – 서비스 : 초 · 중등 교육 분야	2008. 10	제정

※ 출처 : 한국표준협회 산업표준심의회 2022 확인

2) 산업교육 이러닝 콘텐츠 표준 🔘 1회 필기 기출

콘텐츠 품질인증에서 산업교육(Industrial Education)은 산업에서 필요로 하는 개개인의 직무역량을 강화하기 위해 진행되는 구조화된 학습활동으로, 계획적이고 체계적이며 조직화된 교수과정이라 할 수 있는 LET(Learning, Education, Training)를 포함하는 개념으로 정의할 수 있다.

산업교육 이러닝 콘텐츠 표준의 경우, 개요가 제정된 시기는 초중등 표준이 제정되었던 2008년이며, 이후 2010년 초중등 표준의 개정과 함께 개정되었고, 산업교육 표준이 제정된 2012년에 최종 개정되었다.

〈표 3-13〉 산업교육 분야의 이러닝 표준

구분	표준번호	표준명	제정시기	비고
품질인증 (콘텐츠)	KS X7002-1	이러닝 품질인증 가이드라인 – 콘텐츠: 개요	2008. 10 2010. 12 2012. 12	제정 개정 개정
	KS X7002-2	이러닝 품질인증 가이드라인 – 콘텐츠 : 초ㆍ중등 교육 분야	2008. 10 2010. 12	제정 개정
	KS X7002-3	이러닝 품질인증 가이드라인 – 콘텐츠 : 산업교육 분야	2012. 12	제정

※ 출처 : 한국표준협회 산업표준심의회 2022 확인

03 학습시스템 개발과정 이해

(1) 학습시스템 기능요소 및 요구사항 분석

학습관리시스템(LMS)은 학습자들이 원활하게 수강할 수 있도록 지원하는 **학습자 기능**, 학습자와 학습콘텐츠를 관리하는 **교수자 기능**, 학습관리시스템을 관리하는 **관리자 기능**으로 구성된다. 학습자 기능과 교수자 기능에는 공통적으로 공지사항, 질의응답, FAQ, 학습안내, 접속 환경 안내 등의 메뉴가 포함된다.

학습관리시스템은 그 기능과 명세가 모두 다르기 때문에 좋은 학습관리시스템을 사용하기 위해서는 사전에 요소분석과 기능을 숙지하고 있어야 한다. 영국의 JISC(Joint Information Systems Committee)에서 수행한 LMS의 기능 분석 보고서는 프로그램 과정 관리, 자원 관리, 모니터링, 학습자 중심, 유연성/적응성 등으로 구분하여 LMS의 기능을 분석하는 데 지침을 제공한다.

1) 학습자 기능

학습자 기능에는 강의, 학사, 시험, 과제, 상담기능, 학습지원, 커뮤니티(설문, 쪽지, 이메일, SMS) 기능 등 학습활동을 원활히 할 수 있도록 지원하기 위한 기능이 구축되어 있다. 대표적인 기능은 다음과 같다.

① 수강 조회 기능 : 지난 수강 이력 및 수강 현황, 성적, 이수 등의 학습 정보를 조회할 수 있어야 한다.

② 시험 기능 : 온라인 응시가 가능하도록 해야 하며 온라인으로 과제를 제출하고 확인이 가능해야 한다.

③ 커뮤니티 기능 : 관리자 및 교수자와 소통할 수 있는 기능이 있어야 한다.

〈표 3-14〉 LMS의 학습자 기능

메뉴	기능 설명
학습하기	학기별 과목 목록 조회 학습활동 정보 확인(과제, 프로젝트, 시험, 토론) 강의 콘텐츠 학습(학습속도조절, 반복 학습 등) 학습 진도 확인(학습 시작일, 종료일 확인)
성적 확인	학기별 수강 과목의 성적 조회
공지사항	과정 운영에 관한 일반적인 공지 공지 사항 하의 첨부파일 다운로드 기능
과제확인	과제 정보 조회, 첨부파일 다운로드 제출한 과제 확인 및 다운로드, 점수 확인
강의실 선택	선택 강의실로 이동
학습 일정	주차별 학습목차 확인
질의응답	질의응답 등록, 수정, 삭제, 조회 기능
쪽지	쪽지 조회, 삭제, 보내기, 쪽지 확인
일정표	과목일정 조회
과목정보	과목정보 조회
강의계획서	강의계획서 조회
수강생조회	수강생 조회, 쪽지 보내기
학습 자료실	학습 자료실 조회, 첨부파일 다운로드
과제	과제 정보 조회, 제출, 수정, 과제 성적 조회, 연장 제출 기능, 학습자간 상호 피드백 등록(동료평가 기능), 수정, 삭제 기능
토론	토론 정보 조회, 등록, 수정, 성적 조회
온라인시험	시험 정보 조회, 시험 응시, 제출, 성적 조회
팀 프로젝트	프로젝트 팀별 게시판 등록, 수정, 삭제, 조회, 제출, 성적확인
강의설문	과목 설문 조회, 참여, 결과 보기
출결 조회	수업일자 별 출결 현황 조회

2) 교수자 기능

교수자 기능에는 학습관리, 강의, 평가, 성적관리, 퀴즈, 커뮤니티(설문, 쪽지, 이메일, SMS) 기능 등 교수자 및 튜터의 학습 관리를 위한 기능이 구축되어 있다. 대표적인 교수자 기능은 다음과 같다.

① 강의 관리 기능 : 강의실 메뉴에 대한 추가, 삭제 권한을 제공하고, 수강생별 출석과 성적을 산출하고, 학습현황을 실시간으로 체크할 수 있어야 한다.

② 시험관리 기능 : 과제의 출제와 시험의 경우 객관식, 주관식, 단답식 기능이 제공되어야 하며, 최종 성적을 입력할 수 있도록 제공한다.

③ 강의콘텐츠 관리 기능 : 콘텐츠의 검색, 등록, 삭제가 가능하도록 제공한다.

④ 커뮤니케이션 기능 : 학습자와 소통할 수 있는 기능을 제공한다.

〈표 3-15〉 LMS의 교수자의 강의실 메인 메뉴와 기능

메뉴	기능설명
강의과목	학기별 과목 리스트 조회, 입장 학습활동 정보 확인(시험, 토론, 과제, 프로젝트 등) 최신 등록 글 확인
과제 제출 현황	과제 등록 정보 조회, 과제 피드백, 제출정보, 성적 조회, 제출 과제 다운로드 기능
강의 자료실	강의 자료 업로드, 다운로드, 삭제, 수정 기능 등록된 강의 자료 선택하여 과목 연결 기능
문제은행	문제은행 카테고리 등록 / 수정 / 삭제 / 조회 문제은행 시험지 등록 / 수정 / 삭제 / 조회 문항 등록 / 수정 / 삭제 / 조회, 문항순서변경
쪽지	쪽지 리스트 조회, 삭제, 보내기

〈표 3-16〉 LMS의 교수자의 강의실 메뉴와 기능

메뉴	기능설명
강의실 이동	선택 강의실로 이동
학습 일정	주차별 학습 목차 확인, 공지사항, 질의응답, 과제, 팀 프로젝트, 조회
온라인강의	학습콘텐츠 목록 조회 주차 별 학습콘텐츠 학습
학습콘텐츠 관리	학습목차/요소 조회, 등록, 수정, 삭제 학습콘텐츠 업로드, 다운로드 기능
온라인학습 현황	수강생별 출석 조회, 입력, 수정, 삭제, 파일 저장
공지사항	공지사항 등록, 수정, 삭제, 조회, 파일첨부, 알림
질의응답	질의응답 등록, 수정, 삭제, 조회, 파일첨부 글 등록 시 학습자에게 알림
쪽지	쪽지 조회, 삭제, 보내기, 확인
일정표	과목일정 등록 / 수정 / 삭제 / 조회, 시험, 과제, 토론 등록 시 일정표에 자동 등록
조교 관리	과목 조교 등록 / 수정 / 삭제 / 조회, 조교 전체 및 개별 쪽지 보내기

수강정보 이월	지난 과목의 공동교수, 과목조교, 강의계획서, 시험, 설문, 과제, 공지사항, 질의응답, 자료실, 토론, 학습목차 이월
과목 정보	과목 정보 조회
강의계획서	강의계획서 수정, 삭제, 조회, 출력
강의 자료실	학습 자료 등록, 수정, 삭제, 조회
과제 관리	과제 등록, 조회, 등록, 수정, 삭제, 연장, 공개 설정, 과제 평가, 성적처리
과제 제출 현황	과제 등록 리스트 조회, 피드백, 제출정보, 성적 조회, 제출 과제 다운로드
토론 관리	토론 등록, 조회, 등록, 수정, 삭제, 성적 등록 / 수정
온라인시험 관리	시험등록 / 조회 / 등록 / 수정 / 삭제, 문항 조회 / 등록 / 수정 / 삭제, 성적처리 및 결과 통계
팀 프로젝트 관리	프로젝트 등록 / 조회 / 등록 / 수정 / 삭제, 쪽지 보내기, 팀 성적 / 등록 / 수정
학습활동 결과 조회	학습자 성적 리스트 조회, 성적비율 조회, 입력, 재설정 기능 제공
강의 설문	과목 설문 등록, 수정, 삭제, 조회
학습통계	주차별, 기간별, 학습자별, 쓰기, 읽기 통계 검색
수강생 조회	수강생 조회, 쪽지 보내기
출결 관리	수업 주차별 출결 현황 등록, 수정, 삭제, 조회 출석, 지각, 결석, 미처리 구분
조기 경고 발송	학습 독려 대상 설정 및 쪽지 발송
게시판 관리	과목 게시판 추가, 정보 수정, 삭제, 정렬 기능
게시판 메뉴 관리	교수, 조교, 학습자 별 강의실 메뉴 사용 권한 수정

3) 관리자 기능

관리자 기능은 학습관리시스템을 운영 및 관리하기 위해 콘텐츠, 강의실, 교수자 및 학습자, 학습운영, 문항 관리, 학습자 관리, 학습자 지원, 모니터링 기능이 구축되어 있다. 관리자 기능의 주요 내용은 다음과 같다.

① 관리자 권한 : 학습자, 교수자 등의 권한 설정을 조정할 수 있는 권한을 가져야 하며 모든 메뉴에 대한 입력 내용과 설정 등을 수정할 수 있어야 한다.

② 메뉴 관리 기능 : 과정 및 과목에 대해 등록 관리 기능, 강의 콘텐츠의 등록과 삭제, 설문조사와 같은 부가기능에 대한 관리, 메뉴 구성이 자유롭게 가능하도록 한다.

③ 모니터링 기능 : 부정행위 방지 기능을 위해 학습자의 접속 현황, 강의 이력 등 각종 통계를 조회할 수 있으며 웹로그 및 이벤트 로그를 저장한다. 보안 수준에 따라 수강생들의 pc고유 번호 등록, 공인 인증서 로그인, 대리 출석, 대리 시험 등의 가능성을 차단하도록 한다.

〈표 3-17〉 LMS의 관리자 기능

구분	메뉴	기능
사용자 관리	학습자, 교수자, 조교, 운영자 등	학습자 정보를 등록 / 수정 / 삭제 / 일괄 등록
과목 관리	과정 관리	신규 과정과 과목을 등록 / 수정 / 삭제 / 일괄 등록
강의실 관리	운영	과정별 분리 관리
	종료	과정별 분리 관리
	대기	과정별 분리 관리
	전체	과정별 분리 관리
시스템설정 관리	조직(소속) 관리	소속코드 추가 / 수정 / 삭제
	권한그룹 메뉴 관리	권한그룹 추가 / 수정 / 삭제
	시스템 설정	소속코드 추가 / 수정 / 삭제
	시스템 코드 관리	카테고리별 사용하는 분류 또는 상태 값을 생성, 유지 교육과정 분류 코드 관리 등
	첨부파일 용량 제한	첨부파일 용량 제한 수정
부가서비스 관리	설문 관리	시스템 설문 조회 / 등록 / 수정 / 삭제 / 결과 조회
	FAQ 관리	FAQ 등록 / 분류
	게시판 정보 관리	공지사항 / 질의응답 / 학습 자료실 / 상담게시판 관리
	팝업공지 관리	팝업공지 등록/수정/삭제
모니터링 관리	시스템 접속 통계	년별, 월별, 일별, 시간별 시스템 접속현황
	과목 접속 통계	학기, 과목별, 기간별 접속현황
	시험일자 검색	학기별 시험 목록 / 일정 확인
	교수자 사용 현황	해당 과목의 교수자 사용 현황을 확인

(2) 학습시스템 개발 프로세스

이러닝 학습시스템을 개발하는 프로세스는 크게 다음과 같은 단계로 구분된다.

1) 요구사항 분석 단계

- 학습시스템을 사용할 사용자들의 요구사항을 분석함
- 이를 바탕으로 시스템의 목표와 기능을 정의하는 단계임

2) 설계 단계

- 요구사항 분석을 바탕으로 시스템의 구조와 기능을 상세히 설계하는 단계임
- 데이터베이스와 시스템의 인터페이스 등을 포함한 전반적인 시스템 구조를 설계함

3) 개발 단계

- 설계 단계에서 정의한 시스템 구조와 기능을 바탕으로 구현하는 단계임
- 이 단계에서는 프로그래밍, 데이터베이스 구축, 사용자 인터페이스 설계 등이 이루어짐

4) 테스트 단계

- 개발된 학습시스템이 요구사항과 명세서에 부합됨
- 안정적으로 동작하는지를 검증하는 단계임
- 이 단계에서는 시스템의 안정성, 기능적 문제, 보안성 등을 검증함

5) 운영 및 유지보수 단계

- 개발된 학습시스템이 사용자에게 전달되고, 운영되는 단계임
- 이 단계에서는 시스템의 안정성, 기능적 문제, 보안성 등을 계속해서 관리함
- 필요에 따라 수정 및 보완 작업을 수행함

위와 같은 단계를 거쳐서 이러닝 학습시스템을 개발하게 된다. 이러한 단계별 접근은 학습시스템을 보다 체계적으로 개발하고, 시스템의 안정성과 사용자 친화성을 높여준다.

04 학습시스템 운영과정 이해

(1) 학습시스템 기본 기능

1) 학습시스템의 개념

학습시스템은 교육훈련을 위한 이러닝 학습 환경에서의 교수 - 학습 수행과 운영을 체계적으로 준비·실시·운영 및 관리하는 전체 프로세스를 지원해주는 기본 플랫폼을 의미한다.

2) 학습시스템의 기본 기능

이러닝 학습시스템에서 제공하는 기본 기능은 다양하다. 일반적으로 다음과 같은 기능을 제공한다.

① 강의 관리 기능 : 학습자가 수강할 수 있는 강의를 관리하는 기능이다. 강의의 목록, 강의 소개, 강의 일정 등을 관리한다.

② 학습자 관리 기능 : 학습자 정보를 등록하고 관리하는 기능이다. 학습자의 이름, 아이디, 비밀번호, 학습 기록 등을 관리한다.

③ 학습자 성적 관리 기능 : 학습자의 학습 성적을 관리하는 기능이다. 학습자가 수강한 강의의 성적 정보를 저장하고, 성적표를 출력할 수 있다.

④ 커뮤니티 기능 : 학습자들 간의 소통을 위한 기능이다. 쪽지 보내기, 게시판, Q&A 등을 제공한다.

⑤ 학습 기록 관리 기능 : 학습자의 학습 기록을 관리하는 기능이다. 학습자가 강의를 수강한 시간, 학습 완료 여부 등을 저장한다.

⑥ 시험 관리 기능 : 학습자가 시험을 볼 수 있는 기능을 제공한다. 시험 문제 출제, 시험 응시, 채점 등을 관리한다.

⑦ 보안 기능 : 학습자의 개인정보와 학습 기록 등을 안전하게 보호하는 기능이다. 로그인 시스템, 비밀번호 암호화, 접근 권한 제한 등을 제공한다.

⑧ 학습 분석 기능 : 학습자의 학습 성취도와 학습 패턴 등을 분석하는 기능이다. 이를 통해 학습자에게 맞는 학습 방법을 제공할 수 있다.

위와 같은 기본 기능을 제공하면서도, 학습자의 요구와 학습목표에 맞게 기능을 추가하거나 변경하여 보다 효율적인 학습을 지원하는 것이 이러닝 학습시스템의 목표이다.

(2) 학습시스템의 운영 프로세스

운영 프로세스 모형을 사용자 그룹별로 직무수행의 과정이라고 하는 시간진행을 반영하여 요약하면 다음과 같다.

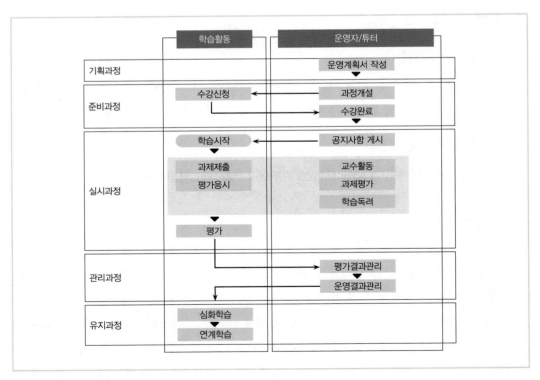

[그림 3-2] 학습시스템 운영 프로세스

1) 기획 과정

- 이러닝 학습환경을 기반으로 교수자 혹은 튜터가 교수 – 학습과정을 설계함
- 학습컨텐츠 및 자료를 개발할 수 있도록 지원해주는 일련의 기능을 의미함

① 운영계획서
   - 운영계획서는 운영기능 표준화 대상으로 학습과정에 대한 필수사항을 입력 받아 관리함
   - 이러한 정보는 향후 학습자의 수강신청을 위한 기초정보로 제공됨

② 고려사항
   - ⓐ 과정 운영계획 : 시스템에 개설될 과정의 과정명, 운영기간, 계획인원, 운영기관, 담당 운영자, 학습시간 등의 정보를 입력함
   - ⓑ 기별 운영계획 : 시스템에 운영될 과정의 기수에 따라 과정명, 시간, 운영자, 수강인원 등에 대한 정보를 입력함
   - ⓒ 사전준비 점검 : 학습자료, 과정 튜터 및 운영자, 기타 사전협의 사항 등을 입력함

2) 준비 과정

과정 시작일 이전까지 원활한 학습과 학습자가 과정을 선택하는데 필요한 자료를 준비하는 일련의 활동임

① 고려사항
   - ⓐ 과정 개설 : 시스템에 과정개설 후 운영자가 콘텐츠를 사전에 확인해야 됨
   - ⓑ 정보게시 : 학습자에게 수강 결정을 유도하기 위한 필요정보를 게시함
   - ⓒ 수강신청 및 등록 : 수강신청은 운영기능 표준화 대상으로 학습자의 수강 신청서 접수 시 입력데이터에 대한 필수 부분 정의 및 학습자가 수강 프로세스의 완료를 확인하는 기능을 필요로 함
   - ⓓ 사전교육(Orientation) : 시스템 및 과정에 대한 추가 정보 제시기능으로 시스템을 처음 사용해보는 학습자나 튜터가 시스템을 이해할 수 있는 매뉴얼 또는 프로그램을 제공함

② 학습자 프로파일 정보
   학습자 프로파일 정보는 학습자의 학습을 관리하기 위해 학습운영시스템(LMS)에서 파악하고 관리해야 하는 학습자에 관한 일련의 정보를 의미한다. 학습자 프로파일 정보는 학습자의 개인 신상에 관한 정보, 학습활동에 관한 이력정보, 학습결과에 대한 성취도 정보로 구성된다.

ⓐ 개인신상 정보

학습자의 개인적인 신상에 관한 정보를 의미하며 학습자를 관리하기 위한 가장 기본적인 자료로 활용된다.

- **개인신상 정보의 구성** : 학습자 이름, 주민번호, ID, 비밀번호, 주소, 생년월일, 전자메일주소, 직장, 전화번호, 회사주소 등으로 구성된다.
- **개인신상 정보의 기능** : 개인신상 정보 입력 기능(회원가입 정보와 연계), 수정 · 조회 기능을 제공한다.

ⓑ 학습이력 정보

학습자의 학습활동과 관련된 세부정보를 의미하며 학습자가 기 수강한 과정과 현재 수강하고 있는 과정의 학습활동에 관한 자료를 관리하기 위해 활용된다.

- **학습이력 정보의 구성** : 과정명, 이수번호, 학습소요시간, 진도율, 학습 성취도, 수료/미수료 여부 등으로 구성된다.

ⓒ 학습 성취도 정보

학습자의 학습활동 결과에 관한 세부정보를 의미하며 학습자가 기 수강한 과정이나 현재 수강하고 있는 과정의 학습결과에 대한 자료를 관리하기 위해 활용된다.

- **학습 성취도 정보의 구성** : 학습 성취도 정보는 학습결과종합성취도(성적)와 각각의 개별성적(진도율, 과제, 참여도, 시험, 퀴즈, 리포트 등)으로 구성된다.

③ 과정 안내정보

과정 안내정보는 개설하고 있는 각각의 교육과정(수강 개설 과목)에 대한 정보를 학습자에게 소개함으로써 학습자가 학습을 선택 할 수 있도록 지원하는 목적에서 관리된다. 이러한 성격의 과정 안내정보는 운영계획서에 의해 관리된다.

ⓐ 과정 안내정보의 구성 : 보편적인 과정 안내정보는 과정 소개, 과정학습안내, 과정연수일정, 과정 공지사항, 과정 강의계획서(Syllabus), 과정 수료/이수(평가) 기준 등으로 구성된다.

ⓑ 과정 안내정보의 기능 : 과정 안내정보의 관리를 위해 다음과 같은 기능을 제공한다.
- 과정 안내정보 조회 기능
- 과정 공지사항 조회 기능
- 과정 강의계획서 조회 기능
- 과정 이수기준(평가기준) 조회 기능

④ 회원가입

회원가입 정보는 학습자가 사이트에 등록하고 학습운영시스템(LMS)에서 부여하는 권한에 따라 학습 서비스를 제공받기 위해 관리되는 일련의 정보를 의미한다. 회원가입은 과정에 등록하기 이전에 학습자가 사이트 홈 페이지에서 가입해야 하는 첫 번째 활동으로 회원가입 절차가 이루어져야 비로소 특정 학습과정에 수강할 수 있는 권한이 부여된다.

ⓐ 회원가입

– **회원가입을 위한 정보의 구성**

회원가입을 위한 보편적인 정보는 학습자 프로파일 정보에서 다루고 있는 개인 신상정보의 구성과 동일하지만, 학습운영시스템(LMS)에서 관리하는 운영상의 특성에 따라 다소 다르게 구성될 수 있다.

– **회원가입을 위한 관리 기능**

회원가입 활동을 관리하기 위해 다음과 같은 기능을 제공한다.

• 회원약관 조회 및 확인 기능
• 회원정보 입력 기능
• 회원정보 수정 기능
• 회원가입 확인 기능

ⓑ 회원인증

회원인증은 가입된 홈페이지의 학습운영시스템(LMS)에서 부여한 학습자의 권한을 확인하여 이에 따른 회원의 권한(학습활동)을 누릴 수 있도록 사전에 인증해주는 기능을 의미한다. 회원인증은 회원가입 절차가 완료된 이후에 학습자가 학습운영시스템에 접속할 때마다 이루어지는 것이 원칙이다.

– **회원인증을 위한 정보의 구성**

회원인증을 위한 정보는 학습자 프로파일 정보에서 다루고 있는 개인신상정보 중에서 아이디와 비밀번호로 구성되는 것이 보편적이다.

– **회원인증을 위한 절차**

회원인증을 위한 절차는 다음과 같은 경로로 이루어질 수 있고, 학습운영시스템에서는 이를 관리해야 한다.

• 회원 아이디 및 비밀번호 입력
• 회원 아이디 및 비밀번호 확인
• 승인 혹은 거부
• **거부의 경우(1차)** : 회원 아이디 및 비밀번호 찾기
• **거부의 경우(2차)** : 회원이름과 주민번호 입력 요구
• 회원여부 안내문과 해당 아이디 및 비밀번호를 회원의 등록된 전자메일로 제공

⑤ 수강신청

수강신청은 가입된 홈페이지에서 학습운영시스템(LMS)을 통해 개설하여 운영하는 과정에 참여하기 위해 사전에 특정 과정에 등록하는 절차를 의미한다. 수강신청은 홈페이지에서 제공하는 과정 안내정보를 보고 자신이 학습하고자 하는 과정에 선택적으로 등록하는 것이 보편적이다.

ⓐ 수강신청을 위한 정보의 구성 : 수강신청을 위한 정보는 학습자의 개인신상정보, 개설된 연수과정 정보(과정명, 등), 수강료 결재에 관한 정보(수강료, 결재방식 신용카드, 온라인, 휴대폰, ARS), 환불안내정보), 수강신청 확인정보(신청 회원, 신청 과정, 신청일자, 수강료, 입금여부 등)로 구성된다.

ⓑ 수강신청 관리를 위한 기능 : 수강신청 과정을 관리하기 위해 다음과 같은 기능을 제공한다.

    – 수강신청을 위한 내용입력 기능
    – 수강신청 정보 확인 기능
    – 수강신청 정보 조회 기능
    – 수강신청 정보 취소 기능
    – 수강신청 정보 변경 기능

3) 실시 과정

학습이 학습자에 의해 본격적으로 시작되는 과정 시작일부터 과정 마감일까지 이루어지는 일련의 학습활동 및 학습독려 활동을 포함함

① 고려사항

ⓐ 안내활동 관리기능 : 학습진행에 필요한 공지사항의 입력과 이를 학습자가 손쉽게 볼 수 있는 기능을 포함하여야 함

ⓑ 학습활동 관리기능 : 학습자가 자신의 학습수행 사항을 일목요연하게 확인 할 수 있는 페이지가 필요함

ⓒ 튜터활동 관리기능

    – 튜터 혹은 교수자가 학습을 위한 자료의 등록, 질의응답, 토론 등을 관리하고 학습자와 활발한 상호작용을 하는 등의 교수활동을 수행할 수 있도록 지원 해주는 일련의 기능을 포함함
    – 학습과정에서 학습자가 수강하는 과정의 평가기준에 의해 요구되는 리포트를 해당 튜터에게 제출할 수 있는 기능을 필요로 함

ⓓ 고객지원활동 관리기능 : 시스템의 고객인 학습자가 학습의 편의나 학습 과정 중에 발생되는 에러 사항을 전할 수 있는 방법이 구현되어야 함

ⓔ 평가활동 관리기능

　– 과정에 대한 학습자의 평가는 최소 2단계로 구성됨

　– 1단계는 과정에 대한 만족도로 지금까지 각 사의 규정에 따라 설문문항, 실시 시기, 척도 등이 다르게 구성됨

　– 이 중 실시 시기와 척도는 기준안을 제시하고, 설문 문항은 과정에 대한 만족도, 운영에 대한 만족도, 튜터에 대한 만족도 등을 포함 하는 필수 문항을 선정하여 이를 제시하는 것이 바람직함

　– 2단계인 과정에 대한 성취도는 과정의 특성에 따라 시행되는 것이 바람직하다고 여겨짐

　– 이에 따른 결과는 학습수행 관리 페이지에서 보여 줌

② 나의 학습(My Desk) 관리 : 나의 학습은 학습자의 학습활동에 관한 정보를 용이하게 파악할 수 있도록 도와주는 기능을 한다.

　ⓐ 수강 정보 확인

　　수강확인 정보는 학습자가 이전에 수강한 과정에 대한 이력정보에서부터 현재 수강하고 있는 과정에 대한 정보를 제공함으로써 학습자 개인에 대한 학습이력 정보를 용이하게 파악할 수 있는 기능을 제공한다.

　　– **수강 과정 정보** : 현재 수강하고 있는 과정에 대한 정보를 제공한다.

　　– **수강 이력 정보** : 기존에 수강했던 과정에 대한 정보를 제공한다.

　　– **수강 과정 성취도 정보** : 기존에 수강했던 과정과 현재 수강하고 있는 과정의 성적과 관련된 정보를 제공한다.

③ 학습 활동 정보 : 현재 수강하고 있는 과정에 관한 학습활동 정보를 제공한다.

　ⓐ 신규 공지사항 조회 : 학습자가 수강하고 있는 각 과정에서 제공하는 신규 공지사항의 내용을 조회할 수 있는 기능

　ⓑ 과정 진도 조회 : 학습자가 현재 수강하고 있는 각 과정의 학습진도를 조회할 수 있는 기능

　ⓒ Tutor Message 조회 : 연수과정에서 교수자/Tutor가 각 학습자나 학습자 그룹에 제공하는 여러 종류의 Feedback 메시지를 조회할 수 있는 기능

④ 학습 일정 관리

　학습자가 현재 수강하고 있는 각 과정의 학습일정을 설정하고 조회할 수 있는 기능이다.

　ⓐ 리포트 제출 일정 : 과정에서 강의계획서를 참조하거나 학습진행을 고려하여 리포트 제출일정을 설정하고 진행정도를 기입하고 체크할 수 있는 기능

ⓑ 토론 참여 일정 : 과정에서 강의계획서를 참조하거나 학습진행을 고려하여 주제별 토론일정을 설정하고 참여일정을 체크할 수 있는 기능

ⓒ 평가 참여 일정 : 연수과정에서 강의계획서를 참조하거나 학습진행을 고려하여 평가일정을 설정하고 체크할 수 있는 기능

ⓓ 성적 확인 일정 : 연수과정에서 성적확인 일정을 기입하고 체크할 수 있는 기능

⑤ 도움말

도움말은 학습자가 모든 과정에서 시스템 활용에 관한 궁금증을 해결할 수 있도록 도와주는 기능을 한다.

ⓐ FAQ 제공 기능

학습운영시스템을 활용하는데 빈번하게 제기될 수 있는 활용방법에 대한 내용을 사전에 목록화 하여 제공함으로써 학습자가 용이하게 조회해 볼 수 있는 기능으로, FAQ 목록 조회 기능과 FAQ 내용 조회 기능이 있다.

ⓑ 도움말 목록 조회

학습운영시스템을 활용하는 방법에 대한 설명내용을 학습자가 목록별로 조회해 볼 수 있는 기능이다.

⑥ 평가 참여 활동

평가 참여 기능은 과정에 참여하는 학습자들이 교수자/Tutor의 평가에 대하여 참여를 하고 응답에 대한 답변과 성적을 확인할 수 있는 기능을 수행하는 환경을 의미한다. 평가참여 활동 기능은 다음과 같이 구성된다.

ⓐ 평가 목록 조회 기능 : 주제/회차별 목록 조회, 일자별 목록 조회

ⓑ 평가 답안 입력 기능 : 학습자가 시험에 대한 답변을 작성하는 기능, 관리자가 자동채점을 위한 답안을 입력하는 기능

ⓒ 평가 정답 조회 기능 : 교수자의 평가에 대해, 학습자가 정답을 조회하는 기능

ⓓ 평가 성적 조회 기능 : 주제/회차별 성적 조회, 일자별 성적 조회, 총괄 성적 조회

4) 관리 과정

학습자에 필요한 관련 정보를 위해 자체 LMS를 통하여 이루어지는 일련의 절차와 과정들을 말함

① 고려사항

ⓐ 평가결과 관리기능

과정을 수강한 학습자의 학습수행 정보는 고용보험, 인사반영, 학점 인증 등을 위한 자료로 사용 될 수 있도록 일정한 규정에 따른 데이터 포맷(예를 들면 XML) 으로 실

시간 또는 비 실시간으로 자동적으로 산출되어야 함

ⓑ 운영결과 관리

과정에 대한 운영의 결과를 고용보험, 교육과정 개선, 운영 프로세스 개선 등을 위한 자료로 사용 될 수 있도록 일정한 규정에 따른 데이터 포맷(예를 들면 XML)으로 실시간 또는 비 실시간으로 산출되어야 함

② 평가 결과 관리

현재 과정이 개설되어 학습지도가 이루어지고 있는 과정에 대한 평가를 관리하는 활동으로 특정 과정에 참여하는 학습자들이 교수자/Tutor가 출제한 평가문제에 대하여 응답하고 교수자는 이에 대한 답안을 채점하고 성적을 산출하는 활동을 의미한다. 운영자는 이러한 활동이 원활하게 이루어지도록 지원하는 역할을 수행한다. 평가활동 관리정보를 관리하기 위해 다음과 같은 기능을 제공한다.

ⓐ 평가활동 관리 정보 목록 조회 기능

ⓑ 평가활동 관리 정보 조회 기능

ⓒ 평가활동 관리 정보 입력 기능

ⓓ 평가활동 관리 정보 변경 기능

5) 유지 과정

학습의 연장선상에서 학습자에게 필요한 정보를 제공하거나 지속적인 학습이 이루어지기 위한 다양한 방법을 지원하는 자체 LMS 상에서의 일련의 절차와 방법을 말한다.

① 고려사항

ⓐ 추후학습 안내활동 관리기능 : 콘텐츠에 대한 학습기간 완료 후 일정 기간 동안의 콘텐츠 재학습 기능을 위한 접속 보장과 후속 과정에 대한 안내 공지 제공

ⓑ 업무연계활동 관리기능 : 학습과정 주제에 대한 커뮤니티 등의 개설을 통한 학습과 실무의 연계와 이러한 활동에 대한 공유

② 커뮤니티 개설

과정이 끝나서도 지속적인 학습자에 대한 관심이 필요하다.

과정 종료 이후 학습자들의 관심과 흥미를 지속적으로 유지시켜주는 방법으로서 커뮤니티 방 개설이 필요하다.

③ 동아리방 개설

업무 내용과 관련하여 지속적인 관심과 관심 분야에 대한 지식을 습득할 수 있는 방안으로 동아리방을 개설하여 학습자 간에 정보 교류의 장으로 활용할 수 있도록 한다.

(3) 학습시스템 리스크 관리 ⭐⭐ 🔘 1회 필기 기출

온라인 교육을 진행할 때, 학습시스템 리스크 관리를 위해 다음과 같은 사항들을 고려해야 한다.

① 보안 관리 : 학습자들의 개인정보와 학습 기록 등을 안전하게 보호하기 위해 보안 관리 시스템을 구축해야 한다.

ⓐ 로그인 시스템 : 학습자가 온라인 교육 플랫폼에 접속할 때, 로그인 시스템을 이용하여 자신의 계정으로 로그인한다. 이때, 로그인 시스템은 학습자가 입력한 아이디와 비밀번호를 확인하고, 인증된 학습자만이 플랫폼을 이용할 수 있도록 제어해야 한다.

ⓑ 비밀번호 암호화 : 학습자가 입력한 비밀번호를 암호화하여 저장한다. 이를 통해, 해커나 악의적인 사용자들이 학습자의 비밀번호를 추적하여 개인정보를 유출하는 것을 막을 수 있다.

ⓒ 접근 권한 제한 : 학습자들은 학습 목적에 따라 다양한 강의와 자료를 이용한다. 이때, 강의나 자료의 접근 권한을 제한함으로써, 학습자들이 해당 강의나 자료에 대한 권한 없이 접근하는 것을 막을 수 있다. 또한, 교강사나 운영자 등 특정 사용자 그룹에 대한 접근 권한을 설정해, 사용자들이 필요한 정보에만 접근할 수 있도록 제한할 수 있다.

② 서버 관리 : 학습자들이 수강하는 강의와 학습 기록 등을 안정적으로 제공하기 위해 서버를 안정적으로 운영해야 한다. 서버 과부하, 네트워크 문제 등을 미리 예방하는 것이 중요하다.

ⓐ 서버 용량 증설 : 서버 용량이 부족해지는 경우, 학습자들의 접속이 느려지거나 강의 자료를 다운로드하는데 문제가 발생할 수 있다. 이를 방지하기 위해 서버 용량을 증설하거나, 여분의 서버를 추가로 구성해 학습자들이 원활한 학습을 진행할 수 있게 해야 한다.

ⓑ 서버 분산 : 서버 분산은 하나의 대규모 서버가 아닌 여러 개의 서버를 이용하여 학습자들의 부하를 분산하는 방식이다. 이를 통해, 하나의 서버에 과다한 부하가 발생하는 것을 방지하고, 안정적인 서비스를 제공할 수 있다.

ⓒ 네트워크 성능 모니터링 : 네트워크 문제는 서버 문제와 함께 학습자들의 접속 속도에 영향을 미친다. 네트워크 성능 모니터링을 통해 네트워크 대역폭, 패킷 손실율, 인터넷 대역폭 등을 실시간으로 모니터링하고, 문제가 발생하면 빠르게 대응할 수 있다.

ⓓ 캐시 서버 구축 : 캐시 서버는 자주 사용하는 강의 자료나 이미지 등을 미리 저장해 놓는 서버이다. 이를 통해, 학습자들이 자료를 다운로드할 때 서버 부하를 줄이고, 빠른 다운로드를 가능하게 할 수 있다.

ⓔ 대역폭 제한 : 대역폭 제한은 학습자들의 대역폭 사용량을 제한하는 방식으로, 서버 부하를 감소시킬 수 있다. 이를 통해 학습자들이 동영상 강의를 시청할 때, 다른 학습자들의 접속 속도에 영향을 미치지 않도록 조절할 수 있다.

③ 원격 감독 시스템 : 오디오, 비디오, 화면 공유 등을 통해 원격으로 학습자들을 감독할 수 있는 시스템을 구축해야 한다. 부정행위를 예방하고 학습자들을 안전하게 보호할 수 있다.

ⓐ 오디오 : 원격 감독 시스템에서 오디오는 학습자들이 시험을 보거나 강의를 들을 때, 학습자들의 음성을 녹음하여 감독자가 학습자들의 행동을 모니터링하는 데 사용된다. 이를 통해 학습자들이 부정행위를 저지른 경우, 음성 데이터를 검토함으로써 부정행위 여부를 확인할 수 있다.

ⓑ 비디오 : 비디오는 학습자들의 모습을 실시간으로 모니터링하는 데 사용된다. 이를 통해 학습자들이 부정행위를 저지르거나, 다른 학습자들과 협력하여 부정행위를 하지 않는지 확인할 수 있다.

ⓒ 화면 공유 : 화면 공유는 학습자들이 시험을 보거나 강의를 들을 때, 학습자들의 화면을 실시간으로 모니터링하는 데 사용된다. 이를 통해 학습자들이 부정행위를 저지르는 경우, 감독자가 화면을 확인함으로써 부정행위 여부를 확인할 수 있다.

ⓓ 녹화 기능 : 녹화 기능은 학습자들이 시험을 보거나 강의를 들을 때, 학습자들의 행동을 녹화하여 저장하는 데 사용된다. 이를 통해 시험 또는 강의 후, 감독자가 녹화된 영상을 검토함으로써 부정행위 여부를 확인할 수 있다.

④ 데이터 백업 : 학습자들의 학습 기록, 강의 자료 등 중요한 데이터는 정기적으로 백업해야 한다. 데이터 손실을 예방하고, 데이터 복구를 위해 백업 주기와 방법을 고려해야 한다.

ⓐ 데이터 유실 방지 : 학습자들의 학습 기록, 강의 자료 등 중요한 데이터를 백업함으로써, 서버 장애 또는 기술적 결함 등으로 인한 데이터 유실을 방지할 수 있다. 이를 통해 학습자들이 수고로움을 느끼지 않고 안정적인 학습 환경을 유지할 수 있다.

ⓑ 데이터 보안 강화 : 백업된 데이터는 일반적으로 보안 강화를 위해 암호화되어 저장된다. 이를 통해 데이터 유출, 해킹 등의 보안 위협으로부터 데이터를 보호할 수 있다.

ⓒ 데이터 복원 : 백업된 데이터는 필요한 경우, 문제가 발생한 시점으로 복원될 수 있다. 이를 통해 데이터 손상 등의 문제로 인해 학습자들이 중요한 자료를 잃지 않도록 보호할 수 있다.

ⓓ 정기적인 백업 : 학습자들의 학습 기록, 강의 자료 등 중요한 데이터는 정기적으로 백업되어야 한다. 이를 통해 데이터를 보호하고, 데이터 유실이 발생한 경우 최신 데이터로 복원할 수 있다.

⑤ 커뮤니케이션 관리 : 학습자와 강사, 학습자와 운영자 간의 커뮤니케이션을 원활하게 지원하기 위해 채팅, 이메일, 전화 등을 통한 소통 방법을 제공해야 한다.

ⓐ 채팅 : 채팅은 실시간으로 소통할 수 있는 방법으로, 학습자와 강사, 운영자 간의 빠른 문의 및 답변이 가능하다. 채팅을 이용하면 즉각적으로 학습자의 질문에 답변할 수 있으며, 학습자는 강사·운영자에게 실시간으로 질문을 할 수 있다.

ⓑ 이메일 : 이메일은 채팅보다는 느리지만, 긴 문의나 답변, 첨부 파일 등을 보내는 데에는 좀 더 용이하다. 이메일을 이용하면 학습자와 강사, 운영자 간의 긴 문의나 답변, 첨부 파일 등을 주고받을 수 있다.

ⓒ 전화 : 전화는 긴 문의나 답변을 필요로 하는 경우, 또는 긴급한 문제가 발생한 경우에 유용하다. 전화를 이용하면 학습자와 강사, 운영자 간의 신속한 문의 및 답변이 가능하다.

ⓓ 화상 회의 : 화상 회의는 비대면 상황에서 실제 대면 상황과 유사한 상호작용을 할 수 있는 방법이다. 학습자와 강사, 운영자 간의 대화나 회의 등에 활용할 수 있다.

⑥ 시스템 업데이트 : 학습시스템을 안정적으로 운영하기 위해, 시스템 업데이트를 정기적으로 수행해야 한다. 보안 문제나 기능 개선 등을 위해 업데이트 계획을 수립하고 실행해야 한다.

ⓐ 보안 강화 : 시스템 업데이트를 통해, 기존 시스템에서 발견된 보안 취약점을 보완할 수 있다. 이를 통해 해커나 크래커 등의 공격으로부터 시스템을 보호할 수 있다.

ⓑ 기능 개선 : 시스템 업데이트는 기능을 개선하는 데에도 큰 역할을 한다. 새로운 기능을 추가하거나 기존 기능을 개선함으로써, 학습자들의 학습 경험을 개선할 수 있다.

ⓒ 오류 수정 : 기존 시스템에서 발생한 오류나 버그를 수정함으로써, 시스템의 안정성을 향상시킬 수 있다. 이를 통해 학습자들이 원활한 학습 환경을 제공받을 수 있다.

ⓓ 시스템 최적화 : 시스템 업데이트를 통해, 시스템 자원을 최적화할 수 있다. 이를 통해 학습자들이 빠르고 안정적인 학습 환경을 제공받을 수 있다.

ⓔ 정기적인 업데이트 : 시스템 업데이트는 정기적으로 수행되어야 한다. 이를 통해 최신 기술과 보안 업데이트를 적용할 수 있으며, 학습자들이 안정적인 학습 환경을 유지할 수 있다.

위와 같은 학습시스템 리스크 관리 사항들을 고려하여 안정적이고 안전한 온라인 교육을 제공할 수 있다.

관련 법령

지정직업훈련시설의 인력, 시설·장비 요건 등에 관한 규정

[시행 2022. 2. 18.] [고용노동부고시 제2022-18호, 2022. 2. 17., 타법개정.]

제1장 총칙

제1조(목적) 이 규정은 「국민 평생 직업능력 개발법」(이하 '법'이라 한다) 제28조, 같은 법 시행령(이하 '영'이라 한다) 제24조 및 같은 법 시행규칙 제12조에 따른 지정직업훈련시설의 설립요건 및 운영에 필요한 사항 등을 규정함을 목적으로 한다.

제2조(정의) 이 규정에서 사용하는 용어의 뜻은 다음 각 호와 같다.

1. "우편원격훈련"이란 인쇄매체로 된 훈련교재로 훈련이 실시되고, 훈련생 관리 등이 웹상으로 이루어지는 직업능력개발훈련을 말한다.

2. "인터넷원격훈련"이란 정보통신매체를 활용하여 훈련이 실시되고, 훈련생관리 등이 웹상으로 이루어지는 직업능력개발훈련을 말한다.

3. "스마트훈련"이란 위치기반서비스, 가상현실 등 스마트 기기의 기술적 요소를 활용하거나 특성화된 교수방법을 적용하여 원격 등의 방법으로 훈련이 실시되고, 훈련생 관리 등이 웹상으로 이루어지는 훈련을 말한다.

제2장 훈련시설 인력 · 장비 · 시설 요건

제4조(훈련시설의 시설기준)

① 지정직업훈련시설의 지정을 받으려는 자(지정받은 자를 포함한다. 이하 같다)는 소재지 내에 다음 각 호의 시설 요건을 갖추어야 한다.

    1. 훈련시설의 연면적(전용면적) : 180 제곱미터 이상

    2. 주된 강의실 또는 실습실의 연면적(전용면적) : 60 제곱미터 이상

② 지정직업훈련시설이 「직업능력개발훈련 품질관리에 관한 규정」 제29조에 따른 우수훈련기관인 경우에는 해당 지방고용노동관서장의 관할 구역 내에 소재지를 추가할 수 있다.

③ 제1항에도 불구하고 지정직업훈련시설이 다음 각 호의 훈련직종을 실시하는 경우에는 실습장에 한하여 해당 지방고용노동관서장의 관할 구역 내에 설치할 수 있다. 다만, 다른 법령 등에 의해 실습장 추가가 어려운 경우에는 인접한 지역에 실습장을 설치할 수 있다.

    1. 항공기조종운송

    2. 건설기계운전

    3. 조경

④ 제3항에 따라 실습장을 운영하는 경우 다음 각 호를 이행하여야 한다.

　　1. 훈련생 모집 시 실습장이 있는 장소를 사전에 알릴 것

　　2. 이동수단 제공, 화장실 설치 등 편의시설 제공을 고려할 것

⑤ 제1항부터 제4항까지의 규정에도 불구하고 원격훈련을 실시하는 지정직업훈련시설을 지정받으려는 자는 연면적(전용면적) 66 제곱미터 이상의 사무실을 갖추어야 한다.

제5조(훈련시설의 장비기준)

① 지정직업훈련시설로 지정받아 집체훈련을 실시하고자 하는 자는 법 제38조에 따른 훈련기준에 따라 훈련직종의 교과내용에 부합되고 훈련생수에 비례하는 적정한 장비를 갖추어야 한다. 다만, 훈련기준이 없는 직종인 경우에는 지방고용노동관서의 장이 관련 전문가 등의 의견을 들어 훈련에 필요한 장비를 갖추도록 할 수 있다.

② 지정직업훈련시설로 지정받아 원격훈련을 실시하고자 하는 자는 별표 1의 장비요건을 갖추어야 한다.

제6조(훈련시설의 인력기준)

① 지정직업훈련시설을 설립·운영하려는 사람은 영 별표 2에 따라 고용노동부장관이 고시하는 '교육훈련경력 또는 실무경력 인정기준'에서 정하는 교육훈련을 실시한 경력이 1년 이상이어야 하며, 다음 각 호에서 정한 인력 요건을 갖추어야 한다.

　　1. 실시하고자 하는 훈련직종별로 법 제33조에 따른 직업능력개발훈련교사(이하 '훈련교사'라 한다) 1명 이상을 고용할 것. 다만, 신청 훈련직종과 관련된 훈련교사가 정해지지 않은 경우에는 영 제27조에서 정한 각 호의 어느 하나에 해당하는 사람을 고용할 것.

　　2. 영 제24조 제1항 각 호의 어느 하나에 해당하는 직업상담인력을 1명 이상 고용할 것.

② 제1항에도 불구하고 지정직업훈련시설로 지정받아 원격훈련을 실시하고자 하는 사람은 제1항 제2호에서 정한 직업상담인력을 고용하지 아니할 수 있다. 다만, 다음 각 호의 어느 하나에 해당하는 사람과 훈련생학습관리시스템 관리자를 각각 1명 이상 포함하여 4명 이상의 운영인력(대표자 및 교·강사 제외한 경리·회계담당, 훈련생학습관리시스템 전담요원 등을 말한다)을 고용하여야 한다.

　　1. 교육공학 등 교육 관련분야 학사학위 이상 소지한 사람

　　2. 원격훈련분야 실무경력 3년 이상인 사람

　　3. 평생교육사 자격증을 소지한 사람

　　4. 기업교육분야 실무경력 2년 이상인 사람

　　5. 전산 및 시스템 등 관련분야 학사학위 이상을 소지한 사람

제7조(업무협조)

① 지방고용노동관서 및 한국산업인력공단(소속기관을 포함한다)의 장은 원격훈련시설의 시설·인력·장비 기준 등의 적정성 여부를 판단하기 위하여 법 제52조의2에 따른 기술교육대학(이하 '한국기술교육대학교'라 한다)의 장에게 사전검토 및 기술협조 등 업무협조를 요청할 수 있다.

② 제1항에 따른 업무협조 요청이 있는 경우 한국기술교육대학교의 장은 이에 협조하여야 한다.

제3장 보칙

제8조(재검토기한)

고용노동부 장관은 이 고시에 대하여 2021년 1월 1일 기준으로 매 3년이 되는 시점(매 3년째의 12월 31일까지를 말한다)마다 그 타당성을 검토하여 개선 등의 조치를 하여야 한다.

부칙 〈제2022-18호, 2022. 2. 17.〉

이 고시는 2022년 2월 18일부터 시행한다.

[별표 1] 원격훈련시설의 장비요건

구분		장비요건
가. 하드웨어	자체 훈련	• 안전성과 확장성을 가진 Web서버, DB서버, 동영상서버를 갖출 것 • 대용량의 콘텐츠를 안정적으로 백업할 수 있는 백업서버를 갖추고 있을 것
	위탁 훈련	• 안정성과 확장성을 가진 독립적인 Web서버, DB서버, 동영상서버, Disk Array(storage)를 갖출 것(단, 우편원격훈련일 경우 동영상서버, Disk Array(storage) 제외 가능) • Web서버와 동영상서버는 분산 병렬 구성, DB서버는 Active-Standby 방식이나 Active-Active Cluster 방식 등을 이용하여 병렬 구성 　– 임차 및 클라우드 서버를 임차한 경우 아래의 시스템 요건을 충족하고 계약서를 첨부해야 함 　– 서버는 독립적으로 구성(타 훈련기관과 공동으로 사용하여서는 아니됨)하고, 훈련별 데이터는 독립적으로 수집이 가능하여야 함 　(1) Web서버 　　– CPU : 1.4 GHz X 4 Core 이상로그 　　– Memory : 4GB 이상 　　– HDD : 100GB 이상 　　– RAID 시스템을 사용할 것(단, Raid0 단일구성은 제외) 　　– SCSI 또는 동일 규격의 SAS 하드 드라이브(단, SSD인 경우 SATA나 PCI 방식 허용) 　(2) DB서버 　　– CPU : 1.4 GHz X 4 Core 이상 　　– Memory : 4GB 이상 　　– HDD : 100GB 이상 　　– RAID 시스템을 사용할 것(단, Raid0 단일구성은 제외) 　　– SCSI 또는 동일 규격의 SAS 하드 드라이브(단, SSD인 경우 SATA나 PCI 방식 허용) 　(3) 동영상서버 　　– CPU : 1.4 GHz X 4 Core 이상 　　– Memory : 4GB 이상 　　– HDD : 100GB 이상 　　– RAID 시스템을 사용할 것(단, Raid0 단일구성은 제외) 　　– SCSI 또는 동일 규격의 SAS 하드 드라이브

		− SSD인 경우 SATA나 PCI 방식도 허용(단, CDN 서비스 계약 시 전용 장비가 1대 이상 위치하도록 명시되어 있을 경우, 동영상서버를 확보한 것으로 간주함)
		  (4) Disk Array(storage)
		    − HDD : 2TB 이상
		    − RAID 시스템을 사용할 것(단, Raid0 단일구성은 제외)
		    − Cache : 2GB이상
		    − 부품 이중화를 통한 안정성을 확보하고 로컬미러링을 이용한 백업 및 복구 솔루션 제공
		• 콘텐츠를 안정적으로 백업할 수 있는 백업정책(서비스) 또는 시스템을 갖출 것
		  − 백업방식 및 성능은 1일 단위(백업), 최소 5일치 보관, 3시간(복원) 기준을 충족하도록 구성할 것
		• 각종 해킹 등으로부터 데이터를 충분히 보호할 수 있는 보안서버를 갖추고 있을 것
		• 보안서버 : 100M 이상의 네트워크 처리 능력을 갖출 것
		  − DB 암호화나 3중보안(침입방지시스템(IPS) · Web방화벽 구축) 중 한 가지 이상을 갖춘 경우 정보보안 요건을 충족한 것으로 간주함
		• 30KVA이고 30분 이상 유지할 수 있는 무정전전원장치(UPS)를 갖출 것 (IDC에 입주한 경우도 동일 기준 적용) (단, 우편원격훈련의 경우 10KVA 이고, 30분 이상 유지할 수 있는 무정전전원장치(UPS)를 갖출 것)

나. 소프트웨어	자체 훈련	• 사이트의 안정적인 서비스를 위하여 성능 · 보안 · 확장성 등이 적정한 웹 서버를 사용할 것 • DBMS는 과부하 시에도 충분한 안정성이 확보된 것이어야 하고 각종 장애 발생 시 데이터의 큰 유실이 없이 복구 가능할 것 • 정보보안을 위해 방화벽과 보안 소프트웨어를 설치하고, 기술적 · 관리적 보호조치를 마련할 것
	위탁 훈련	• 사이트의 안정적인 서비스를 위하여 성능 · 보안 · 확장성 등이 적정한 웹 서버를 사용할 것 • DBMS는 과부하 시에도 충분한 안정성이 확보된 것이어야 하고 각종 장애 발생 시 데이터의 큰 유실이 없이 복구 가능할 것 • 정보보안을 위해 방화벽과 보안 소프트웨어를 설치하고, 기술적 · 관리적 보호조치를 마련할 것 • DBMS에 대한 동시접속 권한을 20개 이상 확보할 것(단, 우편원격훈련의 경우 DBMS에 대한 동시접속 권한을 5개 이상 확보할 것)
다. 네트워크	자체 훈련	• ISP업체를 통한 서비스 제공 등 안정성 있는 서비스 방법을 확보하여야 하며, 인터넷 전용선 100M 이상을 갖출 것
	위탁 훈련	• ISP업체를 통한 서비스 제공 등 안정성 있는 서비스 방법을 확보하여야 하며, 인터넷 전용선 100M 이상을 갖출 것(단, 스트리밍 서비스를 하는 경우 최소 50인 이상의 동시 사용자를 지원할 수 있을 것) • 자체 DNS 등록 및 환경을 구축하고 있을 것 • 여러 종류의 교육 훈련용 콘텐츠 제공을 위한 프로토콜의 지원 가능할 것
라. 기타		• HelpDesk 및 사이트 모니터를 갖출 것 • 원격훈련 전용 홈페이지를 갖추어야 하며 플랫폼은 훈련생모듈, 훈련교사모듈, 관리자모듈 각각의 전용 모듈을 갖출 것

관련 법령

교육부고시 제2019-213호

원격교육 설비 기준 고시

[시행 2019.12.26.] [교육부고시 제2019-213호, 2019.12.26., 개정]

「사이버대학 설립·운영 규정」 제5조 제3항의 규정에 의하여 사이버대학에서 원격교육 및 학사관리를 위해 갖추어야 할 최소한의 원격교육 설비에 대하여 다음과 같이 고시한다.

2019년 12월 26일

교육부 장관

사이버대학에서 원격교육 및 학사관리를 위해 갖추어야 할 최소한의 원격교육설비는 [표1]에서 [표9]와 같음(단, 대학 내부의 행정처리, 업무를 위한 인터넷 설비 등은 본 설비 기준에 포함되지 않음)

[표 1] 서버 설비 기준

구분		기본 설비용량(1,000명 미만)			추가 설비 용량(1,000명당)		
		CPU	메모리 [MB]	디스크 [GB]	CPU	메모리 [MB]	디스크 [GB]
OLTP 서버 [tpmC]	학사행정DB	52,000	6,144	3,300	52,000	3,072	3,100
	강의수강DB						
	백업용 DB						
WEB/WAS 서버 [OPS]	WEB 서버	8,700	12,288	1,650	8,700	4,096	1,125
	메일서버						
	동영상서버						
	학사행정서버						

1. CPU의 용량은 OLTP서버는 TPC-C의 tpmC, WEB/WAS서버는 spec jbb2005의 OPS로 나타낸다.
2. 사이버대학에서 확보해야 하는 서버 및 네트워크 등의 설비용량은 해당 학년도 기준일 당시 실제 수강(예정)하는 학생 수를 기준으로 한다.
   가. 학생 수 = 정원 내 등록학생 + 정원 외 등록학생 + 시간제 등록생 + 기타 강좌수강생
      (대학원이 있는 경우 대학원 학생수는 학생정원의 1.5배)
   나. 수강 학생 수 1,000명 미만까지는 기본 설비용량을 적용하며 1,000명 이상부터는 1,000명 단위로 올림하여 수강 학생 수를 기산한다. 즉, 수강 학생수가 1,000명 이상 2,000명 미만의 경우 2,000명으로 기산한다.
   다. 대학원을 설립한 사이버대학의 경우에는 학사과정과 대학원과정의 수강 학생 수를 합산하여 적용한다.(대학원의 학생 수는 「사이버대학설립·운영규정」 제6조 제3항에 따른 학생 수를 말한다)

라. 사이버대학 최초 설립 시에는 개교예정일 당시의 입학정원과 기타 수강학생 추정인원을 합하여 4년간(전
문학사학위를 수여하는 사이버대학의 경우에는 2년간)의 설비규모를 산정한다.

3. 각 서버는 논리단위로써 물리적 시스템의 구조와는 관계없으나 총합적 용량은 준수되어야 하며 가상화 기술
을 이용하는 경우에도 물리적 서버의 성능용량은 기준 이상이어야 한다.

4. 하나의 서버, 또는 멀티서버에 설치된 메모리량이 운영체제가 인식할 수 있는 최대값인 경우 메모리의 용량
기준은 만족한 것으로 본다.

5. 서버 설비는 IDC co-location 서비스, 클라우드 서비스 등 전문업체를 이용하여 외주 관리 할 수 있다.

　가. 단, 시스템이 IDC, 클라우드 등에 설치되어 실시간 Back-up 서비스를 받는 경우 백업용 DB의 설치는 면
　제될 수 있다.

　　※ 면제가능 용량 = 기본 설비용량 : CPU 17,800tpmC, 메모리 2,048MB, 디스크 2,500GB 추가 설비용량
　　　　　　　　　(학생 수 1,000명당) : CPU 17,800tpmC, 메모리 1,024MB, 디스크 2,500GB

　나. 클라우드를 이용하여 서버를 구성할 경우,

　　1) 한국인터넷진흥원(KISA)에서 보안 인증을 받은 민간 클라우드 IaaS 서비스를 이용한다.

　　2) 클라우드 서버의 가용성과 안정성 확보를 위해「클라우드컴퓨팅서비스 품질ㆍ성능에 관한 기준」(과학
　　기술정보통신부 고시)을 따른다.

6. 디스크의 용량은 SAN 등의 데이터관리 체계, 스토리지 어레이 등의 용량이 규정된 서버의 디스크용량 보다
큰 경우 서버의 디스크 용량을 대체할 수 있다.

7. 원격교육 수강을 위해 학생이 직접 접속하는 WEB 서버는 두대 이상의 서버로 클러스터링되어 서버 부하 분
산(Server Load Balancing-SLB)이 가능하도록 구성되어야 한다.

8. 사이버대학의 설립을 위한 서버와 네트워크의 설비 기준은 3-Tier의 표준적인 참조모델 [그림 1]에 기반을
두어 제시되었다. 기술의 발전 또는 학과의 특성 등으로 인하여 참조모델과 다른 형태의 시스템을 구축하는
경우, 또는 논리적 서버를 사용하는 경우 기능별로 용량을 산정하여 참조모델 형태로 재분류한 후 용량을 산
정한다.

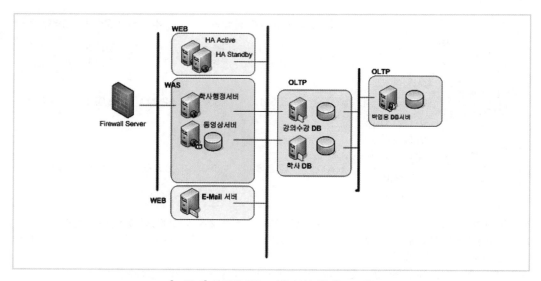

[그림 1] 사이버대학교 정보시스템 참조모델

【표 2】 소프트웨어 설비 기준

구 분		내용 및 기준
SW	웹서버(웹엔진)	1. WEB/WAS용 시스템SW
	동영상 서버용	1. 300Kbps 이상의 대역폭을 지원하는 스트리밍 서비스로 다양한 멀티미디어 스트림 전송기능을 보유할 것
	DBMS	1. 데이터 파티션 처리능력 및 확장성 지원 2. 데이터 무결성 규칙 지원 및 신뢰성 보장 3. 멀티미디어 처리 지원(동영상, 이미지 등)
	원격교육운영 S/W	1. 학습관리시스템(LMS) 2. 학습콘텐츠관리시스템(LCMS) 3. 콘텐츠개발관리시스템(CDMS)

[권고 및 이행기준]

1. 원격교육운영 S/W는 학생과 교수자가 모바일 환경에서 교수자와 학습자간의 상호작용, 강의수강 등이 가능하도록 모바일러닝 환경 지원을 권고한다.
2. 클라우드 SaaS 서비스를 이용할 경우, 「행정·공공기관 민간 클라우드 이용 가이드라인」(행정안전부)을 준용한다.

【표 3】 네트워크 설비 기준

구분	기본 설비용량(1,000명 미만)	추가 설비용량(1,000명당)
인터넷 대역폭	74Mbps	74Mbps

1. 네트워크 설비는 IDC co-location 서비스, 클라우드 서비스 등 전문업체를 이용하여 외주관리할 수 있다.
2. 인터넷 대역폭은 인터넷서비스사업자(ISP)와의 계약내용과 관계없이 트래픽이 제한받지 않고 통신 가능한 최대 대역폭을 의미한다.
3. 대학이 CDN(Content Delievery Network) 서비스를 트래픽량의 제한 없이 이용하는 경우에도 설비 기준 상 인터넷 대역폭의 최소 30% 이상을 추가로 확보하여야 한다.
4. 클라우드 IaaS 서비스를 이용하는 경우 기본 설비용량을 적용하지 않는다.

【표 4】 원격교육용 정보보호시스템 설비 기준

1. 원격교육용 정보통신시스템은 다음 보안체계를 구비하여야 한다.
가. 정보시스템의 설치 구역에 대한 물리적 보호시설 나. 정보시스템에 대한 접근통제 시스템 및 정책 다. 정보시스템에 대한 24시간 모니터링 체계 라. 보안사고 발생에 대비한 예비 장비 등과 비상복구체계 마. 모든 서버의 Firewall에 의한 보호체계 바. 스위치, 라우터 등 주요 통신설비 이중화 구성 사. 모든 서버는 IDS, 또는 IPS의 관제 하에 존치

[권고 및 이행기준]

1. 「정보통신망 이용촉진 및 정보보호 등에 관한 법률」 제47조에 의한 정보보호 관리체계 인증 취득을 권고한다. 단, 클라우드 서비스 이용시 「클라우드컴퓨팅서비스 정보보호에 관한 기준」(과학기술정보통신부 고시) 제6조에 따른 공공기관용 추가보호조치 기준 고시를 포함한 클라우드 서비스 보안 인증을 받은 서비스 이용을 권고한다.

【표 5】 신분인식 및 인증 설비 기준

> 1. 사이버대학은 학생 자신에 대한 인증과 강의 수강에 대한 출결 및 시험관리 등을 위하여 서버에서 학생의 신분을 인식하여 대리출석과 부정시험을 방지할 수 있는 시스템을 갖추어야 한다. (⬛ 생체인식, OTP, PIN, SMS인증, PKI 인증시스템 등)

[권고 및 이행기준]

1. 「정보통신망 이용촉진 및 정보보호 등에 관한 법률」 제47조에 의한 정보보호 관리체계 인증 취득을 권고한다. 단, 클라우드 서비스 이용시 「클라우드컴퓨팅서비스 정보보호에 관한 기준」(과학기술정보통신부 고시) 제6조에 따른 공공기관용 추가보호조치 기준 고시를 포함한 클라우드 서비스 보안 인증을 받은 서비스 이용을 권고한다.

【표 6】 기타 설비 기준

시설 · 설비명	내용 및 규격
디지털도서관	1. 사이버대학은 학생들의 강의 수강을 위한 준비와 학습, 교수들의 연구에 필요한 디지털 도서관을 설치, 운영하여야 한다. 다만, 타 대학의 도서관을 공동으로 사용하는 경우에는 디지털 도서관에 대한 접근과 자료이용 권한 등에 차별이 없는 경우에 한하여 인정한다.
무정전전원장치	1. 사이버대학의 원격교육설비에는 정전 등의 전원사고에 대비한 무정전 전원이 공급되어야 하며 정전 시 최소 1시간이상의 백업시간을 제공할 수 있어야 한다.

[권고 및 이행기준]

1. 디지털 도서관은 설치 학과의 종류에 따라 필요한 e−Book과 웹DB, 적절한 검색엔진을 갖추어야 한다.
2. 디지털 도서관은 개설하려는 학과의 성격에 따른 국내 · 외 웹DB의 검색과 이용이 가능해야 하며 웹DB에 수록된 논문의 초록과 원문의 열람에 있어 비용부담 등의 제한 없이 가능하여야 한다.

【표 7】 콘텐츠 운영 · 품질관리에 필요한 하드웨어 및 소프트웨어 구성

구분	시설 · 설비명	규격	비 고
하드 웨어	영상촬영장비	1. 방송용 디지털 캠코더(3CCD HD급 이상)	2대 이상
	영상편집장비	1. HD급 이상 동영상 편집용 선형(Linear) 또는 비선형(Nonlinear) 편집 시스템	
	영상변환장비	1. 인코딩 장비(웹에서 다운로딩 또는 스트리밍 가능하도록 출력물을 변환할 수 있는 장비)	
	음향제작장비	1. 음향조정기, 스피커, 마이크 등	
	그래픽편집장비	1. 그래픽 편집용 컴퓨터	
		2. 스캐너, 디지털 카메라 등	공동활용
	영상저장 · 백업장비	1. HD급 이상의 동영상을 저장 및 백업 할 수 있는 장비나 시스템	
	보조기억장치	1. 디스크어레이, DVD 등	
소프트 웨어	동영상 제작	1. HD급 이상 동영상 제작용 소프트웨어	
	그래픽 제작	1. 2 · 3차원 그래픽 제작용 소프트웨어	
	음향 편집	1. 음향 편집용 소프트웨어	
	강의 제작	1. 제작에 필요한 소프트웨어	

※ 스튜디오별 인력 배치

구분	제 1 스튜디오	제 2 스튜디오	합 계	비 고
PD/촬영	1	1	2	

【표 8】 콘텐츠 운영 및 품질관리를 위한 조직 구성

구 분	콘텐츠 품질관리				
	교수설계	디자인	매체개발	프로그래밍	콘텐츠 관리
역 할	교수설계	그래픽/ 웹 디자인	콘텐츠 영상	프로그래밍	콘텐츠 관리
인 원	3명	3명	2명	1명	1명
	인원배치는 6명 내에서 자율적으로 배치가능		–	중복업무 가능	
	중급기술자* 1명 이상 필수				

* 중급기술자 : 「엔지니어링산업진흥법시행령」 제4조에 따른 별표2의 '엔지니어링기술자(제4조 관련)'에 따라 소프트웨어기술자의 등급을 분류한다.

※ 인력 구성 산정 기준

구분	업무 분야	인원수	업무 내용 및 분야 전문성
콘텐츠 제작 및 품질 관리	교수설계	3명	1. 교육콘텐츠 제작계획 수립, 기획, 분석, 설계 등 　가. 교육학(공학) 전공자 및 관련 분야 경력자
	디자인	3명	1. 그래픽 디자인/웹 기획 및 개발 (강의 콘텐츠 디자인 및 제작) 　가. 웹디자인 전공자 및 관련 분야 경력자
	매체개발	2명	1. PD 및 촬영 담당 　가. 콘텐츠 영상 기획 및 제작 　나. 영상관련 전공자 및 관련 분야 경력자 2. CG 담당자(별도 인력배치 권장) 　가. 그래픽디자인 전공자 및 관련 분야 경력자
	프로그래밍	1명	1. 콘텐츠 개발에 관한 프로그래밍 　가. 프로그램 관련 전공자 및 관련 분야 경력자
	콘텐츠관리	1명	1. 콘텐츠 산출물 관리, 테스트, 시스템 포팅, 운영 담당 　가. 프로그램 및 시스템 운영 관련 담당자

【표 9】 원격교육 운영 소프트웨어

영역	주요 기능 내역
학습자 지원	1. 학습 기능(강의수강, 강의계획서, 공지사항, 출석관리, 학습관리, 성적확인) 2. 시험평가 기능(시험응시, 퀴즈응시, 오답노트, 부정행위 방지 등) 3. 과제평가 기능(과제 제출, 확인, 첨삭지도) 4. 상담 기능(1:1 상담) 5. 커뮤니티 및 네트워크 지원 기능(학습 자료실, 토론방, 프로젝트방, 설문, 이메일, 쪽지, 채팅, 커뮤니티, 블로그 등) 6. 기타 기능(홈페이지 조회, 개인정보 관리, 학사 지원 기능 등)
교수자 지원	1. 과목관리 기능(강의계획서, 공지사항, 강의 목록) 2. 학습관리 및 평가 기능(학생관리, 출석관리, 진도관리, 학습참여 관리, 과제관리, 시험관리, 1:1 상담) 3. 성적관리 기능(학업성취도 종합 평가 및 성적 산출 기능) 4. 커뮤니티 및 네트워크 관리 기능(학습 자료실, 토론방, 프로젝트방, 설문, 이메일, 쪽지, 채팅, 커뮤니티, 블로그 등) 5. 콘텐츠 검색 및 관리 기능 6. 콘텐츠개발관리시스템(CDMS) 기능 7. 기타 기능(강의평가 결과 조회, 조교관리, 개인정보 관리 등)
운영자 지원	1. 교수자지원, 학습자지원 영역 전체 관리 기능 2. 강의실 관리 기능 3. 교육과정 관리 기능(과정 정보 관리, 콘텐츠 및 교재 등록) 4. 학습운영 및 수강관리 기능(학습정보관리, 수강진행관리, 권한관리 등) 5. 운영자 지원 기능(사용자 관리, 콘텐츠 관리, 커뮤니티 관리, 상담 관리, 학사관리, 각종 통계 관리, 모니터링 기능)
특기 사항	1. 부정행위 방지를 위한 관련 기능 및 정책 확보 2. 콘텐츠 표준화를 고려한 LCMS 및 해당 기능 마련(예 콘텐츠 패키징 툴, 메타데이터 편집 툴 등) 3. 학사관리시스템이 있을 경우 기본적인 학사 관리 기능은 학사관리시스템에서 구현 가능(단, 학습자 접근의 용이성을 고려하여 LMS에 구현)

【특이사항】

1. 원격교육 설비 기준은 최소 기준으로서 설립 및 전환 심사 또는 운영관련 평가의 경우 학생 수나 정보시스템 발전기술 등에 따라 가감된 기준에 따라 심사한다.

2. 새로운 기술의 발전에 따라 각 기준의 설비를 대체할 수 있다고 판단된 장비로 도입하는 경우 대체 설비로 인정할 수 있다.

3. 대학의 클라우드 서비스 도입 및 이용 관련하여 원격교육 설비 기준에 명시되지 않은 기준에 대해서는 「행정 「공공기관 민간 클라우드 이용 가이드라인」(행정안전부) 및 「교육부 정보보안 기본지침」(교육부)을 준용한다.

4. 교육부장관은「훈령·예규 등의 발령 및 관리에 관한 규정」제7조에 따라 이 고시에 대하여 2016년을 기준으로 매 3년이 되는 시점마다 그 타당성을 검토하여 개선 등의 조치를 하여야 한다.

부칙

제1조(시행일) 이 고시는 발령한 날부터 시행한다.

출제예상문제   Chapter 03 학습시스템 특성 분석

01 다음은 이러닝 학습시스템의 유형과 특성에 대한 설명이다. 해당 내용의 설명이 적절하지 않은 것은?

① 실시간 원격수업, 토론, 퀴즈 등을 통해 학습하는 것은 동기식 학습시스템에 속한다.
② 교육과정을 효과적으로 운영하고 학습의 전반적인 활동을 지원하는 시스템은 LMS이다.
③ 이러닝 콘텐츠를 개발하고 유지 및 관리하기 위한 시스템은 LCMS이다.
④ 학습자가 자유롭게 학습하는 비동기식 학습시스템은 학습자 간 상호작용 및 참여도가 높다.

📊 해설

학습자 간 상호작용과 참여도가 높은 것은 '동기식 학습시스템'이다. '비동기식 학습시스템'은 강의나 교재, 미디어 자료를 통해 학습자가 자유롭게 학습하는 시스템으로, 학습자는 각각의 학습 속도와 시간에 맞게 학습할 수 있는 장점이 있으나 학습자 간의 상호작용은 적은 것이 특징이다.

02 다음 중 LMS에 대한 설명으로 적절하지 않은 것은?   💡 2023 기출

① 학습관리시스템(LMS)은 이러닝 환경에서 가상공간에 교육과정을 개설하게 하는 시스템이다.
② 학습관리시스템(LMS)은 학습 콘텐츠의 제작, 재사용, 전달, 관리를 가능하게 하는 시스템이다.
③ 학습관리시스템(LMS)은 관리자 모드, 학습자 모드, 교·강사 모드 세 가지 모드가 있다.
④ 학습관리시스템(LMS)은 학습활동을 전개시킴으로써 학습을 통해 역량을 강화시킬 수 있다.

📊 해설

학습 콘텐츠의 제작, 재사용, 전달, 관리를 가능하게 하는 시스템은 학습콘텐츠관리시스템(LCMS)이다.
LCMS는 개별화된 이러닝 콘텐츠를 학습객체의 형태로 만들어 이를 저장하고 조합하고 학습자에게 전달하는 일련의 시스템으로, 학습관리시스템(LMS)이 학습활동을 전개시킴으로써 학습을 통해 역량을 강화시키는 시스템인 반면에, 학습콘텐츠관리시스템(LCMS)은 학습 콘텐츠의 제작, 재사용, 전달, 관리가 가능하게 해주는 시스템이라고 할 수 있다.

01 ④ 02 ②

03 LMS(Learning Management System) 구조에 대한 다음 설명 중 성격이 다른 하나를 고르면?

① LMS에서 학습 이력을 기록하면 학습자들의 학습 상황을 파악할 수 있다.
② LMS에서 출석을 기록하면 학습자들의 출석 상황을 파악할 수 있다.
③ LMS에서 시험 결과를 기록하면 학습자들의 학습 성취도를 파악할 수 있다.
④ LMS에서 필요하지 않은 콘텐츠를 삭제하면 학습자들의 혼란을 방지할 수 있다.

해설

필요하지 않은 콘텐츠를 삭제하는 것은 학습에 필요한 콘텐츠를 관리하는 '콘텐츠 관리 기능'이며, 나머지는 '보고서 생성 기능'에 해당한다. 보고서 생성 기능은 학습자들의 학습 상황 및 성취도를 측정하는 기능이다.
LMS의 학습 시스템 구조
1. 사용자 관리 기능 : 사용자 계정 생성, 사용자 정보 수정, 비밀번호 변경
2. 콘텐츠 관리 기능 : 콘텐츠 업로드, 콘텐츠 수정, 콘텐츠 삭제, 콘텐츠 공유
3. 학습 관리 : 학습 일정 설정, 과제 설정, 퀴즈 및 시험 출제
4. 보고서 생성 : 학습자들의 학습 이력 관리, 출석 기록, 시험 결과 기록

04 LMS 학습시스템 요소에 필요한 기술 중 웹 기술에 대한 설명으로 적절하지 않은 것은?

① HTML은 웹 페이지를 구성하는 마크업 언어이다.
② 웹 기술은 LMS 시스템을 개발하고 운영하기 위해 필요한 핵심 기술 중 하나이다.
③ CSS는 웹 페이지의 동적인 기능을 구현하는 프로그래밍 언어이다.
④ 웹 서버는 LMS 시스템이 동작하는 서버이다.

해설

웹 페이지의 동적인 기능을 구현하는 프로그래밍 언어로 UI 인터랙션, AJAX 등의 기능을 구현하는 것은 JavaScript이다. CSS는 HTML로 작성된 웹 페이지의 스타일링을 담당하는 스타일시트 언어이며, LMS 시스템에서는 CSS를 이용하여 UI 디자인을 구성하고, 다양한 스타일링 효과를 적용한다.

05 다음 중 LMS 학습시스템 요소에 필요한 데이터베이스에서 데이터를 검색, 추가, 수정, 삭제하는 데 사용되는 언어는 무엇인가?

① CSS   ② SQL

③ SSL   ④ ADL

해설

SQL(Structured Query Language)은 관계형 데이터베이스에서 데이터를 조작하고 검색하기 위해 사용되는 언어이다. SQL은 크게 데이터 조작 언어(DML, Data Manipulation Language)와 데이터 정의 언어(DDL, Data Definition Language)로 나눌 수 있다. LMS 시스템에서는 SQL을 이용하여 데이터를 조회하고 분석하며, 보고서를 생성한다.
① CSS(Cascading Style Sheets) : 웹 문서의 전반적인 스타일을 미리 저장해 둔 스타일시트 언어이다. 문서 전체의 일관성을 유지할 수 있고, 세세한 스타일 지정의 필요를 줄일 수 있다.
③ SSL(Secure Socket Layer) : 인터넷 상에서 데이터를 안전하게 전송하기 위한 프로토콜로 데이터를 암호화하고 인증하는 기능을 제공하여 데이터의 안정성과 보안성을 보장한다. 현재는 SSL보다 더 강력한 암호화 기술을 적용한 TLS(Transport Layer Security)를 보안 프로토콜로 대부분 사용하고 있다.
④ ADL(Advanced Distributed Learning) : 교육훈련의 현대화와 학습에 필요로 하는 정보통신 기술을 사용하는데 필요한 전략 개발을 위해 미국에서 조직된 차세대 분산학습 시스템 위원회이다.

06 다음 이러닝 학습시스템 구조 요소에 대한 설명 중 성격이 다른 하나는?

① 시뮬레이션 개발은 학습자가 실제 상황에서 경험할 수 있는 시뮬레이션을 개발하는 작업으로 3D 그래픽 기술, 가상현실 기술 등을 이용하여 시뮬레이션을 구현한다.
② 암호화 기술은 학습자들의 개인정보와 학습 데이터를 안전하게 보호하기 위한 것으로 암호화 알고리즘을 이용하여 정보를 암호화하고, 복호화하는 기술을 사용한다.
③ 저작권 관리는 학습 콘텐츠를 개발할 때 저작권 문제를 해결하기 위한 기술로써 저작권 관리 시스템, 저작권 보호 기술 등을 이용하여 학습 콘텐츠의 저작권을 보호한다.
④ 멀티미디어 개발은 다양한 형식의 콘텐츠를 개발하는 작업으로 이미지, 동영상, 음성, 애니메이션 등 다양한 멀티미디어 기술을 이용하여 콘텐츠를 개발한다.

해설

암호화 기술은 '보안 기술'에 해당하며 나머지는 '학습 콘텐츠 제작 기술'이다. 학습 콘텐츠 제작 기술의 주요 기술 요소로는 콘텐츠 디자인, 멀티미디어 개발, 시뮬레이션 개발, 게임 개발, 저작권 관리 등이 있다.

03 ④ 04 ③ 05 ② 06 ②

07 다음 중 LMS 학습시스템의 데이터베이스 기술에 대한 설명으로 적절하지 않은 것은?

① 데이터베이스 설계는 LMS 시스템에서 사용될 데이터의 구조와 특성을 결정하는 작업이다.
② 데이터베이스 관리는 데이터베이스의 백업, 복구, 보안, 성능 최적화 등을 관리하는 작업이다.
③ 데이터베이스 성능 최적화는 LMS 시스템에서 대량의 데이터를 빠르게 처리하기 위한 기술이다.
④ LMS 시스템에서는 대량의 데이터를 처리하기 위해 SOAP, REST 등의 기술을 이용한다.

해설

SOAP, REST는 이러닝 학습시스템 서비스들 간의 인터페이스와 상호운용성을 보장하기 위한 웹 서비스 표준이며, 대량의 데이터를 처리하기 위해 사용되는 기술은 하둡(Hadoop)과 스파크(Spark)이다.
• 하둡(Hadoop) : 대규모 데이터를 분산 처리하기 위한 자바 기반의 오픈소스 프레임워크이다. 하둡은 분산 파일 시스템(HDFS)과 맵리듀스(MapReduce) 프로그래밍 모델을 기반으로 대규모 데이터를 처리하는 데 유용하게 활용된다. 맵리듀스는 병렬 처리를 위해 대규모 데이터를 작은 블록으로 나누어 처리하고, HDFS는 이러한 데이터를 저장한다.
• 스파크(Spark) : 하둡과 유사한 대규모 데이터 처리 프레임워크이다. 스파크는 맵리듀스보다 훨씬 빠르고 간단한 프로그래밍 모델을 제공하며, 메모리 내 처리와 재사용 가능한 연산 그래프 등의 기술을 사용하여 성능을 향상시킨다. 스파크는 빠른 데이터 분석, 머신 러닝, 스트리밍 처리 등 다양한 분야에서 사용되고 있다.

08 다음이 설명하는 인공지능 기술에 대한 설명 중 적절하지 않은 것은?

① 인공 신경망은 학습자들의 학습 데이터에서 핵심 정보를 추출하여 학습자들에게 맞춤형 학습 콘텐츠를 제공하는 기술이다.
② 강화 학습은 학습자들이 목표를 달성하기 위해 시행착오를 겪으며 학습하는 기술이다.
③ 전이 학습은 이미 학습된 모델을 이용하여 새로운 학습 데이터를 분석하고, 이를 이용하여 학습 모델을 구축하는 기술이다.
④ 분산 학습은 학습자들의 학습 데이터를 여러 개의 컴퓨터에서 분산하여 처리하는 기술이다.

해설

'인공 신경망'은 학습자들의 학습 데이터를 분석하고 이를 이용하여 학습자들에게 맞춤형 학습 콘텐츠를 제공하는 기술이다. 이를 위해 다층 퍼셉트론, 컨볼루션 신경망, 순환 신경망 등의 인공 신경망 모델을 사용한다. 학습자들의 학습 데이터에서 핵심 정보를 추출하고, 이를 이용하여 학습자들에게 맞춤형 학습 콘텐츠를 제공하는 기술은 '자동 추출 기능'이다.
• 머신러닝(Machine Learning) : 컴퓨터 프로그램이 데이터에서 자동으로 학습하고 지식을 추출하는 인공지능 분야이다. 머신러닝 알고리즘은 데이터 패턴을 탐색하고 학습하여 새로운 데이터를 예측하거나 분류하는 데 사용된다. 이메일 스팸 필터링, 이미지 분류, 음성 인식 등 다양한 분야에서 머신러닝이 적용되고 있다.
• 딥러닝(Deep Learning) : 머신러닝의 한 분야로, 인공신경망을 이용하여 데이터의 복잡한 구조와 패턴을 학습하는 기술이다. 딥러닝은 기존 머신러닝 기술보다 높은 성능을 발휘하며, 음성 인식, 이미지 인식, 자연어 처리 등 다양한 분야에서 활용되고 있다. 예를 들어, 스마트폰의 음성 비서, 자율 주행 자동차, 의료 영상 분석 등에 적용된다.

09 다음이 설명하는 이러닝 표준화의 특성은 무엇인가?

> 한번 개발된 학습 자료는 새로운 기술이나 환경변화에 큰 비용부담 없이 쉽게 적응될 수 있는 특성의 향상이 이러닝 표준화의 중요한 목표라고 할 수 있다.

① 접근성(Accessibility) ② 상호운용성(Interoperability)
③ 항구성(durability) ④ 재사용 가능성(Reusability)

해설

① 접근성(Accessibility) : 원격지에서 학습자료에 쉽게 접근하여 검색하거나 배포할 수 있는 특성
② 상호운용성(Interoperability) : 서로 다른 도구 및 플랫폼에서 개발된 학습 자료가 상호간에 공유되거나 그대로 사용될 수 있는 특성
④ 재사용 가능성(Reusability) : 기존 학습 객체 또는 콘텐츠를 학습 자료로서 다양하게 응용하여 새로운 학습 콘텐츠를 구축할 수 있는 특성

10 이러닝 표준화와 관련된 기관들 중 ADL에 대한 설명과 거리가 먼 것은?

① ADL은 교육 훈련의 현대화와 정보통신 기술의 사용에 필요한 전략을 개발하고 있으며, 콘텐츠 재사용성, 접근성, 지속성, 상호운용성 등 학습 콘텐츠를 개발하는 필요 요건을 제시하고 있다.

② ADL은 교육 분야 자료의 기술을 위한 메타데이터 및 기술적(Technical) 측면의 요구 사항들을 연구·개발해 널리 보급하기 위한 전 세계적 협회 조직이다.

③ SCORM 규격은 국제 표준으로 응용되고 있으며 ADL의 SCORM은 컴퓨터 및 웹 기반 학습의 공통 기술 기반 내에서 교수 객체(instructional object)로서 재사용이 가능한 학습 콘텐츠의 구성을 촉진한다.

④ SCORM은 교육콘텐츠를 기능별 모듈로 나누어 개발함으로써 재사용과 공유가 가능하도록 표준화 시킨 모델로 도구와 플랫폼이 다른 학습 환경에서도 상호 호환할 수 있고 콘텐츠 재사용이 가능하다.

해설

교육 분야 자료의 기술을 위한 메타데이터 및 기술적 측면의 요구 사항들을 연구·개발하는 세계적 협회 조직은 IMS Global이다. IMS Global Learning Consortium은 교육 기술 및 학습 관리 시스템 표준 개발과 채택을 촉진하는 국제적인 비영리 단체로써 학습 경로, 성적 측정, 학습 분석, 학습 리소스 검색 및 연결, 학습 목표 설정 및 평가 등과 같은 온라인 학습을 위한 다양한 표준을 개발하고 유지 관리하고 있다.
ADL은 미국의 국방부장관실이 주도하여 만든 기구인 고급분산학습(Advanced Distributed Learning ; ADL) 사업단을 말하며, SCORM은 ADL에서 제안한 표준안이다.

07 ④ 08 ① 09 ③ 10 ②

11 메타데이터 디자인과 광범위한 목적을 가지고, 비즈니스 모델들에서 모범적인 실행을 위한 혁신을 지원하는 기구는?

① SOAP   ② DCMI   ③ ISO   ④ IEEE

 해설

DCMI(Dublin Core Metadata Initiative)는 싱가포르에서 설립한 공공 비영리 조직으로, 메타데이터 디자인과 광범위한 목적을 가지고, 비즈니스 모델들에서 모범적인 실행을 위한 혁신을 지원한다. 전 세계적인 메타데이터 전문가들과 협력하여 국제 표준인 Dublin Core 요소 집합의 유지 보수 및 발전을 지원하고 있다.
① SOAP(Simple Object Access Protocol) : 이러닝 서비스 간 인터페이스와 상호운용성을 보장하기 위한 웹 서비스 표준이다.
③ ISO(International Organization for Standardization) : 1947년 설립된 비정부간 기구로 국제적인 국제표준화기구로, 제품과 서비스의 국제적 교환을 용이하게 하고 지적 분야, 과학적 분야, 기술적 분야, 경제적인 활동 분야에서 국제적인 협력을 증진하고자 설립된 기관이다.
④ IEEE(Institute of Electrical and Electronics Engineers) : 전기, 전자, 컴퓨터 공학 분야를 중심으로 국제적인 표준화 기구와 학술 단체로 구성된 비영리 단체이다. IEEE는 통신, 교육, 컴퓨터 부품, 의학, 물리학, 원자물리학 등 다방면에 걸쳐있고 각 분야마다 독립적인 위원회에서 관련 기술의 표준화를 추진하고 있다.

12 다음 웹 접근성을 위한 콘텐츠 제작의 요소 중 '이해의 용이성'에 해당하는 지침이 아닌 것은?

① 문법 준수   ② 가독성   ③ 예측 가능성   ④ 입력 도움

해설

'이해의 용이성(Understandable)'은 사용자가 장애 유무 등에 관계없이 웹 사이트에서 제공하는 콘텐츠를 이해할 수 있도록 제공하는 것을 의미한다. 이해의 용이성은 가독성, 예측 가능성, 입력 도움의 3가지 지침으로 구성되어 있다. 문법 준수는 '견고성(Robust)'에 해당되는 지침으로, 견고성은 사용자가 콘텐츠를 이용함에 있어 기술에 영향을 받지 않아야 함을 의미한다. 견고성은 문법 준수와 웹 애플리케이션 접근성의 2가지 지침으로 구성되어 있다.

13 다음은 웹 접근성을 위한 콘텐츠 제작의 어느 요소에 해당되는 지침인가?

> (가) 사용자 입력 및 콘트롤은 조작 가능하도록 제공되어야 하며, 문자 단축키는 오동작으로 인한 오류를 방지하여야 한다.
>
> (나) 콘텐츠의 반복되는 영역은 건너뛸 수 있어야 하며, 링크 텍스트는 목적을 이해할 수 있는 제목을 제공해야 한다.
>
> (다) 시간 제한이 있는 콘텐츠는 응답시간을 조절할 수 있어야 하며, 자동으로 변경되는 콘텐츠는 움직임을 제어할 수 있어야 한다.

① 인식의 용이성(Perceivable)

② 이해의 용이성(Understandable)

③ 견고성(Robust)

④ 운용의 용이성(Operable)

해설

제시된 내용은 '운용의 용이성'에 해당되는 지침이다. 운용의 용이성(Operable)은 사용자가 장애 유무 등에 관계없이 웹사이트에서 제공하는 모든 기능을 운용할 수 있도록 제공하는 것을 의미한다. 운용의 용이성은 입력장치 접근성, 충분한 시간 제공, 광과민성 발작 예방, 쉬운 내비게이션, 입력 방식의 5가지 지침으로 구성되어 있다.
(가)는 입력 장치 접근성, (나)는 쉬운 내비게이션, (다)는 충분한 시간 제공의 지침에 해당하는 내용이다.

14 다음 이러닝 학습시스템 기능 요소 중 '학습자 기능'에 해당하지 않는 것은?

① 지난 수강 이력 및 수강 현황, 성적, 이수 등의 학습 정보 조회

② 과제 등록 정보 조회, 과제 피드백, 제출정보, 성적 조회, 제출 과제 다운로드 기능

③ 프로젝트 팀별 게시판 등록, 수정, 삭제, 조회, 제출, 성적확인

④ 질의응답 등록, 수정, 삭제, 조회 기능

해설

②는 '교수자 기능'에 해당하는 내용이다. 나머지는 '학습자 기능'에 포함되며, 대표적인 학습자 기능은 다음과 같다.
1. 수강 조회 기능 : 지난 수강 이력 및 수강 현황, 성적, 이수 등의 학습 정보를 조회할 수 있어야 한다.
2. 시험 기능 : 온라인 응시가 가능하도록 해야 하며 온라인으로 과제를 제출하고 확인이 가능해야 한다.
3. 커뮤니티 기능 : 관리자 및 교수자와 소통할 수 있는 기능이 있어야 한다.

11 ② 12 ① 13 ④ 14 ②

15 다음 중 LMS의 '교수자 기능'과 거리가 있는 것은?

① 과정 및 과목에 대한 등록 관리 기능, 강의 콘텐츠의 등록과 삭제, 설문 조사와 같은 부가 기능에 대한 관리, 자유로운 메뉴 구성을 가능하도록 한다.

② 강의실 메뉴에 대한 추가·삭제 권한을 제공하고, 수강생별 출석과 성적을 산출하며, 학습 현황을 실시간으로 체크할 수 있어야 한다.

③ 과제의 출제와 시험의 경우 객관식·주관식·단답식 기능이 제공되어야 하며, 최종 성적을 입력하는 기능을 제공한다.

④ 콘텐츠의 검색·등록·삭제가 가능하도록 하며, 학습자와 소통할 수 있는 기능을 제공한다.

해설

①은 LMS의 '관리자 기능'의 메뉴 관리 기능에 대한 설명이다. 나머지는 교수자 기능에 해당되며 ②는 교수자의 강의 관리 기능, ③은 교수자의 시험관리 기능, ④는 교수자의 강의콘텐츠 관리 기능 및 커뮤니케이션 기능에 대한 설명이다.

16 다음 기능 중에서 LMS의 '교수자 기능'이 아닌 것을 모두 고르면?

> ㉠ 학습 자료실 조회, 첨부파일 다운로드
> ㉡ 학습 독려 대상 설정 및 쪽지 발송
> ㉢ 첨부파일 용량 제한 수정
> ㉣ 과목 게시판 추가, 정보 수정, 삭제, 정렬 기능
> ㉤ 학기별 과목 리스트 조회, 입장
> ㉥ 수강생별 출석 조회, 입력, 수정, 삭제, 파일 저장
> ㉦ 학기, 과목별, 기간별 접속현황 통계

① ㉠, ㉢, ㉣   ② ㉡, ㉥, ㉦
③ ㉣, ㉤, ㉥   ④ ㉠, ㉢, ㉦

해설

㉠은 '학습자 기능'의 학습자료실 메뉴 기능, ㉢은 '관리자 기능'의 시스템 설정 관리 기능, ㉦은 '관리자 기능'의 모니터링 관리 기능에 해당하며 나머지는 모두 '교수자 기능'에 해당한다.

15 ① 16 ④

Chapter 04 학습시스템 기능 분석

01 학습시스템 요구사항 분석

(1) 요구분석의 의미와 중요성

1) 요구분석의 의미

이러닝은 인터넷을 기반으로 학습자들이 시간과 공간을 초월하여 자기주도적인 학습활동을 통해 다양한 형태의 학습경험을 수행하는 학습체제이다. 전통적인 교실 학습 환경과는 달리 시스템 기반하에 스스로 학습하고 상호작용하면서 학습이 진행되기 때문에 학습자가 이러닝을 잘 수행할 수 있도록 체계적이고 구체적인 운영 준비가 필요하다.

즉 이러닝에 참여하는 학습자는 어떤 특징을 가지고 있는지, 학습자가 필요로 하는 이러닝 운영 요소는 무엇인지, 운영 과정은 언제 어떻게 진행하여야 하는지, 운영 환경의 구성요소는 무엇인지 등과 같이 이러닝 운영 전에 필요한 사항을 준비하고 진행하는 것이 중요하다.

일반적으로 요구(needs)는 현재 상태(what it is)와 바람직한 상태(what it should be) 또는 미래의 상태간의 차이(Gap)를 의미한다. 요구라는 단어가 명사로 사용되는 경우에는 현재 상태를 점검하고 그것에 대한 미래의 더 나은 상태나 조건과 비교해 봄으로써 도출되는 차이 또는 격차 자체를 말한다. 요구라는 단어가 동사로 사용되는 경우에는 그 격차를 해결하기 위해 요구되는 것, 즉 해결책이나 목적을 위한 수단을 의미한다.

이러한 요구를 분석하는 요구분석은 차이나 격차가 왜 발생하였는지에 관해 구체적인 원인을 파악하고 이유를 타당하게 밝혀내는 것이다. **이러닝 운영에서 요구를 분석**하는 것은 인터넷을 통해 학습자 스스로 과정을 이수하는 활동에서 현재 할 수 있는 것과 향후 필요한 방향이나 특성을 도출해 내는 것이라고 할 수 있다.

그 중 학습시스템 요구사항 분석은 학습자나 고객의 요구사항을 파악하여 학습시스템의 기능과 특성을 결정하는 과정이다. 요구사항을 제대로 파악하지 않으면 학습자가 필요로 하는 학습 콘텐츠와 기능을 제공하지 못하여 학습 효과를 떨어뜨릴 수 있다.

2) 요구분석의 중요성

요구분석은 이러닝 운영에 대한 기초적인 자료를 확보하는 역할을 수행하는데, 요구분석 결과를 기반으로 운영 계획을 수립하고 실제적인 운영을 준비하는 활동이 진행되기 때문이다.

이러닝 운영 계획 수립

　　요구분석은 학습자가 이러닝을 통해 학습하게 될 과정을 개설하고 운영하는데 필요한 세부 사항을 수렴하고 분석하는 과정이다. 이러한 요구분석 결과는 교육과정을 설계하고 개발하는 측면과 이러닝 과정을 개설하고 운영하는 측면에서 모두 활용되기 때문에 그 중요성이 더욱 강조된다. 따라서 요구분석은 이러닝 운영 기획에서 필수적인 활동에 해당된다.

3) 요구분석의 주요 내용 ☆

① 학습자 분석

　　학습자 분석은 학습 대상이 누구인지를 파악하는 것으로써, 여기에는 학습자가 가지고 있는 학습 스타일, 학습동기, 학습태도 등이 포함된다. 학습자의 특성요인 중에서 학습스타일은 학습 상황에서 학습자 개인이 정보를 인식하고 처리하는 방법과 관련된 것이다.

② 고객의 요구

　　고객의 요구는 학습자가 속해 있는 조직과 관리자들이 어떤 요구를 가지고 있는지를 파악하는 것으로써, 학습자가 이러닝 운영을 통해 도달하기를 바라는 목표와도 연관되어 있다.

　　조직에서 학습자의 교육훈련을 통해 기대하는 개인개발이나 경력개발이 무엇인지, 관리자가 요구하는 교육훈련의 성과는 어느 수준인지 등을 분석함으로써 교육과정의 구성은 물론 학습성과 달성을 위한 이러닝 운영 전략 수립에 기초자료로 활용할 수 있다. 이를 통해 조직, 관리자, 학습자 모두의 학습 만족도를 높일 수 있고 나아가 요구분석으로 도출된 격차를 해결할 수도 있다.

③ 교육과정 분석

　　교육과정인 학습 콘텐츠 분석은 학습자와 조직의 요구를 충족시키기 위해 필요한 학습 내용이 무엇인지를 파악하는 것으로써 학습 내용을 어떻게 구성하고 개발할 것인지에 대한 기초자료가 될 수 있다. 이러닝 운영자가 실제 운영에 앞서서 학습 콘텐츠를 업로드하고 점검하는 절차를 거치는 것은 누락 또는 잘못 표시된 페이지, 텍스트/그림/동영상 정보 등의 오류 확인, 페이지 이동의 정확성 확인 등이 포함된다. 이러한 점검 및 분석 활동은 이러닝 운영과정에서 발생하는 상담, 과정관리 등의 학습자 지원에 도움이 될 수 있다.

④ 학습 환경 분석 ☆

　　학습 환경은 교육과정인 학습 콘텐츠가 서비스되기 위해서 구비되어야 하는 시스템이나 교육 여건 등이 포함된다. 학습 환경 분석에서 가장 중요한 요소는 학습관리시스템(LMS)의 점검이다. 시스템의 이상여부는 물론 학습활동에 필요한 학습 콘텐츠, 보충심화학습 자료, 공지사항, 과제물, 평가자료 등이 등록되고 운영되는데 필요한 것이 무엇인지 확인하여야 한다. 각 교육훈련기관이나 기업교육에서 사용하는 LMS의 기능, 인터페이스 등에 차이가 있을 수 있으므로 이에 대한 요구분석은 이러닝 운영 기획에서 반드시 수행하고 확인해야 할 요소이다.

(2) 요구사항 수집 및 분석

1) 요구사항 수집

요구사항을 수집할 때는 다음과 같은 정보를 수집하는 것이 필요하다.

① 학습자의 요구사항 : 학습자가 어떤 학습 콘텐츠를 필요로 하는지, 어떤 학습 방법을 선호하는지, 어떤 학습 환경에서 학습을 하고 싶은지 등 학습자의 요구사항을 파악해야 한다.

② 기존 학습 시스템의 문제점 : 기존 학습 시스템에서 불편하게 느껴지는 기능이나 문제점을 파악하여 이를 보완하는 새로운 학습 시스템을 만들 수 있다.

③ 교육자의 요구사항 : 교육자가 어떤 기능을 필요로 하는지, 어떤 학습 콘텐츠를 제작하고 싶은지 등 교육자의 요구사항을 파악하여 이를 반영할 수 있다.

④ 기술적 요구사항 : 학습 콘텐츠나 기능을 구현하기 위해 필요한 기술적 요구사항을 파악하여 이를 반영할 수 있다.

⑤ 비즈니스적 요구사항 : 학습 시스템을 개발하는데 필요한 예산, 인력 등 비즈니스적 요구사항을 파악하여 이를 고려해야 한다.

요구사항 분석을 통해 학습자와 교육자의 요구사항을 파악하고, 이를 기반으로 학습 콘텐츠를 만들어야 효과적인 학습이 이뤄질 수 있다.

2) 요구사항 분석

① 요구사항 분석 단계

그럼 먼저 요구사항을 분석하는 프로세스를 같이 살펴보자. 여기서는 기업을 대상으로 이러닝을 진행할 때를 기준으로 작성해 보았다.

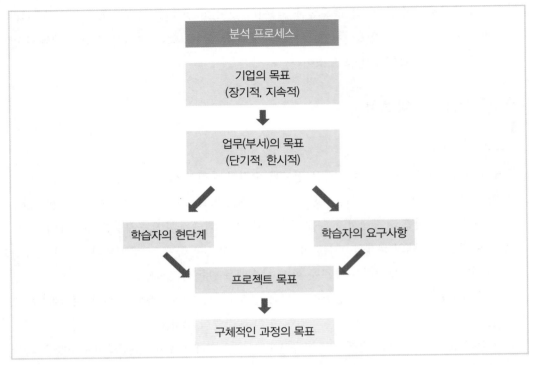

[그림 4-1] 프로젝트 분석의 일반적인 흐름

여기서 중요한 것은 고객의 요구사항을 받아들이는 것은 분석의 일부분이라는 것이다. 고객의 요구를 바탕으로 해야 하는 것은 명백한 사실이지만, 반드시 고객사의 입장에서 객관적인 시각으로 고객사를 분석하여 프로젝트 목표에 부합하는 설계를 할 수 있게 해야 한다.

고객사에서 수행되는 프로젝트의 가장 기본적인 출발점은 바로 **기업의 목표**로부터 시작된다. 다음으로는 **업무(Task)에 대한 분석**이 이루어진다. 전사적인 업무분석은 현실적으로 힘들기 때문에 학습자 대상자의 업무를 분석하는 것이 일반적이다. 각 학습자가 직급과 직무별로 어떤 업무를 수행하는지와, 권한과 책임은 어디까지인지, 그리고 업무에 도움을 받거나 연관된 조직은 어떤 것이 있는가에 대하여 분석하는 작업을 수행한다.

세 번째로는 앞서 분석하는 업무에 대하여 학습자가 어느 정도의 단계에 와있는가에 대한 **학습자 분석**과 반대로 학습자가 원하는 교육, 또는 지식에 대한 **요구사항을 수렴**하는 작업을 같이 병행한다.

여기서 학습자를 분석하는 것은 기업이 요구하는 업무능력에 관한 척도를 바탕으로 한다. 보통 기업들은 핵심역량(Core Competency)을 가지고 있다. 특정 부서의 특정 직급에 있는 직원이라면, '이러 이러한 능력이 있어야 한다.'라고 정의해 놓은 사항이라고 생각하면 된다. 이러한 분석의 척도가 없다면, 상당히 모호해지고 계획을 세우기 어려운 상황이 될 것이다. 학습자의 요구를 수렴하는 과정도 중요하다.

보통 설문지나 인터뷰를 통하여 요구사항을 수렴하게 되면, 수렴된 요구사항들이 교육적으로 해결이 가능한 것인지, 더 나아가 이러닝으로 해결이 가능한 사항인지에 대하여 판단해야 한다. 이 과정에서 무턱대고 요구사항을 받아들이기만 한다면 프로젝트의 스콥은 계속 커지기만 하고 시스템으로만 해결할 수 없는 사항들까지 포함되게 된다.

네 번째로는 지금까지의 내용을 종합하여 이러닝을 통하여 학습자가 어떤 단계로 향상되고, 어떤 형태로 변화할 것인가에 대한 **프로젝트 목표**를 세운다. 이때 가장 중요한 것은 프로젝트의 목표는 측정 가능한 형태여야 한다는 것이다. 그렇기 때문에 단순히 '좋아진다.' '향상시킨다.'라고 표현하기보다는 정량화된 형태로 작업하여야 한다.

마지막으로 이러닝의 **과정목표**를 세워야 한다. 이는 프로젝트 목표의 하위에 있는 서브 목표가 될 것이다. 하나의 과정을 마치고 나서의 목표를 구체적으로 세운다.

위의 다섯 단계의 분석은 큰 그림의 분석에서 차츰 구체적이고 세부적인 사항으로 초점이 좁아지는 것을 볼 수 있다. 이렇게 구체적인 분석이 나올 때만이 구체적인 프로젝트의 설계가 가능해진다.

🔍 사례 보기

'**고객응대 서비스를 강화한다.**'라는 것을 예로 들어서 살펴보자.
이 비즈니스 골을 실현하기 위해서는 업무목표, 즉 퍼포먼스 골을 만들어야 한다. 즉 비즈니스 골을 달성하기 위하여 누가 무엇을 할 것인가를 결정하는 것이다.

앞의 예를 그대로 사용한다면 '고객 응대 교육을 강화한다.', '고객 전화응대를 위한 회선을 증설한다.' 등이 나올 수 있을 것이다. 이렇게 여러 가지 형태의 퍼포먼스 골이 결정되면 이러닝으로 처리가 가능한 형태만을 선택한다. 이렇게 선택된 사항이 바로 프로젝트 목표가 된다.

하지만 '고객 응대 교육을 강화한다.'라는 목표도 여러 가지 형태로 접근할 수 있을 것이다. 예를 들어 '전화 예절 교육 강화', '고객 응대 교육을 강화' 등이 있을 것이다. 여기서 과정을 어떤 것으로 할 것인지를 결정하여 과정의 목표를 결정하게 된다.

과정의 목표는 단순히 '전화 예절을 지킨다.'라는 식의 추상적이고 모호한 형태는 될 수 없다.

'**고객 불만접수 시간을 30% 단축시킨다.**'
'**고객의 불만처리에 대한 재 접수건을 10% 감소시킨다.**'와 같은 구체적인 것들이 목표가 되어야 한다.

② 목표 기술 방법

목표(Object) = 행동(do) + 능력(be able to) + 느낌(feel) + 신념(Believe) + 이해(Understand)

위의 수식은 목표를 구성하고 있는 사항들을 나열한 것이다. 지금도 우리는 과정을 만들어서 이러닝으로 사용하고자 할 때 위의 항목들이 포함되어 있는 것을 알 수 있다. 중요한 것은 측정가능한 정량적인 형태로 사용해 왔는가 하는 것이다.

위의 내용이 하나의 과정을 통하여 얻고자 하는 목표라면 프로젝트에서의 목표는 조금 다른 형태가 될 것이다. 프로젝트의 특성상 일반적인 목표에 표준척도(Criteria)가 포함된 형태가 된다.

프로젝트의 목표는 구체적이며, 확실한 내용으로 채워져 있으며, 각 과정의 목표와는 구별된다. 프로젝트의 목표(Goal)를 세우지 않고, 단지 시스템을 개발하고 콘텐츠를 만든다는 것은 운전면허 없는 사람이 비싼 자동차를 가지고 있는 것과 같다. 목표를 제대로 수립하기 위해서는 철저한 분석을 바탕으로 이루어져야 한다. 방향에 대한 근거가 없다면, 나침반 없이 북극을 향해 가는 것과 같은 일일 것이다.

③ 학습자 현 단계 분석

학습자의 현 단계를 분석하는 것도 콘텐츠 개발에서 중요한 단계이다. 고객사의 TFT 의견이 주로 반영 되기도 하고, 임원의 의견이 강하게 반영되기도 하지만, 실제 학습을 받고, 필요로 하는 학습자의 상황과 의견을 반영하는 것이 가장 중요한 일이다.

학습자의 현 단계를 분석할 때에는 단순한 설문지의 방식보다는 다양하고 과학적인 접근이 필요하다. 예를 들어 어떤 두 사람이 빔 프로젝터와 같은 가전제품을 샀다고 가정해 보자. A라는 사람은 제품의 박스를 뜯고 그 안에 있는 빔 프로젝터를 바로 설치하고 싶어 할 수 있다. A라는 사람은 제품의 설명서나, 주의사항, 품질보증서와 같은 내용물은 보지도 않고, 바로 케이블을 연결하여 빨리 영화를 보는 것이 주 목적인 경우이다. 반면에 B라는 사람은 제품 박스를 열면, 맨 먼저 제품의 사용설명서를 꼼꼼히 읽어보고, 주의 사항을 다시 확인한 다음, 설명서에 나와 있는 대로 케이블을 하나하나 연결하는 경우이다.

이 두 사람은 처음으로 빔 프로젝터를 접하는 경우이지만 제품을 받고나서 하는 행동은 매우 다르게 나타난다. 이 상황은 이러닝 콘텐츠의 경우에도 비슷한 유형으로 나타날 수 있다. 또한 이러한 유형은 학습자의 분석작업을 통하여 초기에 알아내어, 설계에 반영시켜야 하는 부분이다. 이를 위하여 학습자의 학습스타일을 분석하기도 하고, 자기진단을 통하여 스스로 학습형태를 설계할 수 있게도 한다.

사례 보기

한 제조회사의 경우 3교대로 공장에서 일하는 직원을 위하여 이러닝을 도입하고 초기에 정착화 단계를 거치지 못하여 상당기간동안 어려움을 겪었다. 공장에는 PC가 없고, 3교대로 작업을 하다보니, 집에서도 학습을 하는 것은 학습자에게 매우 큰 노력을 강요하는 일이었다. 또한 학습자가 사무실에서 근무한다고 하더라도, 기업의 문화가 '업무시간에(심지어 휴식시간에도) 인터넷으로 뭔가를 보고 있다.'라는 것이 허용되지 않는 경우도 있다. 이처럼 분석작업을 소홀히 하여 막연하게 '만들어 놓으면 많이 오겠지'라는 식의 접근은 피해야 한다.

또한 이러닝을 하는 이유도 정확히 분석해 보아야 한다.

〈학습자가 이러닝을 하려는 이유〉
- 자신의 부족한 직무 스킬을 보충하기 위하여
- 직장 상사의 지시 때문에
- 새로운 회사로의 이직이나, 승진을 위하여
- 자격증을 취득하기 위하여
- 보다 나은 영업을 통한 금전적 보상을 받기 위하여
- 개인의 발전을 위하여
- 호기심 때문에

위의 항목처럼 같은 과정에 수강신청을 한 학습자라 할지라도 개인이 원하는 목적은 상당히 다양하게 차이가 난다. 이렇게 다양한 욕구를 가진 학습자에게 '아무런 준비 없이 접근한다.'라는 것은 대단히 위험한 일일 것이다.

학습자의 컴퓨터 사용능력 또한 분석작업에서 빠질 수 없는 부분이다. 이는 단순히 PC의 활용능력이 아닌 Digital Literacy(디지털 해득력)의 입장에서 접근해야 한다. 학습자가 초기 컴퓨터 환경을 꾸미는데 서툴러서 과정을 포기하는 경우도 의외로 많이 발생하고 있다.

특히 요즘과 같이 단순히 콘텐츠만 보고 끝나는 것이 아니라 온라인에서 토론이나 채팅을 하고, 웹서핑을 해야 하는 다양한 온라인 학습방법에 있어서는 Digital Literacy에 대한 진단과 분석이 선행되어야 한다.

종합해 보면, 분석의 가장 기본적인 사항은 뚜렷한 목표와 목적을 가지고, 많은 정보와 인터뷰, 자료를 바탕으로 하여 설계에 필요한 사항을 준비하고, 방향을 결정하는 일인 것이다.

(3) 요구사항 명세서

요구분석은 이러닝 과정 개설의 첫 단추이므로 이러닝 운영을 준비하기 위해 체계적으로 수행하도록 한다. 요구분석을 수행할 때 고려해야 할 사항을 체크리스트를 활용하여 점검한다.

1) 요구분석 시 고려할 사항 살펴보기

요구분석은 현재 상태와 바람직한 상태의 차이를 파악하기 위해 현재 상태를 파악할 수 있는 각종 자료들을 수집한다. 자료 수집은 이러닝 시장의 수요조사부터 교육과정의 현황분석, 인적 자원의 요구분석, 조직의 성과 분석, 행정적인 요구에 이르기까지 이러닝 운영에 연관되는 다양한 자료들을 분석한다.

이러닝에 대한 여러 가지 자료들을 분석하고 파악할수록 바람직한 수준과 현재의 격차를 명확하게 밝혀낼 수 있다. 또한 이 과정을 토대로 원인을 이해하고 이를 해결하기 위한 운영의 방법, 전략 등을 수립한다.

이러닝 시장 수요조사는 이러닝 백서, 이러닝 관련 통계자료 등 공공기관에서 발행하는 발간물을 활용하거나 기업 등에서 실시하는 이슈페이퍼 등을 활용한다. 이러닝 교육기관마다 주된 고객을 삼는 교육대상자를 대상으로 설문조사를 실시해도 유용한 자료가 수집된다. 요구분석의 목적(과정 신설, 개선 등)을 명확히 하고 이에 대한 방법(선행 자료 분석, 설문조사 등), 절차(기획, 내용개발, 실시, 분석, 결과반영 등)를 구체화하여 실시한다.

〈표 4-1〉 요구분석 시 고려할 사항의 예시

세부내용
• 교육과정 사전단계에서 필요한 이러닝 시장의 요구 및 과정 수요조사
• 기존 과정 및 유사과정 현황분석
• 직무 분석 자료
• 학습자 요구분석
• 교수자 요구분석
• 튜터 요구분석
• 교육훈련에 대한 성과 분석
• 담당 PM 선정
• 업무 분장 및 제작 일정 분석
• 고용보험 환급과 비환급에 대한 고려

2) 요구분석을 위한 체크리스트 활용하기

요구분석을 수행할 때 고려해야 할 사항이 실제 점검되었는지를 다음과 같은 체크리스트를 활용하여 확인한다. 체크리스트 사항은 해당 기관의 요구분석 목적(기존 과정 개선, 신규 과정 발굴, 현장 의견 수렴 등)에 따라 모두 포함하거나 일부 사용하거나 변경하여 활용한다.

요구분석 필수사항은 교육요구 조사부터 학습 환경, 학습자, 교수자, 튜터, 학습 콘텐츠에 요구분석이 포함되고 이러닝 운영에 중요한 요소인 고용보험 환급 여부에 대한 항목이 포함된다.

권고 사항으로는 성과분석 수행 및 결과 반영, 사업주/운영자 요구분석, 이러닝 시장 등에 대한 항목은 이러닝 운영의 규모와 교육훈련 기관의 특성에 따라 선택할 수 있으나 가급적 위의 사항을 포함하여 요구분석을 하는 것이 도움이 된다.

3) 요구분석을 위한 학습자 분석하기

이러닝 운영에 참여한 학습자를 대상으로 의견을 수렴하고 분석하기 위해 일반사항, 학습 경험, 학습만족도, 학습선호도 등을 조사한다. 조사 결과를 이후 과정을 운영하거나 유사한 과정을 운영하는데 반영할 시사점을 도출하고 기초자료로 활용한다.

학습자 분석에 포함되는 조사 항목은 다음과 같이 구성된 예시 자료를 참고하고 학습자 분석의 목적에 맞게 재구성하여 활용한다.

〈표 4-2〉 학습자 분석의 예시

분류	조사 항목	조사 개요
일반사항	연령	20대 50%, 30대 50%
	학력	대학재학생 40%, 대졸이상 60%
	직무분야	기획과 마케팅 30%, 제작개발 54%, 기타 16%
	직무분야 근무기간	1~3년 45%, 4~6년 37%, 7~10년 9%, 10년 이상 9%
학습경험	사이버교육 경험	83% 유경험
	사이버교육 채널	ㅇㅇ아카데미 21%, @@아카데이 16%, 대학 43%, 기타 20%
	사이버교육의 장점	시공간의 제약 극복 47%
	사이버교육의 단점	양과 질 39%
	경험상 보완할 점	교육과정의 연계 부족 34%
	미수료 원인	학습 기간의 집중력 부족 47%
	평가방법	이해도 평가 29%
학습만족도	학습 효과	전반적인 이해의 향상 54%
	학습 불만	상호작용의 부족 44%
	보완할 점	학습이 구조화가 덜되어 몰입이 부족 37%
학습선호도	학습 분야의 선호	최신 이슈 38%
	학습 내용의 선호	트랜드 및 이슈 31%, 사례중심 29%
	콘텐츠 유형	동영상중심 38%, 게임과 시뮬레이션의 참여형 36%
	학습 분량	30분 45%
	학습 기간	4주 56%
	교육매체	직무가 포함된 역량 중심 32%

4) 요구분석을 위한 고객의 요구사항 분석하기

고객의 요구는 조직과 관리자를 대상으로 현존 자료를 분석하거나 설문조사를 하거나 면담을 통해 파악한다. 조직을 대상으로 이러닝 교육훈련의 참여 목적, 동기, 기대효과 등을 조사하고 주로 조직의 비전, 인재상, 교육목표 등을 반영하면 효과적이다.

관리자를 대상으로 학습목표, 성과 수준, 개선사항 등을 조사할 수 있는데 관리자는 대표이사, 교육부서 관계자, 학습자가 속한 부서의 상사나 동료 등이 포함될 수 있으므로 교육훈련 상황에 맞게 선정한다.

고객의 요구사항 분석에 포함되는 조사 항목은 다음과 같이 구성된 예시 자료를 참고하고 고객의 요구 상황에 맞게 재구성하여 활용한다.

〈표 4-3〉 고객의 요구사항 분석의 예시

분류	조사 항목
조직	이러닝 교육훈련을 실시하는 목적은 무엇인가?
	조직의 비전과 이러닝 교육훈련 참여의 연관성은 무엇인가?
	조직의 인재상 측면에서 이러닝 교육훈련을 통해 기대하는 성과는 무엇인가?
	조직개발 차원에서 이러닝 교육훈련을 통해 개선되기를 바라는 것은 무엇인가?
관리자	학습자의 교육훈련 목적은 무엇인가?
	학습자의 학습목표는 무엇인가?
	이러닝 교육훈련을 통해 기대하는 성과 수준은 어느 정도인가?
	이러닝 운영에서 필요한 지원요소는 무엇인가?
	이러닝 운영 참여를 통해 개선되기를 바라는 것은 무엇인가?

5) 요구분석을 위한 교육과정 분석하기

교육과정인 학습 콘텐츠를 분석하는 것은 학습자 개인의 요구는 물론 조직과 관리자인 고객의 요구를 충족시킬 수 있는지를 파악하는 관점에서 실시한다. 이를 위해 학습콘텐츠의 유형, 난이도, 분량, 멀티미디어 요소, 상호작용 기법, 수업활동 지원 등을 파악하고 운영과정에서의 지원 전략을 모색한다.

학습 콘텐츠의 최신 구성에 참여한 학습자를 대상으로 의견을 수렴하고 분석하는 것은 이후 과정 기획이나 유사 교육과정을 운영하는데 반영할 시사점을 도출하는데 도움이 된다.

교육과정의 요구분석에 포함되는 조사 항목은 다음과 같이 구성된 예시 자료를 참고하고 교육과정의 특성에 맞게 재구성하여 활용한다.

〈표 4-4〉교육과정 분석의 예시

분류	조사 항목
학습 콘텐츠	학습 콘텐츠는 학습자의 요구를 반영하고 있는가?
	학습 콘텐츠는 조직, 관리자 등의 고객의 요구에 부합하고 있는가?
	학습 콘텐츠 구성(유형, 난이도, 분량, 멀티미디어요소 등)의 특징은 무엇인가?
	학습 콘텐츠에서 오탈자, 페이지 링크, 그림/동영상 실행 등의 오류가 있는가?
	학습 콘텐츠 진행에 요구되는 상호작용은 무엇인가?
교육과정 운영 지원	학습 콘텐츠 진행에 필요한 학습관리시스템 기능이 연동되어 있는가?
	학습 콘텐츠 진행에 필요한 공지사항 및 안내가 제시되어 있는가?
	학습 콘텐츠의 업로드와 실행 과정에 오류는 없는가?
	과제, 평가 등의 활동이 학습 콘텐츠와 연계되어 있는가?
	상호작용을 위한 학습관리시스템의 기능이 제공되고 있는가?

6) 요구분석을 위한 학습관리시스템(LMS) 점검하기

학습관리시스템과 관련된 점검사항은 주로 차수 개설 및 학습 콘텐츠 등록, 과제 및 토론 주제 등록, 평가 일정 및 방법 등록, 평가 문항 등록 및 확인, 공지 내용 등록 및 확인 등이 포함된다.

이러닝 운영자는 이러한 내용이 실제 LMS에서 잘 작동되고 기능을 사용하는데 문제가 없는지를 파악한다.

인터넷 원격훈련에서 이러닝 운영의 학습환경 점검을 위해 활용되는 체크리스트는 다음과 같다. 교육기관마다 다소 차이가 있는 LMS일지라도 다음의 체크리스트를 활용하여 요구분석 과정을 점검하는 것이 필요하다.

〈표 4-5〉학습관리시스템(LMS)의 기능 체크리스트

	체크리스트
훈련생 모듈	**[정보 제공]** – 훈련생 학습관리시스템 초기화면에 훈련생 유의사항 및 한국산업인력공단으로부터 인정받은 학급당 정원이 등재되어 있는가? – 해당 훈련과정의 훈련대상자, 훈련기간, 훈련방법, 훈련실시기관 소개, 훈련 진행절차(수강신청, 학습보고서 작성·제출, 평가, 수료기준, 1일 진도제한 등) 등에 관한 안내가 웹상에서 이루어지고 있는가? – 훈련목표, 학습평가보고서 양식, 출결관리 등에 대한 안내가 이루어지고 있는가? – 모사답안 기준 및 모사답안 발생 시 처리하는 기능이 있는가? **[수강신청]** – 훈련생 성명, 훈련 과정명, 훈련 개시일 및 종료일, 최초 및 마지막 수강일 등 수강신청 현황이 웹상에 갖추어져 있는가? – 수강신청 및 변경이 웹상에서도 가능하도록 되어 있는가?

	[평가 및 결과 확인] – 시험, 과제 작성 및 평가결과(점수, 첨삭내용 등) 등 평가 관련 자료를 훈련생이 웹상에서 확인할 수 있도록 기능을 갖추고 있는가?
	[훈련생 개인 이력 및 수강이력] – 훈련생의 개인이력(성명, 소속, 연락번호 등)과 훈련생의 학습이력(수강중인 훈련과정, 수강신청일, 학습진도, 평가일, 평가점수 및 평가결과, 수료일 등)이 훈련생 개인별로 갖춰져 있는가? – 동일 ID에 대한 동시접속방지기능을 갖추고 있는가? – 훈련생 신분확인이 가능한 기능을 갖추고 있는가? – 집체훈련(100분의 80 이하)이 포함된 경우 웹상에서 출결 및 훈련생관리가 연동되고 있는가? – 훈련생의 개인정보 수집에 대한 안내를 명시하고 있는가?
	[질의응답(Q&A)] – 훈련내용 및 운영에 관한 사항에 대하여 질의 · 응답이 웹상으로 가능하도록 되어 있는가?
관리자 모듈	**[훈련과정의 진행상황]** – 훈련생별 수강신청일자, 진도율, 평가별 제출일 등 훈련진행 상황이 기록되어 있는가?
	[과정 운영 등] – 평가(시험)는 훈련생별 무작위로 출제될 수 있는가? – 평가(시험)는 평가시간 제한 및 평가 재응시 제한기능을 갖추고 있는가? – 훈련참여가 저조한 훈련생들에 대한 학습 독려하는 기능을 갖추고 있는가? – 사전심사에서 적합 받은 과정으로 운영하고 있는가? – 사전심사에서 적합 받은 평가(평가문항, 평가시간 등)로 시행하고 있는가? – 훈련생 개인별로 훈련과정에 대한 만족도 평가를 위한 설문조사 기능을 갖추고 있는가?
	[모니터링] – 훈련현황, 평가결과, 첨삭지도 내용, 훈련생 IP등을 웹에서 언제든지 조회·열람 할 수 있는 기능을 갖추고 있는가? – 모사답안 기준을 정하고 기준에 따라 훈련생의 모사답안 여부를 확인할 수 있는 기능을 갖추고 있는가? – 제2조제16호에 따른 "원격훈련 자동모니터링시스템"을 통해 훈련생 관리 정보를 자동 수집하여 모니터링을 할 수 있도록 필요한 기능을 갖추고 있는가?
교 · 강사 모듈	**[교 · 강사 활동 등]** – 시험 평가 및 과제에 대한 첨삭지도가 웹상에서 가능한 기능을 갖추고 있는가? – 첨삭지도 일정이 웹상으로 조회할 수 있는 기능을 갖추고 있는가?

※ 출처 : 사업주 직업능력개발훈련 지원규정(고용노동부고시 제2022-102호) 별표1

02 학습시스템 이해관계자 분석

(1) 학습자 특성 분석

교수설계자는 콘텐츠 개발의 목적을 분석하여 학습대상자에 맞는 콘텐츠를 개발하기 위한 계획서를 작성한다. 이러닝 콘텐츠 개발의 첫 단계는 분석단계이며, 이 중 학습자분석은 학습할 대상에 따라 콘텐츠의 내용과 형태, 제시방법, 개발에 필요한 범위를 파악하는 중요한 단계이다.

1) 학습자 분석

콘텐츠 개발 계획서에 제시된 학습자분석 사항은 학습자의 연령, 성별, 학력, 소속 등의 일반적인 특성과 학습내용과 연계되어 콘텐츠에서 특별히 고려되거나 요구되는 특성 등을 조사하고 파악한 내용이 제시된다.

학습자 분석을 통해 얻은 결과는 학습자의 특성에 적합한 콘텐츠를 개발하고 학습효과를 기대하는데 반드시 필요한 사항이다. 더불어 특정 직업이나 집단의 경우 선호하거나 꺼리는 요건들이 있으므로 요구분석서에 이러한 내용이 있는지 확인할 필요가 있다.

2) 학습자의 성향과 특징 조건

이러닝 콘텐츠 개발에 영향을 미치는 학습자의 성향과 특징 조건을 살펴보면 다음과 같다.

① 연령

학습자의 연령은 보통 학습자의 인지적 발달 정도를 파악하는 기본 자료로 사용될 수 있다. 유아·초등을 비롯하여 중고등 학생의 경우 나이와 학년을 기준으로 학습의 정도가 유사하므로 학습 내용을 나이와 학년에 따라 계획하고, 콘텐츠 유형을 정할 수 있다. 그러나 성인학습자의 경우는 학습능력의 차이가 크게 나타날 수 있으므로 동일 조건보다는 조직과 그룹, 배경, 학습목적을 기준으로 학습내용이 결정된다.

② 학습능력

학습자의 학습능력은 학습 성취도의 차이로 볼 수 있다. 학습 대상이 속한 조직과 학습목적, 목표에 따라 학습능력의 수준에 차이를 확인하고, 전달하고자 하는 학습내용의 분야와 수준, 난이도, 콘텐츠 개발 유형 등을 결정해야 한다.

③ 선수학습 정도

선수학습 정도는 학습의 성공을 예측하는 중요한 조건이다. 특히 학습자에 따라 학습 준비 정도를 판단하는 중요한 준거가 되므로 새로운 내용을 제시하기 전에 필요한 선수

학습 정도가 얼마나 되는지 확인해 볼 필요가 있다. 선수학습 능력을 판단하고 이를 고려한 학습진행을 할 수 있도록 학습 전에 테스트 등을 제시하기도 한다.

④ 이러닝 학습경험

학습자의 이러닝 학습경험에 대한 좋은 경험이 있는 경우 다음 이러닝 학습을 경험할 때 결과에 좋은 영향을 미치게 된다. 학습진행 속도, 학습에 할애하는 시간, 학습경로 등과 선호하는 학습형태, 이전 학습에서의 좋은 경험 등이 다음 학습에 긍정적인 영향을 미치게 된다.

3) B2B(Business to Business, 기업 간 거래) 고객 특성

B2B 고객의 특성은 교육기관의 특성과 해당 업무 담당자의 특성이 결합되어 결정되는 경우가 있다. 교육기관의 특성은 기업문화와도 연결되기 때문에 쉽게 바뀌기 어렵다. 기관과 개인의 특성을 파악해야 원활한 대응이 가능할 것이다.

① 가격보다 기술력, 품질 우선

- B2C(Business to Customer, 기업 과 소비자 간 거래) 대상의 경우에는 개인 소비자의 특성이 중요한 반면에 B2B 고객의 경우에는 B2B만의 특성이 존재한다.
- B2B 고객의 경우 가격, 기술력, 품질, 대응력, 납기, 등에 대한 정보를 종합적으로 활용하여 판단하기 때문에 이에 대한 접근이 중요하다.
- B2B 구매 고객이 구매결정 시에 가장 크게 보는 부분은 가격이 아니라 제품의 품질과 기술지원 및 서비스 수준 등이다.
- 가격도 중요한 요소로 작용하는 것은 분명하지만 기술력과 품질이 담보되지 않은 상태의 가격은 결국 부메랑으로 돌아올 수 있다는 사실을 기억해야 할 것이다.

② B2B 고객이 꺼려하는 부분

- B2B 고객에게 너무 잦은 연락은 피하는 것이 좋다. 방문, 전화, 이메일 등과 같은 수단으로 너무 자주 연락하면 피로감과 부담을 주고 결국 좋은 이미지를 만들기 어렵다.
- 전문성이 결여된 것도 B2B 고객에게 높은 점수를 받기 어렵다. 고객보다 모르는 사람에게 설명을 듣거나 비전문적인 사람의 이야기를 듣고 결정하려는 사람은 없기 때문이다.

③ 관계 진화 과정에 따른 고객 분류

- 고객과의 관계는 시간이 지남에 따라 변하기 마련인데, 고객과의 관계 진화 과정에 따라 잠재 고객, 신규 고객, 기존 고객, 핵심 고객, 이탈 고객 등으로 분류할 수 있다.
- 관계 진화 과정별 고객에 따라서 제공하는 가치가 다르고 대응 방법이 다를 수 있기 때문에 이 구분에 따른 내용을 참고할 필요가 있다.

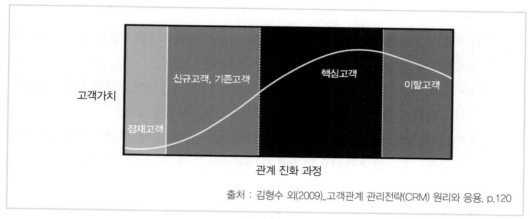

출처 : 김형수 외(2009).,고객관계 관리전략(CRM) 원리와 응용. p.120

[그림 4-2] 관계 진화 과정에 따른 고객 분류

ⓐ 잠재 고객

- 자사의 제품이나 서비스를 구매하지 않은 사람들 중에서 향후 자사의 고객이 될 수 있는 잠재력을 가지고 있는 고객 집단을 의미한다.
- 잠재 고객은 고객으로 전환되기를 기다릴 뿐이지 진정한 의미에서 고객이라고 할 수는 없다.
- 잠재 고객에게 제공할 가치의 기대수준을 너무 높게 주게 되면 신규 고객이 되었을 때 실망할 수 있다는 점을 유의한다.

ⓑ 신규 고객

- 잠재 고객이 처음으로 구매를 하고 난 후의 고객을 신규 고객이라고 한다.
- 신규 고객들은 1차 구매 후 바로 이탈 고객으로 가는 경우가 많기 때문에 2차 구매할 수 있도록 관리해야 한다.
- 이 단계에서는 신규 고객들에 대해 2차 구매를 유도하는 것과 신규 고객이 지속적으로 그들의 기대 수준에 대해 확신을 갖도록 하는 것이 중요하다.

ⓒ 기존 고객

- 신규 고객들 중 2회 이상의 반복 구매를 하여 어느 정도 안정화 단계에서 들어선 고객을 기존 고객이라고 한다.
- 기존 고객은 자신의 구매에 확신을 갖게 되면 구매 금액도 점차 높아지는 특징이 있다.
- 관계가 충분히 성숙되어 있지 않은 상태에서 무리하게 판매를 요청하는 경우 관계에 악영향을 미칠 수 있음에 주의해야 한다.

ⓓ 핵심 고객

- 기존 고객들의 가치와 기대 수준을 지속적으로 충족시키면 제품이나 서비스를 반복적으로 구매하게 되는 핵심 고객으로 전환된다.
- 핵심 고객은 기업에 강한 유대관계를 형성하고 있기 때문에 중대한 문제가 발생하지 않는다면 제품에 대해서 재평가하지 않는다는 특징이 있다.
- 핵심 고객은 적극적으로 의견을 개진하고 정보도 적극적으로 제공하면서 주변에 호의적인 입소문을 내주기 때문에 기업의 중요한 자산이라고 할 수 있다.

ⓔ 이탈 고객

- 더 이상 제품이나 서비스를 이용하지 않는 고객을 이탈 고객이라고 한다.
- 고객이 이탈하는 원인은 다양하기 때문에 이탈 고객을 정의하기 위한 별도의 기준이 필요할 경우도 있다.
- 이탈 고객을 재획득하는 것이 신규 고객을 유치하는 것만큼 중요하기 때문에 이탈 원인을 규명하여 이를 해결하는 것이 중요하다.

4) 학습 유형별 학습자 분류

이러닝에서의 학습양식은 학습자들이 학습의 주도권을 가지고 다른 학습자나 교수자와 상호작용하는 방법을 기준으로 4가지 유형으로 분류할 수 있다.

① 적극적 협동학습형

이러닝에서 공동체를 형성하여 동료학습자들과 함께 학습하기를 좋아하는 학습자를 말한다. 다른 학습자와 적극적인 상호작용을 통하여 자율적으로 학습하고, 동료 학습자 및 교수자와 적절한 유대감을 형성하며, 토론에서 자신의 생각을 분명히 밝히면서 동료 학습자와 함께 학습하기를 좋아하는 학습자 유형을 말한다. 이런 유형의 학습자는 이러닝 설계 시 주제별 혹은 그룹별로 학습할 수 있는 커뮤니티를 자유롭게 개설할 수 있는 설계를 하여 자발적으로 학습에 참여할 수 있도록 해야 한다.

② 독자적 자율학습형

이러닝에서 학습자가 주도적으로 정보를 선택 및 활용하고 자신의 계획 하에 학습을 실시하며, 학습에 대한 평가도 스스로 시행하는 학습자 유형을 말한다. 이런 유형의 학습자는 이러닝 설계 시 많은 학습 주도권을 부여해주어 강의가 끝났을 때 달성해야 할 학습목표를 세부적으로 제시하여 학습자 중심으로 학습이 이루어지도록 해야 한다.

③ 환경의존적 자기주도학습형

이러닝에서 자기주도적으로 학습하면서도, 주로 이해가 부족한 학습내용에 대해 교수자에게 답변을 구하고 지속적인 학습활동을 위한 조언 및 개별적인 피드백을 받는 등의 활동을 하는 학습자 유형을 말한다. 이런 유형의 학습양식을 지닌 학습자를 위해서는 이러닝 설계 시에 필요한 부분만 선택적으로 학습할 수 있고 항상 교수자와 상호작용이 가능하도록 설계해야 한다.

④ 소극적 학습형

이러닝에서 자신감이 부족하고, 자신의 능력을 지나치게 낮게 평가하고, 학습 동기가 약하여 학습에 적극적인 참여를 꺼리는 학습자 유형을 말한다. 이 유형의 학습자는 수동적으로 학습에 참여하며 특별한 의미를 두지 않고 의무적인 참가를 하는 학습자로 볼 수 있다. 따라서 학습자에게 학습에 참여하는 분명한 이유를 제시하고 적절한 동기를 부여하는 이러닝 설계가 필요하다.

(2) 학습자 응대 방법

1) 학습자 응대 예절

① 마음가짐

- **정성껏 맞음** : 학습자는 언제나 정중한 자세와 밝은 미소로 맞이한다.
- **경청** : 학습자의 작은 소리에도 귀담아 들으려고 노력한다.
- **실천** : 학습자의 입장에서 생각하고 감사하는 마음자세로 행동한다.
- **해결** : 학습자 불편, 불만사항을 근원적으로 해결하기 위해 최선을 다한다.
- **주인정신** : 맡은 임무는 내가 우리 조직의 대표라는 정신으로 임한다.

② 바른 인사

- 인사는 친절의 시작이다.
- 인사는 학습자 맞이의 기본이다.
- 인사는 만남의 첫걸음이다.
- 인사는 심리적 거리를 좁히는 시작점이다.
- 인사는 업무의 활력소이다.
- 인사는 따뜻함을 전달하는 역할을 한다.

③ 이메일 예절

- 짧은 문장, 논리적 내용, 명확한 표현으로 예의를 지킨다.
- 메일은 최소 하루 2회 이상 체크하여 신속하게 답변한다.
- 내용을 짐작할 수 있는 제목을 달아준다.
- 가급적 첨부파일은 많이 보내지 않는 것이 좋다.
- 받는 사람이 읽기 편하게 짧고 간결하게 작성한다.

- 이모티콘 사용은 자제한다.
- 형식적인 메일, 단체 메일 발송에 신중을 기한다.
- 얼굴이 보이지 않는 수단이므로 감성적 표현과 문구에 세심한 신경을 쓴다.

2) 학습자 유형별 응대방법 ☆☆

① 성격이 급한 학습자

ⓐ 특징

- 기다리게 하거나 무시하면 금방 화를 낸다.
- 재촉이 심하다.
- 심지어는 "이렇게 하라, 저렇게 하라"고 업무 지시까지 한다.
- 이것저것 한꺼번에 이야기한다.

ⓑ 응대요령 ☆

- 신속, 정확하게 응대하여 좋은 인상을 준다.
- 동작 뿐만 아니라 "네, 빨리 처리하여 드리겠습니다."등의 표현을 반드시 한다.
- 언짢은 내색을 보이거나 원리원칙만을 내세우지 않는다.
- 늦어질 경우, 사유에 대해 분명히 말하고 양해를 구한다.
- "바로 처리해 드리겠습니다, 죄송하지만 잠시만 기다려 주십시오." 등의 표현을 한다.

② 의심이 많은 학습자

ⓐ 특징

- 일단 의심을 하고 납득하기 전까지는 결코 행동으로 옮기지 않는다.
- 쉽게 알 수 있는 사실에도 질문을 되풀이 반복 확인한다.
- 지나치게 자세한 설명이나 친절도 때로는 의심을 한다.

ⓑ 응대요령

- 대강 설명한다는 느낌을 받지 않도록 관련 규정 등 분명한 증거나 근거를 제시하여 설명한다.
- 확신 있는 어조로 설명한다.
- 결코 답답해하거나 짜증내지 않는다.
- 의견을 들어주고 불만에 대해 상세히 설명한다.

③ 흥분하는 학습자

ⓐ 특징

- 사소한 것에도 곧잘 흥분하고 감정의 기복이 심하다.
- 작은 일에 민감한 반응을 보인다.

    ⓑ 응대요령

- 평온하게 대응한다.
- 말씨나 태도에 주의하여 감정을 자극하지 않도록 한다.
- 불필요한 대화를 줄이고 신속히 조치한다.
- "학습자님, 마음대로 하세요.", "알아서 하세요." 등의 말을 삼간다.

④ 말이 없고 온순한 학습자

    ⓐ 특징

- "미안합니다만……" 등 겸손히 표현한다.
- 학습자들의 속마음을 표현하지 않아서 헤아리기 어렵다.
- 겉으로는 저자세이지만, 속으로는 날카롭게 관찰할 수도 있다.
- 한 번 마음에 새겨두면 오래 지속된다.
- 말이 없는 대신 오해를 잘 할 수 있다.

    ⓑ 응대요령

- 말이 없는 것을 흡족해 한다고 착각해서는 안 된다.
- 항상 예의 바르게 행동함으로써 학습자가 마음을 놓을 수 있도록 한다.
- '예, 아니오'로 대답할 수 있는 질문을 통해 학습자의 목적을 이야기하기 쉽도록 유도한다.
- 정중하고 온화하게 대하고, 일은 차근차근 빈틈없이 처리해주도록 한다.

⑤ 거만한 학습자

    ⓐ 특징

- 직원의 상담 내용에 대하여 부정적인 반응이 많다.
- 다 알고 있다는 듯 설명을 잘 듣지 않는다.
- 자기 자랑이 심하고 거만하다.
- 직원보다 책임자에게 접근하려고 한다.

    ⓑ 응대요령

- 되도록 정중하게 대한다.
- 과시의 욕구가 충족되도록 학습자의 특이 사항이나 장점을 칭찬해 드린다.
- 의견에 대해 맞장구를 친다.
- "네, 맞습니다. 학습자님의 말씀대로……" 등의 표현을 사용하면 좋다.
- "다 아시면서 뭘 물어보세요?" 등의 표현은 삼간다.

(3) 학습자 문제 관리 ✦

1) 문제 사항 분류

접수된 질의사항은 곧 문제 목록이 된다. 문제 목록을 정리하고 분류하는 것을 시작으로 문제 관리는 이루어진다.

① 수강 인원 관련 문제

고객사의 요청으로 교육이 이루어지는 경우 수강신청은 일괄수강신청하는 방법과 수강생 개개인이 신청하는 방법 등으로 진행된다. 수강신청 안내가 이루어지고 나서 일괄 또는 개별 신청이 이루어지는데 수강신청 인원이 고객사가 요구한 인원과 일치하는 지 확인하는 과정이 필요하다. 요구 인원과 신청 인원이 다른 경우 왜 다른지, 어떻게 다른지 등의 분석 후 고객사 담당자와 의사소통해야 한다.

② 학습 진행 관련 문제

수강신청이 완료된 후 학습이 진행되면 아주 다양한 문제들이 발생할 것이다. 대부분은 학습자가 직접 운영자에게 연락을 하여 처리하겠으나, 같은 문제가 반복되거나 학습 진행 혹은 내용상의 심각한 문제가 있는 경우 교육담당자에게 컴플레인하는 경우가 있다. 이런 경우에는 고객사 담당자와 운영자 선에서 문제를 해결해야 할 것이다.

③ 결과 보고서 관련 문제

고객이 요구하는 교육 후에는 결과보고서를 제출한다. 결과보고서는 기본 양식이 있고, 고객이 요구하는 내용에 맞게 추가 항목들이 추가되는 경우가 있다. 결과보고서의 내용 상의 문제로 고객과 문제 상황이 발생할 수 있기 때문에, 학습이 시작되기 전에 요구하는 결과보고서 양식을 사전에 협의한 후 그에 맞는 데이터를 수집할 수 있는지 기술지원팀에 확인을 해야 한다. 예를 들어, 학습자들의 시간대별 로그인 수와 접속 유지 시간 등이 필요한데, 그러한 시간 자체를 학습지원시스템에서 남기지 않는다면 결과보고서에 요구하는 정보를 다룰 수 없게 된다.

④ 정산 관련 문제

정산과 관련된 문제도 민감한 사항 중 하나이다. 입과 인원과 수료 인원의 차이에 따라서 정산할 내역이 다를 수도 있으니, 교육담당자에게 관련된 내용을 확인 후 진행하는 것이 필요하다.

2) 문제 사항 대응 방법 ✧✧

① 수강 인원 관련 문제

- 학습 시작 전에 수강 인원 명단을 정확하게 전달받는다.
- 수강신청 방법을 확인한다.
- 수강신청 진행 상황을 모니터링한다.
- 수강신청 결과와 수강 인원 명단과 비교하면서 차이를 비교한다.
- 누락된 인원이 있거나 수강신청에 문제가 있는 인원에 대해 적절한 조치를 취한다.

② 학습 진행 관련 문제 ✧

- 학습 진행 현황을 지속적으로 모니터링한다.
- 유사한 형태의 오류나 컴플레인이 있는지 모니터링한다.
- 문제가 발생했을 때 해당 문제가 단일 문제인지, 자주 반복되는 공통 문제인지 파악한다.
- 단일 문제라면 해당 사항의 원인을 분석하여 조치를 취한다.
- 반복되는 공통적인 문제라면 기술적으로 해결할 부분인지, 정책적으로 해결할 부분인지 등의 원인을 분석하여 조치를 취한다.
- 학습 진행 중에 심각한 오류들이 발생하는 경우 사전에 적절하게 안내를 하거나, 학습자들에게 직접 연락하여 양해를 구해야 할 경우도 있다.

③ 결과 보고서 관련 문제

- 고객이 원하는 결과 보고서 요구사항을 미리 파악한다.
- 결과 보고서 작성에 필요한 데이터를 입수할 수 있는지 기술지원팀 등에 미리 파악한다.
- 결과 보고서 작성에 필요한 데이터를 얻기 어려운 경우 고객과 협의를 하여 내용을 변경하거나 기술지원팀 등에 요청하여 관련 데이터를 얻을 수 있도록 학습지원시스템을 수정해 줄 것을 요청한다.
- 학습지원시스템에 변경이 있는 경우 실제 학습이 진행되기 전에 테스트하여 문제 상황을 점검할 필요도 있다.

④ 정산 관련 문제

- 학습이 시작되기 전에 비용과 수강 방법 등에 대한 전반적인 상황을 파악한다.
- 정산의 방법에 대한 정보를 수집하여 수강 후 진행 절차에 대해 계획한다.
- 수강완료 후 입과 인원과 수료 인원 등을 비교하여 정산 준비를 한다.
- 최종 정산에 필요한 업무를 진행할 때 사전 자료들과 비교하여 꼼꼼하게 처리한다.

(4) 교수자 특성 분석

온라인 교육에서 교수자는 다음과 같은 특성을 가지고 있어야 한다.

1) 기술 역량

온라인 교육에서는 교수자가 강의 녹화, 동영상 편집 등 다양한 디지털 기술을 사용해야 한다. 따라서 교수자는 컴퓨터 활용 능력과 디지털 교육 자료 제작 능력 등이 필요하다.

2) 소통 능력

온라인 교육에서는 교수자와 학습자 간의 소통이 중요하다. 따라서 교수자는 적극적으로 학습자와 소통해야 하며, 이를 위해 채팅 · 메일 · 화상회의 등 다양한 수단을 활용할 수 있어야 한다. 또한, 교수자는 정확하고 명확한 메시지를 전달할 수 있는 능력과 학습자들과 소통할 때 적극적으로 리스닝할 수 있는 능력이 필요하다.

3) 창의력

온라인 교육에서는 학습자들이 스스로 학습하고 생각할 수 있는 환경을 제공해야 한다. 따라서 교수자는 창의적인 학습 방법을 고민하고, 학습자들이 자신의 생각과 아이디어를 발표할 수 있는 기회를 제공해야 한다.

4) 학습자 중심의 교육 능력

온라인 교육은 학습자들이 스스로 학습하며, 자기주도적으로 학습하는 방식이다. 따라서 교수자는 학습자 중심의 교육 방식을 이해하고 이를 적용할 수 있는 능력이 필요하다.

5) 학습 이론 지식

모든 교육자의 기본이라고도 할 수 있는 능력이다. 교수자는 가르치는 내용에 대해 전문적인 지식을 가지고 있어야 한다. 이를 기본으로 하여, 학습자에게 정확한 정보를 제대로 전달해야 한다.

6) 인성 및 배려

온라인 교육에서는 교수자가 학습자들에게 인성적으로 접근해야 한다. 또한 학습자들의 다양한 상황을 고려하며 배려할 수 있는 인성이 필요하다. 이를 위해 교수자는 학습자들의 다양한 상황을 이해하고, 적극적으로 대처할 수 있는 인성을 가지고 있어야 한다.

(5) 참여자 역할 정의

이러닝에 참여하는 학습자와 교수자의 역할은 다음과 같다.

1) 학습자의 역할

- 스스로 학습 계획을 수립하고, 학습 목표를 설정한다.
- 교수자가 제공한 학습 자료와 관련 동영상 등을 충분히 학습한다.
- 교육 플랫폼에서 제공하는 다양한 학습 자료를 적극적으로 활용한다.
- 교수자와의 소통을 원활하게 수행하여 부족한 부분을 보충하고, 질문을 해결한다.
- 학습 과정에서 피드백을 제공하며, 개선 사항을 교수자에게 알려준다.

2) 교수자의 역할

- 적절한 학습 자료를 제작하여 학습자들에게 제공한다.
- 학생들의 학습 진행 상황을 체크하고, 필요한 경우 피드백을 제공한다.
- 학습자들과의 소통을 원활하게 유지하며, 질문에 대한 답변을 제공한다.
- 학습 환경의 개선 및 학습 방법의 개선을 위해 학습자들의 피드백을 수집하고 분석한다.

이러닝에서 교수자와 학습자가 상호작용하고, 각자의 역할을 수행하는 것이 중요하다.

학습자는 스스로 학습 계획을 수립하고, 적극적으로 학습 자료를 활용하여 학습 과정에서 능동적으로 참여해야 한다. 교수자는 적절한 자료 제작과 학습자들의 진행 상황을 체크하며, 필요한 경우 피드백을 제공하여 학습자들의 능동적인 학습을 유도해야 한다.

이러한 상호작용과 역할 수행을 통해 효과적인 이러닝 환경을 조성할 수 있다.

03 학습자 기능 분석

(1) 교수학습 활동 분석

1) 교수학습의 개념과 역할

교수학습은 학습자가 지식, 기술, 태도 등을 습득하도록 돕는 교육 프로세스이다. 교수학습의 역할은 학습자의 학습 동기를 유발하고 학습 목표를 설정하는 것이다. 또한 학습자의 학습 환경을 조성하고 학습의 결과를 평가하여 학습자의 학습 성과를 높이는 것이 교수학습의 역할이다.

2) 교수학습 활동 분석의 의미

이러닝 학습시스템에서 교수학습 활동 분석은 교육자의 학습자에 대한 행동 및 학습 방법을 분석하는 것이다. 이러한 분석을 통해 교육자는 학습자들의 교육 수준, 학습 동기, 학습 방법 등을 파악할 수 있으며, 맞춤형 교육 프로그램을 개발할 수 있다.

교수학습 활동 분석은 학습자의 학습 성과를 개선하고, 학습자에게 최적의 학습 경험을 제공하는 데 큰 도움이 된다. 예를 들어, 학습자들이 어떤 학습 내용에서 어려움을 겪는지 파악하여 해당 내용을 보강하거나, 학습자들이 선호하는 학습 방식을 파악하여 그에 따른 학습 자료를 제공할 수 있다.

3) 이러닝 학습시스템에서의 교수학습 활동

이러닝 학습시스템에서 교수학습은 온라인 수업에서 학습자가 지식을 습득하고 학습을 완료하기 위해 필요한 모든 활동을 지원하는 프로세스이다. 이러닝 학습시스템에서 교수학습은 수업 계획, 수업자료 제공, 학습자의 진행 상황 모니터링, 학습자와의 상호작용 등을 포함한다.

4) 학습자 활동 분석을 위해 확인할 것 ☆ 💡 1회 필기 기출

LMS에서 학습자 활동 분석을 위해 다음과 같은 것들을 확인해야 한다.

① 학습자의 학습 이력 : 학습자가 수행한 학습 내용, 학습 시간, 학습 성과 등을 파악함

② 학습자의 학습 스타일 및 선호도 : 학습자가 선호하는 학습 방법, 학습 장소, 학습 시간 등을 파악하여 학습자에게 맞춤형 학습 서비스를 제공할 수 있음

③ 학습자의 학습 동기와 목적 : 학습자가 어떤 목적으로 학습을 수행하고 있는지 파악하여 학습자의 학습 동기를 유발할 수 있음

④ 학습자의 학습 행동 : 학습자가 학습을 수행하는 과정에서 어떤 행동을 보이는지 파악하여 학습자의 학습 습관을 파악하고, 이를 개선할 수 있음 예 하루에 몰아서 진도나가기

⑤ 학습자의 학습 성과 : 학습자의 학습 성과를 평가하여 학습자의 학습 수준을 파악하고, 맞춤형 학습 서비스를 제공할 수 있음

위와 같은 분석을 통해 LMS는 학습자의 학습 경험을 개선하고, 학습자에게 최적의 학습 서비스를 제공할 수 있다.

5) 교수학습 활동 개선 방안

교수학습 활동 개선 방안은 학습자의 학습 동기와 학습 방법 등을 파악하여 이를 개선하는 방안이다. 교수학습 활동 개선 방안으로는 학습자의 학습 환경을 개선하고 학습자와의 상호작용을 강화하는 등의 방안을 고려할 수 있다. 이를 위한 방안으로는 다음과 같은 것들이 있다.

① 학습자에게 적합한 디바이스를 제공하여 학습 환경 개선

학습자가 온라인 교육에 적합한 디바이스를 사용하면 학습 효과를 높일 수 있다. 따라서 교육 기관은 학습자에게 적합한 디바이스를 제공하거나, 디바이스 사용에 대한 안내를 제공하여 학습자의 학습 환경을 개선할 수 있다.

② 학습자와 교육자 간의 상호작용 강화

온라인 교육에서는 학생들이 교육자와의 직접적인 대화가 어려울 수 있다. 따라서 교육자는 온라인 커뮤니티나 채팅 등을 통해 학습자와 상호작용을 강화할 수 있다.

③ 학습자의 학습 동기 부여

온라인 교육에서 학습자의 학습 동기를 부여하는 것이 중요하다. 이를 위해 교육자는 학습자의 학습 목표와 관련된 내용을 강조하고, 학습자의 학습 성과에 대한 피드백을 주는 등의 방법을 활용할 수 있다.

④ 학습자의 학습 환경 개선을 위한 지원 제공

교육 기관은 학습자가 온라인 교육을 받는 데 필요한 소프트웨어나 기술적인 지원을 제공하여 학습자의 학습 환경을 개선할 수 있다. 예를 들어, 온라인 교육 플랫폼에서 다양한 학습 자료를 제공하거나, 학습자들의 문제 해결에 대한 지원을 제공할 수 있다.

(2) 교수학습 기능 분석

1) 이러닝 학습시스템의 개념과 역할

이러닝 학습시스템은 인터넷 기반의 학습 환경에서 학습자가 학습을 수행할 수 있도록 도와주는 시스템이다. 이러닝 학습시스템의 역할은 학습자에게 학습 콘텐츠를 제공하고, 학습

자의 학습 상황을 모니터링하며, 학습자에게 피드백을 제공하여 학습 효과를 극대화하는 것이다.

2) 학습자를 위한 이러닝 학습시스템의 기능

학습자를 위한 이러닝 학습시스템의 기능은 수업 진행 상황 확인, 학습 자료 제공, 학습 퀴즈 및 문제, 학습 내용 검색 등이 있다. 이러닝 학습시스템은 학습자들이 언제 어디서나 필요한 학습 자료를 쉽게 접근할 수 있도록 제공하여 학습의 효율성을 높일 수 있다.

〈표 4-6〉 LMS의 학습자를 위한 기능

메뉴	기능 설명
학습하기	학기별 과목 목록 조회 학습활동 정보 확인(과제, 프로젝트, 시험, 토론) 강의 콘텐츠 학습(학습속도조절, 반복 학습 등) 학습 진도 확인(학습 시작일, 종료일 확인)
성적 확인	학기별 수강 과목의 성적 조회
공지사항	과정 운영에 관한 일반적인 공지 공지 사항 하의 첨부파일 다운로드 기능
과제확인	과제 정보 조회, 첨부파일 다운로드 제출한 과제 확인 및 다운로드, 점수 확인
강의실 선택	선택 강의실로 이동
학습 일정	주차별 학습목차 확인
질의응답	질의응답 등록, 수정, 삭제, 조회 기능
쪽지	쪽지 조회, 삭제, 보내기, 쪽지 확인
일정표	과목일정 조회
과목정보	과목정보 조회
강의계획서	강의계획서 조회
수강생조회	수강생 조회, 쪽지 보내기
학습 자료실	학습 자료실 조회, 첨부파일 다운로드
과제	과제 정보 조회, 제출, 수정, 과제 성적 조회, 연장 제출 기능, 학습자간 상호 피드백 등록(동료평가 기능), 수정, 삭제 기능
토론	토론 정보 조회, 등록, 수정, 성적 조회
온라인시험	시험 정보 조회, 시험 응시, 제출, 성적 조회
팀 프로젝트	프로젝트 팀별 게시판 등록, 수정, 삭제, 조회, 제출, 성적확인
강의설문	과목 설문 조회, 참여, 결과 보기
출결 조회	수업일자 별 출결 현황 조회

3) 학습자의 학습 행동 분석을 위한 이러닝 학습시스템의 기능

학습자의 학습 행동 분석을 위한 이러닝 학습시스템의 기능은 학습자의 학습 상황을 모니터링하고, 학습자의 학습 행동을 분석하는 것이다. 이러닝 학습시스템은 학습자의 학습 스타일 및 선호도 등을 파악하여 맞춤형 학습 서비스를 제공할 수 있다.

4) 학습자의 학습 성과 분석을 위한 이러닝 학습시스템의 기능

학습자의 학습 성과 분석을 위한 이러닝 학습시스템의 기능은 학습자의 학습 성과를 평가하고, 이를 토대로 학습자의 학습 동기와 방법 등을 파악하는 것이다. 이러닝 학습시스템은 학습자의 학습 성과를 분석하여 맞춤형 학습 서비스를 제공하고, 학습자의 학습 동기를 유발할 수 있다.

〈표 4-7〉 LMS의 성과분석 관련 메뉴

메뉴	기능 설명
학습 일정	주차별 학습 목차 확인, 공지사항, 질의응답, 과제, 팀 프로젝트, 조회
온라인강의	학습콘텐츠 목록 조회 주차 별 학습콘텐츠 학습
온라인학습 현황	수강생별 출석 조회, 입력, 수정, 삭제, 파일 저장
과제 관리	과제 등록, 조회, 등록, 수정, 삭제, 연장, 공개 설정, 과제 평가, 성적처리
과제 제출 현황	과제 등록 리스트 조회, 피드백, 제출정보, 성적 조회, 제출 과제 다운로드
토론 관리	토론 등록, 조회, 등록, 수정, 삭제, 성적 등록 / 수정
온라인시험 관리	시험등록 / 조회 / 등록 / 수정 / 삭제, 문항 조회 / 등록 / 수정 / 삭제, 성적처리 및 결과 통계
팀 프로젝트 관리	프로젝트 등록 / 조회 / 등록 / 수정 / 삭제, 쪽지 보내기, 팀 성적 / 등록 / 수정
학습활동 결과 조회	학습자 성적 리스트 조회, 성적비율 조회, 입력, 재설정 기능 제공
강의 설문	과목 설문 등록, 수정, 삭제, 조회
학습통계	주차별, 기간별, 학습자별, 쓰기, 읽기 통계 검색
출결 관리	수업 주차별 출결 현황 등록, 수정, 삭제, 조회 출석, 지각, 결석, 미처리 구분
조기 경고 발송	학습 독려 대상 설정 및 쪽지 발송

5) 이러닝 학습시스템의 교수학습 활동 개선을 위한 기능

이러닝 학습시스템의 교수학습 활동 개선을 위한 기능은 학습자와 교수 간의 상호작용을 강화하고, 학습자의 학습 동기를 유발하는 것이다. 또한, 학습자의 학습 상황을 모니터링하여 교수학습의 효율성을 높일 수 있다.

〈표 4-8〉 LMS의 커뮤니케이션 관련 메뉴

메뉴	기능 설명
쪽지	쪽지 리스트 조회, 삭제, 보내기
공지사항	공지사항 등록, 수정, 삭제, 조회, 파일첨부, 알림
질의응답	질의응답 등록, 수정, 삭제, 조회, 파일첨부 글 등록 시 학습자에게 알림
쪽지	쪽지 조회, 삭제, 보내기, 확인
수강생 조회	수강생 조회, 쪽지 보내기
게시판 관리	과목 게시판 추가, 정보 수정, 삭제, 정렬 기능

요구분석에 활용 가능한 양식

1. 조직 요구분석서

구 분	내용
1. 요청부서의 조직요구	
2. 상기 조직요구의 발생 배경	
3. 원인의 규명	
4. 상기 3항의 원인을 가장 효과적으로 해결할 수 있는 방안	1) _____ 제도적/ 환경적인 해결방안 2) _____ 동기부여에 의한 해결방안 3) _____ 교육훈련에 의한 해결방안 ① Off–JT ② OJT 4) 기타
5. 교육훈련으로 해결 가능한 문제 (교육적 대안)	

2. 분석 계획표

번호	기대하는 정보	자료원	자료소재지	수집 방법	담당자	계획일	완료일

(기대하는 정보는 환경/ 목적/ 과업/ 학습자 분석에 필요한 모든 자료를 포함해야 됨)

3. 환경 분석서

항목	분석 내용	비고
제약 조건 기술		
기존 교육 자료		
과정의 위치		
과정개발의 도움 영역		
개발환경 종합의견		

4. 학습자 분석서

[일반 특성]

1. 학습자 그룹

부문부	부서	직무	직위	인원
계				

2. 이 코스에 참여하리라고 추정되는 학습자의 수는?

구분			
해당연도 학습대상			
전체 학습대상			

3. 학습자가 이 과정에 참여하는 데 있어서 제약요건은?

[학습관련 특성]

4. 학습자들의 선수학습 수준(선행지식, 기술)은 어떠한가?
  (앞으로 교육 받게 될 것으로 예상되는 내용과 관련하여 자세히 기술할 것)

　　1) 지식 :

　　2) 기술 :

5. 직무 또는 과정내용에 대한 학습자의 동기/태도는 어떠한가?

6. 여러 가지 교육방법에 대한 학습자의 현재의 태도는 어떠한가? 여러 가지 교육방법에 대한 학습자의 경험 수준은 어떠한가?

7. 교수설계에 영향을 미칠 수 있는 다른 특징이 있는가?

5. 목적 분석서

[과정명]	
조직 요구	
학습 대상	
학습 내용	
학습 결과	

6. 직무 분석서

기능	
직무	

초기 수준과제 (전제된 선행조건)

과업번호	진술문

7. 과업 분석서

직무분석의 과제번호	빈도	중요도	난이도	선수학습 여부	선택 여부	기대되는 수행수준
# – 1						
# – 2						

[직 무 명]

[책 무 명]

☞ 각 책무단위로 작성한다.
☞ 분석하고 있는 해당 직무의 위계를 설정하여 관련기능, 책무, 과업의 목록을 작성한다.
   책무영역에 포함되는 필요한 태도 및 기술의 초기상태를 서술하고, 과업을 나열한다.
☞ 척도의 기준
   • 빈도 : 매우 낮음 = 1, 낮음 = 2, 보통 = 3, 높음 = 4, 매우 높음 = 5
   • 중요도 : 매우 낮음 = 1, 낮음 = 2, 보통 = 3, 높음 = 4, 매우 높음 = 5
   • 난이도 : 매우 쉬움 = 1, 쉬움 = 2, 보통 = 3, 어려움 = 4, 매우 어려움 = 5

이러닝 운영 계획 수립

8. 내용 분석서

(각 책무단위로 작성한다)

책 무 명 :

상기의 책무를 수행하는데 요구되는 과업과 하위 과업에 필요한 지식, 스킬, 태도와 관련된 주요 학습내용 영역을 기술한다.

출제예상문제 **Chapter 04 학습시스템 기능 분석**

01 이러닝 학습시스템의 요구분석에 대한 다음 주요 내용 중에서 '교육과정 분석'에 해당되는 것은?

① 학습자의 특성요인 중에서 학습스타일은 학습 상황에서 학습자 개인이 정보를 인식하고 처리하는 방법과 관련이 있다.

② 교육훈련기관이나 기업교육에서 사용하는 LMS의 기능은 차이가 있을 수 있으므로 이에 대한 요구분석은 이러닝 운영 기획에서 반드시 확인해야 한다.

③ 조직에서 학습자가 교육훈련을 통해 기대하는 개인개발이나 경력개발이 무엇인지, 관리자가 요구하는 교육훈련의 성과는 어느 수준인지 등을 분석한다.

④ 이러닝 운영자가 실제 운영에 앞서서 학습 콘텐츠를 업로드하고 점검하는 절차를 거치는 것은 누락 또는 잘못 표시된 페이지 확인 등이 포함된다.

해설

①은 학습자 분석, ②는 학습환경 분석, ③은 고객의 요구, ④은 교육과정 분석에 해당된다.

02 다음 중 이러닝 학습시스템의 요구사항 수집에 대한 내용이 적절하지 않은 것은?

① 요구사항을 수집할 때는 학습 시스템을 개발하는 데 필요한 예산, 인력 등 비즈니스적 요구사항을 파악하여 이를 고려해야 한다.

② 학습자가 어떤 학습 콘텐츠를 필요로 하는지, 어떤 학습 방법을 선호하는지, 어떤 학습 환경에서 학습을 하고 싶은지 등 학습자의 요구사항을 파악해야 한다.

③ 학습자가 어떤 학습 콘텐츠를 제작하고 싶은지 등의 요구사항을 파악하여 이를 반영할 수 있다.

④ 학습 콘텐츠나 기능을 구현하기 위해 필요한 기술적 요구사항을 파악하여 이를 반영할 수 있다.

해설

어떤 기능을 필요로 하는지, 어떤 학습 콘텐츠를 제작하고 싶은지 등의 요구사항을 파악하여 반영하는 것은 '교육자의 요구사항'에 해당한다.

03 다음은 이러닝 요구사항 분석 프로세스이다. 각 과정에 대한 설명이 바르지 않은 것은?

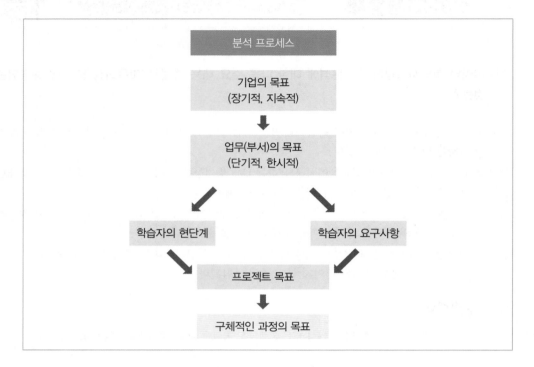

① 프로젝트의 가장 기본적인 출발점은 기업의 목표이며, 반드시 고객사의 객관적인 시각으로 고객사를 분석하여 설계해야 한다.

② 교육 목표를 설정할 때에는 업무를 담당하는 부서의 목표를 설정한 이후에 기업의 목표를 설정해야 한다.

③ 분석한 업무에 대하여 학습자가 어느 정도의 단계에 와있는가에 대한 학습자 분석과 반대로 학습자가 원하는 교육, 또는 지식에 대한 요구사항을 수렴하는 작업을 같이 병행한다.

④ 프로젝트 목표 수립 시 가장 중요한 것은 측정 가능한 형태로 목표를 설정해야 한다는 것이다. 추상적인 표현보다는 정량화된 형태로 작업해야 한다.

해설

교육 목표를 설정할 때에는 기업의 목표를 설정한 이후에, 업무를 담당하는 부서의 목표를 설정해야 한다.

04 다음은 이러닝 학습시스템 요구사항 분석에 대한 내용이다. 설명이 바르지 않은 것은?

① 시스템과 콘텐츠 개발에 앞서 구체적인 프로젝트의 목표(Goal)를 세워야 한다.

② 학습자의 현 단계를 분석하는 것은 콘텐츠 개발에서 중요한 단계이다.

③ 학습자의 현 단계를 분석할 때에는 학습자에게 설문지를 주어 직접적인 답을 받는 것이 효과적이다.

④ 학습자의 컴퓨터 사용능력은 분석작업에서 꼭 필요한 부분이다.

📊 **해설**

학습자의 현 단계를 분석할 때에는 단순한 설문지의 방식보다는 다양하고 과학적인 접근이 필요하다. 다양한 학습자의 분석작업을 통하여 초기 설계에 반영하기 위하여, 학습자의 학습스타일을 분석하기도 하고, 자기진단을 통하여 스스로 학습형태를 설계할 수 있게도 한다.

05 다음은 이러닝 학습관리시스템에서 점검해 보아야 하는 체크리스트 내용이다. 이 중에서 해당 내용의 항목이 다른 것을 고르면?

① 사전심사에서 적합 받은 과정으로 운영하고 있는가?

② 훈련생 개인별로 훈련과정에 대한 만족도 평가를 위한 설문조사 기능을 갖추고 있는가?

③ 평가(시험)는 평가시간 제한 및 평가 재응시 제한기능을 갖추고 있는가?

④ 수강신청 및 변경이 웹상에서도 가능하도록 되어 있는가?

📊 **해설**

학습관리시스템(LMS)의 기능 체크리스트는 훈련생 모듈, 관리자 모듈, 교·강사 모듈로 나누어 세부 항목의 다양한 질문들로 구성된다. ①~③은 관리자 모듈에서 '과정 운영 등'에 해당하는 점검 사항이고, ④는 훈련생 모듈에서 '수강신청'에 해당하는 질문이다.

03 ② 04 ③ 05 ④

06 다음은 학습관리시스템(LMS)의 기능 체크리스트에서 어느 항목의 점검 내용에 적합한가?

> • 동일 ID에 대한 동시접속 방지 기능을 갖추고 있는가?
> • 훈련생 신분확인이 가능한 기능을 갖추고 있는가?
> • 집체훈련(100분의 80 이하)이 포함된 경우 웹상에서 출결 및 훈련생 관리가 연동되고 있는가?
> • 훈련생의 개인정보 수집에 대한 안내를 명시하고 있는가?

① 평가 및 결과 확인   ② 훈련생 개인 이력 및 수강이력
③ 훈련과정의 진행상황   ④ 모니터링

 해설

> 제시된 내용은 학습관리시스템(LMS)의 기능 체크리스트에서 훈련생 모듈의 '훈련생 개인 이력 및 수강이력'에 해당되는 질문이다. 제시된 질문 외에도 '훈련생의 개인이력(성명, 소속, 연락번호 등)과 훈련생의 학습이력(수강중인 훈련과정, 수강신청일, 학습진도, 평가일, 평가점수 및 평가결과, 수료일 등)이 훈련생 개인별로 갖춰져 있는가?'의 질문이 포함될 수 있다.

07 다음은 학습시스템 이해관계자 분석에서 학습자 특성에 대한 분석 내용이다. 설명이 바르지 않은 것은?

① 콘텐츠 개발 계획서에 제시된 학습자분석 사항은 학습자의 일반적인 특성과 콘텐츠에서 요구되는 특성 등을 조사하고 파악한 내용이 제시된다.
② 학습자의 성향과 특징을 분석할 때 성인학습자는 학습능력의 차이가 크게 나타날 수 있으므로 동일 조건보다는 조직과 그룹, 배경, 학습목적을 기준으로 결정한다.
③ B2B는 개인 소비자의 특성이 중요하게 작용하며 B2B 구매 고객이 구매 결정 시 가장 크게 보는 부분은 제품의 품질과 기술지원이다.
④ 교육기관의 특성은 기업문화의 영향으로 쉽게 바뀌기 어려우므로 B2B 고객은 교육기관의 특성과 해당 업무 담당자의 특성이 결합되어 결정되는 경우가 있다.

해설

> B2C(Business to Customer, 기업과 소비자 간 거래) 대상의 경우에는 개인 소비자의 특성이 중요한 반면에 B2B(Business to Business, 기업 간 거래) 고객의 경우에는 B2B만의 특성이 존재한다. B2B 고객의 경우 가격, 기술력, 품질, 대응력, 납기 등에 대한 정보를 종합적으로 활용하여 판단하기 때문에 이에 대한 접근이 중요하다.

08 다음은 이러닝의 관계 진화 과정에 따른 고객의 분류 중 어느 고객에 대한 내용인가?

> • 기대 수준을 지속적으로 충족시켜 제품이나 서비스를 반복적으로 구매하게 되는 고객
> • 기업에 유대관계를 형성하여 중대한 문제가 발생하지 않는 한 제품에 대해 재평가하지 않음
> • 적극적인 의견 제시와 정보를 제공하여 주변에 긍정적인 영향을 줌

① 잠재 고객　　　② 신규 고객　　　③ 기존 고객　　　④ 핵심 고객

해설

기존 고객들의 가치와 기대 수준을 지속적으로 충족시키면 제품이나 서비스를 반복적으로 구매하게 되는 핵심 고객으로 전환된다. 핵심 고객은 기업에 강한 유대관계를 형성하고 있기 때문에 중대한 문제가 발생하지 않는다면 제품에 대해서 재평가하지 않는다는 특징이 있다. 또한, 핵심 고객은 적극적으로 의견을 개진하고 정보도 적극적으로 제공하면서 주변에 호의적인 입소문을 내주기 때문에 기업의 중요한 자산이라고 할 수 있다.

09 이러닝은 학습자들이 교수자나 다른 학습자와 상호작용하는 방법을 기준으로 학습 유형별 학습자를 분류할 수 있다. 다음은 어느 유형의 학습자에 해당하는가?

> 이러닝에서 자기주도적으로 학습하면서도, 주로 이해가 부족한 학습내용에 대해 교수자에게 답변을 구하고 지속적인 학습활동을 위한 조언 및 개별적인 피드백을 받는 등의 활동을 하는 학습자 유형을 말한다. 이런 유형의 학습양식을 지닌 학습자를 위해서는 이러닝 설계 시에 필요한 부분만 선택적으로 학습할 수 있고 항상 교수자와 상호작용이 가능하도록 설계해야 한다.

① 독자적 자율학습형　　　　　② 소극적 학습형
③ 환경의존적 자기주도학습형　④ 적극적 협동학습형

해설

① 독자적 자율학습형 : 이러닝에서 학습자가 주도적으로 정보를 선택 및 활용하고 자신의 계획 하에 학습을 실시하며, 학습에 대한 평가도 스스로 시행하는 학습자 유형을 말한다.
② 소극적 학습형 : 이러닝에서 자신감이 부족하고, 자신의 능력을 지나치게 낮게 평가하고, 학습 동기가 약하여 학습에 적극적인 참여를 꺼리는 학습자 유형을 말한다.
④ 적극적 협동학습형 : 이러닝에서 공동체를 형성하여 동료학습자들과 함께 학습하기를 좋아하는 학습자를 말한다.

06 ② 07 ③ 08 ④ 09 ③

10 다음 중 이러닝에서 독자적 자율학습형 학습자에게 제공해야 하는 환경으로 적절한 것은?

① 이러닝 설계 시 주제별 혹은 그룹별로 학습할 수 있는 커뮤니티를 자유롭게 개설할 수 있는 설계를 하여 자발적으로 학습에 참여할 수 있도록 해야 한다.

② 이러닝 설계 시에 필요한 부분만 선택적으로 학습할 수 있고 항상 교수자와 상호작용이 가능하도록 설계해야 한다.

③ 학습에 참여하는 분명한 이유를 제시하고 적절한 동기를 부여하는 이러닝 설계가 필요하다.

④ 이러닝 설계 시 달성해야 할 학습목표를 세부적으로 제시하여 학습자 중심으로 학습이 이루어지도록 해야 한다.

> **해설**
>
> 독자적 자율학습형은 이러닝에서 학습자가 주도적으로 정보를 선택 및 활용하고 자신의 계획 하에 학습을 실시하며, 학습에 대한 평가도 스스로 시행하는 학습자 유형을 말한다. 이런 유형의 학습자는 이러닝 설계 시 많은 학습 주도권을 부여해주어 강의가 끝났을 때 달성해야 할 학습목표를 세부적으로 제시하여 학습자 중심으로 학습이 이루어지도록 해야 한다.
> ①은 적극적 협동학습형, ②는 환경의존적 자기주도학습형, ③은 소극적 학습형 학습자에게 필요한 환경이다.

11 다음 중 이러닝의 학습자 응대 예절 중 이메일 예절에 대한 설명이 바른 것을 모두 고르면?

> ㉠ 메일은 최소 하루 2회 이상 체크하여 신속하게 답변한다.
> ㉡ 논리적 내용, 긴 문장, 명확한 표현으로 예의를 지킨다.
> ㉢ 얼굴이 보이지 않는 수단이므로 감성적 표현과 이모티콘 사용에 신경을 쓴다.
> ㉣ 형식적인 메일과 단체 메일 발송은 신중을 기하고, 파일은 많이 첨부하지 않도록 한다.
> ㉤ 내용을 짐작할 수 있는 제목을 달아서 보낸다.

① ㉠, ㉡, ㉣

② ㉡, ㉢, ㉤

③ ㉠, ㉣, ㉤

④ ㉢, ㉣, ㉤

> **해설**
>
> ㉡ 짧은 문장, 논리적 내용, 명확한 표현으로 예의를 지킨다.
> ㉢ 이모티콘 사용은 자제하고, 얼굴이 보이지 않는 수단이므로 감성적 표현과 문구에 신경을 쓴다.

12 이러닝의 학습자 유형 중 의심이 많은 학습자의 응대요령으로 적절하지 않은 것은?

① 관련 규정 등 분명한 증거나 근거를 제시하여 설명한다.

② 답답해하거나 짜증내지 않아야 하며, 확신 있는 어조로 설명한다.

③ 의견을 들어주고 불만에 대해 상세히 설명한다.

④ 신속, 정확하게 응대하여 좋은 인상을 준다.

🔖 해설

④는 성격이 급한 학습자의 응대요령이다. 의심이 많은 학습자는 대강 설명한다는 느낌을 받지 않도록 규정 등의 분명한 근거를 제시하여 확신 있는 어조로 설명한다.

13 다음은 이러닝에서 어떤 유형의 학습자에게 적절한 응대 방법인가?

> • 항상 예의 바르게 행동함으로써 학습자가 마음을 놓을 수 있도록 한다.
> • '예, 아니오'로 대답할 수 있는 질문을 통해 학습자의 목적을 이야기하기 쉽도록 유도한다.
> • 정중하고 온화하게 대하고, 일은 차근차근 빈틈없이 처리해주도록 한다.

① 말이 없고 온순한 학습자

② 거만한 학습자

③ 흥분하는 학습자

④ 성격이 급한 학습자

🔖 해설

제시된 응대 방법은 말이 없고 온순한 학습자에게 적절한 방법이다. 이 유형의 학습자는 속마음을 표현하지 않아서 헤아리기 어렵고 말이 없는 대신 오해를 잘 할 수 있다. 따라서 말이 없는 것을 흡족한 것으로 착각해서는 안 되며, 항상 예의 바르게 행동하여 학습자가 마음을 놓을 수 있도록 한다.

10 ④ 11 ③ 12 ④ 13 ①

14 다음은 이러닝에서 어떤 유형 학습자의 특징인가?

> • 직원의 상담 내용에 대하여 부정적인 반응이 많다.
> • 다 알고 있다는 듯 설명을 잘 듣지 않는다.
> • 직원보다 책임자에게 접근하려고 한다.

① 의심이 많은 학습자
② 거만한 학습자
③ 흥분하는 학습자
④ 성격이 급한 학습자

해설

거만한 학습자는 자기 자랑이 심하고 거만하며 다 알고 있다는 듯 설명을 잘 듣지 않는 경향을 보인다. 따라서 과시의 욕구가 충족되도록 학습자의 특이사항이나 장점을 칭찬하는 응대방법이 적절하다.

15 이러닝 과정에서 학습자에게 발생할 수 있는 문제는 목록을 정리하고 분류할 필요가 있다. 다음 중 이러한 문제 사항 분류의 내용으로 적절하지 않은 것은?

① 수강신청은 고객사의 요청으로 일괄 신청하는 방법과 수강생 개개인이 신청하는 방법 등으로 진행되는데, 요구 인원과 신청 인원이 다른 경우 분석 후 고객사 담당자와 의사소통해야 한다.
② 학습 진행 혹은 내용상의 심각한 문제가 생기면 교육 담당자에게 컴플레인하는 경우가 있는데 고객사 담당자와 운영자 선에서 문제를 해결해야 한다.
③ 정산 관련 문제는 입과 인원과 수료 인원의 차이에 따라 정산할 내역이 다를 수도 있으니, 교육담당자에게 관련된 내용을 확인 후 진행하는 것이 필요하다.
④ 교육 후에는 결과보고서를 제출하는데 고객의 요구 내용에 따라 항목이 달라지므로 기본 양식은 없고 고객의 요구를 반영하여 작성한다.

해설

결과보고서는 기본 양식이 있고, 고객이 요구하는 내용에 맞게 추가 항목들이 추가되는 경우가 있다. 결과보고서의 내용상의 문제로 고객과 문제 상황이 발생할 수 있기 때문에, 학습이 시작되기 전에 요구하는 결과보고서 양식을 사전에 협의한 후 그에 맞는 데이터를 수집할 수 있는지 기술지원팀에 확인을 해야 한다.

16 이러닝 학습자에게 문제가 생겼을 때 대응하는 방법에 대한 다음 설명 중 옳지 않은 것은?

① 수강 인원 관련 문제는 누락된 인원이 있거나 수강신청에 문제가 있는 인원에 대해 적절한 조치를 취한다.

② 학습 진행 관련 문제는 현황을 지속적으로 모니터링하여 해당 문제가 단일 문제인지, 자주 반복되는 공통 문제인지 파악한다.

③ 학습 진행 관련 문제가 반복적인 문제라면 학습자에게 직접 연락하여 양해를 구하고 조치를 취한다.

④ 결과 보고서 작성에 필요한 데이터를 얻기 어려운 경우 고객과 협의하여 내용을 변경하거나 기술지원팀 등에 요청하여 관련 데이터를 얻을 수 있도록 요청한다.

해설

학습 진행 관련 문제가 발생했을 경우에는 해당 문제가 단일 문제인지, 자주 반복되는 공통 문제인지 파악하여 처리한다. 단일 문제라면 해당 사항의 원인을 분석하여 조치를 취하고, 반복되는 공통적인 문제라면 기술적으로 해결할 부분인지, 정책적으로 해결할 부분인지 등의 원인을 분석하여 조치를 취한다. 학습 진행 중에 심각한 오류들이 발생하는 경우 사전에 적절하게 안내 하거나, 학습자들에게 직접 연락하여 양해를 구해야 하는 경우도 있다.

17 다음 중 온라인 교육에서 교수자가 지녀야 할 역량으로 적절하지 않은 것은?

2023 기출

① 교수자는 창의적인 학습 방법을 고민하고, 학습자들이 자신의 생각과 아이디어를 발표할 수 있는 기회를 제공해야 한다.

② 교수자는 학습자 중심의 교육 방식을 이해하고 이를 적용할 수 있는 능력이 필요하다.

③ 교수자는 학습자들의 다양한 상황을 이해하고, 적극적으로 대처할 수 있는 인성을 가지고 있어야 한다.

④ 교수자는 효과적인 지식 전달과 학습자와의 소통을 위한 컴퓨터 활용 능력이 필요하며, 강의 녹화나 영상 편집 등의 제작 능력은 없어도 된다.

해설

온라인 교육에서는 교수자가 강의 녹화, 동영상 편집 등 다양한 디지털 기술을 사용해야 한다. 따라서 교수자는 컴퓨터 활용 능력과 디지털 교육 자료 제작 능력 등이 필요하다.

14 ② 15 ④ 16 ③ 17 ④

Chapter 05

이러닝 운영 준비

01 운영환경 분석

(1) 이러닝 운영 사이트 점검

웹 사이트(Web site)는 인터넷 사용자들이 필요한 정보를 찾을 때, '해당 내용이 제공되도록 정보가 저장된 집합체'를 말한다. 이 중 이러닝 운영 사이트는 학습자가 학습을 수행하는 '학습 사이트'와 이러닝 과정 운영자가 관리하는 '학습관리시스템(LMS)'으로 구분된다.

1) 학습 사이트

수많은 웹 사이트 중에서 학습자에게 다양한 서비스를 제공하기 위해 구축된 특정 웹 사이트를 의미한다.

① 학습 사이트 접속
- 익스플로러, 크롬 등과 같은 웹 브라우저를 통해 인터넷에 접속함
- 주어진 URL을 입력한 후, 학습 사이트에 접속함

② 학습 사이트 메뉴
- 학습 사이트에는 이러닝 학습자 본인이 신청한 강의 외에도 많은 강의와 부가적인 내용들이 촘촘히 엮여 있음
- 여러 메뉴들이 있지만 '나의 강의실, 교육 안내, 교육신청, 자료실, 고객 지원' 등이 주요 메뉴임

[그림 5-1] 이러닝 학습 사이트 구성 화면

③ 학습 사이트 점검 ✯✯ 💡 1회 필기 기출

학습자의 학습 환경이 이러닝 시스템이나 콘텐츠가 개발될 때의 작업 환경과 다를 경우, 학습자는 정상적으로 과정을 수강하기 어렵게 된다. **이러닝 과정 운영자**는 사전에 학습 사이트를 점검해서 학습자가 강의를 이수하는데 불편함이 없도록 해야 한다.

가장 많이 발생하는 문제점	문제점의 상세 내용
동영상 재생 오류	학습자가 동영상을 재생할 때 사용하는 미디어 플레이어 버전보다 이러닝 콘텐츠를 제작할 때 미디어 플레이어의 버전이 높다면, 학습자 인터넷 환경에서 동영상이 재생되지 않는다.
진도 체크 오류	정상적인 진도 체크는 보통 '미학습', '학습 중', '학습 완료'로 표시된다. 하지만 경우에 따라서 강의를 다 들었는데도 진도가 '학습완료'로 바뀌지 않는 경우와 학습을 진행할 수 있게 해주는 next 버튼이 보이지 않는 경우가 있다.
웹 브라우저 호환성 오류	ID/PW가 입력되지 않는 경우, 화면이 하얗게 보이는 경우, 버튼이 눌러지지 않는 경우 등은 웹 브라우저 호환성 오류이다.

④ 해결 방안 안내

이러닝 과정 운영자는 테스트용 ID를 통해 로그인 후 메뉴를 클릭해 가면서 정상적으로 페이지가 표현되고 동영상이 플레이되는지 확인해야 한다. 문제될 소지를 미리 발견했다면 시스템 관리자에게 문제를 알리고 해결 방안을 마련하도록 공지한 뒤, 팝업 메시지·FAQ 등을 통해 학습자가 강의를 정상적으로 이수할 수 있도록 도와야 한다.

2) 학습관리시스템(LMS : Learning Management System)

LMS는 온라인을 통하여 학습자들의 성적, 진도, 출결 사항 등 학사 전반에 걸친 사항을 통합적으로 관리해 주는 시스템이다.

① LMS 주요 메뉴 ✯✯

주요 메뉴	메뉴 설명
사이트 기본 정보	중복 로그인 제한, 결제 방식 등을 선택할 수 있으며, 연결 도메인 추가, 실명 인증 및 본인 인증 서비스 제공, 원격 지원 서비스 등을 관리할 수 있다.
디자인 관리	디자인 스킨 설정, 디자인 상세 설정, 스타일 시트 관리, 메인 팝업 관리, 인트로 페이지 설정, 이미지 관리 등의 작업을 수행할 수 있다.
교육 관리	과정운영 현황 파악, 과정제작 및 계획, 수강/수료 관리, 교육현황 및 결과 관리, 시험 출제 및 현황 관리, 수료증 관리 등의 작업을 수행할 수 있다.
게시판 관리	게시판 관리, 과정 게시판 관리, 회원 작성글 확인, 자주하는 질문(FAQ), 용어 사전 관리 등의 작업을 수행할 수 있다.
매출 관리	매출 진행 관리, 고객 취소 요청, 고객 취소 기록, 결제 수단별 관리 등의 작업을 수행할 수 있다.
회원 관리	사용자 관리, 강사 관리, 회원가입 항목 설정, 회원들의 접속 현황 등을 관리할 수 있다.

② LMS 점검을 통한 이러닝 과정 품질 유지

이러닝 과정 운영자는 해당 이러닝 과정의 교수·학습 전략이 적절한지, 학습 목표가 명확한지, 학습 내용이 정확한지, 학습 분량이 적절한지를 수시로 체크해야 한다. 이는 모두 이러닝 과정의 품질을 높이기 위한 방법이며, 이를 위해서 **이러닝 과정 운영자는 수시로 LMS와 학습 사이트를 오가며 확인해야 한다.** 다양한 기능이 있는 LMS의 메뉴를 파악하고 문제가 발생할 시 신속히 해결될 수 있도록 해야 한다.

(2) 이러닝 콘텐츠 점검

1) 콘텐츠

콘텐츠(contents)는 콘텐트(content)의 복수형으로 '(어떤 것의) 속에 든 것들, 내용물'등으로 정의된다. 최근 사용되는 콘텐츠의 의미는 텍스트, 음성, 음향, 이미지, 영상 등을 디지털 방식으로 제작하여 인터넷을 통해 제공되는 각종 정보나 내용물을 의미한다.

① 이러닝 콘텐츠의 개념

이러닝 학습자가 효과적인 학습을 할 수 있도록 제작된 교수·학습 프로그램을 의미하며 대부분 동영상으로 제작된다. 이러닝 콘텐츠는 이러닝 시스템상에 탑재되어 이러닝 과정 운영에 의해 학습자에게 제공된다.

② 이러닝 콘텐츠의 특징

이러닝은 학습자가 콘텐츠를 구동할 수 있는 멀티미디어 기기를 가지고 있고, 인터넷 접속 환경에 있다면 학습에 제약이 거의 없다는 특징이 있다. 이러닝 콘텐츠는 학습자가 자기 주도적으로 학습할 수 있도록 지원해 준다.

③ 이러닝 콘텐츠 구동에 필요한 멀티미디어 기기

- 이러닝 학습을 위해서는 이러닝 콘텐츠가 구동될 수 있는 멀티미디어 기기가 필요함
- 무선 또는 유선 네트워크를 통해 웹 브라우저(크롬 등)에 접속함
- 이러닝 시스템에 탑재된 이러닝 콘텐츠를 정상적으로 구동할 수 있어야 함
- **대표적인 멀티미디어 기기** : 스마트폰, 태블릿PC, 노트북, 데스크톱

④ 이러닝 콘텐츠 구동 조건 ☆☆

- 이러닝 콘텐츠는 개발 환경에 따라 콘텐츠 구동을 위한 일정 조건을 가지고 있음
- 학습자가 가지고 있는 멀티미디어 기기가 동영상 콘텐츠 구동을 지원하지 않을 경우, 콘텐츠 구동을 돕는 별도의 파일을 다운로드 받을 수 있도록 안내해야 함
- 데스크톱 환경에서는 윈도우 미디어 플레이어가 보편적으로 쓰이기 때문에 큰 문제가 없지만, 스마트폰·태블릿PC 등의 모바일 환경에서는 OS가 서로 다를 수 있기 때문에 구동 조건을 확인해야 함
- 이러닝 운영 관리자는 학습자를 위해서 미리 이러한 사항들을 안내해 주어야 함

2) 콘텐츠 점검 ✦✦

이러닝 운영 관리자는 콘텐츠를 점검해서 이러닝 학습자가 불편을 느끼는 일이 없도록 해야 한다. 이러닝 운영 관리자는 다음과 같은 사항들을 점검해야 한다.

① 이러닝 콘텐츠 점검 항목 ✦ 💡 1회 필기 기출

점검 항목	점검 내용
교육 내용	• 이러닝 콘텐츠의 제작 목적과 학습 목표가 부합되는지 점검 • 학습 목표에 맞는 내용으로 콘텐츠가 구성되어 있는지 점검 • 내레이션이 학습자의 수준과 과정의 성격에 맞는지 점검 • 학습자가 반드시 알아야 할 핵심 정보가 화면상에 표현되는지 점검
화면 구성	• 자막 및 그래픽 작업에서 오탈자가 없는지 점검 • 영상과 내레이션이 매끄럽게 연결되는지 점검 • 사운드나 BGM이 영상의 목적에 맞게 흐르는지 점검 • 화면이 보기에 편안한 구도로 제작되었는지 점검
제작 환경	• 이러닝의 품질을 높이고 업체의 이윤 창출까지 바라본다면 콘텐츠의 제작 환경을 점검해야 함 • 배우의 목소리 크기나 의상, 메이크업이 적절한지 점검 • 최종 납품 매체의 영상 포맷을 고려한 콘텐츠인지 점검 • 카메라 앵글이 무난한지 점검

② 수정 요청

콘텐츠 점검 시 오류가 발생하였다면 시스템이나 콘텐츠 개발자에게 수정을 요청한다. 만약 콘텐츠 오류가 학습 환경의 설정 변경으로 해결할 수 있는 문제라면, 이러닝 과정 운영자가 팝업 메시지를 통해 문제 해결 방법을 학습자에게 알려줘도 된다.

요청 대상	요청 내용
이러닝 콘텐츠 개발자	교육 내용, 화면 구성, 제작 환경에 대해 오류가 있을시 콘텐츠 개발자에게 연락해서 문제를 해결함
이러닝 시스템 개발자	콘텐츠는 정상적으로 제작되었지만 학습 사이트상에서 콘텐츠 자체가 플레이되지 않거나, 사이트에 표시되지 않을 때, 엑스박스 등으로 표시될 때는 시스템 개발자에게 연락해서 문제를 해결함

02 교육과정 개설

(1) 교육과정 개설

교육과정은 여러 의미로 정의를 내리지만, 여기에서는 교과 교육과정으로 이해하면 된다. 교과의 교육과정이란 교과의 교육목표를 달성하기 위하여 교육내용과 학습활동을 체계적으로 조직한 계획을 의미한다.

1) 우리나라 교육과정의 분류 체계

국가교육과정정보센터(httip://ncic.go.kr)에서는 우리나라 교육과정을 다음과 같이 분류하고 있다.

분류 기준	분류 내용
시대/차수별 분류	1차 교육과정부터 7차 교육과정까지는 차수로 교육과정이 구분되었다. 그 후 2007 개정 교육과정, 2009 개정 교육과정, 2015 개정 교육과정, 2022 개정 교육과정 등으로 명칭이 변경되었다.
학교별 분류	초등학교, 중학교, 고등학교, 특수학교 등 학교 급별로 교육과정이 분류된다.
교과목/영역별 분류	국어(한문), 외국어, 수학, 과학, 사회(역사, 지리) 등의 교과목 별로 분류되며 전문 교과군에서는 외국어, 과학, 예술, 농업, 공업, 상업 등 영역 별로 분류되기도 한다.

2) 이러닝에서의 교육과정

이러닝에서도 학습자가 학습할 강의의 교과 목표를 달성하기 위해 교육과정이 계획되어 있다. 이러닝에서의 교육과정은 강의를 진행할 교수설계자가 계획해야 하며, 이를 과정 운영자가 알고 있어야 한다.

3) 이러닝 교육과정의 특징

교실 수업은 수업뿐만 아니라 학생의 전반적인 인성 교육까지도 연계되어 있지만, 이러닝에서는 학습자가 교과의 학습 목표를 달성하는 것을 최우선으로 삼고 교과 교육과정의 완성도를 높이는 데 집중하면 된다. 주로 교과의 성격 및 목표, 내용 체계(단원 구성), 권장하는 교수 · 학습 방법, 평가 방법, 평가의 주안점 등이 기술되어 있다.

(2) 교육과정 등록 ☆☆☆

이러닝 과정 운영자는 학습관리시스템(LMS)에 교육과정을 등록할 줄 알아야 한다.

1) 학습관리시스템(LMS) 메뉴 확인

운영자 ID로 로그인하면 교육과정 등록을 돕는 메뉴를 확인할 수 있다.

'교육관리 관리 → 과정관리'메뉴를 클릭한다.

[그림 5-2] 교육과정 등록 메뉴

이러닝 과정 운영자는 교육과정을 개설하기 위한 여러 조건들을 점검해야 한다. 이러닝 시스템이 구축되어 있고 콘텐츠 또한 제작되어 있어야 한다. 또한 교·강사가 만든 과정 운영계획서도 가지고 있어야 한다. 이러닝 과정 운영자의 가장 큰 책임은 학습자가 이러닝 과정을 정상적으로 수료할 수 있도록 도와주는 것이다.

2) 교육과정 등록 절차 및 확인 ☆☆

교육과정은 '대분류·중분류·소분류' 순으로 분류되며 교·강사가 제출한 교과 교육과정 운영계획서를 확인하며 등록한다. 강의 만들기에서는 제작된 동영상 콘텐츠에 목차를 부여하고 순서를 지정해 준다.

동영상을 업로드하면 제작된 콘텐츠가 강의로 등록된다. 과정 만들기에서는 과정 목표, 과정 정보, 수료조건 안내 등 과정에 대한 자세한 정보를 알려준다. 그 후 과정 개설하기에서 수강신청기간, 수강기간, 평가기간, 수료처리 종료일, 수료 평균 점수 등을 지정해 주면 된다.

과정 등록을 마친 후 정상적으로 과정이 등록되었는지 확인한다. 교·강사가 제출한 교육 과정 운영계획서와 일치하는지 확인하는 작업이 필요하다.

(3) 교육과정 세부사항 등록

운영자는 교육과정의 세부 차시와 공지사항, 강의계획서, 학습관련자료, 설문을 포함한 사전 자료, 교육과정별 평가문항을 등록해야 한다.

1) 교육과정 자료 등록☆☆

① 세부 차시 등록

본격적인 학습 전에 학습자가 다양한 정보를 확인할 수 있도록 과정 운영자는 사전에 자료를 등록해야 한다. 과정 운영자는 교육과정을 등록할 때 교육과정의 세부 차시도 같이 등록해야 한다. 교육과정의 세부 차시는 강의계획서에 포함되기도 하고 강의세부 정보 화면에 표현되기도 한다.

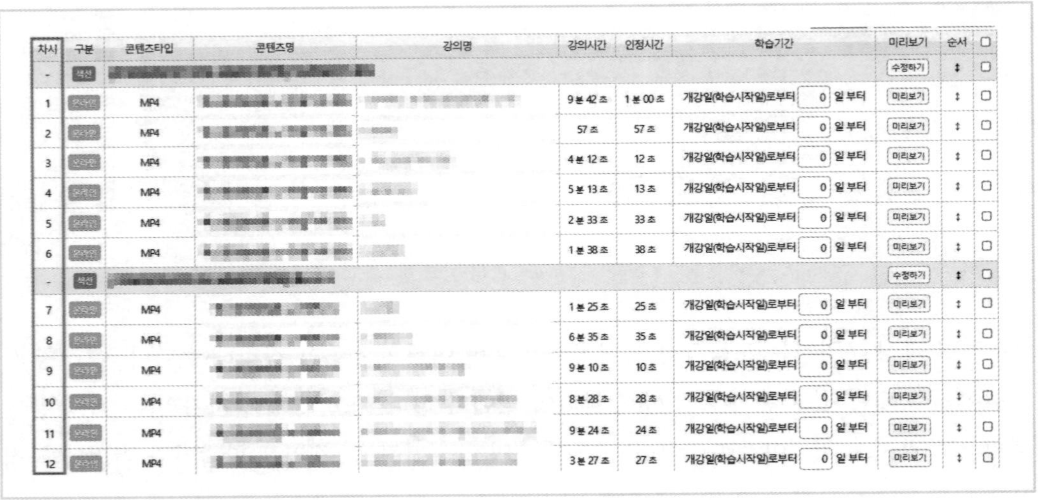

[그림 5-3] 세부 차시 등록 화면

② 과정 소개 등록

LMS상에서 과정 소개에 대한 내용을 등록할 수 있다. 화면에 보이는 이미지(메인 이미지, 과정 리스트, 과정 상세페이지, 학습방 등), 소개글 입력 방법(기본 항목 입력, html로 등록), 과정목표, 과정정보, 권장학습방법, 수료조건 안내, 요약 설명 등을 등록할 수 있다.

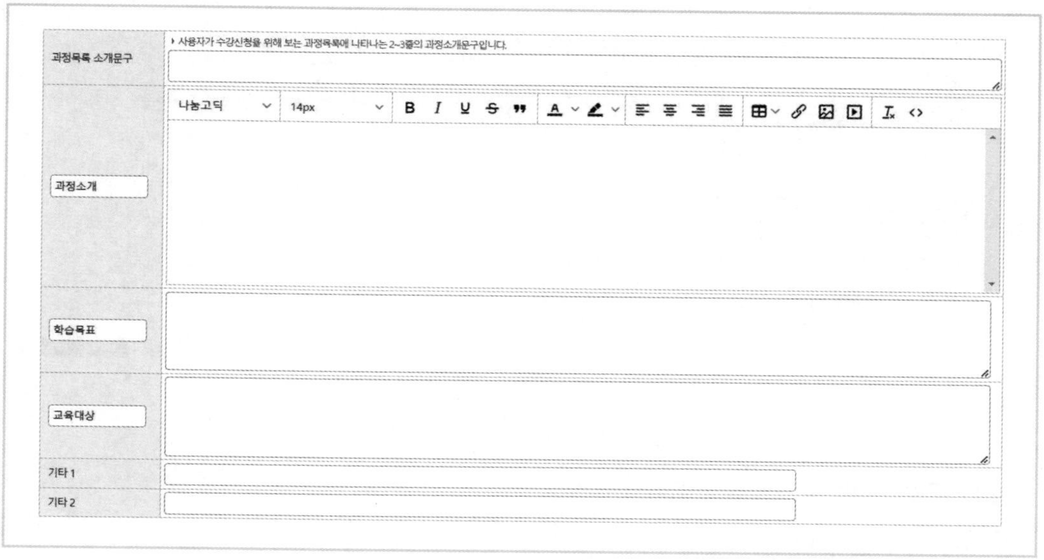

[그림 5-4] 과정 소개 등록 화면

③ 학습자 안내 관련 ✦ 💡 1회 필기 기출

교육과정 외에 학습자들에게 안내할 다양한 자료들이 있다. 여기에서는 학습 전, 학습 중, 학습 후로 구분한 후 살펴보겠다. 이는 학습자가 학습을 진행하는 순서상의 구분이며, 어디까지나 과정이 시작되기 전에 등록되어야 할 사전 자료들이다.

학습 단계 구분	학습 단계별 자료 내용
학습 전 자료	대표적인 학습 전 자료로는 공지사항과 강의계획서가 있다. 학습 전에 학습자가 꼭 알아야 할 사항들을 공지사항으로 알려준다. 오류 시 대처 방법, 학습 기간에 대한 설명, 수료(이수)하기 위한 필수 조건, 학습 시 주의사항 등을 알려준다. 강의계획서는 강의에 대한 사전정보(학습목표, 학습개요, 주별 학습내용, 평가 방법, 수료 조건 등)를 담고 있다.
학습 중 자료	학습자가 강의 중에 도움을 받을 수 있도록 필요한 자료를 알려준다. 보통 강의 진행 중에 자료를 직접 다운로드 받을 수 있도록 하거나 관련 사이트 링크를 걸어준다.
학습 후 자료	평가나 과제 제출로 과정이 종료되는 것이 아니다. 설문조사를 등록해서 학습자가 과정에 대한 소비자 만족도 평가를 할 수 있도록 해야 한다. 일반적으로 학습자들이 필수적으로 하는 '평가' 또는 '성적 확인' 전에 설문을 먼저 실시하도록 한다. 강의나 과정 운영의 만족도뿐만 아니라 시스템이나 콘텐츠의 만족도도 묻는다. 설문 조사는 과정의 품질을 높일 수 있는 중요한 정보이다.

[그림 5-5] 강의자료 등록 화면

2) 평가문항 등록

① 평가의 구분 🔆 1회 필기 기출

평가는 강의 진행 단계에 따라 진단평가, 형성평가, 총괄평가 등으로 구분된다.

강의 진행 단계	평가 내용
진단평가	• 강의 진행 전에 이루어짐 • 학습자의 기초능력(선수학습능력, 사전학습능력) 전반을 진단하는 평가
형성평가	• 각 차시가 종료된 후 이루어짐 • 학습자에게 바람직한 학습방향을 제시하는 평가 • 강의에서 원하는 학습목표를 제대로 달성했는지 확인하는 평가
총괄평가	• 강의 종료된 후 이루어짐 • 학습자의 수준을 종합적으로 확인할 수 있는 평가 • 학습자의 성적을 결정하고 학습자 집단의 특성 분석이 가능한 평가

② 평가문항 등록 메뉴 확인

평가문항을 등록할 수 있는 메뉴를 LMS에서 확인한다.

[그림 5-6] 평가관리(시험관리) 화면

③ 평가문항 등록

시험 출제 메뉴에서 평가에 대한 정보(시험명, 시간체크 여부, 응시가능 횟수, 정답해설
사용 여부, 응시 대상 안내 등)를 입력하고 평가 문항을 등록한다.

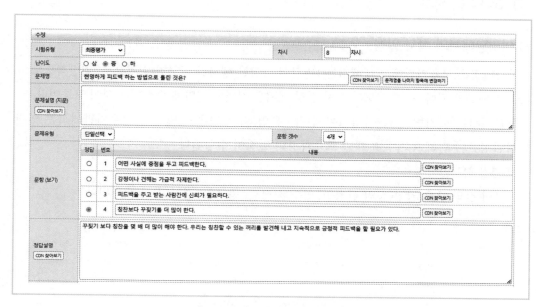

[그림 5-7] 평가문항 등록 화면

03 학사일정 수립

(1) 학사일정 계획

1) 이러닝에서의 학사 일정 ✰✰ 💡 1회 필기 기출

학사일정은 교육기관에서 행해지는 1년간의 다양한 행사를 기록한 일정으로, 일반적으로 표나 달력에 표현된다. 당해 연도의 학사 일정 계획은 전년도 연말에 수립되는 것이 보통이다.

학교에서는 학기별로 학사 일정이 수립 · 운영 되는 경우가 많으며 연수기관에서는 연간 학사일정을 수립하고 기수별 개별 교육과정의 일정이 수립된다.

① 연간 학사일정

1년 간의 주요 일정(강의 신청일, 연수 시작일, 종료일, 평가일)이 제시된다.

기수	학점	차수	신청시작/종료일	연수시작/종료일	출석고사	이수증발급
2023년 1기	4학점	1차	2022-11-01 ~ 2022-12-27	2022-12-28 ~ 2023-02-14	2023-02-11	2023-02-17
	3학점	1차	2022-11-01 ~ 2022-12-13	2022-12-14 ~ 2023-01-17		2023-01-18
	3학점	2차	2022-11-01 ~ 2022-12-27	2022-12-28 ~ 2023-01-31		2023-02-01
	3학점	3차	2022-11-01 ~ 2023-01-03	2023-01-04 ~ 2023-02-07		2023-02-08
	3학점	4차	2022-11-01 ~ 2023-01-17	2023-01-18 ~ 2023-02-21		2023-02-22
	2학점	1차	2022-11-01 ~ 2022-12-13	2022-12-14 ~ 2023-01-10		2023-01-11
	2학점	2차	2022-11-01 ~ 2022-12-27	2022-12-28 ~ 2023-01-25	출석고사 없음	2023-01-26
	2학점	3차	2022-11-01 ~ 2023-01-03	2023-01-04 ~ 2023-01-31		2023-02-01
	2학점	4차	2022-11-01 ~ 2023-01-17	2023-01-18 ~ 2023-02-14		2023-02-15
	1학점	1차	2022-11-01 ~ 2022-12-13	2022-12-14 ~ 2023-01-03		2023-01-04
	1학점	2차	2022-11-01 ~ 2022-12-27	2022-12-28 ~ 2023-01-17		2023-01-18
	1학점	3차	2022-11-01 ~ 2023-01-03	2023-01-04 ~ 2023-01-25		2023-01-26

[그림 5-8] 연간 학사일정 화면 (출처: 티처빌교원연수원)

② 개별 학사일정 ✰

이러닝 과정 운영자는 개별 학사일정을 통해 학습자들에게 일정에 대한 자세한 정보를 알려주며 원활한 과정 이수를 돕는다. 강의 · 평가 · 과제 제출 등은 일정 기간 안에 학습자가 반드시 수행해야 할 항목이므로, 강조하고 반복하여 안내한다.

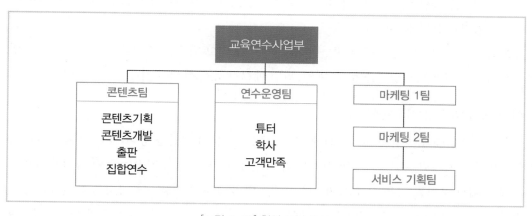

[그림 5-9] 학습 안내 메일 예시

2) 협업 부서

개별 학사일정 및 연간 학사일정이 수립되었다면, 이를 과정 홈페이지에 공지사항 또는 팝업 메시지로 예비 학습자들에게 안내해 주어야 한다. 또한 원활한 학사 진행을 위해 협업부서에 이를 알려주어야 한다. 이러닝 과정을 운영하는 기관과 같은 내부 조직으로, 협업부서 간의 팀웍을 통해 이러닝 과정의 효율과 조직의 이익을 높일 수 있다.

교육연수사업부

콘텐츠팀	연수운영팀	마케팅 1팀
콘텐츠기획 콘텐츠개발 출판 집합연수	튜터 학사 고객만족	마케팅 2팀
		서비스 기획팀

[그림 5-10] 협업 부서 예시

(2) 학사일정 수립

전통적인 의미의 교육은 가르치는 사람과 배우는 사람이 구별되어 있었으나 오늘날은 학습자 중심 교육이 새로운 교육의 흐름으로 인정받고 있다. 교수자, 학습자 모두 교육 주체로서 중요한 존재인 것이다.

1) 교 · 강사와 학습자의 의미

① 교 · 강사 : 이러닝 과정에서는 교수, 강사를 혼용하여 교 · 강사라는 용어를 사용한다.

② 학습자 : 이러닝 과정에서의 학습자는 교육기관의 학생, 연수프로그램에서의 연수생 등을 의미한다.

2) 교 · 강사와 학습자의 역할

① 교 · 강사는 강의 콘텐츠를 제작할 때 녹화의 대상이 되기도 하고, 실시간 강의인 경우 수업을 진행하기도 한다. 교 · 강사는 강의에 대한 피드백을 받으면서 더욱 우수한 강의 콘텐츠를 만들 수 있어야 한다.

② 학습자는 이러닝 과정을 충실히 수행하면서 수료해야 한다. 이러닝은 오프라인 수업과 다른 특성을 가지므로 자신의 성실성을 표현하기 어렵고, 과정 운영자도 이를 측정하기 어렵다. 학습자는 게시글을 카운트하는 정도가 아닌 학습에 적극적으로 참여하는 자세가 필요하다.

3) 교 · 강사와 학습자에게 학사일정 공지

① 실시간 강의인 경우 교 · 강사는 강의를 충실히 준비하기 위해 과정 운영자로부터 학사일정을 공지받아야 한다. 사전에 제작한 콘텐츠가 사용되는 강의라도 교 · 강사에게 학사일정을 공지해 주어야 한다.

② 학습자는 학사일정을 공지 받아야 사전 정보를 얻고 학습을 준비할 수 있다. 과정 운영자는 사전에 학사일정을 문자, 메일, 팝업 메시지 등을 통해 공지해 주어야 한다.

4) 교육과정의 서식과 일정 ☆

운영 예정인 교육과정을 관계기관에 신고할 때는 공문서 기안을 통해 신고하도록 한다. 운영기관마다 표현되는 교육과정의 서식은 다르다. 보통 연간 학사 일정이 달력 형식에 표현되는데 웹에서 구현될 경우 각 교육과정을 클릭하면 링크되어 해당 교육과정으로 연결되는 구조를 많이 사용한다. 교육과정에는 수강신청 기간, 수업 기간, 평가 기간, 과제 제출 기간, 성적에 대한 이의신청 기간 등이 표현된다.

5) 관계 기관에 사전 신고

사전에 조율이 필요하거나 긴급한 사항일 경우 전화를 통해 관계 기관과 연락을 하지만 대부분 공문을 통해 학사일정 및 교육과정을 신고한다. 이러닝 과정 운영의 관계 기관으로는 감독기관, 산업체, 학교 등 다양하다.

제목 : ▓▓▓ ▓▓▓ ▓▓▓ ▓▓▓ ▓▓▓ 원격직무연수 모집 안내
----
1. 귀 교의 무궁한 발전을 기원합니다.
2. ▓▓▓▓▓▓▓ 원격직무연수를 아래와 같이 안내하오니 소속 선생님들이 많이 참여할
수 있도록 협조하여 주시기 바랍니다.

가. 연수종별 : 교원직무연수 60시간(4학점) / 45시간(3학점) / 30시간(2학점) / 15시간(1
학점)
나. 연수대상 : 전국 유·초·중·고교 교원 및 교육전문직
다. 수강접수 : 2019. 06. 14 ~ 2019. 09. 27
라. 연수기간 :
　　[4학점] 2019. 09. 13 ~ 2019. 10. 18 (출석시험 : 2019. 10. 19(토) 오후)
　　[3학점] 1차 : 2019. 09. 07 ~ 2019. 10. 04
　　　　　　 2차 : 2019. 09. 21 ~ 2019. 10. 18
　　[2학점] 1차 : 2019. 09. 07 ~ 2019. 09. 27
　　　　　　 2차 : 2019. 09. 21 ~ 2019. 10. 11
　　[1학점] 1차 : 2019. 09. 07 ~ 2019. 09. 20
　　　　　　 2차 : 2019. 09. 28 ~ 2019. 10. 11
마. 출석시험 : 2019. 10. 19(토) 오후, 전국 31개 지역 고사장(홈페이지 참고) - 4학점
바. 연수신청 : ▓▓▓▓▓▓▓▓▓ 홈페이지에서 온라인 신청

종별	구분	과정명
직무 4학점	학습지도	▓▓▓▓▓▓▓▓▓▓▓▓▓ ▓▓▓▓▓▓▓▓▓▓▓▓ ▓▓▓▓▓▓▓▓▓▓▓▓▓
	교과지도	▓▓▓▓▓▓▓▓▓▓▓ ▓▓▓▓▓▓▓▓▓▓▓▓▓
	생활지도	▓▓▓▓▓▓▓▓▓▓▓▓▓ ▓▓▓▓▓▓▓▓▓▓▓
	독서/논술	▓▓▓▓▓▓▓▓▓▓▓
	자기계발	▓▓▓▓▓▓▓▓▓▓▓▓ ▓▓▓▓▓▓▓▓▓▓▓▓▓

[그림 5-11] 관계 기관에 과정 정보를 안내해주는 공문 예시

04 수강신청 관리

(1) 수강신청 정보 확인

1) 수강신청 현황 확인 방법

수강신청이 이루어지면 학습관리시스템의 수강현황을 관리하는 화면에 수강신청 목록이 나타나게 된다. 수강신청 순서에 따라서 목록이 누적되며, 수강신청한 과정명과 신청인 정보가 목록에 나타난다. 수강신청된 과정 정보를 확인하기 위해서는 과정명을 클릭하면 된다.

[그림 5-12] 수강신청 현황 목록

[그림 5-13] 수강신청한 과정의 상세 정보

과정 정보에서 수료기준 등의 정보를 확인한 후 운영 시 참고할 수 있다.

평가항목	평가비중	과락기준	수료기준	나의점수	진행일	초기화
진도점수	100점	100% (100점)	100% 이상	진도율 : 75% 75점	-	-
총괄평가	0점	-	-	-	-	-
과제점수	0점	-	-	-	-	-
총점	100점	-	100점 이상	75점	-	-

수료기준 및 점수 현황 [강제수료처리]

[그림 5-14] 수료기준 및 점수 현황

2) 수강승인 처리 방법

자동으로 수강신청이 되는 과정 개설 방법인 경우를 제외하면 수강신청 목록에 있는 과정을 수강신청 승인해 주어야 한다.

[그림 5-15] 수강승인을 위한 목록 현황

수강승인을 위해서는 수강승인할 수강신청 목록을 체크한 후 수강승인을 위한 버튼을 클릭하면 된다. 반대로 수강신청을 취소할 수도 있다.

수강승인을 하면 신청된 내역은 학습 중인 상태로 변경되어 학습을 독려하거나 관리할 수 있게 된다.

3) 교육과정 입과 안내

① 교육과정별 수강 방법 안내

수강신청이 되고, 수강승인이 되면 해당 교육과정에 입과된 것으로 볼 수 있다. 입과 처리가 되었을 때에 자동으로 입과 안내 이메일이나 문자가 발송되게 할 수 있다. 만약 학습자의 수강 참여가 특별히 요구되는 과정의 경우에는 학습자 정보를 확인하여 운영자가 직접 전화로 입과 안내 후 학습 진행 절차를 안내할 수도 있다. 이때 학습자가 활용할 수 있는 별도의 사용 매뉴얼, 학습안내 교육자료 등을 첨부하는 경우도 있다.

② 학습자용 사용 매뉴얼

- **문서 형태**

문서의 형태로 사용 매뉴얼을 만들어 제공하는 경우가 있다. 학습자는 이러닝에 익숙한 사람이 있기도 하지만 경험이 적은 사람도 있기 때문에 이를 대비하여 문서 형태로 사용 매뉴얼을 만들어 배포하기도 한다. 문서 형태로 배포하는 경우에는 PDF 문서로 만드는 경우가 많고, 웹에서 바로 확인할 수 있는 웹문서 방식으로 구성할 수도 있다. 최근에는 브랜드 홍보 차원에서 별도 블로그를 운영하면서 블로그 내에 사용 방법, 사용 팁, 우수 사례 등을 올리는 경우가 있다. 이러한 방법을 사용하는 경우에는 검색을 통해 이러닝 서비스에 대한 홍보를 돕고, 학습자들이 자연스럽게 참여하여 배포될 수 있는 효과를 얻을 수도 있다.

- **교육 형태**

이러닝 서비스 사용법을 이러닝으로 만들어 운영하는 경우가 있다. 교육받는 방법을 교육으로 풀어내면서 교육의 중요성을 각인시킬 수도 있고, 이러닝 서비스 주체의 교육에 대한 열정을 보여줄 수도 있다.

정기 혹은 비정기적으로 오프라인을 통해 만남의 기회를 주어 교육할 수도 있다. 오프라인 만남의 기회는 온라인만으로 학습자의 요구사항을 듣기 어렵고, 학습자의 오프라인 커뮤니티의 욕구를 해소하기 위한 방법으로 활용되기도 한다.

(2) 수강신청 정보 관리

1) 수강신청 관리를 위한 사전처리

① 운영자 등록

운영의 효율성과 학습자의 학습만족도를 높이기 위해 운영자를 사전에 등록하여 관리하게 할 수 있다. 운영자를 사전에 등록하려면 운영자 정보를 학습관리시스템에 먼저 등록해야 한다. 운영자는 일종의 관리자 개념으로 인식되기 때문에 학습자가 볼 수 없는 별도의 관리자 화면에 접속할 수 있도록 운영자 등록이 필요하다. 운영자 정보를 등록하고, 접속 계정을 부여한 후 수강신청별로 운영자를 배치할 수 있다.

② 교·강사 등록

튜터링을 위해서 별도의 관리자 화면에 접속할 수 있도록 교·강사 등록이 필요하다. 교·강사 정보를 입수받고 학습관리시스템에 입력한 후 튜터링이 가능한 권한을 부여한다. 교·강사 정보를 등록하고, 접속 계정을 부여한 후 수강신청별로 교·강사를 배치할 수 있다. 일반적으로 교·강사의 배치는 과정당 담당할 학습자 수를 지정한 후 자동으로 교·강사에게 배정될 수 있도록 학습관리시스템에서 세팅하게 된다.

2) 수강신청 관리를 위한 사후처리

① 수강변경 사항 사후처리 ☆

수강승인을 한 후 잘못된 정보가 있다면 수강신청을 취소하거나, 수강내역을 변경할 수 있다. 수강신청 내역을 변경하거나, 수강내역 등을 변경하는 경우에는 반드시 다른 정보들과 함께 비교해서 처리해야 한다. 학습자가 수강신청한 내역과 다르게 학습관리시스템에 처리가 되어 있다면 그 자체만으로 학습의 불만족 요소가 될 수 있기 때문에 학습과 관련된 데이터를 다룰 때에는 주의하여야 한다.

② 운영자, 교·강사 변경

운영자와 교·강사의 정보나 배치된 정보가 변경된 경우에는 관련 데이터를 수정해야 한다. 이때 기존 정보가 변경될 때 학습자의 학습결과에 미치는 영향도를 고려하여 신중하게 판단해야 할 것이다.

출제예상문제 Chapter 05 이러닝운영 준비

01 다음 이러닝 운영 사이트에 대한 설명 중 옳지 않은 것은?

① 이러닝 운영 사이트는 학습 사이트와 학습관리시스템으로 구분할 수 있다.
② 학습 사이트는 인터넷을 통해서만 접속할 수 있다.
③ 학습 사이트의 주 메뉴에는 나의 강의실, 교육 안내, 교육신청, 자료실, 고객지원 등이 포함된다.
④ 학습 사이트의 강의 오픈 이후 생기는 오류들은 발생 이후 해결 방안을 마련한다.

해설

이러닝 과정 운영자는 사전에 학습 사이트를 점검하고, 오류 발생 시 해결 방안도 미리 마련하여, 학습자가 강의를 이수하는데 불편함이 없도록 해야 한다.

02 이러닝 학습 사이트에서 화면이 하얗게 나올 경우 해결 방안으로 알맞은 것은?

① 호환성 보기 설정 변경을 통해 해결한다.
② LMS에서 수강 시간 입력을 확인한다.
③ 윈도우즈 미디어 플레이어 옵션에서 환경을 변경한다.
④ 온라인 사이트의 새로고침 버튼을 누른다.

해설

학습 사이트마다 최적화된 웹 브라우저 버전이 다르기 때문에 ID/PW가 입력되지 않을 때, 화면이 하얗게 나올 때, 버튼이 눌러지지 않을 때는 호환성 보기 설정 변경을 통해 해결한다.
②는 진도 체크 오류 시 해결 방안, ③은 동영상 플레이 점검 방법에 대한 내용이다.

03 이러닝의 LMS 주요 메뉴 중 '교육 관리'에서 수행할 수 있는 작업으로 옳지 않은 것은?

① 과정제작 및 계획
② 회원 접속 현황 관리
③ 시험출제 관리
④ 교육현황 결과 관리

해설

회원의 접속 현황은 '회원 관리' 메뉴에서 관리할 수 있다.
'교육 관리' 메뉴에서는 과정운영 현황파악, 과정제작 및 계획, 수강/수료 관리, 교육현황 및 결과 관리, 시험 출제 및 현황 관리, 수료증 관리 등의 작업을 수행할 수 있다.

04 다음 중 이러닝 학습 사이트의 중복 로그인 제한을 관리할 수 있는 LMS 메뉴는?

① 교육관리　　　　　　　　② 사이트 기본 정보
③ 게시판 관리　　　　　　　④ 회원관리

해설

LMS 사이트 기본 정보 메뉴에서는 중복 로그인 제한, 결제 방식 등을 선택할 수 있으며, 연결 도메인 추가, 실명 인증 및 본인 인증 서비스 제공, 원격 지원 서비스 등을 관리할 수 있다.

05 다음 중 데스크톱 PC에서의 콘텐츠 구동 여부 확인 순서를 올바르게 나열한 것은?

> (ㄱ) 주소창에 이러닝 학습 사이트 주소 입력
> (ㄴ) 정상 구동 여부 확인
> (ㄷ) 탑재된 동영상 콘텐츠 찾아가기 & 플레이 버튼 클릭
> (ㄹ) 테스트용 ID 및 비밀번호로 로그인
> (ㅁ) 웹 브라우저 실행

① (ㄱ) – (ㅁ) – (ㄹ) – (ㄷ) – (ㄴ)
② (ㄱ) – (ㄷ) – (ㄴ) – (ㄹ) – (ㅁ)
③ (ㅁ) – (ㄱ) – (ㄷ) – (ㄹ) – (ㄴ)
④ (ㅁ) – (ㄱ) – (ㄹ) – (ㄷ) – (ㄴ)

해설

데스크톱 PC에서의 콘텐츠 구동 여부의 확인은 다음 순서를 따른다.
웹 브라우저 실행 → 주소창에 이러닝 학습 사이트 주소 입력 → 테스트용 ID 및 비밀번호로 로그인 → 탑재된 동영상 콘텐츠 찾아가기 & 플레이 버튼 클릭 → 정상 구동 여부 확인

01 ④　02 ①　03 ②　04 ②　05 ④

06 다음 중 이러닝 콘텐츠 점검 시, 제작 환경에서 점검해야 할 내용으로 맞는 것은?

① 카메라 앵글이 무난한지 점검한다.
② 사운드나 BGM이 영상의 목적에 맞게 흐르는지 점검한다.
③ 학습 목표에 맞는 내용으로 콘텐츠가 구성되어 있는지 점검한다.
④ 영상과 내레이션이 매끄럽게 연결되는지 점검한다.

해설

카메라 앵글의 점검 내용은 이러닝 콘텐츠 점검 항목에서 '제작 환경'의 점검 내용에 해당한다.
②, ④는 이러닝 콘텐츠 점검 항목 중 '화면 구성'의 점검 내용이다.
③은 이러닝 콘텐츠 점검 항목 중 '교육 내용'의 점검 내용이다.

07 이러닝 콘텐츠가 학습 사이트에서 플레이되지 않을 때 문제 해결을 위한 수정 요청 대상은 누구인가?

① 이러닝 콘텐츠 개발자
② 이러닝 시스템 개발자
③ 이러닝 과정 운영자
④ 이러닝 학습자

해설

콘텐츠는 정상적으로 제작되었지만 학습 사이트상에서 콘텐츠 자체가 플레이되지 않거나, 사이트에 표시되지 않을 때, 엑스박스 등으로 표시될 때는 '시스템 개발자'에게 연락하여 문제를 해결한다.

08 다음 중 이러닝 교육과정의 학습 자료에 대한 설명으로 옳지 않은 것은? `2023 기출`

① 학습자에게 제공되는 학습 자료들은 과정이 시작되기 전에 등록되어야 한다.
② 학습 기간 설명과 주의사항, 오류 대처 방법은 공지사항으로 사전에 알려준다.
③ 강의계획서는 학습 전 자료에 해당한다.
④ 학습이 끝난 학습자들이 성적 확인 후, 설문 조사를 실시하도록 한다.

해설

일반적으로 학습자들이 필수적으로 하는 '평가' 또는 '성적 확인' 전에 설문을 먼저 실시하도록 한다. 설문 조사는 강의나 과정 운영의 만족도뿐만 아니라 시스템이나 콘텐츠의 만족도도 물어 과정의 품질을 높일 수 있는 중요한 정보이다.

09 이러닝 교육과정의 평가문항 중 형성평가에 대한 설명으로 옳은 것은?

① 각 차시가 종료된 후에 이루어지는 평가이다.
② 학습자의 수준을 종합적으로 확인할 수 있는지 평가한다.
③ 학습자의 기초능력 전반을 진단하는 평가이다.
④ 학습자의 성적을 결정하는 평가이다.

해설

형성평가는 각 차시가 종료된 후 이루어지며 학습자에게 바람직한 학습방향을 제시하며 강의에서 원하는 학습목표를 제대로 달성했는지 확인하는 평가이다.
②,④는 총괄평가에 해당하는 내용이다.
③은 진단평가에 해당하는 내용이다.

10 이러닝 교육과정 세부등록 시 평가문항 등록에 포함되는 정보가 아닌 것은? **2023 기출**

① 응시가능 횟수　　　　　　② 수료조건
③ 정답과 해설　　　　　　　④ 시간체크 여부

해설

수료조건 안내는 교육과정 자료 등록 시, '과정 소개 등록'에 해당하는 부분이며 과정 소개에서는 화면에 보이는 이미지(메인 이미지, 과정 리스트, 과정 상세페이지, 학습방 등), 소개글 입력 방법(기본 항목 입력, html로 등록), 과정목표, 과정정보, 권장학습방법, 수료조건 안내, 요약 설명 등을 등록할 수 있다.
평가문항을 등록할 때에는 시험명, 시간체크 여부, 응시가능 횟수, 정답해설 사용 여부, 응시 대상 안내 등을 입력한다.

11 다음 중 이러닝 교육과정 등록 시, 과정 목표와 수료 조건 등의 정보를 입력하는 단계는?

① 과정 만들기　　　　　　　② 교육과정 분류하기
③ 과정 개설하기　　　　　　④ 강의 목차 만들기

해설

이러닝에서 교육과정을 등록할 때 보통 '과정 분류, 강의 만들기, 과정 만들기, 과정 개설하기'등의 절차를 거치며, 과정 만들기에서는 과정 목표, 과정 정보, 수료조건 안내 등 자세한 정보를 입력한다.

06 ① 07 ② 08 ④ 09 ① 10 ② 11 ①

12 다음 중 이러닝에서 학사 일정에 대한 설명으로 옳지 않은 것은?

① 학사 일정 계획은 보통 전년도 연말에 수립된다.

② 학교에서의 학사 일정은 학기별로 수립 및 운영되는 경우가 많다.

③ 학습자들에게 일정에 대한 자세한 정보를 알려주며 원활한 과정 이수를 돕는 것은 연간 학사일정이다.

④ 이러닝 과정 운영자는 개별 학사일정을 통해 학습자가 반드시 수행해야 할 항목들을 안내한다.

해설

'연간 학사일정'을 통해 1년 간의 주요 일정(강의 신청일, 연수 시작일, 종료일, 평가일)이 제시되며, '개별 학사일정'을 통해 학습자들에게 일정에 대한 자세한 정보를 알려주며 원활한 과정 이수를 돕는다.

13 다음 중 연간 학사일정의 주요 일정에 포함되지 않는 것은?   `2023 기출`

① 과제 제출일   ② 평가일

③ 연수 시작일   ④ 강의 신청일

해설

연간 학사일정에서는 1년 간의 주요 일정인 강의 신청일, 연수 시작일, 종료일, 평가일이 제시되며, 과제 제출일은 개별 학사일정을 통해 안내가 된다.

14 다음 중 이러닝 학사일정 수립 시 교수자, 학습자에 대한 설명으로 옳지 않은 것은?

① 사전에 제작한 콘텐츠가 사용되는 강의라도 교·강사에게 학사일정을 공지해 주어야 한다.

② 콘텐츠 개발자는 사전에 학사일정을 문자, 메일, 팝업 메시지 등을 통해 공지해 주어야 한다.

③ 이러닝 과정에서 교·강사는 교수와 강사를 혼용하는 의미이며 학습자는 학생 또는 연수생을 의미한다.

④ 오늘날은 교수자와 학습자 모두 교육의 주체가 된다.

해설

학사일정은 이러닝 과정 운영자가 문자, 메일, 팝업 메시지 등을 통해 공지해 주어야 한다.

15 다음 중 이러닝 교육과정을 관계기관에 사전 신고할 때의 설명으로 옳지 않은 것은?

① 교육과정을 교육기관에 신고할 경우 공문서 기안을 통해 신고한다.
② 운영 기관의 교육과정 서식은 공통적으로 사용된다.
③ 사전에 조율이 필요한 경우 전화를 통해 관계 기관에 연락을 할 수 있다.
④ 이러닝 과정 운영의 관계 기관은 산업체, 학교, 감독기관 등이 있다.

 해설

교육과정을 신고할 때는 보통 공문서 기안을 통해 작성하나, 운영기관마다 표현되는 교육과정 서식은 다르다.

16 다음 중 수강신청 관리를 위한 사후처리에 대한 설명이 옳지 않은 것은?

① 수강신청 관리에서 수강내역을 변경하는 경우 반드시 다른 정보들과 함께 비교해서 처리해야 한다.
② 교·강사의 정보가 변경된 경우 관련 데이트를 수정해야 하며 학습자의 학습결과에 미치는 영향도를 고려해야 한다.
③ 수강취소 후 환불을 진행할 때 관리자 기능에서 직접 처리를 하면 완료된다.
④ 학습자가 수강신청한 내역이 학습관리시스템에 다르게 처리되어 있다면, 그 자체만으로 학습의 불만족 요소가 될 수 있다.

해설

일반적으로 수강신청 재등록의 경우에는 관리자 기능에서 직접 처리를 할 수 있지만, 환불의 경우에는 PG(Payment Gatway)사와 시스템적으로 연동되어 있는 경우가 있기 때문에 PG사의 환불 관련된 데이터와 비교해야 할 수도 있다.

이러닝운영관리사
필기

Part 2
이러닝 활동 지원

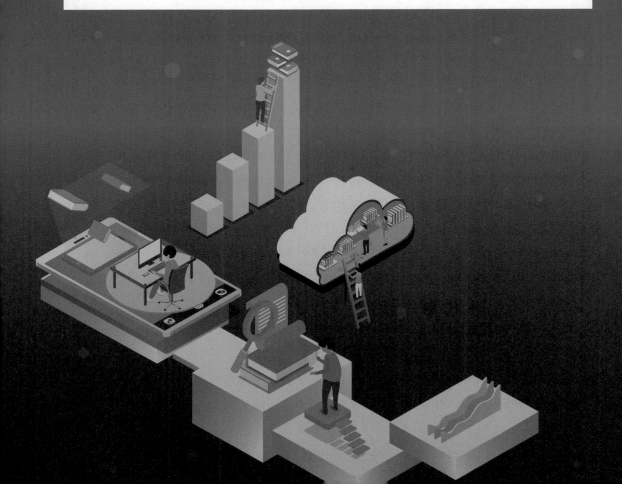

Chapter 01 이러닝 운영 지원도구 관리

01 운영 지원도구 분석

(1) 운영 지원도구의 종류와 특성

1) 운영 지원도구

이러닝의 효과성을 높이기 위한 도구는 매우 다양하다. 그 활용도에 따라 학습관리시스템(LMS) 또는 학습콘텐츠관리시스템(LCMS)의 일부로 종속되기도 하며 그 중요성에 따라 독립적인 시스템으로 운영될 수도 있다. 일반적인 학습지원도구로는 과정 개발 지원도구, 운영 지원도구, 학습 지원도구로 크게 나눌 수 있다.

〈표 1-1〉 이러닝 학습지원도구 1회 필기 기출

구분	학습지원 도구의 예
과정개발 지원도구	콘텐츠 저작도구
운영 지원도구	운영지원을 위한 메시지 전송 시스템(메일, 문자, 쪽지 전송 등), 평가시스템, 설문시스템, 커뮤니티, 원격지원 시스템
학습 지원도구	역량진단시스템, 개인 학습경로 제시, 개인학습자의 학습이력 관리 시스템

2) 지원도구 기능과 범위

앞에서 언급한 각 시스템들은 기존 보유한 시스템의 상황과 고객의 요구사항에 따라 그 기능과 범위가 달라질 수 있다. 이러닝 시스템에서 학습자를 위한 학습관리시스템(LMS) 보유는 어떤 형태로든 필요하지만 학습콘텐츠관리시스템(LCMS) 및 학습지원도구의 경우 아직 활성화되지 않은 기업들도 있다.

따라서 여기서는 이러닝 시스템의 필수 공통요소인 학습관리시스템(LMS)으로 범위를 한정하고 이를 기준으로 설명하고자 한다. 이러한 이러닝 시스템은 온라인 학습을 위한 통합적 시스템이라는 개념이기 때문에 모든 기능들이 상호보완적이고 유기적으로 결합하여 제 기능을 발휘할 수 있어야 한다.

일반적으로 이러닝 시스템은 사용 및 운영하는 주체에 따라 학습자 지원시스템, 운영자 지원시스템, 교강사 지원시스템(튜터 지원시스템)으로 구분할 수 있으며 각 시스템별로 필요로 하는 기능을 정의할 수 있어야 한다.

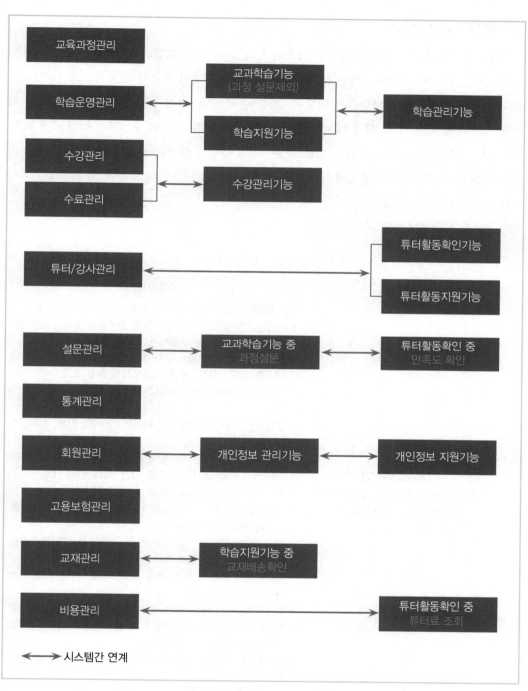

[그림 1-1] 지원도구 주요기능

3) 지원도구의 기능요소

고객요구사항의 분석자료를 가지고 시스템 구축 참여자 간의 협의를 통해 필요한 구성 및 기능을 도출할 준비를 한다. 기존 시스템이 있을 경우 현재의 기능을 전체적으로 상세히 분류하고 새롭게 요구되는 사항들은 별도로 정리하는 작업을 하여 기존 시스템에서 새로운 시스템이 지속해야 될 기능, 제거 및 추가해야 될 기능을 나열, 구성할 수 있다. 아래 내용은 이러닝 시스템의 활용대상에 따른 시스템 분류, 즉 학습자 지원시스템, 교강사 지원시스템, 운영자 지원시스템의 구축과 운영에 대한 가이드라인으로서 시스템의 기능을 분류하고 구성하는데 참고자료가 될 수 있다.

① 운영자 지원 시스템의 구성 및 기능

〈표 1-2〉 운영자시스템의 구성 및 기능

구분	주요 기능
[학습과정관리] 학습운영관리학습 운영 중 운영자의 활동과 관련된 기능으로 구성	• 입과현황 : 입과자 명단, 인원 조회, 기업별 입과현황 조회 • 사전진단(역량진단) : 학습자들의 선수학습정도, 기본 역량 등을 확인할 수 있는 문항제시, 결과분석 • 진도 / 성적(학습현황) : 개인별/과정별/고객사별 학습자의 진도율, 과제 · 시험 · 토론 · Q&A 제출 정보 조회 • 학습지원 : 학습자와의 커뮤니케이션을 통해 지원할 수 있는 기능 • 공지사항 · 게시판 관리 : 공지사항 · 게시판 등록, 삭제, 수정 가능 • 자료실관리 : 과정별 자료실의 자료를 등록, 수정, 삭제 가능 • Q&A관리 : 학습자 Q&A 조회, 답변, 삭제, 수정 가능 • 용어사전관리 : 용어사전 등록, 삭제, 수정 가능 • 학습운영지원관리 : 학습도우미, FAQ, 자유게시판, 사이트 전반에 대한 Q&A 게시판 등 • 기타 학습운영지원 기능 : 커뮤니티 관리, 블로그기능, 학습서약서, 자기학습계획서 등 • 학습독려 : 학습자 독려 현황 조회, 학습독려를 위한 기능 (SMS, 메일, 쪽지 등) • 학습독려관리 : 독려현황조회, 메일발송현황, SMS 발송현황 • 학습독려기능 : SMS, 메일, 쪽지 등 기술적 지원기능(메일 발송, SMS 발송, 쪽지발송 등) • 운영일지 : 운영자가 학습운영관리 내역을 기록할 수 있는 기능
[수강관리] 수강신청과 관련된 정보를 관리하는 기능	• 수강신청관리 : 수강신청 기간설정 등 수강신청관련 정보 관리 • 수강신청내역조회 : 수강신청 인원, 명단 조회, 취소명단 조회 • 수강신청승인 : 개별 수강신청승인, 단체 학습자 수강신청 및 승인(일괄수강신청) • 수강변경 / 취소처리 : 수강신청 변경 및 취소 처리 • 토론관리 : 교육과정에 필요한 토론 등록/조회/변경

[수료관리] 수료기준에 따른 수료 기능으로 구성	• 수료처리 : 수료 기준에 따른 수료자 수료처리 • 수료현황 : 과정 차수별 수료현황 및 결과조회 예 수강인원 (과정별 / 고객사별 수료자, 수료율 / 미수료율, 수료증 발급현황 등), 수료인원에 대한 정보조회(기본사항: 과정명, 이름, 학습기간, 교육비, 환급액 등), 평가사항(진도율, 최종평가, 과제, 취득점수, 수료여부 등) 엑셀(Excel) 다운로드
[교강사 관리] 교강사에 관한 기본 정보와 활동정보 관련 기능으로 구성	• 교강사 등록 · 조회 · 변경 : 과정에 따라 교강사를 등록 · 조회 · 변경 • 교강사 활동관리 : 과정 운영 중 교강사의 활동을 모니터링하고 학습운영 기능(교강사 커뮤니티, 교강사 자료실 등) 제공 • 교강사 정산 : 교강사 활동에 따른 비용 정산 관리
[설문 관리] 과정과 관련된 설문이나 홈페이지 설문을 통합적으로 관리하는 기능으로 구성	• 설문문항관리 : 설문 문항 등록 및 조회, 변경 • 과정설문관리 : 과정에 따라 설문 등록, 조회, 변경 • 설문결과 분석 : 설문내용을 분석하여 결과 제시
[통계 관리] 학습관리시스템을 활용하여 학습운영과 관련된 통계를 생성, 확인하는 기능으로 구성	• 운영결과 : 과정운영과 관련된 통계자료 통합출력 • 강의평가(만족도)통계 : 강의평가, 만족도 관련 통계 • 성적관련통계 : 평가결과, 진도율, 수료율 등 성적과 관련된 통계 • 접속현황통계 : 학습자 접속현황, 학습시간대 현황 등 접속 관련 통계 • 로그통계 : 접속자 관련 로그 분석 • 실적통계 : 과정운영통계, 연간운영통계, 매출통계, 교육계획 및 실적 조회
[회원 관리] 회원관리 기능으로 구성	• 개인회원관리 : 학습자, 교강사 등 개인정보 등록, 정보조회, 탈퇴관리, ID / PW 관리, 수강이력관리 등 • 기업회원 관리 : 고객사 정보 등록 및 관리 • 협력업체 관리 : 협력업체 정보 등록 및 관리
[교재 관리] 교재 관련 기능으로 구성	• 교재정보 관리 : 교재등록, 교재정보등록 • 교재입고 / 출고관리 • 교재배송 관리 : 교재배송요청 및 배송현황 조회
[비용 관리] 비용 관련 기능으로 구성	• 결제관리 : 수강비 입금, 환불, 취소 등 내역조회 및 영수증 발급 • 매출관리 : 회사별 매출 등 매출관련 정보 관리 • 협력업체 비용 관리 : 협력업체와의 수익배분 등 관리

이러닝 활동 지원

② 학습자 지원시스템의 구성 및 기능

〈표 1-3〉 학습자 지원 시스템의 구성 및 기능

구분	주요 기능
[수강관리] 수강 관련 기능으로 구성	• 수강신청 : 학습자가 수강 신청할 수 있는 기능 • 수강신청 변경 및 취소 : 수강 신청한 내용을 변경, 취소하는 기능 • 수강내역조회 : 수강 신청하여 학습 예정인 과정을 확인할 수 있으며, 과거 수강이력, 현재 수강중인 과정 등을 확인하도록 하는 기능. 수료한 과정일 경우에는 수료증을 출력할 수 있으며, 재학습의 기능을 포함해야 함. • 기타 : 영수증 출력, 수강신청 방법안내, 학습자 유의사항 등의 기능 제공
[교과 학습 기능] 학습과 관련된 기능으로 구성	• 과정 공지사항·게시판 : 수강하는 과정의 공지사항 게시판을 확인할 수 있는 기능 • 진도 / 성적(학습현황) : 학습 진도율과 시험, 과제, 토론 등 수료와 관련된 성적을 확인할 수 있는 기능 • 시험 : 교과학습의 시험을 치르는 기능, 평가 횟수는 형성 / 총괄 등 • 과제 : 학습 중 수행해야 하는 과제를 확인하고 제출하고, 교강사의 평가내용을 확인할 수 있는 기능 • 토론 : 학습 중 수행해야 하는 토론이 있을 경우 실시할 수 있는 기능 • 자료실 : 학습과 관련된 자료를 확인할 수 있는 기능 • 과정 Q&A : 학습내용과 관련된 질문을 올릴 수 있는 기능 • 과정설문 : 학습 종료 후 학습에 대한 만족도 등을 설문조사할 수 있는 기능
[학습 지원 기능] 학습을 지원하는 기능으로 구성	• 고객센터 : 학습에 필요한 프로그램 다운로드 등 학습을 지원해주는 학습자료실, 사이트 전반에 대한 Q&A 게시판, FAQ, 자유게시판 등의 기능 • 사전진단(역량분석) : 학습자들의 선수학습정도, 기본 역량 등을 확인할 수 있는 문항제시, 결과제시 • 기타 : 커뮤니티 기능, 역량진단 기능, 블로그 기능, 교재배송 기능
[개인정보 관리 기능] 학습자 개인 정보와 관련된 기능으로 구성	• 로그인 : 학습자의 ID / PW로 로그인 • 회원가입 : 회원가입 / 회원탈퇴 • 개인정보관리 : 학습자 개인정보 확인 및 변경기능

③ 교강사시스템의 구성 및 기능

〈표 1-4〉 교강사시스템의 구성 및 기능

구분	주요 기능
[학습 관리 기능] 학습자가 학습하는 동안 교강사로서 학습을 관리하는 기능으로 구성	• 입과현황 : 입과자 명단, 인원 조회 • 공지사항 · 게시판 관리 : 학습과 관련된 공지사항 · 게시판에 내용을 게시할 수 있는 기능 • 진도 / 성적관리 : 학습 진도율과 시험, 과제, 토론 등 수료와 관련된 성적을 확인할 수 있는 기능 • 시험관리 : 시험문제 관리, 시험 평가내역을 관리할 수 있는 기능 • 과제(리포트)관리 : 과제제출 현황 및 평가, 첨삭 등 과제를 관리할 수 있는 기능 • 토론관리 : 토론 참여 확인, 토론평가 실시 등 토론을 관리할 수 있는 기능 • Q&A 관리 : 학습과 관련된 질문에 대한 응답 및 관리하는 기능 • 자료실관리 : 학습에 필요한 자료 등록 및 관리하는 기능 • 학습지원관리 : 커뮤니티, 사전진단(역량분석) 결과 검색, 커뮤니티, 성찰일지, 학습서약서 등의 기능 • 학습자독려 : 이메일, 쪽지, SMS 등 학습자를 독려할 수 있는 기능
[교과 학습 기능] 자신의 교강사활동을 확인하는 기능으로 구성	• 교강사과정 확인 : 교강사가 자신이 관리해야 하는 과정과 학습자를 확인할 수 있으며, 이전에 관리했던 과정들을 확인할 수 있는 기능 • 교강사료 조회 : 교강사활동 결과 비용을 확인할 수 있는 기능 • 학습자만족도 확인 : 학습자가 학습 후 실시한 학습자 만족도 또는 교강사 만족도를 확인할 수 있는 기능
[학습 지원 기능] 교강사활동을 도와주는 기능으로 구성	• 교강사 커뮤니티 : 교강사가 운영자와 커뮤니티를 통해 의사소통 할 수 있는 기능 • 교강사 Q&A 게시판 : 운영자와 교강사들 간에 게시판을 통해 의사소통 할 수 있는 기능 • 교강사 자료실 : 교강사활동을 위한 자료를 제공하는 기능 • 교강사 운영일지 : 교강사로써 학습 관리한 내역을 기록할 수 있는 기능
[개인정보 관리 기능] 교강사 개인 정보와 관련된 기능으로 구성	• 로그인 : 교강사 ID/PW로 로그인 • 개인정보관리 : 교강사의 개인정보를 확인하고 수정할 수 있는 기능

위에서 제시된 기능들은 이러닝 운영 기관에 따라 다양하게 변경될 수 있다.

(2) 운영 지원도구 활용 방법

이러닝 운영지원도구를 활용하는 방법은 다양하다. 이러닝 운영지원도구는 학습자들의 학습 경험을 향상시키고, 교육자들이 학습자들을 보다 효과적으로 지원할 수 있도록 도와준다. 이러닝 운영지원도구의 활용 방법으로는 다음과 같은 것들이 있다.

1) 학습자들의 학습 활동을 추적하는 기능 활용

이러닝 운영지원도구는 학습자들의 학습 활동을 자동으로 추적할 수 있다. 교강사 및 운영자는 이러한 기능을 활용하여 학습자들이 어떤 학습 내용을 수행하고 있는지, 학습자들이 학습 내용에서 어려움을 겪는지 등을 파악할 수 있다.

2) 학습 자료 제공 기능 활용

이러닝 운영지원도구는 학습자들에게 다양한 학습 자료를 제공할 수 있다. 교강사 및 운영자는 이러한 기능을 활용하여 학습자들에게 강의 자료, 문제집 등을 제공할 수 있다.

3) 학습자들과 교육자들 간의 소통을 위한 기능 활용

이러닝 운영지원도구는 학습자들과 교육자들 간의 소통을 위한 다양한 기능을 제공한다. 예를 들어, 온라인 채팅, 포럼, 이메일 등의 기능을 활용하여 학습자들과 교육자들이 자유롭게 소통할 수 있다.

4) 학습자들의 학습 성과를 측정하는 기능 활용

이러닝 운영지원도구는 학습자들의 학습 성과를 측정할 수 있다. 교육자는 이러한 기능을 활용하여 학습자들의 학습 수준을 파악하고, 맞춤형 교육 프로그램을 제공할 수 있다.

5) 학습자들의 학습 경험을 개선하기 위한 기능 활용

이러닝 운영지원도구는 학습자들의 학습 경험을 개선하기 위한 다양한 기능을 제공한다. 예를 들어, 학습자들에게 피드백을 제공하거나, 학습자들이 학습 내용에서 어려움을 겪을 때 즉각적인 지원을 제공할 수 있다.

02 운영 지원도구 선정

(1) 과정 특성별 적용 방법

과정 특성에 따라 적합한 이러닝 운영지원도구는 다양하다. 일반적으로 이러닝 운영지원도구를 적용할 때는 해당 과정의 목표, 대상 학습자, 학습 방법 등을 고려하여 적절한 도구를 선택하고 활용해야 한다. 과정 특성별 운영도구에 대해 살펴보자.

1) 대규모 이러닝 강의

대규모 이러닝 강의에서는 다수의 학습자들이 동시에 학습을 진행하므로, 학습자들 간의 소통을 원활하게 하는 것이 중요하다. 이를 위해 강의에서는 온라인 채팅이나 포럼, 혹은 실시간 강의 시스템 등을 활용하여 학습자들끼리 소통할 수 있는 환경을 제공할 수 있다. 또한, 강의 내용을 보다 쉽게 이해할 수 있도록, 인터랙티브한 학습 콘텐츠나 시뮬레이션 등 다양한 학습 자료를 활용할 수 있다.

2) 팀 프로젝트가 있는 과정

팀 프로젝트가 있는 이러닝 강의에서는 학습자들끼리 협업하며 프로젝트를 수행하는 것이 중요하다. 이를 위해 강의에서는 협업 툴이나 그룹웨어 등을 활용하여 학습자들끼리 소통하고 협업할 수 있는 환경을 제공할 수 있다. 또한, 프로젝트 진행 상황을 추적 및 관리할 수 있는 프로젝트 관리 도구를 활용하여 학습자들이 프로젝트를 보다 효율적으로 수행할 수 있도록 지원할 수 있다.

3) 개별 학습을 위한 이러닝 과정

개별 학습을 위한 이러닝 강의에서는 학습자들이 스스로 학습을 진행할 수 있도록 다양한 학습 자료를 제공하는 것이 중요하다. 학습자들이 학습 결과를 쉽게 확인하고, 자신의 학습 계획을 세울 수 있도록 학습자 성취도 관리 도구를 제공하는 것이 중요하다. 이를 위해 강의에서는 학습자들의 학습 결과를 추적하고 분석할 수 있는 학습자 성취도 관리 도구나 학습자들의 학습 계획을 관리할 수 있는 학습 계획 도구 등을 활용할 수 있다.

4) 특정 분야의 전문 지식을 습득하는 과정

특정 분야의 전문 지식을 습득하는 이러닝 과정에서는 학습자들이 전문 용어나 개념 등을 이해하고, 스스로 학습을 진행할 수 있는 학습 자료가 필요하다. 또한 실습이 포함된 강의에서는 시뮬레이션 프로그램이나 가상 실험실 등을 활용하여 학습자들이 전문 분야에서 필요한 기술을 실습할 수 있도록 지원할 수 있다. 학습자들이 서로 소통하며 정보를 교류할 수 있도록 하기 위해서는 온라인 채팅이나 토론방 등을 활용하여 학습자들끼리 소통할 수 있는 환경을 제공할 수 있다.

5) 문제해결학습 이러닝 과정

문제해결 학습을 위한 이러닝 강의에서는 학습자들이 다양한 문제 상황에 대한 해결책을 찾아내는 능력을 기르는 것이 중요하다. 이를 위해 토론 게시판이나 온라인 채팅 등을 활용하여 학습자들끼리 소통할 수 있는 환경을 제공하는 것이 필요하다. 또한, 학습자들이 자신만의 학습 계획을 세울 수 있도록 학습 계획 도구를 제공하는 것이 필요하다.

6) 실습 위주의 이러닝 과정

실습 위주의 이러닝 과정에서는 학습자들이 실제로 작업하거나 실험을 진행할 수 있는 환경이 필요하다. 이를 위해 강의에서는 가상화된 학습 환경, 시뮬레이션 프로그램, 가상 실험실 등을 제공하여 학습자들이 전문적인 기술을 습득하고 실습할 수 있도록 지원할 수 있다. 또한 학습자들끼리 소통하며 정보를 교류하는 것이 중요한 역할을 한다. 이를 위해 강의에서는 온라인 포럼이나 채팅 등을 활용하여 학습자들끼리 소통할 수 있는 환경을 제공할 수 있다.

이러한 이러닝 운영지원도구들은 대부분 LMS(Learning Management System) 내에 내장되어 있거나, 별도의 웹 기반 도구로 제공된다. LMS는 학습자들을 등록하고 관리할 수 있는 기능을 제공하며, 강의 자료나 토론 게시판 등 다양한 기능을 포함하고 있다. 특히, 실습 위주의 이러닝 강의에서는 학습자들끼리 소통할 수 있는 커뮤니케이션 기능이 중요한 역할을 한다.

(2) 적용방법 매뉴얼☆☆

대규모 이러닝 강의를 운영하거나 팀 프로젝트가 있는 이러닝 과정을 운영할 때 운영지원도구를 적극적으로 활용하면 학습자들의 학습에 대한 만족도를 높일 수 있다. 이를 위해 대규모 이러닝 강의와 팀 프로젝트가 있는 이러닝 과정을 운영할 때 어떻게 운영지원도구를 활용할지 매뉴얼을 살펴보면 다음과 같다.

1) 대규모 이러닝 강의를 운영할 때

① LMS를 활용 : LMS를 통해 학습자들이 수업 자료를 다운로드하고, 과제를 제출하며, 공지사항을 확인할 수 있다.

② 온라인 토론방을 운영 : 온라인 토론방을 운영하여 학습자들끼리 질문과 답변을 주고받을 수 있도록 지원한다.

2) 팀 프로젝트가 있는 이러닝 과정을 운영할 때

① LMS를 활용 : LMS를 통해 팀원들끼리 자료를 공유하고, 질문과 답변을 주고 받을 수 있다.

② 프로젝트 관리 도구를 활용 : 온라인 프로젝트 관리 도구를 활용하여 팀원들이 프로젝트 일정을 관리하고, 작업 내용을 공유할 수 있다.

③ 온라인 채팅을 활용 : 온라인 채팅을 활용하여 팀원들끼리 실시간으로 의견을 나눌 수 있다.

④ 비디오 채팅을 활용 : 비디오 채팅을 활용하여 팀원들이 서로 얼굴을 볼 수 있는 기회를 제공할 수 있다.

3) 개별 학습을 위한 이러닝 과정을 운영할 때

① LMS를 활용 : LMS를 활용하여 학습자들이 수업 자료를 다운로드하고, 과제를 제출하며, 공지사항을 확인할 수 있다.

② 학습계획도구 활용 : 학습자들이 스스로 본인의 학습 계획을 관리할 수 있는 도구를 활용할 수 있다.

4) 특정 분야의 전문 지식을 습득하게 하는 이러닝 과정을 운영할 때

① 비디오 콘텐츠 : 학습자들이 교육 과정에서 필요한 내용을 보다 생생하게 전달 받을 수 있도록, 학습자용 비디오 콘텐츠를 제공한다. 이를 위해 YouTube, Vimeo 등의 동영상 공유 사이트를 이용하거나, 내부 운용용 비디오 서버를 구축할 수 있다.

② 학습자용 문서 및 자료 제공 : 학습자들이 교육 과정에서 필요한 문서 및 자료를 쉽게 접근하여 학습할 수 있도록, 학습자용 문서 및 자료를 제공한다. 이를 위해 Google Drive, Dropbox 등의 클라우드 스토리지를 활용할 수 있다.

5) 문제해결학습 이러닝 과정을 운영할 때

① 학습자가 문제 상황에 대한 정보를 수집하고 분석할 수 있는 도구를 제공 : 강의 내에서 검색 엔진이나 링크를 제공하여 필요한 정보를 찾을 수 있도록 지원해준다.

② 학습자가 문제를 직접 체험할 수 있는 시뮬레이션을 제공 : 강의 내에서 학습자가 문제 상황을 체험하고, 상황에 대한 해결책을 찾아낼 수 있는 시뮬레이션을 제공한다.

③ 학습자들끼리 소통할 수 있는 토론 게시판이나 온라인 채팅을 활용 : 강의 내에서 학습자들끼리 문제 상황에 대한 솔루션을 제안하고 토론할 수 있는 토론 게시판이나 채팅을 제공한다.

④ 학습자가 자신만의 해결책을 찾아낼 수 있도록 학습 계획 도구를 제공 : 강의 내에서 학습자가 자신만의 학습 계획을 세울 수 있도록 도구를 제공한다.

6) 실습 위주의 이러닝 과정을 운영할 때 ✗

① 가상화된 학습 환경을 제공 : 강의 내에서 학습자들이 전문적인 기술을 습득하고 실습할 수 있도록 가상화된 학습 환경을 제공한다.

② 시뮬레이션 프로그램을 제공 : 강의 내에서 학습자들이 실제 상황을 가정하여 시뮬레이션을 진행할 수 있는 프로그램을 제공한다.

③ 가상 실험실을 제공 : 강의 내에서 학습자들이 실험을 진행할 수 있는 가상 실험실을 제공한다.

③ 학습자들끼리 소통할 수 있는 온라인 포럼이나 채팅을 활용 : 강의 내에서 학습자들끼리 소통하며 정보를 교류할 수 있는 환경을 제공한다.

03 운영 지원도구 관리

(1) 사용현황에 따른 문제점

여러 운영 지원도구가 LMS(학습지원시스템) 안에 있으나, 아직도 많은 문제점이 있다. 어떤 문제점들이 있는지 같이 살펴보자.

1) 학습자 입장에서 불편한 기능

이러닝이 학습자들에게 유용한 학습형태로 인식되고 있으나, 아직도 여전히 많은 사람들은 이러닝이 일반 교실수업을 대체하기에는 부족하다고 생각을 한다. 이는 학습지원시스템에서 제공하는 운영 지원도구나 운영자가 제 역할을 다하고 있지 못하고 있기 때문이다.

학습자가 이러닝으로 학습을 진행할 때 불편함을 느끼지 않고, 교육의 목적을 달성하게 하기 위해서는 학습시스템에서 제공하는 운영도구가 반드시 필요하다. 운영도구는 온라인상에서 학습자의 고립감을 최소화시킬 수 있고, 강의 진행에 요구되는 다양한 지원기능을 수행할 수 있으며, 나아가 시간의 제약으로 인해 제한적으로 이루어졌던 교강사와 학습자의 일대일 상호작용을 가능하게 한다.

그러나 LMS를 새로 구축하거나 업그레이드를 할 때 대부분의 기관에서는 교강사나 학습자의 필요기능에 대한 요구분석이 충분하지 않은 상태로 개발되는 경우가 많아 사용자 입장보다는 개발자의 시각에서 기능들이 구현되고 있다. 이로 인해 LMS의 많은 기능들이 제공되더라도 교육현장에서 유용하게 활용되지 못하고 교강사학습 활동에 실질적인 도움을 제공하는 데는 제약이 따르는 실정이다.

학습지원시스템(LMS)의 운영도구를 살펴보면 운영자를 중심으로 개발된 기능들이 많아 학습자와 교강사의 요구에 부합할 수 있도록 기능을 설계할 필요가 있다.

2) 새로운 학습 형태의 등장

LMS는 웹기반 학습에서 학습자의 능력과 역량, 학습활동, 학습전달 방법 등에 초점을 두고 행정적인 등록, 수강신청, 학습콘텐츠 제공, 학습자 기록 및 추적, 성적 평가 기능을 포함하고 있다.

초기에 게시판, 토론방, 자료실, 이메일, 학습 진도 관리를 중심으로 시작되었고, 주로 게시판을 통해 학습 진행과 관련된 일정을 공지하고 학습보조 자료를 자료실에 등록하며 이메일을 통해 개별 질문에 답변하는 수준이었다.

하지만 정보통신 기술이 발달하고 이러닝, 엠러닝, 유러닝 등과 같은 새로운 학습형태가 등장하면서 학습 콘텐츠의 다양화와 함께 학습자들의 자기주도적인 개별학습을 지원하고 맞춤형 정보를 제공하기 위한 다양한 기능에 대한 요구가 증가하였다.

또한 사이버대학 및 원격교육기관들이 확대되면서 온라인을 통해 모든 학습이 이루어지게 됨에 따라 LMS가 필요로 하는 기능과 역할은 더욱 증가되었고 그와 관련된 기능들 역시 구체화와 세분화가 요구되었다.

이에 따라 LMS는 기존의 기본 기능들 외에 일대일 상담, Q&A, 진도율 체크, 평가, 퀴즈, 커뮤니티 등 개별적인 전문적인 목적으로 활용될 수 있는 기능들이 개발되었고 학습자와 교강사의 교강사학습 활동 유형에 따라 다양한 기능 및 인터페이스로 구성되어 활용되고 있다.

국내 여러 기관의 주요 LMS의 메뉴를 살펴보면 공지사항, 게시판, 자료실, 과제, 퀴즈, 토론, 채팅, 질문답변, 강의리스트, 학습활동 통계, 조편성, 강의진도, 강의계획, 시험, 수강생리스트, 쪽지 등으로 나타났다. 하지만 이들 기능이 교강사와 학습자의 특성에 따라 구체적인 교강사학습활동을 지원하는데 필요한 세부기능 및 사용성에 대한 검토는 미흡한 실정이다.

3) 대부분 유사한 기능 구현

LMS 기능들은 대부분의 개발 업체에서 유사한 메뉴로 구현하고 있다. 국내의 경우에는 상업적인 시스템을 수정하기보다는 전문업체와의 협력을 통해 비슷한 시스템을 개발하여 사용하는 경우가 대부분이다. 특히, 교육부나 고용노동부의 규정을 준수해야 하는 기관들에서는 더더욱 동일한 기능을 가지고 있는 LMS를 사용하는 추세이다.

다양한 기능을 개별적으로 구현을 하기 위해서는 내부에 LMS 담당자(개발자)가 있어야 하지만, LMS를 임대하는 경우에는 더더욱 구현이 쉽지 않다.

이러닝 활동 지원

(2) 운영 지원도구별 개선점 ✨✨ 🔘 1회 필기 기출

1) 개선에 대한 니즈

기존 LMS에 있는 기능에 대한 사용자들의 개선 니즈에 대한 내용을 살펴보면 다음과 같다. 이미 구현된 LMS도 시중에 많이 있지만, 전체적인 니즈를 모두 살펴보고자 한다.

〈표 1-5〉 기존 기능과 개선 니즈 내용

주요메뉴	기존 기능	개선 니즈 내용
쪽지함 관리	받은/보낸 쪽지 조회, 답장보내기, 삭제	• 모든 사용자메뉴에서 바로가기가 가능해야 함 • 사용자목록화면에서 친구/학습자 등록이 가능해야 함 • 쪽지발송 시에 개별학습자를 클릭하여 학습자정보 조회
학습진도 관리	학습진도 조회, 검색	• 강의별 전체 학습진도 현황 조회 • 개인별 최근 학습진도 현황 조회 • 학습진도 부진자 자동 선택 및 메일/쪽지 일괄 발송 • 일괄 발송 시 기본 메시지 문구 자동 설정/관리
학습참여 관리	학습참여 조회, 검색	• 토론, 일반게시판, 설문 등 학습참여 항목 및 점수 정의 각 학습자의 참여 총괄 현황 조회 관리(항목별 참여수, 글 목록, 상세 글 조회 등) • 학습자의 참여 점수 입력 및 조정
설문 관리	설문 등록, 수정, 삭제, 결과 분석	• 찬반, 다지선다형 등의 다양한 설문 등록, 수정, 삭제, 결과분석 • 정보 수집을 위한 5점 척도 기준의 Likert 척도 설문조사 지원
온라인 평가 관리	평가 등록, 수정, 삭제, 문항검색, 조회, 테스트	• 재시험, 재시험 시 인정점수, 총점수비율 등 응시 조건 설정 • 학습자응시 IP 관리 • 논술형 시험에 대해서는 온라인 첨삭 지원 기능 • 오프라인 시험결과 등록 기능 및 시험지 파일 다운로드 • 문항 한글파일 업로드 • 문항별 정답률, 난이도 관리
퀴즈 관리	퀴즈 등록, 수정, 삭제, 조회	• 수시시험 형태의 퀴즈 및 학습과정에서 학습통제를 위한 퀴즈 등 다양한 유형
과제 출제/채점	과제 등록, 수정, 삭제, 조회, 채점	• 이전 강의에서 활용한 과제검색 및 재활용 • 과제별 음성피드백 등록 • 과제 모사답안 여부 확인
과제제출	과제 제출, 수정, 삭제, 성적조회	• 팀과제인 경우 제출 이후 후기 및 상호 평가 등록 • 위키게시판을 통한 팀별 협업 과제 제출
게시판 관리	게시판 조회, 등록, 수정, 삭제	• 욕설 등 등록 용어 제한 설정 • 파일 등록 시 용량 제한 설정 • 이미지 게시판, 동영상 게시판, 블로그형 등 다양한 템플릿 설정 • 동영상, 이미지 파일 등록 시 썸네일 자동 체크

Q&A 관리	Q&A 조회, 등록, 수정, 삭제	• 답변 등록 시 자동 메일발송 기능 • Q&A 분류 관리
자료실 관리	자료 조회, 등록, 수정, 삭제	• 동영상 등록 및 음성녹음 지원
토론방 관리	• 토론주제 등록, 수정, 삭제, 조회 • 토론 검색 • 학습자의 토론 참여	• 토론에 대한 학습자들 간의 평점/공감/추천 등을 통한 학습자 간 평가 지원 • 토론 성적에 대한 성적 입력(학습자별 참여횟수, 학습자간 추천점수, 학습자들의 참여글 목록 조회 등 조회 기능 제공)

2) 그중 많은 니즈가 있는 기능 ⭐ 🔍 1회 필기 기출

① 쪽지 보내기 기능 개선

많은 학습자들을 동시에 관리해야 하는 교강사들의 편의를 위해 학습자들에게 쪽지를 보내기 전에 화면에서 학습자들의 이력을 조회하는 기능이 필요하다. 이 기능은 주로 쪽지를 보내는 기능 수준에서 이미 구현된 시스템이 있기는 하지만 추가적으로 해당 학습자의 상세한 이력을 동시에 제공한다는 측면에서 교강사에게 보다 효과적일 수 있다.

② 진도 관리 기능 개선

전체진도율 현황, 개인별 진도율현황, 개인별 총 학습시간, 개인별 주차별/학습객체별 학습시간, 횟수 등을 조회할 수 있도록 상세화하는 기능이다. 이 기능은 진도관리의 목적에 따라 다양한 검색이 가능하고 각 기능과 연계된 상호작용 메뉴를 동시적으로 활용할 수 있다는 측면에서 도움이 될 수 있다.

③ 토론 관리 기능 개선

토론 결과에 대해서는 개별학습자의 토론 참여글을 한 번에 조회하고, 바로 성적을 입력할 수 있도록 하는 기능이다. 토론의 내용을 주제별, 참여자별, 일별, 시기별 등 다양한 분류 기준으로 검색할 수 있도록 하면, 교강사가 토론에 대한 평가도 다양하게 시도해 볼 수 있다.

④ 과제 관리 기능 개선

과제에 대한 피드백은 텍스트 입력, 파일 등록 등으로 진행되는 것이 보편적이다. 여기에 한 가지 더하면, 교강사가 간편하게 피드백을 전달할 수 있도록 하기 위해 음성녹음 기능을 추가할 수 있다. 텍스트로 피드백을 전달하는데 한계가 있는 과제의 경우 매우 유용할 것으로 판단된다. 하지만 학습자 수에 따라 시스템의 제약이 있을 수 있으므로 음성 피드백에 대한 기준, 분량, 방법 등은 시스템 상황을 고려하여 구현되어야 할 것이다.

(3) 운영 지원도구 활용보고서 ☆

운영 지원도구를 활용한 보고서의 예시를 살펴보면 다음과 같다.

1) 학생 대상 수업에 활용

학습관리시스템에서 제공하는 지원도구를 활용한 수업에 대한 학습자의 소감을 분석한 결과 다음과 같은 요인이 학습자의 학습동기의 학습지향성과 흥미도를 향상시킨 것으로 요약할 수 있다.

① 빠른 피드백

기존에는 주어진 문항을 모두 풀어야 정답을 확인할 수 있었기 때문에 기계적인 문제풀이 과정 속에서 학습자의 주의력이 분산되었다. 하지만 학습관리시스템에서는 문항의 정답을 제출할 때마다 정답과 오답의 결과가 즉각적으로 표시되기 때문에 학습에 대한 집중도를 높이는 효과가 있었다.

② 모르는 문제에 대한 상호작용

교강사 주도의 강의식 수업에서는 교강사가 선택한 문제만 풀이과정을 해설하기 때문에 개별적으로 모르는 문제에 대한 질문을 하기 어려웠다. 또한 교강사에게 질문을 하더라도 자신의 차례가 올 때까지 기다려야 했다. 하지만 학습관리시스템에서는 문항별 힌트, 동영상 해설 강의가 제공되며 추가적인 도움이 필요할 경우 문제를 캡처하여 게시판에 올려, 동료 학습자나 교강사의 지원을 즉각적으로 받을 수 있어 원활한 상호작용이 이루어졌다.

③ 성취감 요소

기존 수업에서는 문제를 맞추거나 과제를 해결했을 때 성취감을 향상시킬만한 요소가 적었다. 학습관리시스템을 활용한 수업은 정답 시 축하 배경음과 메시지가 출력되어 학습자가 성취감을 느낄 수 있었다. 또한 포인트도 제공하여 문제를 풀이한 만큼 캐릭터를 꾸밀 수 있는 게임적 요소가 있어 자신이 공부한 만큼 보상을 받을 수 있다는 동기를 부여하여 학습자의 흥미를 유지시켰다.

2) 대학생 대상 수업에 활용

운영지원도구를 활용한 이러닝 수업의 경우 높은 상호작용성의 가능성을 보여주었다.

① 교수 · 학생 간의 상호작용 증대

공지사항 전달과 교수와 학생간의 소통을 편리하게 해주었으며 교수자의 즉각적인 피드백을 용이하게 함으로써 교수 · 학생 간의 상호작용을 증진시켰다.

② 학생 · 학생 간의 상호작용 증대 🔍 1회 필기 기출

수업 중에 수업활동 게시판에 조별 수업활동 산출물을 올리는 과정에서 학생 간 상호 작용이 활성화되었고 수업 후에도 학생 간 활동을 지속하며, 상호작용이 증진되었다.

③ 학생 · 학습내용 간의 상호작용 증대

교수자가 주차별 강의게시판에 학습 자료를 일목요연하게 탑재할 수 있었기 때문에 학 생들이 필요할 때 언제든지 학습 콘텐츠에 접근할 수 있었다. 특히 수업활동 산출물 같 은 경우 수업 후에 학생들이 이용할 수 있는 점이 아주 유익하였으며 수업 시간에 다른 조의 답변 역시 한꺼번에 모두 볼 수 있다는 점이 학생들이 학습내용과의 상호작용을 높이는데 아주 효과적이었다.

④ 새로운 수업 방식에 대한 학생들의 거부감 고려 필요

학생들이 예상 외로 새로운 수업 방식에 대한 불편함을 드러냈다. 따라서 이러한 거부 감을 완화하기 위하여 LMS 활용방식에 대하여 충분히 안내하고 너무 복잡하지 않은 수 업설계를 할 필요가 있다. 또한, 교수자가 사용하고자 하는 기능을 사전에 철저하게 시 연해 볼 필요가 있다.

3) 사이버 대학 수업에 활용

① 학습동기에 영향을 미침

게시판을 통해 학습자 간 상호 소통할 수 있는 기능을 강화함으로써, 고립된 공간에서 홀로 학습하는 이러닝 학습자들의 심리적 불안감을 해소해 준다. 또한 질문답변, 수강 생리스트, 조편성 등 상호작용 및 협력학습을 지원하는 기능이 학습동기 유발 및 유지 에 중요한 영향을 미치고 있는 것으로 나타났는데, 이러한 결과는 상호작용과 학습동기 의 관련성이 있음을 의미한다.

② 상호작용에 영향을 미침

학습자와 교수자가 전자우편, 채팅, 쪽지 발송 기능, 문자 발송 기능을 통해 빠른 피드백 과 개별적인 피드백 형태이 가능했다고 인식했다. 이러한 운영 지원도구들을 통해 상호 작용이 매우 높게 일어날 수 있었다.

③ 학습자 간 학습공간 및 상황인식 정보를 제공하는 지원도구 필요

다른 학습자에 대한 정보를 구체적으로 제공 및 공유함으로써 수업에 대한 흥미를 높일 수 있다. 예컨대, 특정 사용자가 질의응답 메뉴를 통하여 글을 작성하게 되면 다른 사용 자들이 작성자의 개인 블로그로 이동할 수 있도록 하이퍼링크를 제공하거나, 사용자 간 의 정보(현재 접속위치, 소속된 조 편성 그룹 정보, 실시간 채팅 및 쪽지 등)를 공유 가 능하도록 하는 기능이다.

출제예상문제 Chapter 01 이러닝 운영 지원도구 관리

01 다음 이러닝의 효과성을 높이기 위한 도구 중에서 '과정개발 지원도구'의 예로 적절한 것은?

① 평가 시스템 ② 설문 시스템
③ 학습이력 관리 시스템 ④ 콘텐츠 저작도구

 해설

평가 시스템과 설문 시스템은 '운영 지원도구', 학습이력 관리 시스템은 '학습 지원도구'의 예로 적절하다.

구분	학습지원 도구의 예
과정개발 지원도구	콘텐츠 저작도구
운영 지원도구	운영지원을 위한 메시지 전송 시스템(메일, 문자, 쪽지 전송 등), 평가시스템, 설문시스템, 커뮤니티, 원격지원 시스템
학습 지원도구	역량진단시스템, 개인 학습경로 제시, 개인학습자의 학습이력 관리 시스템

02 다음은 이러닝 시스템의 활용대상에 따른 운영자 지원 시스템의 구성 및 기능 내용이다. 제시된 내용 중 '학습과정관리'에 적합하지 않은 것은?

① 자료실 관리 : 과정별 자료실의 자료를 등록, 수정, 삭제 가능
② 성적관련 통계 : 평가결과, 진도율, 수료율 등 성적과 관련된 통계
③ 학습독려 관리 : 독려현황조회, 메일발송현황, SMS 발송현황
④ 용어사전 관리 : 용어사전 등록, 삭제, 수정 가능

해설

성적관련 통계는 '통계관리'에 해당되며 나머지는 '학습과정관리'에 포함된다.

03 다음 예는 운영자 지원 시스템의 구성 및 기능 중에서 어느 부분과 가장 관련이 있는가?

수강인원 (과정별/고객사별 수료자, 수료율/미수료율, 수료증 발급현황 등), 수료 인원에 대한 정보조회(과정명, 이름, 학습기간, 교육비, 환급액 등), 평가사항(진도율, 최종평가, 과제, 취득점수, 수료 여부 등) 엑셀(Excel) 다운로드

① 수강 관리 ② 교재 관리 ③ 회원 관리 ④ 수료 관리

이러닝 활동 지원

 해설

제시된 내용은 수료 관리에서 수료현황과 관련된 내용이다. 수료 관리는 수료기준에 따른 수료 기능으로 구성되며, 수료 기준에 따른 수료자 수료처리와 과정 차수별 수료현황 및 결과조회 등의 내용이 포함된다.

04 다음 중 운영자 지원 시스템의 구성 및 기능에서 회원 관리에 해당되는 것은?

🟢 **2023 기출**

① 협력업체와의 수익배분 등 관리　　② 교재배송요청 및 배송현황 조회
③ 협력업체 정보 등록 및 관리　　　④ 설문내용을 분석하여 결과 제시

 해설

회원관리 기능은 개인회원 관리, 기업회원 관리, 협력업체 관리로 구분된다. 따라서 협력업체 정보 등록 및 관리는 회원관리 기능에 해당되며 ①은 비용 관리, ②는 교재 관리, ④는 설문관리에 해당되는 내용이다.

05 다음 중 LMS를 활용하여 학습운영과 관련된 통계를 생성, 확인하는 기능으로 구성된 관리와 거리가 먼 것은?

① 접속자 관련 로그 분석　　　　② 과정운영과 관련된 통계자료 통합 출력
③ 강의 평가, 만족도 관련 통계　　④ 운영자의 학습운영관리 내역 기록

 해설

④는 학습과정관리의 운영일지에 대한 내용이다. 학습과정관리는 학습운영관리 운영 중 운영자의 활동과 관련된 기능으로 구성된다. ①은 로그 통계, ②는 운영 결과 통계, ③은 강의평가 통계로 모두 통계 관리에 해당된다.

06 과정별 자료실의 자료를 등록 · 수정 · 삭제하는 기능은 운영자 지원 시스템에서 어느 분야에 해당되는가?

① 수강 관리　　　　　　　　　② 학습과정 관리
③ 수료 관리　　　　　　　　　④ 설문 관리

01 ④　02 ②　03 ④　04 ③　05 ④

> **📊 해설**
>
> 자료실 관리 기능은 학습과정 관리에 해당되는 기능으로 학습운영관리학습 운영 중 운영자의 활동과 관련된 기능으로 구성된다.
> ① 수강 관리 : 수강신청과 관련된 정보를 관리하는 기능
> ③ 수료 관리 : 수료기준에 따른 수료 기능으로 구성
> ④ 설문 관리 : 과정과 관련된 설문이나 홈페이지 설문을 통합적으로 관리하는 기능

07 다음은 학습자 지원 시스템의 구성 및 기능에 대한 내용이다. 제시된 내용은 어느 분야에 해당되는 기능인가?

> - 커뮤니티 기능, 역량진단 기능, 블로그 기능, 교재배송 기능
> - 학습에 필요한 프로그램 다운로드 등 학습을 지원해주는 학습자료실
> - 사이트 전반에 대한 Q&A 게시판, FAQ, 자유게시판 등의 기능

① 수강 관리　　② 개인 정보 관리　　③ 학습 지원 기능　　④ 교과 학습 기능

> **📊 해설**
>
> 제시된 내용은 고객센터, 사전진단(역량분석) 등 학습을 지원하는 학습 지원 기능에 해당되는 내용이다.

08 다음 중 '교강사시스템'의 구성 및 기능으로 적절하지 않은 것은?

① 입과자 명단, 인원 조회 기능　　② 학습내용과 관련된 질문을 올릴 수 있는 기능
③ 과제제출 현황 및 평가, 첨삭 기능　　④ 토론 참여 확인, 토론 평가 기능

> **📊 해설**
>
> 학습내용과 관련된 질문을 올릴 수 있는 기능은 '학습자 지원시스템'의 교과 학습 기능에 해당한다.

09 다음 중 이러닝 운영지원도구를 활용하는 방법에 대한 설명으로 적절하지 않은 것은?

① 학습자가 학습 내용에서 어려움을 겪을 때 즉각적인 지원을 제공할 수 있는 '학습 성과 측정 기능'을 활용한다.
② 학습자에게 강의자료나 문제집 등을 제공하는 '학습 자료 제공 기능'을 활용한다.
③ 온라인 채팅, 이메일 등의 방법으로 '학습자들과 교육자들 간의 소통을 위한 기능'을 활용한다.
④ 학습자가 어떤 학습 내용을 수행하고 있는지 파악하는 '학습 활동을 추적하는 기능'을 활용한다.

해설

학습자에게 피드백을 제공하거나 학습자가 학습 내용에서 어려움을 겪을 때 즉각적인 지원을 제공할 수 있는 것은 '학습자들의 학습 경험을 개선하기 위한 기능' 활용이다. '학습 성과를 측정하는 기능' 활용은 학습자의 학습 수준을 파악하고 맞춤형 교육 프로그램을 제공하는 데 활용할 수 있다.

10 과정 특성에 따라 이러닝 운영지원도구는 다양하게 적용될 수 있다. 다음 제시된 내용은 어떤 과정에 가장 적합한가?

> 학습자들이 학습 결과를 쉽게 확인하고, 자신의 학습계획을 세울 수 있도록 학습자 성취도 관리 도구를 제공하는 것이 중요하다. 이를 위해 강의에서는 학습자들의 학습 결과를 추적하고 분석할 수 있는 학습자 성취도 관리 도구나 학습자들의 학습 계획을 관리할 수 있는 학습 계획 도구 등을 활용할 수 있다.

① 대규모 이러닝 강의
② 팀 프로젝트 과정
③ 전문 지식 습득 과정
④ 개별 학습 이러닝 과정

해설

개별 학습을 위한 이러닝 강의에서는 학습자들이 스스로 학습을 진행할 수 있도록 다양한 학습 자료를 제공하는 것이 중요하다. 학습자들이 학습 결과를 쉽게 확인하고, 자신의 학습 계획을 세울 수 있도록 학습자 성취도 관리 도구를 제공하는 것이 필요하다.

11 다음 중 실습 위주의 이러닝 과정 강의에 적용할 수 있는 방법으로 가장 적절한 것은?

① 가상화된 학습 환경, 시뮬레이션 프로그램, 가상 실험실 등을 제공하여 학습자들이 전문적인 기술을 습득하고 실습할 수 있도록 지원한다.
② 토론 게시판이나 온라인 채팅 등을 활용하여 학습자들끼리 소통할 수 있는 환경을 제공한다.
③ 협업 툴이나 그룹웨어 등을 활용하여 학습자들끼리 소통하고 협업할 수 있는 환경을 제공한다.
④ 강의 내용을 보다 쉽게 이해할 수 있도록, 인터랙티브한 학습 콘텐츠나 시뮬레이션 등 다양한 학습 자료를 활용한다.

> **해설**
>
> 실습 위주의 이러닝 과정에서는 학습자들이 실제로 작업하거나 실험을 진행할 수 있는 환경이 필요하다. 따라서 이를 위해 강의에서는 가상화된 학습 환경, 시뮬레이션 프로그램, 가상 실험실 등을 제공하여 학습자들이 전문적인 기술을 습득하고 실습할 수 있도록 지원하는 것이 필요하다.

12 다음 중 문제해결학습 이러닝 과정을 운영할 때 적용할 수 있는 매뉴얼로 적절하지 않은 것은?

① 학습자가 문제 상황에 대한 정보를 수집하고 분석할 수 있는 도구를 제공
② 학습자가 자신만의 해결책을 찾아낼 수 있도록 학습 계획 도구를 제공
③ 학습자가 문제를 직접 체험할 수 있는 시뮬레이션을 제공
④ 학습자가 학습 계획을 관리할 수 있는 학습계획도구를 제공

> **해설**
>
> 학습자가 학습 계획을 관리할 수 있는 학습계획도구를 제공하는 것은 문제해결학습 이러닝 과정보다는 개별 학습을 위한 이러닝 과정을 운영할 때 효과적인 방법이다.

13 다음은 어떤 이러닝 과정을 운영할 때 가장 적합한 적용 방법인가?

> • YouTube, Vimeo 등의 동영상 공유 사이트를 이용하거나, 내부 운영용 비디오 서버를 구축할 수 있다.
> • Google Drive, Dropbox 등의 클라우드 스토리지를 활용할 수 있다.

① 팀 프로젝트가 있는 이러닝 과정을 운영할 때
② 대규모 이러닝 강의를 운영할 때
③ 특정 분야의 전문 지식을 습득하는 이러닝 과정을 운영할 때
④ 개별 학습을 위한 이러닝 과정을 운영할 때

> **해설**
>
> 특정 분야의 전문 지식을 습득하는 이러닝 과정을 운영할 때에는 학습자들이 교육 과정에서 필요한 내용을 보다 생생하게 전달받을 수 있는 환경이 필요하다. 학습용 비디오 콘텐츠를 제공하거나, 교육 과정에 필요한 문서 및 자료를 쉽게 접근하여 학습할 수 있도록, 학습용 문서 및 자료를 제공하는 것이 중요하다. 이를 위해 동영상 공유 사이트를 이용하거나 클라우드 스토리지 등을 활용할 수 있다.

14 학습지원시스템인 LMS는 사용자의 기존 내용에 대한 개선 니즈가 발생하는 경우가 있다. 다음 제시된 개선 니즈 내용은 어느 메뉴와 관련이 있는가?

> • 재시험, 재시험 시 인정점수, 총점수비율 등 응시 조건 설정
> • 학습자응시 IP 관리
> • 논술형 시험에 대해서는 온라인 첨삭 지원 기능
> • 오프라인 시험결과 등록 기능 및 시험지 파일 다운로드

① 과제 출제 및 채점   ② 자료실 관리

③ 학습진도 관리   ④ 온라인 평가 관리

 해설

> 제시된 내용은 '온라인 평가 관리'에서 평가 등록, 수정, 삭제 등 기존 기능의 개선 니즈 내용에 해당한다. 제시된 내용 외에도 문항 한글파일 업로드 기능, 문항별 정답률과 난이도 관리 등의 내용도 포함될 수 있다.

15 운영지원도구를 활용한 보고서는 여러 방법으로 작성하고 활용할 수 있다. 다음 중 대학생 대상 수업에 적용한 활용보고서의 예로 가장 적합한 것은?

① 게시판을 통해 학습자 간 상호 소통할 수 있는 기능을 강화함으로써, 고립된 공간에서 홀로 학습하는 이러닝 학습자들의 심리적 불안감을 해소할 수 있었다.

② 다른 학습자에 대한 정보를 구체적으로 제공 및 공유함으로써 수업에 대한 흥미를 높일 수 있었다.

③ 학습관리시스템에서는 문항의 정답을 제출할 때마다 정답과 오답의 결과가 즉각적으로 표시되기 때문에 학습에 대한 집중도를 높이는 효과가 있었다.

④ 교수자가 주차별 강의게시판에 학습 자료를 일목요연하게 탑재할 수 있었기 때문에 학생들이 필요할 때 언제든지 학습 콘텐츠에 접근할 수 있었다.

 해설

> ④는 대학생 대상 수업에 적용될 수 있는 활용보고서의 예로 적절하며, 해당 내용은 학생·학습내용 간의 상호작용 증대와 관련이 있다. ①과 ②는 사이버 대학 수업에 적합한 활용보고서의 예이며, ③은 학생 대상 수업에 활용할 수 있는 활용보고서이다.

11 ①   12 ④   13 ③   14 ④   15 ④

Chapter 02 이러닝 운영 학습활동 지원

01 학습환경 지원

(1) 학습환경 정보 확인

1) 인터넷 접속 환경

학습환경은 학습자가 이러닝을 통해 학습을 진행하기 위해 사용하는 인터넷 접속 환경, 기기, 소프트웨어 등을 의미한다.

학습자가 사용하고 있는 인터넷 접속 환경에 따라 학습환경은 달라질 수 있다. 유선 인터넷 접속 환경인지, 무선 인터넷 접속 환경인지에 따라 다를 수 있고, 각 환경별 네트워크의 속도에 따라 이러닝 사용에 제약이 있을 수도 있다.

① 유선 인터넷 접속

유선 인터넷의 경우에도 집에서의 사용, PC방에서의 사용, 학교 전산실 등의 공동 공간에서의 사용, 개인 소유 기기의 무선 인터넷망에서의 사용, 특정 공간에서의 와이파이 사용 등에 따라 학습상황이 다를 수 있다.

여러 사람이 함께 사용하는 공용 공간에서 인터넷에 접속하는 경우 바이러스나 멀웨어 등과 같은 감염으로 학습장애가 생길 수 있다.

고화질의 영상이 주를 이루고 있는 이러닝 서비스라고 한다면 무선 인터넷에서는 원활한 학습이 어려울 수 있고, 더욱이 학습자가 사용하고 있는 무선 인터넷 요금이 무제한이 아니라면 추가적인 비용 부담이 생길 수 있는데, 이러한 환경은 모두 학습의 만족도와 연결되기 때문에 학습자의 인터넷 접속 환경을 고려해야 한다.

유선 인터넷 접속은 일반적으로 랜선이라고 부르는 케이블을 컴퓨터까지 연결하여 컴퓨터의 랜카드에 꽂는 방식으로 구성된다. 집에서 유선 인터넷을 사용하는 경우에는 컴퓨터에 직접 케이블이 꽂혀 있는 경우도 있겠으나, 공유기라고 불리는 기기를 통해 연결되는 경우도 많다. 직접 케이블에 연결되어 있는 경우 컴퓨터의 랜카드에 잘 꽂혀 있는지 체크해야 한다.

공유기를 통해 연결되어 있는 경우 공유기가 정상적으로 동작하는지 여부를 체크해야 한다. 공유기의 랜포트가 정상적으로 동작하면 녹색불이 점멸되는 경우가 많다. 공유기의 랜포트 중 고장난 포트가 있다면 다른 포트에 꽂아 보고, 공유기 자체를 껐다 켜는 방식으로 체크하기도 한다. 공유기에 연결된 경우 컴퓨터의 네트워크 환경 설정에 자동으로 IP주소 받기가 체크되어 있는 경우가 많다.

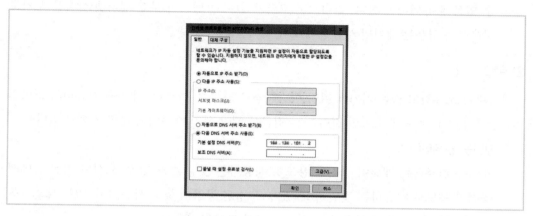

[그림 2-1] IP 주소 자동설정 화면

집이 아니라 회사나 기관 등의 업무용 컴퓨터인 경우 일반적으로 '고정IP' 주소를 할당받아 연결하는 경우가 많다. 고정IP는 조직의 네트워크 담당자에게 부여 받아야 하는데, 컴퓨터의 네트워크 설정 화면에서 고정IP주소, 서브넷 마스크, 기본 게이트웨이, DNS서버 주소 등을 정확하게 입력해야 한다.

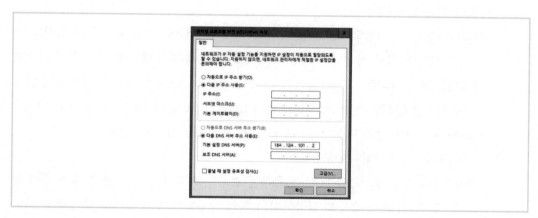

[그림 2-2] IP 주소 수동설정 화면

② 무선 인터넷 접속 중 와이파이를 통한 접속

와이파이로 무선 인터넷에 접속할 경우 공용 와이파이는 연결이 자주 끊어지는 경우가 많기 때문에 권장하지 않도록 한다. 집이나 회사 등에서 와이파이로 인터넷을 접속하는 경우 비밀번호를 입력해야 연결되는 경우도 있다.

③ 무선 인터넷 접속 중 4G, 5G, LTE 등을 통한 접속

4G, 5G나 LTE로 무선 인터넷에 접속하는 경우 주의할 점은 데이터 요금이다. 데이터 접속 비용이 무제한이 아닌 경우 HD급의 동영상 파일을 수강할 때 소위 요금폭탄을 맞을 수 있음에 유의해야 한다. 스마트폰 요금제가 아닌 별도의 무선 인터넷 상품을 추가로 사용하는 경우는 데이터 사용량이 조금 넉넉한 편이다.

2) 학습기기

학습자가 소유하고 있는 기기에 따라 학습환경은 달라질 수 있다. 개인용 컴퓨터와 모바일 기기는 학습지원 측면에서 보면 전혀 다른 접근을 해야 하기 때문에 구분할 필요가 있다.

① 개인용 컴퓨터(PC)

개인용 컴퓨터는 개인이 사적인 용도로 사용하는 것일 수도 있고, 회사나 기관 등에서 공적인 용도로 사용하는 것일 수도 있다. 고정된 공간에 놓고 사용할 수 있는 데스크톱도 있지만 이동식으로 사용할 수 있는 노트북(랩톱)도 있다.

특히 데스크톱의 경우 일반적으로 많이 사용하는 윈도우 설치 PC가 있는 반면에 윈도우가 아닌 맥이나 리눅스 등이 설치되어 있는 것이 있을 수 있다. 같은 데스크톱이라고 해도 설치되어 있는 OS가 다르면 지원해야 하는 방법이 다르기 때문에 학습자 소유의 개인용 컴퓨터가 어떤 것인지 확인하는 것이 중요하다.

ⓐ 데스크톱 PC – 윈도우 설치

우리나라는 90% 이상의 데스크톱에 윈도우가 설치되어 있다. 윈도우의 버전도 오래된 버전부터 최신 버전까지 다양하다. 윈도우의 경우 오래된 버전과 최신 버전의 사용메뉴와 동작되는 소프트웨어가 다를 수 있기 때문에 학습자가 사용하는 윈도우 버전을 알아보는 것이 중요하다. 현재 일반적으로 많이 사용되는 윈도우 버전은 Windows 10이며 상위 버전인 Windows 11을 사용하는 경우도 있다.

ⓑ 데스크톱 PC – 맥, 리눅스 등 설치

맥이나 리눅스를 데스크톱 PC로 사용하는 경우는 적지만 그래도 점차 그 비중이 높아지고 있다. 특히 미국 등의 외국에서는 맥의 사용률이 적지 않기 때문에 해외 서비스를 목표로 하는 이러닝 서비스의 경우 맥과 리눅스 등에서 동작될 수 있도록 구현하는 것이 필요하다. 윈도우와 다르게 맥이나 리눅스 등의 OS는 활용률이 상대적으로 낮은 편이나, 맥의 경우 노트북을 중심으로 사용자가 늘고 있기 때문에 맥과 같은 윈도우 이외의 운영체제에서의 학습환경 특성을 파악할 필요가 있다.

윈도우용 애플리케이션은 맥에서 그대로 사용할 수 없기 때문에 별도의 학습 소프트웨어가 필요한 경우 맥용으로 제작하여 배포해야 한다. 맥은 기본적으로 탑재되어 있

는 웹 브라우저가 사파리(safari)이다. 맥 사용자들의 경우 크롬이나 파이어폭스 등과 같은 웹 브라우저를 별도로 설치하는 경우가 많다.

ⓒ 노트북(랩톱)

데스크톱 PC는 고정된 공간에 놓여 있기 때문에 인터넷을 유선으로 연결하는 경우가 많다. 그러나 노트북은 이동식으로 활용하는 경우가 많기 때문에 인터넷을 무선으로 연결하는 경우가 많다. 인터넷을 무선으로 연결할 때 공용 와이파이를 연결하지 못하여 이러닝 서비스를 원활하게 이용하지 못하는 사례가 있을 수 있기 때문에 노트북 사용 여부의 확인이 중요하다.

노트북도 윈도우 설치 노트북인지, 맥 설치 노트북인지, 크롬북인지 등에 따라 학습환경의 특성이 달라진다. 노트북인 경우 인터넷 연결방식이 무선 인터넷인 경우가 많고, 크롬북의 경우에는 무선 인터넷 없이는 아예 사용 자체를 못하기 때문에 기기의 특성을 파악하는 것이 매우 중요하다. 크롬북은 OS가 크롬 웹 브라우저와 유사한 방식으로 되어 있기 때문에 윈도우에서 동작하는 것과는 다른 방식으로 사용하는 경우가 있다. 노트북이면서 크롬북인 경우에는 학습지원 방식을 다르게 적용할 필요가 있다.

② 모바일 기기

과거의 이러닝은 데스크톱에서 사용하는 것을 전제로 기획되고 개발되어 왔다. 그러나 앞으로는 점점 더 모바일 사용률이 높아질 것이고, 학습자는 모바일 기기로 학습하는 것에 대해 거부감 없이, 어쩌면 당연한 것으로 받아들이게 될 것이다. 이를 위해 학습자가 어떤 모바일 기기로 접속하는가를 파악하는 것은 학습지원에 중요한 요소가 될 것이다.

ⓐ 스마트폰

스마트폰을 동작하는데 사용되는 OS는 크게 iOS(애플에서 공급)와 안드로이드(구글에서 공급)로 구분할 수 있다. 안드로이드는 오픈소스 소프트웨어인데, 기본 안드로이드 이외에 제조사별로 자사의 스마트폰에 맞게 맞춤형으로 수정하여 사용하기 때문에 안드로이드의 버전은 다양하게 개발되고 있다. 스마트폰 기기를 구분하기보다는 설치되어 있는 OS의 종류에 따라 구분하는 것이 현실적이라고 할 수 있다. 그러나 이러한 구분은 기술적인 구분이지, 학습자를 위한 구분은 아니라고 할 수 있다. 학습자는 아이폰이냐 안드로이드폰이냐 등으로만 구분하고, 세부적인 사항은 잘 모르는 경우가 많기 때문에 스마트폰의 종류에 따라 각기 다른 대응 시나리오를 만들어 놓아야 할 것이다.

아이폰의 경우에는 기본 웹 브라우저가 모바일 사파리인데, 모바일 크롬을 설치하는 경우도 있다. 안드로이드 스마트폰의 경우 모바일 크롬이 기본 웹 브라우저이며, 별도의 다른 모바일 웹 브라우저를 설치해서 사용하는 경우도 있음에 유의해야 한다.

스마트폰으로 이러닝을 하는 경우를 모바일러닝이라고 부르기도 하는데 모바일 러 닝의 경우 웹 브라우저로 접속하여 활용하는 경우도 있고, 별도로 개발한 앱(App)을 통해 학습하는 경우도 있다. 모바일 앱을 통한 학습이 진행되는 경우에는 스마트폰의 종류, OS 버전 등에 따라서 대응 방법이 달라지기 때문에 학습지원을 위해서는 반드 시 이러한 정보를 습득해야 한다. 그러나 일반 사용자는 스마트폰의 OS와 웹 브라우 저 종류를 확인하는 방법을 모르는 경우가 많기 때문에 학습지원에 어려움이 있을 수 있다는 점을 반드시 기억해야 한다.

ⓑ 태블릿

태블릿은 화면이 넓고 크기 때문에 스마트폰과는 다른 사용성을 제공한다. 대표적으 로 많이 사용하고 있는 태블릿의 종류를 파악하는 것이 필요하다.

태블릿은 기본적으로 스마트폰과 유사한 활용 패턴을 가진다고 볼 수 있다. 애플의 아이패드와 다양한 종류의 안드로이드 기반 태블릿이 있는데, 활용되는 웹 브라우저 는 대부분 스마트폰과 유사하다.

3) 소프트웨어

① OS

이러닝을 사용하는 기기에 어떤 OS가 탑재되어 있느냐에 따라서 서로 다른 특성이 있을 수 있다. 윈도우, 맥, 리눅스 등의 데스크톱 OS와 더불어 스마트폰 OS인 iOS, 안드로이드 등에 대한 특성을 모두 파악하고 있어야 한다. OS의 특성에 따라서 학습에 활용되는 애 플리케이션의 종류가 달라지기 때문에 OS를 파악하는 것이 가장 우선되어야 한다.

윈도우, 맥 등에 따른 특성이 있고, 이러닝의 경우 대부분 웹 브라우저를 통해 학습을 진행하기 때문에 OS의 특성보다는 웹 브라우저의 특성이 더 중요한 경우가 많다. 모바 일 기기의 경우 애플 제품에는 iOS가, 나머지 기기에는 안드로이드가 설치되어 있는 경 우가 많다.

② 웹 브라우저

OS 종류를 파악한 이후에는 사용하고 있는 웹 브라우저의 종류를 파악해야 한다. 크롬 과 마이크로소프트엣지, 사파리가 많이 사용되고 있으며 국내 네이버에서 개발한 웨일 사용도 증가하고 있다. 컴퓨터 활용 능력이 높지 않은 학습자의 경우에는 웹 브라우저 라는 용어를 이해하지 못하는 경우가 있다. 학습지원을 위해서는 웹 브라우저에 대한 사전 정보 파악이 중요하다.

(2) 학습환경 원격 지원

1) 원격지원 개념

원격지원이란 학습자가 학습을 진행하는 데에 문제가 발생한 경우 운영자가 별도의 원격지원 도구를 활용하여 직접 학습자 기기를 조작하면서 문제를 해결하는 방법을 말한다.

학습자의 기기에 원격으로 접속하여 마치 운영자가 직접 기기를 사용하는 것과 같이 조작하면서 문제를 해결할 수 있기 때문에 이러닝 운영에 있어서 원격지원은 없어서는 안되는 꼭 필요한 지원 방법이라고 할 수 있다.

2) 원격지원 방법

① 크롬 원격 데스크톱

웹 브라우저인 크롬의 확장 프로그램으로 제공하는 크롬 원격 데스크톱은 무료로 사용할 수 있는 원격제어 프로그램이다. 크롬 웹 브라우저만 있으면 무료로 사용할 수 있는 것이 장점이다. 크롬 웹 브라우저를 설치한 후 크롬 스토어에 접속한 다음 '원격 데스크톱'이라고 검색하여 설치할 수도 있고, 구글 포털 사이트 검색창에서 Chrome Remote Desktop을 입력해도 된다. 구글 계정이 필요하므로 없는 경우 가입하여 진행해야 한다. 쉽게 세팅이 가능하고, 사용법도 어렵지 않으며, 무료로 학습자의 컴퓨터를 원격제어 할 수 있다. 전문적인 관리를 위해서는 유료를 구입하는 것이 필요하다. PC는 물론 모바일에서도 접속 할 수 있다. 구글 플레이나 앱스토어에서 'Chrome 원격 데스크톱'을 다운받아 설치하면 된다.

[그림 2-3] 크롬 원격데스크톱 설치 화면

② 상용 도구를 이용하는 방법

유료로 사용할 수 있는 원격제어 서비스는 많이 있다. 검색창에 '원격제어'라고 입력하고 검색하면 다양한 서비스를 찾아볼 수 있다. 별도의 솔루션 형태로 구입할 수도 있고, 웹 브라우저에서 바로 설치하여 이용할 수도 있다. 원격지원을 하는 경우도 있기 때문에 필요한 방식에 따라 선택할 수 있다. 원격제어를 할 수 있는 계정의 개수에 따라서 월 몇 만원 수준으로 비용을 지불하고 사용하는 것이 일반적인데, 이 경우에는 윈도우 기반의 원격지원만 되는 경우가 많다. 다양한 OS를 지원하고, 스마트폰의 화면을 제어할 수 있는 솔루션도 있으니 운영정책에 따라 적절하게 선택할 필요가 있다.

3) 원격지원 진행에 대한 문제 상황 🔵1회 필기 기출

① 원격지원 방법을 모르는 경우

일반적으로 원격지원을 위해 웹 사이트의 '고객센터', '학습지원센터' 등의 메뉴를 만들어 관련 정보를 공개하는 경우가 많다. 이곳에 원격지원을 위한 절차와 방법을 설명해 놓는 경우가 많은데 컴퓨터 활용 능력이 부족한 학습자의 경우 이 메뉴를 찾는 것부터 어려움이 있을 수 있다. 이런 경우를 대비하여 대응 매뉴얼을 만들어 친절하게 학습자 안내를 할 필요가 있으며, 웹 사이트에 원격지원을 할 수 있는 안내를 눈에 잘 띄는 곳에 배치한다.

② 원격지원 진행 시 어려움을 겪는 경우

원격지원에 사용되는 소프트웨어의 경우 학습자와 운영자가 같은 시간에 동시에 소프트웨어를 사용해야 한다. 학습자가 원격제어를 위한 소프트웨어를 우선 설치하고, 접속을 위한 비밀번호 등을 소프트웨어에 입력하여 이루어지는 경우가 많다. 원격제어 소프트웨어 자체를 설치하지 못하는 경우와 비밀번호를 잘못 입력한 경우 등이 있을 수 있으니 전화 등과 같은 별도의 의사소통 방법을 병행해서 사용하는 것이 필요하다.

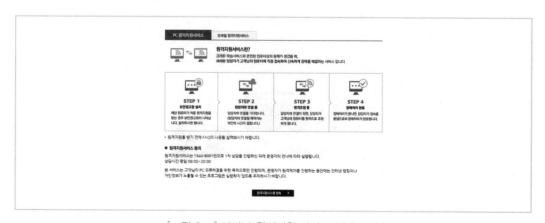

[그림 2-4] 이러닝 원격지원 서비스 안내 화면

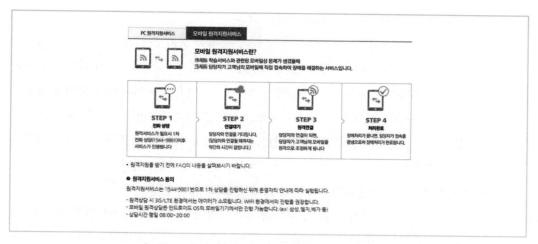

[그림 2-5] 이러닝 모바일 원격지원 서비스 안내 화면

③ 동영상 강좌를 수강할 수 없는 경우

이러닝 수강에서 어려움을 겪는 문제의 대부분은 동영상을 제대로 확인할 수 없는 경우 발생한다. 동영상 강좌의 수강이 안되는 경우는 크게 동영상을 제공하는 서버에 사람이 많이 몰리는 경우, 동영상 수강 소프트웨어가 없는 경우, 동영상 파일이 아예 없는 경우, 동영상 재생을 위한 코덱이 없는 경우 등 다양하다. 이러닝 서비스를 공급하는 곳에서 다양한 학습환경에 최적화되도록 동영상을 제공하는 경우라면 대부분의 학습자 컴퓨터에 의한 문제 상황은 코덱 문제와 관련 소프트웨어가 제대로 설치되지 않는 경우가 많을 것이다.

과거에는 윈도우 전용 동영상 코덱을 사용하는 경우가 많았지만, 최근에는 웹 표준 중심으로 기술이 평준화되고 있기 때문에 동영상 코덱 문제로 서비스가 안되는 경우는 많이 줄고 있다. 동영상 서버에 트래픽이 많이 몰려 대기 시간이 오래 걸리거나, 동영상 주소 오류가 있는 경우를 파악해 볼 필요가 있다.

④ 학습창이 자동으로 닫히는 경우

학습을 위해 별도의 학습창을 띄우는 경우가 있는데, 이 경우 팝업창 차단 옵션이 활성화되어 있거나, 별도 플러그인 등과 학습창이 충돌되는 경우가 있다. 웹 브라우저의 속성을 변경하거나 충돌되는 것으로 추정되는 플러그인을 삭제함으로 해결할 수 있는 경우가 많다.

⑤ 학습진행이 원활하게 이루어지지 않는 경우

인터넷 속도가 느리거나, 학습을 진행한 결과가 시스템에 제대로 반영되지 않는 경우가 있다. 이 경우 학습자의 학습환경을 다각도로 파악할 필요가 있으며, 학습진행 결과가 반영되지 않는 경우에는 학습지원 시스템(LMS)의 오류를 의심해 볼 필요가 있다.

⑥ 웹 사이트 접속이 안되거나 로그인이 안되는 경우

웹 사이트 접속 자체가 안되는 경우는 콜센터 등에 학습자 문의가 집중적으로 들어올 것이기 때문에 적절하게 대응해야 한다. 도메인이 만료되거나, 트래픽이 과도하게 몰려 웹 사이트를 운영하는 서버가 셧다운되는 경우도 있으니 기술 지원팀과 상의할 필요가 있다. 이런 경우에는 원격지원 자체가 필요한 상황은 아니라고 할 수 있다. 로그인이 안 되는 경우는 로그인 기능에 오류가 있거나, 인증서가 만료되어 로그인을 못하는 경우가 있다. 원격지원 자체의 문제보다는 기술 지원팀에 문의를 해야 한다.

⑦ 학습을 진행했는데 관련 정보가 시스템에 업데이트되지 않는 경우

학습지원 시스템에 문제가 있는 경우 학습진행 상황이 제대로 업데이트되지 않을 수 있다. 이때 학습자의 실수인지, 시스템의 오류인지를 판단하는 것이 중요하다. 원격지원을 통해 확인해 본 결과 학습자의 실수가 아니라고 판단되면 기술 지원팀과 협의하여 학습지원 시스템 상의 오류를 수정해야 한다.

4) 기타 문제 상황 대처 방법

① FAQ 메뉴 등에 학습지원 프로그램 안내

FAQ에 대처 가능한 다양한 경우를 기록해 놓는 것이 필요하다. 원격지원과 관련한 내용은 학습자가 쉽게 인지하여 접속할 수 있도록 안내하는 것이 필요하다.

[그림 2-6] 학습지원 프로그램 안내 화면

② 문제 상황 대처를 위한 방법을 강좌로 안내

글로 설명하는 것에 그치지 않고 별도의 강좌로 문제 상황 대처법을 제공할 수도 있다. 정기적인 교육과정으로 운영하면서 이러닝의 문제 상황을 이러닝으로 해결하는 시도를 해 보는 것도 좋다.

02 학습활동 안내

(1) 학습과정 절차 안내

1) 학습절차 확인 방법

① 운영계획서에서 확인

운영계획서에는 이러닝 운영에 관한 전략과 절차가 모두 담겨 있으므로 운영계획서 상의 학습절차를 확인하여 숙지해야 한다. 학습절차는 초보 학습자가 궁금해 하는 내용이기 때문에 올바른 절차와 해당 절차에서 수행해야 하는 학습활동을 이해해야 한다.

② 웹 사이트에서 확인

운영계획서에 담겨 있는 세부 내용은 학습자에게 전달되기 위해 웹 사이트에 안내되기 마련이다. 실제 학습자는 웹 사이트에 게재되어 있는 내용을 확인하고 그에 따라 학습을 진행하기 때문에 웹 사이트 어느 위치에 학습절차가 있는지 확인해야 한다.

2) 학습절차 ☆☆

① 로그인 전

학습자는 웹 브라우저 주소창에 이러닝 서비스 도메인을 입력하거나, 저장되어 있는 즐겨찾기 링크를 클릭하여 웹 사이트에 접속한다. 웹 사이트에서 원하는 과정을 찾는다. 과정명을 클릭하여 과정의 상세 정보를 확인한다. 과정의 상세 정보에는 과정명, 수강비용, 학습기간, 학습개요, 학습내용, 강사명, 관련 도서명, 학습목표, 학습목차, 수강후기, 기타 연관과정, 과정 미리보기, 즐겨찾기(찜하기) 등이 있다. 대부분의 이러닝 과정은 로그인 후 수강할 수 있지만 간혹 로그인 없이 수강할 수 있는 경우가 있으니 사전에 파악해 놓으면 좋다.

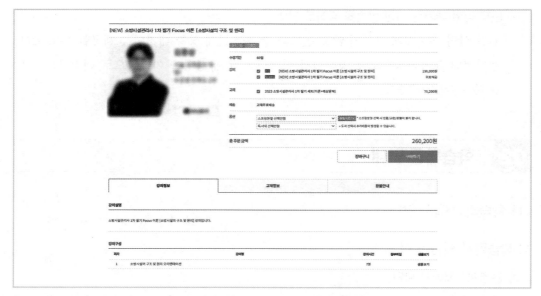

[그림 2-7] 과정 상세 정보 화면 예시

② 로그인 후

일반적으로 과정을 수강하기 위해서는 과정 상세 정보 상에 있는 버튼을 클릭하여 수강신청을 해야 한다. 수강신청을 위해서는 로그인 전에 회원가입 절차가 진행되어야 한다. 회원가입의 경우 본인인증을 하는 경우가 있으며, 14세 이상과 미만에 따라서 인증 절차가 다르기 때문에 사전에 해당 이러닝 서비스의 특성과 회원정책을 확인해야 한다. 로그인 후 수강신청을 할 수 있으며, 수강신청 결과는 일반적으로 마이페이지 등과 같은 메뉴에서 확인할 수 있다. 과정 수강 여부는 과정 운영 일정에 따라 다른데, 수강신청 즉시 수강할 수 있는 수시수강도 있고, 특정 시간에 열리고 닫히는 등의 기간수강도 있을 수 있다. 어떤 경우에는 수강신청을 위한 별도의 조건을 요구하는 경우가 있으니 이러한 정책도 사전에 파악해 놓아야 한다. 수강할 수 있는 일정이 되면 수강 절차에 따라서 수강을 진행한다.

과정 상세 정보를 확인한 후 수강신청 할 수 있는 버튼을 클릭하면 신청하는 화면이 나오게 된다. 수강신청에 대한 정보와 학습자의 개인정보 등을 확인한 후 신청하게 된다. 수강신청이 완료되면 수강신청 완료 메시지를 확인할 수 있다.

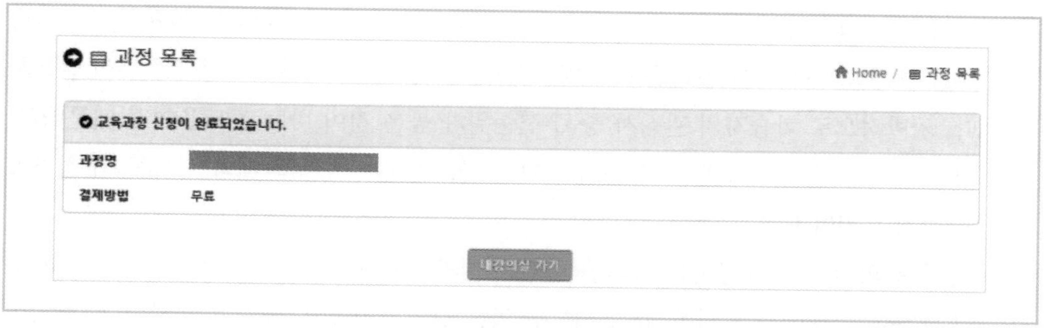

[그림 2-8] 수강신청 완료 화면

③ 학습절차

수강신청이 완료되면 **'마이페이지'**나 **'나의 강의실'** 등에서 수강신청한 과정명을 찾을 수 있을 것이다. 일반적으로 과정명을 클릭하여 강의실 화면으로 이동하는 경우가 많은데, 강의실 화면상에 있는 안내와 학습지원 관련 정보를 꼼꼼하게 확인할 필요가 있다. 일반적으로 학습을 위해 차시(혹은 섹션) 등으로 구성된 학습내용을 클릭하여 확인해야 한다. 학습을 구성하는 요소는 일반 안내, 학습 강좌 동영상, 토론, 과제, 평가, 기타 상호작용 등이 있다. 차시(혹은 섹션)별로 구성되어 있는 커리큘럼에 따라서 학습을 진행하면 되는데, 학습진행 방법이 순차적으로만 진행해야 하는지, 아니면 랜덤하게 진행해도 되는지 등의 정보를 확인해야 한다.

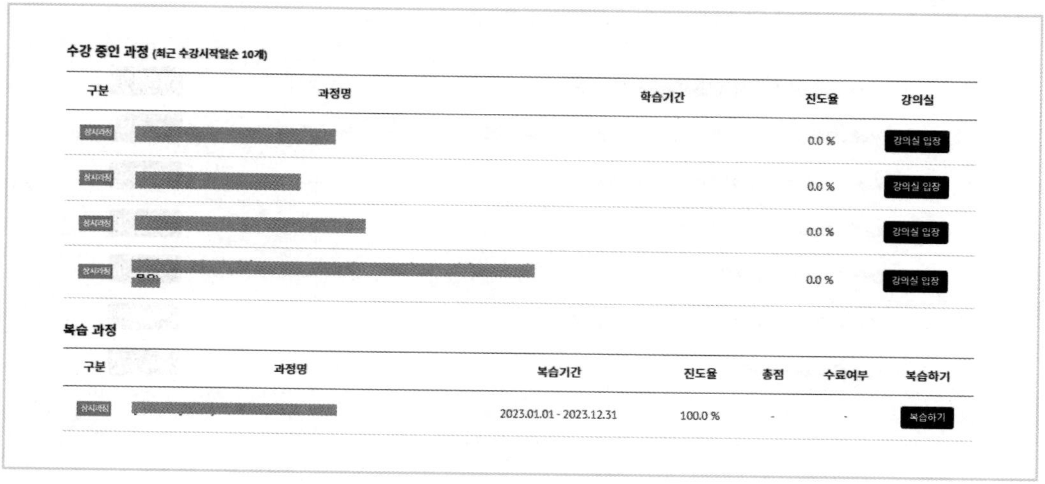

[그림 2-9] 수강 중인 과정 리스트

순차진행의 경우 진도율 체크에 크게 문제되는 경우가 적지만, 랜덤진행의 경우에는 학습자 스스로가 자신이 접속했던 차시(혹은 섹션)를 잊는 경우가 생겨 진도율 반영상 문제가 되는 경우가 있으니 학습관리시스템을 관리하는 기술 지원팀 등에 요청하여 학습자가 보는 화면에도 차시(혹은 섹션)별 진도 표시를 할 수 있도록 요청하는 것이 필요하다. 일반적으로 학습자의 관심사 중 우선순위가 높은 것이 바로 진도율이기 때문이다. 최종 성적을 통해 인증과 수료 등의 결과가 나오는 경우에는 과제와 평가 등의 절차에도 신경을 써야한다.

'**나의 강의실**'에서 제공하는 강의실 화면은 제공하는 사이트마다 다른 구성을 하고 있기 때문에 이곳에서는 일반적으로 볼 수 있는 강의실 화면을 예시로 제시한다. 강의실 화면에서는 수강신청한 과정에 대한 정보가 다시 나오게 되고, 목차별로 학습할 수 있는 기능이 있다. 다음의 화면에서는 '**학습하기**' 버튼을 클릭하면 연동되어 있는 콘텐츠 화면이 나타나게 된다. 강의실 화면에서는 진도율, 수료기준 등의 학습 관련 정보를 제시한다. 학습자는 이렇게 제시된 내용을 확인하면서 자신에게 맞게 학습 속도를 조절할 수 있다. 수료기준에 맞춰 과제와 평가 등에 참여할 수도 있다.

학습진행상황

순서	항목	반영비율	이수기준	기간	점수	상태	바로가기
1	진도율	100%	80%	전체 수강기간	0.0%	학습중	
-	**총점**	**100%**	**60점**		-	-	

강의목차

차시	강의명	학습시간	학습여부	학습하기
1 차시		0분 / 8분	-	학습하기
2 차시		0분 / 5분	-	학습하기
3 차시		0분 / 6분	-	학습하기
4 차시		0분 / 7분	-	학습하기
5 차시		0분 / 4분	-	학습하기
6 차시		0분 / 10분	-	학습하기
7 차시		0분 / 7분	-	학습하기

[그림 2-10] 강의실 화면

수료를 위해 학습자가 해야 하는 절차를 확인한다. 학습진행률에 따라 중간에 과제와 평가를 진행하는 경우가 있고, 만족도 설문 조사 등으로 마무리하는 경우가 있다. 이러한 절차를 사전에 확인하고 있어야 학습자의 문의에 유연하게 대응할 수 있다.

학습이 진행되는 절차 중에서 수료 기준에 해당하는 내용이 중요하다. 진도율은 어떻게 책정이 되는지, 진도율에 반영되는 조건은 무엇인지 등의 정책이 중요하기 때문에 이러한 내용은 학습자가 알아보기 쉬운 곳에 표시해 놓는 것이 필요하다.

특히 과제와 평가의 경우에는 운영 정책마다 진행되는 절차와 특성이 있으니 반드시 학습 정보, 운영계획서 등을 참고하여 숙지할 필요가 있다. 운영 시에 가장 문의가 많은 부분이 바로 학습진행과 관련된 부분이기 때문에 이러한 내용을 숙지하고 대처할 수 있는 방법을 마련하는 것이 학습자 만족의 기초가 될 것이다.

순서	항목	반영비율	이수기준	기간	점수	상태	바로가기
1	진도율	100%	80%	전체 수강기간	0.0%	학습중	
2	과제	-	-	2021.05.24 - 2021.06.04	-	미제출	바로가기
3	교육 만족도 조사		-	개강일로부터 0일 이후 12일 동안	-	종료	바로가기
-	총점	100%	80점		-		

[그림 2-11] 과정 수료 기준 안내 화면

학습이 마무리되어 수료 조건이 되면 수료증을 출력할 수 있는 상태가 되게 된다. 수료증 제공 조건과 방법은 사이트의 운영 정책에 따라 달라질 수 있다.

[그림 2-12 수료증(이수증) 샘플 화면

3) 과제의 종류

① 성적과 관련된 과제

성적이 나오는 경우 학습자는 성적에 민감할 수밖에 없기 때문에 성적과 관련된 과제에 신경을 많이 쓰는 편이다. 과제의 경우 수시로 제출할 수 있는 과제가 있고, 특정 기간 동안에만 제출할 수 있는 과제가 있으니 과정별 정책을 확인할 필요가 있다. 과제를 제출했을 때에 제출 자체에 의미가 있는 것도 있고, 튜터(혹은 교·강사)가 채점을 한 후에 피드백을 해야 하는 경우가 있다. 튜터링이 필요한 과제의 경우에는 학습관리시스템 상에서 튜터 권한으로 접속하는 별도의 화면이 있어야 하며, 과제가 제출되면 해당 과제를 첨삭할 튜터에게 알림이 갈 수 있도록 구성되어야 한다. 과제의 점수에 따라서 성적 결과가 달라지고, 성적에 따라서 수료 여부가 결정되기 때문에 과제 평가 후 이의신청 기능이 있어야 하며, 이의신청 접수 시 처리방안도 정책적으로 마련해 놓아야 한다. 객관적인 과제 채점을 위해 모사답안 검증을 위한 별도의 시스템을 활용하는 경우도 있다.

② 성적과 관련되지 않은 과제

성적과 관련되지 않은 과제라 할지라도 학습자에게 관심을 유발하거나, 학습에 큰 도움이 되는 경우에는 참여도가 높을 수 있다. 과제 제출을 요구한다는 것 자체가 학습자의 시간과 노력을 요구하는 것이므로 체계적이고 객관적인 운영이 필요하다. 과제 첨삭 여부에 따라서 튜터링 진행할 사람을 사전에 구성할 필요가 있다. 최근 해외 MOOC 등에서는 과제 채점을 인공지능 시스템이 하는 경우, 동료 학습자들이 함께 채점하는 경우 등의 다양한 시도가 나오고 있다는 사실을 염두에 둘 필요가 있다.

4) 평가 종류

일반적인 이러닝 환경에서는 평가를 형성평가, 총괄평가 등으로만 구분하는 경우가 있는데, 조금 더 큰 범위로 본다면 성적에 반영되는 요소를 검증하는 것 자체가 평가라고 볼 수 있다. 일반적으로 성적에 반영되는 요소는 **진도율, 과제, 평가**가 있다. 진도율은 학습관리시스템에서 자동으로 산정하는 경우가 많은데, 학습자가 해당학습 관련 요소에 접속하여 학습활동을 했는가 여부를 시스템에서 체크하여 기록하게 되며, 진도율 몇 % 이상 등의 내용이 필수조건으로 붙게 된다.

과제는 첨삭 후 점수가 나오는 경우가 많다. 평가는 차시 중간에 나오는 형성평가와 과정 수강 후 나오는 총괄평가로 구분되는 경우가 많은데, 형성평가의 경우 성적에 반영되지 않는 경우가 많다. 학습관리시스템에서 성적 반영 요소와 각 요소별 배점 기준을 설정하게 되어 있는 경우가 있으니, 학습관리시스템 매뉴얼을 숙지하고 운영에 임해야 할 것이다.

5) 평가 방법 ☆☆

① 진도율

진도율은 전체 수강 범위 중 학습자가 어느 정도 학습을 진행했는지 계산하여 제시하는 수치이다. 학습관리시스템에서 자동으로 계산하여 강의실 화면에서 보여주는 경우가 많다. 일반적으로 학습을 구성하는 페이지별로 접속 여부를 체크하여 진도를 처리하는데, 특정 학습관리시스템의 경우에는 페이지 내에 포함되어 있는 학습활동수행 여부를 진도에 반영하는 경우가 있다.

특히 동영상 강좌를 수강해야 하는 페이지의 경우 해당 페이지를 접속하기만 해도 진도가 체크되는 경우도 있고, 해당 페이지 속에 있는 동영상 시간만큼 학습을 해야 체크되는 경우도 있는 등 학습관리시스템의 기능적인 특성에 따라서 진도체크 방법이 달라질 수 있다는 점을 유념해야 한다.

진도율은 일반적으로 최소 학습 조건으로 넣는 경우가 있는데, 이는 오프라인 교육에서 출석을 부르는 것과 유사한 개념이기 때문이다. 진도율은 일정 수치 이상으로 올라가야 과제와 평가를 진행할 수 있는 등의 전제 조건으로 사용되는 경우가 많다.

② 과제

과제는 제출 후 튜터링하여 점수를 산정하는 절차가 중요하다. 이를 위해 튜터(혹은 교·강사)를 별도로 관리하며, 튜터링을 위해 별도의 시스템이 구현되기도 한다. 학습자가 과제를 제출하면 튜터에게 과제 제출 여부를 알려주고, 과제가 채점되면 학습자에게 채점 여부를 알려주는 등의 상호작용이 필요하다.

③ 총괄평가

과정을 마무리하면서 총괄평가를 치르는 경우가 있는데, 총괄평가의 경우 문제은행 방식으로 구현될 수 있다. 총괄평가를 진행할 때 시간제한을 두는 경우도 있고, 부정시험을 방지하기 위해서 별도의 시스템적인 제약을 걸어 놓는 경우도 있으니 이러한 정책을 사전에 파악해 놓아야 한다.

총괄평가를 진행하다가 갑자기 컴퓨터 전원이 꺼지거나, 웹 사이트에 문제가 생기는 등으로 인해 학습자의 불만사항을 접수받는 경우가 있는데, 이는 총괄평가를 실시했는지 여부와 어느 정도의 점수가 나왔는지 여부가 수료에 영향을 주기 때문이다.

특히 총괄평가를 학습할 수 있는 거의 마지막 기간에 몰려서 하는 경우가 많은데, 성적에 중요한 과정으로 총괄평가가 있는 과정인 경우에는 해당 일정에 트래픽이 엄청나게 몰려 시스템 장애가 발생하는 경우도 있다. 따라서 과정의 특성과 일정 상황에 맞춰 사전 준비를 철저하게 할 필요가 있다. 경우에 따라서 총괄평가 후 성적표시 시간을 따로 두고 이의신청을 받을 수도 있으니 과정별 운영정책을 확인할 필요가 있다.

(2) 학습 상호작용 안내

1) 상호작용 개념

상호작용이란 학습과 관련된 주체들 사이에 서로 주고 받는 활동을 의미한다. 상호작용 기준에 따라서 다양하게 구분할 수 있지만, 일반적으로 학습자 – 학습자 상호작용, 학습자 – 교·강사 상호작용, 학습자 – 시스템/콘텐츠 상호작용, 학습자 – 운영자 상호작용 등으로 구분할 수 있다.

2) 상호작용 종류 ☆☆

① 학습자 – 학습자 상호작용
- 학습자가 동료 학습자와 상호작용하는 것을 의미한다.
- 토론방, 질문답변 게시판, 쪽지 등을 통해 상호작용할 수 있다.
- 교·강사의 강의나 콘텐츠 내용으로만 학습이 이루어지는 것이 아니라 동료학습자와의 의사소통 사이에도 일어날 수 있다.
- 이러한 트렌드를 일반적으로 '소셜러닝'이라고 부르며, 학습 상황에 소셜미디어와 같은 방식을 도입하여 학습자 – 학습자 상호작용을 강화시킬 수 있다.
- 학습의 진행 절차 속에 학습자 – 학습자 상호작용을 얼마나 다양하고 유연하게 적용시키느냐에 따라서 학습의 성과가 달라질 수 있다.
- 학습자 – 학습자 상호작용은 자발적으로 일어나는 경우도 있지만, 교·강사가 의도적으로 이를 만들어나가도록 노력해야 할 수 있기 때문에 상호작용할 수 있는 공간만 만들 것이 아니라 적절한 방법을 설계해야 한다.

② 학습자 – 교·강사 상호작용
- 학습자 – 교·강사 상호작용은 첨삭과 평가 등을 통해 이루어지는 경우가 많고, 학습 진행 상의 질문과 답변을 통해서 이루어지기도 한다.
- 학습자는 무언가를 배우고자 이러닝 서비스에 접속했기 때문에 배움에 가장 큰 목적이 있을 것이고, 학습의 과정 속에서 모르거나 추가 의견이 있는 경우 학습자 – 교·강사 상호작용이 활발하게 일어난다.
- 학습자 – 교·강사 상호작용을 위해서는 튜터링에 필요한 정책과 절차가 미리 마련되어 있어야 하며, 학습관리시스템에서도 이와 관련된 기능이 구현되어 있어야 한다.

③ 학습자 – 시스템/콘텐츠 상호작용
- 이러닝은 학습자가 이러닝 시스템(사이트)에 접속하여 콘텐츠를 활용하여 배우기 때문에 시스템과 콘텐츠와의 상호작용이 가장 빈번하게 일어나기 마련이다.

- 일반적인 이러닝 환경에서는 시스템과 콘텐츠가 명확하게 분리되어 운영되는데, 시스템은 웹 사이트, 마이페이지, 강의실 등까지의 영역이고, 콘텐츠는 학습하기 버튼을 클릭하여 새롭게 뜨는 팝업창 속의 영역인 경우가 많았다.
- 그러나 최근 이러닝 트렌드는 시스템과 콘텐츠의 경계가 점점 없어지는 추세이며, 특히 모바일 환경에서 학습을 진행하는 경우가 많기 때문에 시스템과 콘텐츠의 상호작용이 서로 섞여 이루어지는 경우가 많다.
- 학습자는 자신이 하는 행동이 시스템과의 상호작용인지, 콘텐츠와의 상호작용인지 구분하지 않고 원하는 학습활동을 하는 것이기 때문에 학습 진행 중간에 문제가 발생하는 경우 혼란스러운 경우가 종종 발생한다.

④ 학습자 – 운영자 상호작용 🔘 1회 필기 기출

- 학습활동 중 혼란스러운 상황이 발생하면 시스템 상에 들어가 있는 1:1 질문하기 기능이나 고객센터 등에 마련되어 있는 별도의 채널을 통해 문의하는 경우가 있다.
- 경우에 따라서는 전화를 바로 걸거나, 운영자와의 채팅을 통해 운영자와 접촉하는 경우가 있는데 이 경우 학습자 – 운영자 상호작용이 발생한다.
- 학습자는 주로 이러닝 시스템과 콘텐츠를 통해 학습이 이루어지기 때문에 운영자와의 상호작용을 통해 신속하고 맞춤형으로 문제를 해결하고 싶어하는 경우도 있다.
- 비대면으로 이루어지는 이러닝 환경의 특성에 맞춰 학습자 – 운영자 상호작용을 운영의 특장점으로 내세울 수도 있기 때문에 운영자의 역할과 책임이 더더욱 커지고 있다고 볼 수 있다.

3) 자료의 종류

학습에 필요한 자료는 교·강사와 운영자가 공유하는 경우가 더 많다. 그러나 최근에는 학습자의 지식과 노하우를 학습에 활용하려는 사례가 늘고 있기 때문에 학습자가 보유하고 있는 자료를 공유할 수 있도록 하는 곳들이 늘고 있는 추세이다.

자료는 미디어의 종류와 관련이 있는데, 이미지·비디오·오디오·문서 등이 대표적인 학습자료로 활용될 수 있다.

① 이미지

- 이러닝 학습자료로 활용할 수 있는 이미지는 웹에서 활용할 수 있는 이미지여야 한다. 웹에서 사용할 수 있는 이미지로는 jpg, gif, png 등이 있다.
- jpg는 일반적으로 사진을 저장할 때에 많이 활용되며, 스마트폰이나 디지털 카메라 등으로 사진을 촬영하면 저장되는 포맷이라고 생각하면 된다. 해상도가 높고, 거의 실제와 비슷한 정도의 색감을 나타내면서도 용량이 작기 때문에 널리 활용된다.

- gif는 256가지 색만을 가지고 이미지를 표현하는 포맷인데, 움직이는 화면을 구현할 수 있기 때문에 웹에서 재미있는 이미지를 만들어 공유하는 데에 많이 활용된다. 움직이는 애니메이션 효과를 줄 수 있는 이미지를 사용하고 싶을 때에는 gif를 이용할 수 있는데 별도의 소프트웨어를 사용하여 제작해야 한다.

- png는 jpg와 비슷한 정도의 색감과 이미지 품질을 제공할 수 있으면서도 배경을 투명하게 만들 수 있기 때문에 웹에서 널리 활용되는 이미지 포맷이다. 예를 들어, 사진 중에서 흰색 바탕이 있다면 jpg는 투명하게 만들지 못하지만, png는 투명하게 만들 수 있기 때문에 배경색상과 잘 어울리는 효과를 줄 수 있는 장점이 있다.

- 이미지는 너무 고해상도로 업로드되지 않도록 안내해야 하는데, 최신형 스마트폰으로 촬영한 이미지의 경우 파일 1개당 수 MByte 혹은 수십 MByte까지 용량을 차지하기 때문에 서비스에 부담을 줄 수도 있다. 특히 모바일 환경에서 고해상도로 등록된 이미지 파일을 사용하면 학습자의 사용성이 떨어질 수 있기 때문에 주의해야 한다.

② 비디오

- 이러닝 학습자료로 활용할 수 있는 비디오는 웹에서 활용할 수 있는 비디오여야 한다. 웹에서 사용할 수 있는 비디오의 대표적인 포맷은 **mp4**이며, 이는 모바일 환경도 고려해야 하기 때문에 최근에는 대부분 mp4 포맷을 활용한다.

- mp4 비디오의 경우에도 제작하는 방식에 따라서 모바일 기기에서는 활용하지 못하는 경우가 있는데, 이를 고려하여 웹에 자료를 등록하도록 안내하는 것이 필요하다.

- 스마트폰에서 촬영하는 동영상의 경우 아이폰 계열은 mov라는 포맷으로 저장되고, 안드로이드의 경우 mp4로 저장된다. 그 외에 avi 등과 같은 포맷으로 저장되는 경우도 있기 때문에 주의해야 한다.

- 웹에서 활용할 수 있는 mp4 동영상 변환 소프트웨어를 참고하면 운영 상에 도움이 될 것이다. 무료이면서도 간편한 조작만으로 웹(모바일 포함)에서 활용할 수 있는 mp4 동영상을 만들어 주는 것이 있으니, 이러한 도구를 학습지원메뉴 등에 공유해 놓으면 도움이 될 것이다.

③ 오디오

- 이러닝 학습자료로 활용할 수 있는 오디오는 웹에서 활용할 수 있는 오디오여야 한다. 웹에서 사용할 수 있는 오디오의 대표적인 포맷은 **mp3**이며, 이는 모바일 환경도 고려해야 하기 때문에 최근에는 대부분 mp3 포맷을 활용한다.

- 아이폰 계열의 경우 m4a로 저장되는 경우가 있고, 특정 앱의 경우에는 오디오 파일을 wav 포맷으로 저장하는 경우가 있다. 이런 경우 모두 mp3로 변환해야 웹(모바일 포함)에서 활용 가능하다.

- 웹에서 활용할 수 있는 mp3 오디오를 변환해 주는 소프트웨어가 있으며, 이는 mp4 동영상 변환 소프트웨어에서 옵션 조정으로 해결 할 수 있다.

④ 문서

학습자료로 많이 활용되는 것이 문서인데, html 형식이 아닌 문서는 웹에서 바로 볼 수 있는 경우는 드물다. 문서 포맷은 컴퓨터에서 사용하는 오피스 소프트웨어 종류에 따라 달라질 수 있다. 단순 보기만을 원하면 뷰어 성격의 소프트웨어만 있으면 되며, 모바일 앱의 경우 다양한 문서 포맷을 지원하는 것들이 많이 나오고 있기 때문에 뷰어로 사용 수 있다.

ⓐ MS오피스

- 마이크로소프트사가 제작한 오피스 소프트웨어이다.
- 워드(doc, docx), 엑셀(xls, xlsx), 파워포인트(ppt, pptx) 등이 대표적인 문서이다.
- 해외와 일반 기업에서는 대부분 MS오피스를 사용한다고 보면 된다.

ⓑ 아래아한글

- 한글과컴퓨터사가 제작한 오피스 소프트웨어이다.
- 대표적인 문서가 한글(hwp)이다.
- 공무원, 학교, 공공기관 등은 대부분 hwp 파일로 문서를 제작한다는 점을 참고해 야 한다.

ⓒ 오픈오피스(OpenOffice)

- 누구나 무료로 사용할 수 있는 오피스 소프트웨어이다.
- 워드, 엑셀, 파워포인트 등의 파일을 읽고 쓸 수 있으면서도 무료이기 때문에 부담 없이 사용할 수 있는 장점이 있지만, 사람들에게 아직 익숙하지 않기 때문에 거부 감이 있고, 사용법이 널리 알려져 있지 않아 불편해 보인다는 단점이 있다.

ⓓ PDF(Portable Document Format)

- 웹에서 문서를 주고 받을 때 사용하는 거의 표준에 가까운 포맷이라고 할 수 있다.
- MS오피스, 아래아한글, 오픈오피스 등에서 작성한 문서를 PDF 파일로 저장할 수 있다.
- 일반 문서를 PDF로 변환해 주는 무료 소프트웨어도 많이 있다.

4) 자료 등록 방법

① 등록 위치

- 자료를 등록하는 위치는 일반적으로 강의실 내의 자료실 등과 같이 학습 관련된 위치 가 될 것이다.

- 강의실 내의 자료실이 아니라고 한다면 커뮤니티 공간 등에 있는 별도의 자료 등록 공간을 찾아야 한다.

② 등록 방법

- 자료만 따로 등록하기보다는 게시판에 첨부파일 기능으로 활용하는 경우가 많다.
- 자료를 등록하는 게시판에 첨부파일 용량을 제한하는 경우가 있기 때문에 문서 제작 시에 용량을 감안해야 할 것이다.
- 용량 제한이 있는 경우에는 게시물을 쪼개서 나누어 등록할 수도 있다.

03 학습활동 촉진

(1) 학습 진도 관리

1) 학습진도 관리

학습진도는 학습자의 학습 진행률을 수치로 표현한 것이다. 일반적으로 학습내용을 구성하고 있는 전체 페이지를 기준 삼아서 몇 퍼센트 정도를 진행하고 있는지 표현한다. 전체 페이지수 분의 1을 하나의 단위로 생각하고, 페이지를 진행할 때마다 진도율 1단위를 올리는 방식으로 구성된다.

학습진도는 학습관리시스템에서 확인 가능하다. 학습관리시스템의 학습현황 정보나 수강현황 확인 메뉴에서 과정별로 진도 현황을 체크할 수 있다. 일반적으로 진도는 퍼센트로 표현되며, 진도 진행 상황에 따라서 독려를 할 것인지 여부를 확인할 수 있다.

[그림 2-13] 학습진도 확인 화면

진도 관리를 차시 단위로 할 수 있도록 시스템이 구축되어 있다면 등록된 차시별로 진도 여부를 체크할 수 있다.

[그림 2-14] 차시별 학습진도 상세 화면

학습진도의 누적 수치에 따라서 수료와 미수료 기준이 결정되는데, 이러한 조건은 과정을 생성할 때 수강기간 옵션 설정에 따라 다르게 적용될 수 있다. 과정명을 클릭하면, 과정에 대한 상세 운영 정보를 확인할 수 있다.

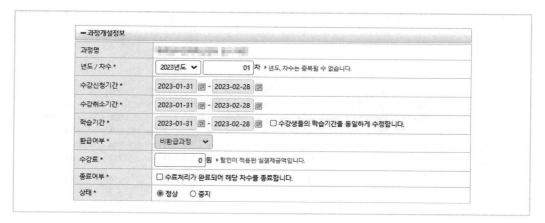

[그림 2-15] 과정기간 설정 화면

2) 학습진도 오류 대처 방법

학습자가 민감하게 생각하는 정보가 바로 학습진도인데, 그 이유는 진도 여부에 따라서 수료 결과가 달라질 수 있기 때문이다. 과정을 생성할 때에 수료와 관련된 값을 설정하고, 수료 조건에 영향을 주는 각각의 옵션을 지정하도록 되어 있는 경우가 많기 때문에 사전에 이에 대한 확인이 반드시 필요하다. 이러한 정보는 과정 상세 페이지에도 확인할 수 있다.

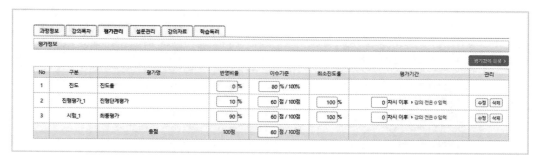

[그림 2-16] 수료조건 설정 화면

3) 성적 관리

전체 통합성적 관리에서는 학습자별 진도 현황과 각 차시별 활동 현황을 확인할 수도 있다. 이러한 정보를 통해 학습자를 관리하고 독려할 수 있다. 진도, 과제, 평가 등의 조합을 통해 수료대상인지 여부가 화면에 표시된다. 과제가 있는지, 첨삭이 되었는지 정보도 확인할 수 있다. 과제가 있는 경우, 과제가 없는 경우, 과제가 있는데 제출했는지 여부 등을 확인할 수 있다.

[그림 2-17] 수료 대상 여부 화면

4) 학습진도 독려 방법 💡1회 필기 기출

학습진도가 뒤떨어지는 학습자에게는 다양한 방법을 활용하여 독려해야 한다. 독려 방법은 시스템에서 자동으로 독려하는 방법이 있고, 운영자가 수동으로 독려하는 방법이 있다.

① 독려 수단

ⓐ 문자(SMS) : 이러닝에서 전통적으로 많이 사용하고 있는 독려 수단이다. 회원가입 후나 수강신청 완료 후에 문자로 알림을 하는 경우도 있고, 진도율이 미미한 경우 문자로 독려하는 경우도 있다. 단문으로 보내는 경우 메시지를 압축해서 작성해야 하고, 장문으로 보내는 경우에는 조금 더 다양한 정보를 담을 수 있다. 최근에는 장문에 접속할 수 있는 링크 정보를 함께 전송해서 스마트폰에서 웹으로 바로 연결하여 세부 내용을 확인할 수 있도록 하는 경우도 있다. 대량 문자 혹은 자동화된 문자를 전송하기 위해서는 건당 과금된 요금을 부담해야 한다.

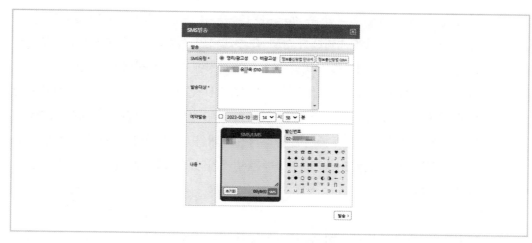

[그림 2-18] 학습자 대상 문자 발송 화면

ⓑ 이메일(e-mail) : 문자와 마찬가지의 용도로 많이 활용하는 대표적인 독려 수단이다. 문자보다는 더 다양하고 개인에 맞는 정보를 담을 수 있다. 독려를 위한 이메일 내용에 진도에 대한 세부적인 내용과 학습자에게 도움이 될만한 통계자료 등도 함께 제공할 수도 있다. 안정적인 대량 이메일 발송을 위해서는 대량 이메일 발송 솔루션 등을 활용할 수 있다.

[그림 2-19] 학습자 대상 이메일 발송 화면

ⓒ 푸시 알림 메시지 : 모바일러닝이 활성화되면서부터 네이티브 앱(App)을 제공하는 경우가 많이 있다. 이러닝 서비스를 위한 자체 모바일 앱을 보유하고 있는 경우 푸시 알림을 보낼 수 있다. 푸시 알림은 문자와 유사한 효과를 얻을 수 있지만 알림을 보내는 비용이 무료에 가깝기 때문에 유용한 측면이 있다. 그러나 자체 앱의 설치 비중이 낮은 경우에는 마케팅 효과가 떨어지기 때문에 푸시 알림을 보내는 것에만 집중

하지 말고 앱 자체를 설치한 후 계속 유지할 수 있도록 관리하는 것이 중요하다. 최근에는 자체 앱 이외에 카카오톡 등과 같은 모바일 서비스와 연동하여 푸시 알림을 보내는 경우도 많기 때문에 이러닝 서비스의 특징에 따라서 선택하면 된다.

ⓓ 전화 : 문자, 이메일, 푸시 알림 등의 독려로도 진도를 나가지 않는 경우 마지막 수단으로 전화로 직접 독려하는 경우가 있다. 아무래도 사람이 직접 전화해서 독려하면 친근함과 신뢰가 형성되기 때문에 긍정적인 효과를 낼 수 있다. 그러나 한 사람의 운영자가 하루에 전화를 할 수 있는 양에는 한계가 있으므로 대량관리 수단으로는 적합하지 않다.

② 독려 방법

학습관리시스템에 자동 독려할 수 있는 기능이 있는 경우 설정된 진도율보다 낮은 수치를 보이는 학습자에게 자동으로 문자나 이메일을 전송하도록 할 수 있다. 이 경우 자동 독려 설정에 대한 값을 학습관리시스템에 사전에 세팅해 놓고 문자 발송 업체와 이메일 발송 솔루션 등과 연동을 해야 한다.

5) 독려 시 고려사항

① 너무 자주 독려하지 않도록 한다.

요즘 사람들은 많은 알림과 안내를 받으면서 살고 있다. 그렇기 때문에 이런 정보의 홍수 속에서 독려 문자, 독려 이메일이 효과를 발휘하기 위해서는 귀찮은 존재로 인식되지 않는 것이 중요하다. 독려 정책은 꼭 필요한 경우에만 하도록 설정해서 학습자가 독려 자체 때문에 피곤함을 느끼지 않도록 해야 한다. 그렇다고 너무 독려를 하지 않아서 수료율에 영향을 주면 안 되기 때문에 적절한 균형점을 찾는 것이 필요하다.

② 관리 자체가 목적이 아니라 학습을 다시 할 수 있도록 함이 목적임을 기억한다.

독려를 하는 이유는 '관리했다'라는 증거를 남기기 위함이 아니라 학습자의 학습을 도와주는 행위라는 사실을 잊으면 안 된다. 학습자가 다시 학습을 진행할 수 있도록 돕고 안내하기 위한 것이 독려이지 당연히 하는 관리 행위가 아님을 기억해야 한다.

③ 독려 후 반응을 측정해야 한다.

독려를 하고 끝나는 것은 목적 달성을 위한 행동이 아니다. 독려를 했다면 언제 했고, 학습자가 어떤 반응을 보였는지 기록해 놓았다가, 다시 학습으로 복귀를 했는지 반드시 체크해야 한다. 독려 메시지에 따라서 어떤 반응들이 있는지 테스트를 하면서 학습자 유형별, 과정별 최적의 독려 메시지를 설계할 필요가 있다. 기계적으로 비슷한 메시지를 학습자에게 전달하기보다는 독려 후 반응에 대한 데이터를 기반으로 최적화된 맞춤형 메시지 설계로 학습자의 마음을 사로잡을 필요가 있다.

④ 독려 비용효과성을 측정해야 한다.

독려를 자동화해서 진행하는 것도 자원을 사용하는 것이고, 운영자가 직접 전화 또는 수동으로 독려를 진행하는 것 모두 비용을 쓰는 업무이다. 따라서 독려 방법에 따른 최대 효과를 볼 수 있는 방법을 고민하여 비용효과성을 따져가면서 독려를 진행할 필요가 있다. 적은 수의 학습자인 경우에는 큰 차이가 나지 않더라도, 대량의 학습자 집단을 대상으로 하게 된다면 작은 차이가 큰 비용의 차이로 나타날 수 있기 때문에 최적화는 반드시 필요하다.

(2) 학습 소통 관리

1) 소통 채널의 개념

이러닝의 경우 자기주도 방식으로 학습이 진행되는 경우가 많고, 원격으로 웹 사이트에 접속하여 스스로 컴퓨터, 스마트폰 등을 조작하면서 학습해야 하기 때문에 다른 학습자나 운영자 등과 소통할 수 있는 빈도가 높지 않다. 따라서 학습자의 원활한 학습을 지원하고 같은 공간에 함께 존재하면서 배우고 있다는 현존감(presence)을 높이기 위해서는 학습과 관련된 소통을 관리하는 것이 매우 중요하다.

소통은 메시지를 중심으로 이루어지게 된다. '메시지를 보내는 사람과 받는 사람 사이에 원활하게 의사전달이 이루어지기 위해 사용하는 다양한 방법'을 '채널'이라고 표현한다. 이러닝 환경에서 이해관계자들 사이에 소통을 주고받는 다양한 소통 채널이 있을 수 있다. 소통 채널을 어떻게 유지하고 관리하느냐에 따라서 학습자의 학습만족도는 높아질 수 있기 때문에 소통 채널에 대한 관심을 높여야 한다.

2) 소통 채널의 종류

① 웹 사이트

학습지원센터, 고객센터 등과 같은 메뉴를 통해 학습자와 소통할 수 있다. 학습자가 원하는 정보를 일목요연하게 웹 사이트에 잘 정리하고, 이러한 정보에 쉽게 접근할 수 있도록 배려하는 것이 웹 사이트를 통한 소통의 기본이 될 것이다. 자주하는 질문(FAQ) 등과 같은 메뉴를 세세하게 구성하고, 최신 정보로 업데이트하는 것도 중요하다. 학습자가 궁금해 하는 것을 통합적으로 관리할 수 있는 통합게시판 등의 운영도 중요한 요소이다. 문자, 이메일, 푸시 알림 등의 경우 단방향 소통에 특화되어 있기 때문에 웹 사이트를 통해 양방향 소통이 될 수 있는 장치를 마련하는 것이 중요하다.

② 문자

학습자가 이러닝 사이트에서 진행하는 각종 활동에 대한 피드백으로 문자를 보내는 경우가 많다. 회원가입, 수강신청완료, 수료 등과 같이 중요한 활동에 대해서 문자로 전달하면서 학습자에게 적절한 정보를 전달한다. 문자는 짧고 간결한 형식으로 전달되는 소통 채널이기 때문에 간단하면서도 명확하게 메시지를 작성하는 것이 필요하다. 학습자가 조금 더 세부적으로 확인할 필요가 있는 경우에는 웹 링크를 문자에 포함시켜 웹 사이트의 특정 설명 페이지로 이동할 수 있도록 유도할 수도 있다.

③ 이메일

학습자가 원하는 상세한 정보를 이메일로 전달할 수 있다. 전달하려는 정보의 양과 수준에 따라 이메일 내용과 구조의 설계를 다르게 해야 한다. 특정한 조건이 달성되면 학습관리시스템에서 자동으로 전송하는 자동발송 이메일도 있을 수 있고, 운영자가 수동으로 보내는 수동발송 이메일도 있을 수 있다.

④ 푸시 알림

푸시 알림은 별도의 네이티브 앱(App)을 만들어서 제공하거나, 카카오톡 등과 같은 메시징앱과 연계하여 활용하는 경우 사용하는 소통 방식이다. 다른 앱들의 알림과 섞여서 제대로 정보를 전달하기 어려울 수도 있다는 점을 고려해야 한다.

⑤ 전화

전화는 자주 사용하는 쌍방향 소통 채널로 학습자와 운영자가 만나는 소중한 접점이다. 얼굴이 보이지 않고 목소리로만 정보, 감정 등이 전달되기 때문에 오해 발생률이 높을 수 있으니 전화 예절에 유의해야 한다.

⑥ 채팅

채팅은 문자, 음성, 화상 등의 방식으로 채팅을 진행할 수 있다. 쌍방향 소통 채널의 대표적으로 활용할 수 있는데, 학습자가 많은 경우 원활하게 소통을 하기 어렵다는 단점이 있다. 채팅을 소통 채널로 선택하여 운영하는 경우에는 수강인원의 수 등을 감안하여 충분히 대응할 수 있도록 인력과 장비를 갖추어 놓아야 한다.

⑦ 직접 면담

오프라인에서 직접 학습자와 만나서 소통하는 경우도 있다. 오프라인에서의 만남을 통해 이러닝 서비스를 극대화시킬 수 있는 경우라면 적극적으로 고려해 볼 만하다.

3) 학습 커뮤니티 개념 💡 1회 필기 기출

커뮤니티(공동체)는 같은 관심사를 가진 집단을 의미한다. 학습 커뮤니티는 배우고 가르치는 것에 관심을 갖고 모인 집단으로 해석할 수 있다. 포털 사이트의 카페 등과 같은 형식의 커뮤니티와 다르게 학습 커뮤니티는 학습에 특화되어 있다. 학습자 자신이 원하는 주제와 관련된 배움을 원하는 사람들의 모임이기 때문에 학습 커뮤니티에 오는 사람들의 목적을 달성할 수 있도록 지원해야 한다.

4) 학습 커뮤니티 관리 방법 ✨

① 주제와 관련된 정보 제공

배우고자 하는 주제와 관련된 정보를 제공해야 한다. 학습자는 자신이 관심 있는 주제에 반응하기 때문에 주제 선정과 집중에 신경을 써야 한다. 커뮤니티를 운영할 때에 모든 학습자를 하나의 공간에서 관리하려고 하지 말고, 주제별로 구분하여 운영하는 것이 좋다. 주제와 관련된 정보를 제공하고 그와 연관된 하위 주제로 확장하는 등의 방식으로 정보를 제공하는 것이 기본이다.

② 예측 가능하도록 정기적으로 운영

커뮤니티 회원들이 예측할 수 있는 활동을 정기적으로 진행하는 것이 필요하다. 월요일 점심 이후에는 어떤 정보들이 주로 올라온다, 주말에는 어떤 정보의 소통이 활발하다. 등의 인상이 형성되기 위해서는 꾸준하게 정기적으로 운영할 수 있도록 정책을 수립하는 것이 필요하다. 회원들 대다수가 커뮤니티 활동을 예측할 수 있게 된다면 커뮤니티 운영이 수월해질 것이다.

③ 회원들의 자발성 유도

커뮤니티가 폭발적으로 성장하느냐 여부는 회원들의 자발적인 참여를 어떻게 이끌어 내느냐에 따라 달라진다. 자발성을 유도할 수 있는 운영 전략을 수립하여 지속적으로 꾸준하게 추진할 필요가 있다.

④ 운영진의 헌신 없이는 성장하기 어려움

커뮤니티는 운영진의 헌신을 먹고 성장한다고 해도 과언이 아니다. 일반 회원의 자발성도 운영진의 헌신이 바탕이 되어야 발현될 수 있기 때문에 커뮤니티를 운영하려는 운영진의 열심과 노력이 무엇보다 중요하다.

04 수강 오류 관리

(1) 수강 오류 관리

1) 수강 오류 원인 🔖 💡1회 필기 기출

수강 오류는 학습자에게 가장 민감한 오류 중 하나이다. 수강 오류가 발생하는 원인은 다양하겠으나 학습자에 의한 원인과 학습지원 시스템에 의한 원인으로 구분할 수 있다.

① 학습자에 의한 원인

학습자의 학습환경 상에서 문제가 발생하는 경우로 기기 자체에 의해 발생할 수도 있고, 인터넷 접속 상태에 의해 발생할 수도 있다. 학습자의 수강 기기에 문제가 있는 경우에는 기기가 데스크톱 PC인지, 스마트폰 등과 같은 이동식 기기인지에 따라 대응 방법이 다르기 때문에 기기의 종류를 파악하는 것이 필요하다.

② 학습지원 시스템에 의한 원인

학습지원 시스템에 의한 원인은 크게 웹 사이트 부문과 관리자 부문으로 구분할 수 있다. 웹 사이트 부문은 사이트 접속이 안되거나, 로그인이 안되거나, 진도 체크가 안 되는 등의 사용상의 문제들이 대부분이라고 할 수 있다. 관리자 부문은 일반 학습자가 알기는 어려운 부분이지만, 학습자의 오류가 관리자와 연동되어 움직이기 때문에 운영자 입장에서는 관리자 부문도 고려할 필요가 있다. 웹 사이트 사용에 따른 문제들이 발생하면 가장 먼저 대응해야 하는 사람들이 운영자들이다. 학습자는 기술 지원팀에 연락하는 것이 아니라 바로 고객센터나 학습지원센터에 연락하기 때문에 오류 원인에 대한 신속한 파악과 안내가 필요하다.

2) 수강 오류 해결 방법

① 관리자 기능에서 직접 해결하는 방법

학습지원 시스템 관리자 기능에 각종 오류로 인해 발생한 내역을 수정하는 기능이 있다. 오류의 수준에 따라서 운영자가 관리자 기능에서 직접 해결할 수 있는 것들이 있으니 학습지원 시스템 매뉴얼을 숙지한 후 직접 처리 가능한 메뉴에는 어떤 것이 있는지 확인해야 한다. 관리자 기능에서 직접 해결하는 경우에는 기존 데이터에 영향을 주는 것인지 면밀하게 검토할 필요가 있다.

② 기술 지원팀에 요청하여 처리하는 방법

운영자가 관리자 기능에서 직접 처리하지 못하는 경우에는 기술 지원팀에 요청하여 처리할 수밖에 없다. 이때 문제가 있다는 단편적인 정보만 전달하기 보다는 6하 원칙에 맞게 정리하여 전달하면 의사소통의 오류도 적고 처리도 빠르게 진행될 수 있다.

3) 성적처리 오류 해결 ☆☆

수강오류 중 가장 민감한 것이 성적처리와 관련된 내용이다. 일반적으로 성적은 진도율, 과제 점수, 평가 점수 등의 조합으로 이루어진다. 성적처리에 대한 부분은 학습자에게는 민감한 정보이기 때문에 주의 깊게 다루어야 한다. 오류 해결 방법은 일반 수강 오류 방법과 유사하다고 볼 수 있다. 관리자 기능에서 직접 수정할 수 있다면 수정하면 되고, 그렇지 못한 경우에는 기술 지원팀에 요청해야 한다.

4) 진도, 과제, 평가 오류 시 해결

① 진도율 오류 `💡 1회 필기 기출`

일반적으로 진도율은 운영자가 직접 수정하지 못하게 되어 있는 경우가 많다. 진도율은 수료 기준에 들어가는 중요한 정보로, 운영자가 임의로 값을 수정하게 되면 그 자체로 부정행위 발생 빈도를 높일 수 있기 때문에 이는 별도의 요청에 의해 기술 지원팀에서 처리하게 된다.

② 과제 및 평가 오류

- 과제와 평가는 평가결과가 명확한 경우 점수를 수정할 수 있는 기능이 있는 경우도 있다. 이를 위해 과제와 평가를 관리하는 별도의 메뉴가 있으면 그 메뉴를 사용하면 된다.

- 과제의 경우 과제를 제출했는지, 채점을 했는지 등의 정보를 확인할 수 있다. 채점이 이루어지지 않은 경우에는 채점 화면으로 들어가서 점수를 줄 수도 있고, 채점이 완료되었으나, 점수에 이상이 있는 경우에는 점수를 변경할 수도 있다. 물론 이러한 기능은 학습관리시스템마다 기능이 서로 다르기 때문에 이런 기능이 있는 경우에만 사용할 수 있다. 모사답안 여부에 따라서 모사답안에 대한 정보를 운영자가 모니터링하고 관련 정보를 수정할 수도 있다.

- 만약 과제와 평가에 문제가 생겨 과제와 평가를 초기화시켜야 하는 상황이 발생할 수도 있다. 이런 경우 학습관리시스템에서 초기화 버튼을 통해 문제를 바로 해결할 수 있다. 수료증 관련된 문제라고 한다면 수료증 관련 정보를 확인 후 처리할 수 있다.

출제예상문제   Chapter 02 이러닝운영 학습활동 지원

01 유선 인터넷 접속을 통한 이러닝 학습환경에 대한 설명으로 옳지 않은 것은?

① 업무용 컴퓨터인 경우 고정IP 주소를 할당받아 연결되는 경우가 많다.

② 유선 인터넷이 케이블에 직접 연결된 경우 랜카드에 랜선이 잘 꽂혀 있는지 체크해야 한다.

③ 공유기로 연결된 컴퓨터의 네트워크 설정 화면에서는 고정IP 주소, DNS서버 주소 등을 입력해야 한다.

④ 유선 인터넷 접속은 랜선 케이블을 컴퓨터까지 연결하여 컴퓨터 랜카드에 꽂는 방식으로 구성된다.

해설

공유기에 연결된 경우 컴퓨터의 네트워크 환경 설정에 자동으로 IP주소 받기가 체크되어 있는 경우가 많다. 집이 아니라 회사나 기관 등의 업무용 컴퓨터인 경우 일반적으로 '고정IP' 주소를 할당받아 연결되는 경우가 많으며 컴퓨터의 네트워크 설정 화면에서 고정IP 주소, 서브넷 마스크, 기본 게이트웨이, DNS서버 주소 등을 정확하게 입력해야 한다.

02 다음 중 학습자의 이러닝 학습환경에 해당하는 것을 모두 고르면?   2023 기출

> (ㄱ) 과제 평가
> (ㄴ) 소프트 웨어
> (ㄷ) 교육과정
> (ㄹ) 학습기기
> (ㅁ) 인터넷 접속 환경

① (ㄱ), (ㄴ), (ㄷ)   ② (ㄴ), (ㄷ), (ㄹ)

③ (ㄴ), (ㄹ), (ㅁ)   ④ (ㄷ), (ㄹ), (ㅁ)

해설

학습환경은 학습자가 이러닝을 통해 학습을 진행하기 위해 사용하는 인터넷 접속 환경, 학습기기, 소프트웨어 등을 의미한다.

03 다음 중 이러닝 소프트웨어에 대한 설명으로 옳은 것을 모두 고르면?

> (ㄱ) OS의 특성에 따라서 학습에 활용되는 애플리케이션의 종류가 달라지기 때문에 OS를 먼저 파악하는 것이 필요하다.
> (ㄴ) OS 종류를 파악한 후에는 사용하고 있는 웹 브라우저의 종류를 확인해야 한다.
> (ㄷ) OS는 윈도우, 맥 등에 따른 특성이 있고 이러닝의 경우 웹 브라우저의 특성보다 OS의 특성이 더 중요한 경우가 많다.
> (ㄹ) 모바일 기기의 사양 확인이 필요한 이유는, 콘텐츠의 개발 방식과 시스템 특징에 따라 모바일 기기별 동작 여부가 결정되기 때문이다.

① (ㄱ), (ㄴ)
② (ㄴ), (ㄹ)
③ (ㄴ), (ㄷ), (ㄹ)
④ (ㄱ), (ㄴ), (ㄹ)

해설

> (ㄷ) 이러닝의 경우 대부분 웹 브라우저를 통해 학습을 진행하기 때문에 OS의 특성보다는 웹 브라우저의 특성이 더 중요한 경우가 많다.

04 다음 중 이러닝 학습환경의 원격 지원에 대한 설명으로 틀린 것은?

① 원격지원은 이러닝 운영에 있어서 꼭 필요한 지원방법이다.
② 유료 원격제어 서비스는 계정의 개수에 따라 비용을 지불하는 것이 일반적이다.
③ 크롬 원격 데스크톱은 PC에서만 적용되며 스마트폰 화면 제어를 위한 별도 방법이 필요하다.
④ 크롬 원격 데스크톱은 크롬 웹 브라우저를 통해 무료로 사용할 수 있고 쉽게 세팅이 가능하다.

해설

> 크롬 원격 데스크톱은 PC는 물론 모바일에서도 접속할 수 있으며 구글 플레이나 앱스토어에서 'Chrome 원격 데스크톱'을 다운받아 설치하면 된다.

01 ③ 02 ③ 03 ④ 04 ③

05 이러닝 동영상 강좌 수강이 제대로 되지 않을 경우, 원격지원 해결 방법으로 적절한 것은?

① 도메인 만료 여부와 웹 사이트를 운영하는 서버가 셧다운됐는지 확인해 본다.

② 동영상 서버에 트래픽이 많이 몰려 대기 시간이 오래 걸리는지 확인해 본다.

③ 웹 브라우저의 속성을 변경해 본다.

④ 기술 지원팀과 협의하여 학습지원 시스템 상의 오류를 수정한다.

> **해설**
>
> ① 웹 사이트 접속이 안되거나 로그인이 안되는 경우 해결 방법이다.
> ③ 학습창이 자동으로 닫히는 경우 해결 방법이다.
> ④ 학습을 진행했는데 관련 정보가 시스템에 업데이트되지 않는 경우 해결 방법이다.

06 다음 중 이러닝 수강 시 원격지원으로 해결할 수 있는 문제 상황은?

① 웹 사이트 로그인이 안되는 경우

② 학습창이 자동으로 닫히는 경우

③ 인증서가 만료된 경우

④ 동영상 강좌를 수강할 수 없는 경우

> **해설**
>
> ②는 원격지원으로 운영자가 해결할 수 있는 경우이지만, 나머지는 시스템과 콘텐츠 담당자에게 요청하여 해결할 수 있는 경우이다.

07 다음 중 이러닝 학습환경의 원격지원 진행에 대한 설명으로 옳지 않은 것은?

① 원격지원을 위해서는 학습자와 운영자가 같은 시간에 소프트웨어를 사용해야 한다.

② 원격지원을 위해서는 전화로 연락을 하여 상황을 확인한 후 원격지원 도구 사용 위치와 방법을 안내해야 한다.

③ 원격지원 도구 설치가 완료되면 원격지원 도구의 관리 화면에서 접속 코드를 확인한 후, 담당자가 학습자의 화면에 직접 입력한다.

④ 원격지원 도구 설치와 접속코드 입력이 끝난 후 원격 접속 확인을 위해 전화는 연결 상태로 유지하는 것이 좋다.

해설

원격지원 도구를 설치한 후 쌍방이 모두 연결될 수 있는 상태라는 것을 확인하기 위해 접속 코드를 사용하는 경우가 있다. 운영 담당자는 접속코드 입력에 대한 내용을 안내하여 학습자가 직접 입력할 수 있도록 유도한다. 접속코드가 대문자, 소문자, 특수문자 등의 조합으로 이루어져 있는 경우 문자를 혼동하여 잘못 안내하는 일이 없도록 재차 확인한다. 코드가 입력되면 원격지원을 위한 준비가 마무리되어 본격적으로 원격지원을 실시할 수 있게 된다.

08 다음 중 이러닝 학습절차에 대한 설명으로 옳지 않은 것은?

① 로그인 전 웹 사이트의 과정명을 클릭하여 비용, 기간, 강사명 등을 확인할 수 있다.
② 수강신청은 로그인 이후 가능하며 회원가입 절차가 진행되어야 한다.
③ 수강신청 결과는 마이페이지 메뉴에서 확인이 가능하다.
④ 모든 이러닝 과정은 수강신청을 하는 즉시 과정을 수강할 수 있다.

 해설

과정 수강 여부는 과정 운영 일정에 따라 다르며, 수강신청 즉시 수강할 수 있는 수시 수강, 특정 시간에 열리고 닫히는 등의 기간수강도 있을 수 있다. 어떤 경우에는 수강신청을 위한 별도의 조건을 요구하는 경우가 있으며 수강할 수 있는 일정이 되면 수강 절차에 따라서 수강을 진행한다.

09 다음 중 이러닝 학습과정에서 과제에 대한 설명으로 틀린 것은?

① 수시 제출이나 특정 기간 동안에만 제출할 수 있는 과제가 있기 때문에 과정별 정책을 확인해야 한다.
② 성적과 관련된 과제의 경우, 제출 후 튜터가 채점을 한 후에 반드시 피드백을 해야 한다.
③ 성적과 관련이 없는 과제 제출의 경우에도 과제 첨삭 여부에 따라서 튜터링을 진행할 사람을 사전에 구성한다.
④ 과제 평가 후 이의신청 기능이 있어야 하며, 이의신청 접수 시 처리방안도 정책적으로 마련해 놓아야 한다.

 해설

과제를 제출했을 때에 제출 자체에 의미가 있는 것도 있고, 튜터(혹은 교·강사)가 채점을 한 후에 피드백을 해야 하는 경우도 있다.

05 ② 06 ② 07 ③ 08 ④ 09 ②

10 다음 중 이러닝 학습과정에서 평가 종류에 해당하지 않는 것은? 2023 기출

① 진도율   ② 과제
③ 총괄평가   ④ 만족도 조사

📊 **해설**

일반적인 이러닝 환경에서는 평가를 형성평가, 총괄평가 등으로만 구분하는 경우가 있으나, 조금 더 큰 범위로 본다면 성적에 반영되는 요소를 검증하는 것 자체가 평가라고 볼 수 있다. 일반적으로 성적에 반영되는 요소는 진도율, 과제, 평가가 있다.

11 이러닝 평가방법 중 학습자가 어느 정도 학습을 진행했는지 계산하여 수치로 나타내는 것은?

① 진도율   ② 과제
③ 총괄평가   ④ 만족도 조사

📊 **해설**

진도율은 전체 수강 범위 중 학습자가 어느 정도 학습을 진행했는지 계산하여 제시하는 수치이다. 학습자가 해당학습 관련 요소에 접속하여 학습활동을 했는가 여부를 시스템에서 체크하여 기록하며, 진도율 몇 % 이상 등의 내용이 필수조건으로 붙게 된다.

12 다음 중 이러닝 평가에 대한 설명으로 옳지 않은 것은?

① 평가 중 형성평가는 성적에 반영되지 않는 경우가 많다.
② 평가가 마무리되면 객관식, 단답형은 자동 채점되어 점수를 바로 확인할 수 있다.
③ 평가를 진행할 수 없는 상태여도, 평가를 위한 전용 페이지를 통해 시험을 볼 수 있다.
④ 총괄평가 시 시간제약을 두기도 하며, 평가 후 성적표시 시간을 따로 두고 이의신청을 받을 수 있다.

📊 **해설**

평가를 진행할 수 있는 상태가 되면 평가 진행을 위한 기능 버튼이 노출되는 경우가 있다. 또는 평가를 위한 전용 페이지를 통해 진행되는 경우도 있다.

13 다음 중 이러닝 학습자료에 대한 설명으로 옳지 않은 것은?

① 오디오 학습자료는 mp3로 변환해야 웹에서 활용 가능하다.

② 아이폰 계열은 동영상 촬영 시 mov 포맷으로 저장되며, 안드로이드는 avi로 저장된다.

③ 오디오 자료를 웹에서 활용할 수 있게 mp3 오디오로 변환해 주는 소프트웨어가 있다.

④ 이러닝 학습자료로 비디오를 활용하려면 웹에서 활용할 수 있는 비디오여야 한다.

📊 해설

스마트폰에서 촬영하는 동영상의 경우 아이폰 계열은 mov 포맷으로 저장되고, 안드로이드의 경우 mp4로 저장된다. 그 외에 avi 등과 같은 포맷으로 저장되는 경우도 있기 때문에 주의해야 한다.

14 다음 중 이러닝 학습절차에 대한 설명으로 옳지 않은 것을 모두 고르면?

(ㄱ) 강의실 화면에서 차시로 구성된 학습내용을 클릭하여 관련 정보를 확인할 수 있다.

(ㄴ) 학습 진행은 순차적으로만 진행되며 학습자는 이러한 진도율을 체크할 수 있다.

(ㄷ) 진도율 책정, 진도율 반영조건 등의 내용은 학습자가 알아보기 쉬운 곳에 표시해 두어야 한다.

(ㄹ) 학습진행률에 따라 과제와 평가를 중간에 진행하는 경우가 있다.

(ㅁ) '나의 강의실'에서 제공하는 화면은 공통적으로 학습진행상황과 강의 목차로 구성된다.

① (ㄱ), (ㅁ)

② (ㄴ), (ㄹ)

③ (ㄴ), (ㅁ)

④ (ㄹ), (ㅁ)

📊 해설

(ㄴ) 학습진행 방법은 순차적으로만 진행되기도 하며, 랜덤하게 진행되기도 한다. 순차진행의 경우 진도율 체크에 문제되는 경우가 적지만, 랜덤진행의 경우에는 학습자 스스로가 자신이 접속했던 차시(혹은 섹션)를 잊는 경우가 생겨 진도율 반영상 문제가 발생할 수도 있다. 따라서 학습관리시스템을 관리하는 기술지원팀 등에 요청하여 학습자가 보는 화면에도 차시(혹은 섹션)별 진도 표시를 할 수 있도록 요청하는 것이 필요하다.

(ㅁ) '나의 강의실'에서 제공하는 강의실 화면은 제공하는 사이트마다 다른 구성을 하고 있다.

10 ④ 11 ① 12 ③ 13 ② 14 ③

15 이러닝 학습 자료의 이미지에 대한 설명 중 괄호 안에 들어갈 말로 옳은 것은?

> • (㉠)는 배경을 투명하게 만들 수 있어 배경 색상과 잘 어울리는 효과를 줄 수 있다.
> • (㉡)는 단순한 정지 화면을 사용할 때 사용한다.
> • (㉢)는 움직이는 화면을 구현할 때 활용된다.

	㉠	㉡	㉢
①	png	jpg	gif
②	png	gif	jpg
③	gif	jpg	png
④	jpg	png	gif

해설

'png'는 jpg와 비슷한 정도의 색감과 이미지 품질을 제공할 수 있으면서도 배경을 투명하게 만들 수 있기 때문에 웹에서 널리 활용되는 이미지 포맷이며, 'jpg'는 일반적으로 사진을 저장할 때 많이 활용된다. 'gif'는 256가지 색으로 이미지를 표현하는 포맷인데, 움직이는 화면을 구현할 수 있기 때문에 웹에서 재미있는 이미지를 만들어 공유하는 데 많이 활용된다.

16 다음 중 이러닝 학습자료 등록에 대한 설명으로 틀린 것은?

① 이러닝 학습자료를 게시판에 등록할 때에는 공백 없이 영문과 숫자의 조합으로 등록하는 것이 좋다.
② 한글, 파워포인트 문서 자료는 PDF 문서 형식으로 변환하면 용량을 줄일 수 있다.
③ 이미지 자료는 bmp 형식으로 사용하면 잘 보이지 않으니 지양하는 것이 좋다.
④ 동영상은 wmv, flv, avi 형식이 모바일에서 보편적으로 사용하기 좋다.

해설

동영상은 mp4를 사용하는 것이 좋으며 wmv, avi, mkv, mov, flv 등의 형식은 모바일에서 보편적으로 사용하기 어렵다. 특정 기기, 특정 OS에서만 작동하지 않고 보편적으로 널리 활용되게 하기 위해서는 mp4 형식을 사용하는 것이 좋다.

17 다음 중 이러닝에서 학습진도 독려 시 고려해야 하는 사항으로 틀린 것은?

① 독려 후에는 학습자의 반응을 체크하여 최적의 독려 메시지를 설계한다.

② 독려 방법은 비용 효과성을 따져가면서 진행할 필요가 있다.

③ 학습진도 독려는 관리를 했다는 증거를 남기는 것이 주 목적이다.

④ 학습자에게 꼭 필요한 경우에만 독려를 하도록 설정한다.

해설

독려를 하는 이유는 '관리했다'라는 증거를 남기기 위함이 아니라 학습자의 학습을 도와주는 행위라는 사실에 의미를 두어야 한다. 따라서 학습자가 다시 학습을 진행할 수 있도록 돕고 안내하기 위한 것이 독려이지 당연히 하는 관리 행위가 아님을 기억해야 한다.

18 다음 중 이러닝의 학습 소통에 대한 설명으로 옳지 않은 것은?

① 푸시 알림은 별도의 네이티브 앱을 만들어 제공하기 때문에 정보를 제대로 전달할 수 있다.

② 이러닝은 다른 학습자나 운영자 등과 소통할 수 있는 빈도가 높지 않다.

③ 웹 사이트는 학습자와 양방향 소통이 될 수 있는 장치를 마련하는 것이 중요하다.

④ 소통 채널을 어떻게 유지하고 관리하느냐에 따라서 학습자의 학습만족도가 달라질 수 있다.

해설

푸시 알림은 별도의 네이티브 앱(App)을 만들어서 제공하거나, 카카오톡 등과 같은 메시징앱과 연계하여 활용하는 경우 사용하는 소통 방식으로 다른 앱들의 알림과 섞여서 제대로 정보를 전달하기 어려울 수도 있다는 점을 고려해야 한다.
② 이러닝은 자기주도 방식으로 학습이 진행되는 경우가 많고, 원격으로 웹 사이트에 접속하여 스스로 컴퓨터, 스마트폰 등을 조작하면서 학습해야 하기 때문에 다른 학습자나 운영자 등과 소통할 수 있는 빈도가 높지 않다.
③ 이러닝은 해당 웹 사이트에 학습지원센터, 고객센터, 자주하는 질문(FAQ) 등의 메뉴를 세세하게 구성하여 양방향 소통이 원활하게 될 수 있도록 해야 한다.
④ 이러닝에서 학습자의 원활한 학습을 지원하고 같은 공간에 함께 배우고 있다는 현존감을 높이기 위해서는 학습과 관련된 소통을 관리하는 것이 매우 중요하다.

15 ① 16 ④ 17 ③ 18 ①

19 다음 중 이러닝에서 발생할 수 있는 수강 오류 원인의 성격이 다른 것은? <kbd>2023 기출</kbd>

① 진도 체크가 안 되는 경우
② 인터넷 접속 상태에 의한 수강 오류
③ 사이트 접속이 안되는 경우
④ 로그인이 안되는 경우

📊 해설

수강 오류가 발생하는 원인은 '학습자에 의한 원인'과 '학습지원 시스템에 의한 원인'으로 구분할 수 있으며 ② 인터넷 접속 상태에 따른 수강 오류는 학습자에 의한 원인에 해당하며 ①,③,④는 학습지원 시스템 중 웹사이트 부문에 해당하는 오류이다.

20 다음 중 이러닝 수강 오류 해결에 대한 설명으로 틀린 것은? <kbd>2023 기출</kbd>

① 진도율에 오류가 있는 경우 운영자가 직접 수정할 수 있다.
② 과제 및 평가는 평가결과가 명확한 경우 점수를 수정할 수 있는 기능이 있는 LMS가 있다.
③ 운영자가 관리자 기능에서 직접 처리하지 못하는 경우에는 기술 지원팀에 요청하여 처리한다.
④ 과제 및 평가를 초기화시켜야 하는 상황이 발생한 경우, 학습관리시스템에서 초기화 버튼을 통해 문제를 바로 해결할 수 있다.

📊 해설

진도율은 운영자가 직접 수정하지 못하게 되어 있는 경우가 많아, 별도의 요청에 의해 기술 지원팀이 처리하게 된다.

19 ② 20 ①

Chapter 03 이러닝 운영 활동 관리

01 운영활동 계획

(1) 운영 준비 점검 사항

이러닝 운영 준비란 이러닝 운영계획에 따라 운영 환경 준비, 과정 개설, 학사일정 수립 및 수강신청 업무를 수행하고 점검하는 능력이다. 이러닝 운영활동에 대한 결과를 관리하는 과정에서 운영준비활동에 대한 지원이 운영계획서에 맞게 수행되었는지를 확인하는 것은 매우 중요한 일이다. 이를 통해 운영결과에 대한 적절성을 분석할 때 반영할 수 있기 때문이다. 운영 준비활동의 적절한 수행 여부를 검토하기 위해 참조할 사항은 다음과 같다.

1) 운영환경 준비활동 수행여부에 대한 고려사항

이러닝 과정 운영자는 운영계획서에 따라 운영 환경 준비활동에 대한 점검을 위해 다음의 내용에 대한 수행여부를 확인해야 한다.

〈표 3-1〉 운영환경 준비활동 수행여부 점검

운영환경 준비활동 확인 문항	수행여부 확인
이러닝 서비스를 제공하는 학습사이트를 점검하여 문제점을 해결하였는가?	
이러닝 운영을 위한 학습관리시스템(LMS)을 점검하여 문제점을 해결하였는가?	
이러닝 학습지원도구의 기능을 점검하여 문제점을 해결하였는가?	
이러닝 운영에 필요한 다양한 멀티미디어기기에서의 콘텐츠 구동여부를 확인하였는가?	
교육과정별로 콘텐츠의 오류 여부를 점검하여 수정을 요청하였는가?	

2) 교육과정 개설활동 수행여부에 대한 고려사항

이러닝 과정 운영자는 운영계획서에 따라 교육과정 개설활동에 대한 점검을 위해 다음의 내용에 대한 수행여부를 확인해야 한다.

〈표 3-2〉 교육과정 개선활동 수행여부 점검 🔵 1회 필기 기출

교육과정 개설활동 확인 문항	수행여부 확인
학습자에게 제공 예정인 교육과정의 특성을 분석하였는가?	
학습관리시스템(LMS)에 교육과정과 세부 차시를 등록하였는가?	
학습관리시스템(LMS)에 공지사항, 강의계획서, 학습관련자료, 설문, 과제, 퀴즈 등을 포함한 사전 자료를 등록하였는가?	
이러닝 학습관리시스템(LMS)에 교육과정별 평가문항을 등록하였는가?	

3) 학사일정 수립활동 수행여부에 대한 고려사항

이러닝 과정 운영자는 운영계획서에 따라 학사일정을 수립하는 활동에 대한 점검을 위해 다음의 내용에 대한 수행여부를 확인해야 한다.

〈표 3-3〉 학사일정 수립활동 수행여부 점검 🔵 1회 필기 기출

학사일정 수립활동 확인 문항	수행여부 확인
연간 학사일정을 기준으로 개별 학사일정을 수립하였는가?	
원활한 학사진행을 위해 수립된 학사일정을 협업부서에 공지하였는가?	
교·강사의 사전 운영준비를 위해 수립된 학사일정을 교·강사에게 공지하였는가?	
학습자의 사전 학습준비를 위해 수립된 학사일정을 학습자에게 공지하였는가?	
운영예정인 교육과정에 대해 서식과 일정을 준수하여 관계기관에 절차에 따라 신고하였는가?	

4) 수강신청 관리활동 수행여부에 대한 고려사항

이러닝 과정 운영자는 운영계획서에 따라 수강신청 관리활동에 대한 점검을 위해 다음의 내용에 대한 수행여부를 확인해야 한다.

〈표 3-4〉 수강신청 관리활동 수행여부 점검

수강신청 관리활동 확인 문항	수행여부 확인
개설된 교육과정별로 수강신청 명단을 확인하고 수강승인 처리를 하였는가?	
교육과정별로 수강 승인된 학습자를 대상으로 교육과정 입과를 안내하였는가?	
운영 예정 과정에 대한 운영자 정보를 등록하였는가?	
운영을 위해 개설된 교육과정에 교·강사를 지정하였는가?	
학습과목별로 수강변경사항에 대한 사후처리를 하였는가?	

02 운영활동 진행

(1) 학사관리 수행여부 점검사항

이러닝 운영 학사관리란 학습자의 정보를 확인하고 성적처리를 수행한 후 수료 기준에 따라 처리할 수 있는 활동이다. 이러닝 운영활동에 대한 결과를 관리하는 과정에서 운영진행 활동 중 학사관리에 대한 지원이 운영계획서에 맞게 수행되었는지를 확인하는 것은 매우 중요한 일이다. 이를 통해 운영결과에 대한 적절성을 분석할 때 반영할 수 있기 때문이다. 운영진행 활동 중 학사관리가 적절하게 수행되었는지 여부를 검토하기 위해 참조할 사항은 다음과 같다.

1) 학습자 정보 확인활동 수행여부에 대한 고려사항

이러닝 과정 운영자는 운영계획서에 따라 학습자 정보를 확인하는 활동에 대한 점검을 위해 다음의 내용에 대한 수행여부를 확인해야 한다.

〈표 3-5〉 학습자 정보 확인활동 수행여부 점검

학습자 정보 확인활동 확인 문항	수행여부 확인
과정에 등록된 학습자 현황을 확인하였는가?	
과정에 등록된 학습자 정보를 관리하였는가?	
중복신청을 비롯한 신청 오류 등을 학습자에게 안내하였는가?	
과정에 등록된 학습자 명단을 감독기관에 신고하였는가?	

2) 성적 처리활동 수행여부에 대한 고려사항

이러닝 과정 운영자는 운영계획서에 따라 성적처리 활동에 대한 점검을 위해 다음의 내용에 대한 수행여부를 확인해야 한다.

〈표 3-6〉 성적 처리활동 수행여부 점검

성적 처리활동 확인 문항	수행여부 확인
평가기준에 따른 평가항목을 확인하였는가?	
평가항목별 평가비율을 확인하였는가?	
학습자가 제기한 성적에 대한 이의신청 내용을 처리하였는가?	
학습자의 최종성적 확정여부를 확인하였는가?	

3) 수료 관리활동 수행여부에 대한 고려사항

이러닝 과정 운영자는 운영계획서에 의거하여 수료 관리 활동에 대한 점검을 위해 다음의 내용에 대한 수행여부를 확인해야 한다.

〈표 3-7〉 수료 관리활동 수행여부 점검

수료 관리활동 확인 문항	수행여부 확인
운영계획서에 따른 수료기준을 확인하였는가?	
수료기준에 따라 수료자, 미수료자를 구분하였는가?	
출결, 점수미달을 포함한 미수료 사유를 확인하여 학습자에게 안내하였는가?	
과정을 수료한 학습자에 대하여 수료증을 발급하였는가?	
감독기관에 수료결과를 신고하였는가?	

(2) 교 · 강사 지원 수행여부 점검사항

이러닝 운영 교 · 강사 지원이란 일련의 절차를 통해 교 · 강사를 선정하고 사전교육을 실시한 후 교 · 강사가 수행해야 할 활동을 안내하고 독려하며 교 · 강사의 각종 활동사항에 대한 개선사항을 관리할 수 있는 활동이다. 이러닝 운영활동에 대한 결과를 관리하는 과정에서 운영진행 활동 중 교 · 강사에 대한 지원이 운영계획서에 맞게 수행되었는지를 확인하는 것은 매우 중요한 일이다. 이를 통해 운영결과에 대한 적절성을 분석할 때 반영할 수 있기 때문이다. 운영진행 활동 중 교 · 강사에 대한 지원이 적절하게 수행되었는지 여부를 검토하기 위해 참조할 사항은 다음과 같다.

1) 교 · 강사 선정 관리활동 수행여부에 대한 고려사항

이러닝 과정 운영자는 운영계획서에 따라 교 · 강사 선정 관리 활동에 대한 점검을 위해 다음의 내용에 대한 수행여부를 확인해야 한다.

〈표 3-8〉 교 · 강사 선정 관리활동 수행여부 점검

교 · 강사 선정 관리활동 확인 문항	수행여부 확인
자격요건에 부합되는 교 · 강사를 선정하였는가?	
과정 운영전략에 적합한 교 · 강사를 선정하였는가?	
교 · 강사 활동평가를 토대로 교 · 강사를 변경하였는가?	
교 · 강사 정보보호를 위한 절차와 정책을 수립하였는가?	
과정별 교 · 강사의 활동이력을 추적하여 활동결과를 정리하였는가?	
교 · 강사 자격심사를 위한 절차와 준거를 마련하여 이를 적용하였는가?	

2) 교·강사 사전 교육활동 수행여부에 대한 고려사항

이러닝 과정 운영자는 운영계획서에 따라 교·강사 사전 교육활동 점검을 위해 다음의 내용에 대한 수행여부를 확인해야 한다.

〈표 3-9〉 교·강사 사전 교육활동 수행여부 점검

교·강사 사전 교육활동 확인 문항	수행여부 확인
교·강사 교육을 위한 매뉴얼을 작성하였는가?	
교·강사 교육에 필요한 자료를 문서화하여 교육에 활용하였는가?	
교·강사 교육목표를 설정하여 이를 평가할 수 있는 준거를 수립하였는가?	

3) 교·강사 활동의 안내활동 수행여부에 대한 고려사항

이러닝 과정 운영자는 운영계획서에 따라 교·강사 활동을 안내하는 활동을 점검하기 위해 다음의 내용에 대한 수행여부를 확인해야 한다.

〈표 3-10〉 교·강사 활동의 안내활동 수행여부 점검

교·강사 안내활동 확인 문항	수행여부 확인
운영계획서에 기반하여 교·강사에게 학사일정, 교수학습환경을 안내하였는가?	
운영계획서에 기반하여 교·강사에게 학습평가지침을 안내하였는가?	
운영계획서에 기반하여 교·강사에게 교·강사 활동평가기준을 안내하였는가?	
교·강사 운영매뉴얼에 기반하여 교·강사에게 학습촉진방법을 안내하였는가?	

4) 교·강사 활동의 개선활동 수행여부에 대한 고려사항

이러닝 과정 운영자는 운영계획서에 따라 교·강사 활동의 개선활동에 대한 점검을 위해 다음의 내용에 대한 수행여부를 확인해야 한다.

〈표 3-11〉 교·강사 활동의 개선활동 수행여부 점검

교·강사 개선활동 확인 문항	수행여부 확인
학사일정에 기반하여 과제 출제, 첨삭, 평가문항출제, 채점 등을 독려하였는가?	
학습자 상호작용이 활성화될 수 있도록 교·강사를 독려하였는가?	
학습활동에 필요한 보조자료 등록을 독려하였는가?	
운영자가 교·강사를 독려한 후 교·강사 활동의 조치 여부를 확인하고 교·강사 정보에 반영하였는가?	
교·강사 활동과 관련된 불편사항을 조사하였는가?	
교·강사 불편사항에 대한 해결 방안을 마련하고 지원하였는가?	
운영자가 처리 불가능한 불편사항을 실무부서에 전달하고 처리 결과를 확인하였는가?	

(3) 학습활동 지원 수행여부 점검사항

이러닝 운영 학습활동지원이란 학습환경을 최적화하고, 수강 오류를 신속하게 처리하며, 학습 활동이 촉진되도록 학습자를 지원하는 활동이다. 이러닝 운영활동에 대한 결과를 관리하는 과정에서 운영진행 활동 중 학습활동에 대한 지원이 운영계획서에 맞게 수행되었는지를 확인하는 것은 매우 중요한 일이다. 이를 통해 운영결과에 대한 적절성을 분석할 때 반영할 수 있기 때문이다. 운영진행 활동 중 학습활동에 대한 지원이 적절하게 수행되었는지 여부를 검토하기 위해 참조할 사항은 다음과 같다.

1) 학습환경 지원활동 수행여부에 대한 고려사항

이러닝 과정 운영자는 운영계획서에 따라 학습환경 지원 활동에 대한 점검을 위해 다음의 내용에 대한 수행여부를 확인해야 한다.

〈표 3-12〉 학습환경 지원활동 수행여부 점검

학습환경 지원활동 확인 문항	수행여부 확인
수강이 가능한 PC, 모바일 학습환경을 확인하였는가?	
학습자의 학습환경을 분석하여 학습자의 질문 및 요청사항에 대처하였는가?	
학습자의 PC, 모바일 학습환경을 원격지원하였는가?	
원격지원상에서 발생하는 문제 상황을 분석하여 대응방안을 수립하였는가?	

2) 학습안내 활동 수행여부에 대한 고려사항

이러닝 과정 운영자는 운영계획서에 따라 학습안내 활동 점검을 위해 다음의 내용에 대한 수행여부를 확인해야 한다.

〈표 3-13〉 학습안내 활동 수행여부 점검

학습안내 활동 확인 문항	수행여부 확인
학습을 시작할 때 학습자에게 학습절차를 안내하였는가?	
학습에 필요한 과제수행 방법을 학습자에게 안내하였는가?	
학습에 필요한 평가기준을 학습자에게 안내하였는가?	
학습에 필요한 상호작용 방법을 학습자에게 안내하였는가?	
학습에 필요한 자료등록 방법을 학습자에게 안내하였는가?	

3) 학습촉진 활동 수행여부에 대한 고려사항

이러닝 과정 운영자는 운영계획서에 따라 학습촉진 활동을 점검하기 위해 다음의 내용에 대한 수행여부를 확인해야 한다.

〈표 3-14〉 학습촉진 활동 수행여부 점검

학습촉진 활동 확인 문항	수행여부 확인
운영계획서 일정에 따라 학습진도를 관리하였는가?	
운영계획서 일정에 따라 과제와 평가에 참여할 수 있도록 학습자를 독려하였는가?	
학습에 필요한 상호작용을 활성화할 수 있도록 학습자를 독려하였는가?	
학습에 필요한 온라인 커뮤니티 활동을 지원하였는가?	
학습과정 중에 발생하는 학습자의 질문에 신속히 대응하였는가?	
학습활동에 적극적으로 참여하도록 학습동기를 부여하였는가?	
학습자에게 학습의욕을 고취시키는 활동을 수행하였는가?	
학습자의 학습활동 참여의 어려움을 파악하고 해결하였는가?	

4) 수강오류 관리활동 수행여부에 대한 고려사항

이러닝 과정 운영자는 운영계획서에 따라 수강오류 관리활동에 대한 점검을 위해 다음의 내용에 대한 수행여부를 확인해야 한다.

〈표 3-15〉 수강오류 관리활동 수행여부 점검

수강오류 관리활동 확인 문항	수행여부 확인
학습 진도 오류 등 학습 활동에서 발생한 각종 오류를 파악하고 이를 해결하였는가?	
과제나 성적처리상의 오류를 파악하고 이를 해결하였는가?	
수강오류 발생 시 내용과 처리방법을 공지사항을 통해 공지하였는가?	

(4) 과정평가관리 수행여부 점검사항

이러닝 운영 평가관리란 과정 운영 종료 후 학습자 만족도와 학업성취도를 확인하고 과정 평가 결과를 보고할 수 있는 활동이다. 이러닝 운영활동에 대한 결과를 관리하는 과정에서 운영진행 활동 중 과정평가관리에 대한 지원이 운영계획서에 맞게 수행되었는지를 확인하는 것은 매우 중요한 일이다. 이를 통해 운영결과에 대한 적절성을 분석할 때 반영할 수 있기 때문이다. 운영진행 활동 중 과정평가 관리활동에 대한 지원이 적절하게 수행되었는지 여부를 검토하기 위해 참조할 사항은 다음과 같다.

1) 과정만족도 조사 활동 수행여부에 대한 고려사항

이러닝 과정 운영자는 운영계획서에 따라 과정만족도 조사 활동에 대한 점검을 위해 다음의 내용에 대한 수행여부를 확인해야 한다.

〈표 3-16〉 과정만족도 조사 활동 수행여부 점검

과정만족도 조사활동 확인 문항	수행여부 확인
과정만족도 조사에 반드시 포함되어야 할 항목을 파악하였는가?	
과정만족도를 파악할 수 있는 항목을 포함하여 과정만족도 조사지를 개발하였는가?	
학습자를 대상으로 과정만족도 조사를 수행하였는가?	
과정만족도 조사 결과를 토대로 과정만족도를 분석하였는가?	

2) 학업성취도 관리 활동 수행여부에 대한 고려사항

이러닝 과정 운영자는 운영계획서에 따라 학업성취도 관리 활동 점검을 위해 다음의 내용에 대한 수행여부를 확인해야 한다.

〈표 3-17〉 학업성취도 관리 활동 수행여부 고려사항

학업성취도 관리활동 확인 문항	수행여부 확인
학습관리시스템(LMS)의 과정별 평가결과를 근거로 학습자의 학업성취도를 확인하였는가?	
학습자의 학업성취도 정보를 과정별로 분석하였는가?	
학습자의 학업성취도가 크게 낮을 경우 그 원인을 분석하였는가?	
학습자의 학업성취도를 향상시키기 위한 운영전략을 마련하였는가?	

03 운영활동 결과보고

(1) 운영성과 관리 수행여부 점검사항

이러닝 운영 결과관리란 과정 운영에 필요한 콘텐츠, 교·강사, 시스템, 운영 활동의 성과를 분석하고 개선사항을 관리하여 그 결과를 최종 평가보고서 형태로 작성하는 활동이다. 이러닝 운영활동에 대한 결과를 관리하는 과정에서 운영 종료 후 운영성과 관리가 운영계획서에 맞게 수행되었는지를 확인하는 것은 매우 중요한 일이다. 이를 통해 운영결과에 대한 적절성을 분석할 때 반영할 수 있기 때문이다. 운영종료 후 운영성과 관리가 적절하게 수행되었는지 여부를 검토하기 위해 참조할 사항은 다음과 같다.

1) 콘텐츠 운영결과 관리 활동 수행여부에 대한 고려사항

이러닝 과정 운영자는 운영계획서에 따라 콘텐츠 운영결과를 관리하는 활동에 대한 점검을 위해 다음의 내용에 대한 수행여부를 확인해야 한다.

〈표 3-18〉콘텐츠 운영결과 관리 활동 수행여부 점검 💡 1회 필기 기출

콘텐츠 운영결과 관리활동 확인 문항	수행여부 확인
콘텐츠의 학습내용이 과정 운영 목표에 맞게 구성되어 있는지 확인하였는가?	
콘텐츠가 과정 운영의 목표에 맞게 개발되었는지 확인하였는가?	
콘텐츠가 과정 운영의 목표에 맞게 운영되었는지 확인하였는가?	

2) 교·강사 운영결과 관리 활동 수행여부에 대한 고려사항

이러닝 과정 운영자는 운영계획서에 따라 교·강사 운영결과 관리 활동에 대한 점검을 위해 다음의 내용에 대한 수행여부를 확인해야 한다.

〈표 3-19〉교·강사 운영결과 관리 활동 수행여부 점검 💡 1회 필기 기출

교·강사 운영결과 관리활동 확인 문항	수행여부 확인
교·강사 활동의 평가기준을 수립하였는가?	
교·강사가 평가기준에 적합하게 활동 하였는지 확인하였는가?	
교·강사의 질의응답, 첨삭지도, 채점 독려, 보조자료 등록, 학습상호작용, 학습참여, 모사답안여부 확인을 포함한 활동의 결과를 분석하였는가?	
교·강사의 활동에 대한 분석결과를 피드백 하였는가?	
교·강사 활동 평가결과에 따라 등급을 구분하여 다음 과정 운영에 반영하였는가?	

3) 시스템 운영결과 관리 활동 수행여부에 대한 고려사항

이러닝 과정 운영자는 운영계획서에 따라 시스템 운영결과 관리 활동에 대한 점검을 위해 다음의 내용에 대한 수행여부를 확인해야 한다.

〈표 3-20〉시스템 운영결과 관리 활동 수행여부 점검

시스템 운영결과 관리활동 확인 문항	수행여부 확인
시스템운영결과를 취합하여 운영성과를 분석하였는가?	
과정 운영에 필요한 시스템의 하드웨어 요구사항을 분석하였는가?	
과정 운영에 필요한 시스템 기능을 분석하여 개선 요구사항을 제안하였는가?	
제안된 내용의 시스템 반영여부를 확인하였는가?	

4) 운영결과 관리보고서 작성 활동 수행여부에 대한 고려사항

이러닝 과정 운영자는 운영계획서에 따라 운영결과 관리보고서 작성 활동에 대한 점검을 위해 다음의 내용에 대한 수행여부를 확인해야 한다.

〈표 3-21〉운영결과 관리보고서 작성 활동 수행여부 점검

운영결과 관리보고서 작성활동 확인 문항	수행여부 확인
학습 시작 전 운영준비 활동이 운영계획서에 맞게 수행되었는지 확인하였는가?	
학습 진행 중 학사관리가 운영계획서에 맞게 수행되었는지 확인하였는가?	
학습 진행 중 교·강사 지원이 운영계획서에 맞게 수행되었는지 확인하였는가?	
학습 진행 중 학습활동지원이 운영계획서에 맞게 수행되었는지 확인하였는가?	
학습 진행 중 과정평가관리가 운영계획서에 맞게 수행되었는지 확인하였는가?	
학습 종료 후 운영 성과관리가 운영계획서에 맞게 수행되었는지 확인하였는가?	

출제예상문제 　Chapter 03 이러닝 운영 활동 관리

01 다음 중 이러닝 운영 준비 활동에 해당하는 사항이 아닌 것은?

① 학사일정 수립 활동
② 평가방법 관리 활동
③ 교육과정 개설 활동
④ 수강신청 관리 활동

해설

이러닝 운영 준비란 이러닝 운영계획에 따라 운영 환경 준비, 과정 개설, 학사일정 수립 및 수강신청 업무를 수행하고 점검하는 활동이다. 운영 준비활동의 수행 여부를 위한 검토 사항은 운영환경 준비활동·교육 과정 개설활동·학사일정 수립활동·수강신청 관리활동 수행여부가 해당된다.

02 다음 중 이러닝 교육과정 개설활동 수행여부에 대한 고려사항에 해당하는 것은?

`2023 기출`

① 이러닝 학습관리시스템에 교육과정별 평가문항을 등록하였는가?
② 이러닝 운영을 위한 학습관리시스템을 점검하여 문제점을 해결하였는가?
③ 교육과정별로 수강 승인된 학습자를 대상으로 교육과정 입과를 안내하였는가?
④ 운영예정인 교육과정에 대해 서식과 일정을 준수하여 관계기관에 절차에 따라 신고하였는가?

해설

② 운영환경 준비활동 수행여부에 대한 고려사항이다.
③ 수강신청 관리활동 수행여부에 대한 고려사항이다.
④ 학사일정 수립활동 수행여부에 대한 고려사항이다.

03 다음의 확인 문항은 이러닝 운영 준비 점검 사항 중 어떠한 항목에 해당하는가?

> 교·강사의 사전 운영준비를 위해 수립된 학사일정을 교·강사에게 공지하였는가?

① 운영환경 준비활동 수행여부에 대한 고려사항
② 교육과정 개설활동 수행여부에 대한 고려사항
③ 학사일정 수립활동 수행여부에 대한 고려사항
④ 수강신청 관리활동 수행여부에 대한 고려사항

01 ② 02 ①

해설

학사일정 수립활동 확인에 해당되는 문항은 다음과 같다.
- 연간 학사일정을 기준으로 개별 학사일정을 수립하였는가?
- 원활한 학사진행을 위해 수립된 학사일정을 협업부서에 공지하였는가?
- 교·강사의 사전 운영준비를 위해 수립된 학사일정을 교·강사에게 공지하였는가?
- 학습자의 사전 학습준비를 위해 수립된 학사일정을 학습자에게 공지하였는가?
- 운영예정인 교육과정에 대해 서식과 일정을 준수하여 관계기관에 절차에 따라 신고하였는가?

04 다음 중 이러닝 운영환경 준비활동 확인 문항에 해당되는 것을 모두 고르면?

> (ㄱ) 이러닝 운영에 필요한 다양한 멀티미디어기기의 콘텐츠 구동여부를 확인하였는가?
> (ㄴ) 학습자에게 제공 예정인 교육과정의 특성을 분석하였는가?
> (ㄷ) 이러닝 서비스를 제공하는 학습사이트를 점검하여 문제점을 해결하였는가?
> (ㄹ) 원활한 학사진행을 위해 수립된 학사일정을 협업부서에 공지하였는가?

① (ㄱ), (ㄴ)　　　　　　　　　　② (ㄱ), (ㄷ)
③ (ㄴ), (ㄷ)　　　　　　　　　　④ (ㄷ), (ㄹ)

해설

(ㄴ) 교육과정 개설활동 확인 문항
(ㄹ) 학사일정 수립활동 확인 문항

05 다음 중 이러닝 학사관리 수행여부 점검사항에서 성적 처리활동 수행여부에 대한 고려사항이 아닌 것은?

① 학습자가 제기한 성적에 대한 이의신청 내용을 처리하였는가?
② 평가항목별 평가비율을 확인하였는가?
③ 평가기준에 따른 평가항목을 확인하였는가?
④ 운영계획서에 따른 수료기준을 확인하였는가?

해설

④는 '수료 관리활동 수행여부에 대한 고려사항'에 해당한다.

06 다음 중 이러닝 운영활동에 대한 설명으로 옳은 것은?

① 이러닝 운영 학사관리 – 학습환경을 최적화하고 수강 오류를 신속하게 처리하며, 학습 활동이 촉진되도록 학습자를 지원하는 능력

② 이러닝 운영 교·강사 지원 – 교·강사를 선정하고 사전교육 실시 후 수행해야 할 활동을 안내 및 독려하며 각종 활동사항에 대한 개선사항을 관리할 수 있는 능력

③ 이러닝 운영 학습활동지원 – 과정 운영 종료 후 학습자 만족도와 학업성취도를 확인하고 과정평가 결과를 보고할 수 있는 능력

④ 이러닝 운영 평가관리 – 학습자의 정보를 확인하고 성적처리를 수행한 후 수료 기준에 따라 처리할 수 있는 능력

해설

① '이러닝 운영 학습활동지원'에 대한 설명
③ '이러닝 운영 평가관리'에 대한 설명
④ '이러닝 운영 학사관리'에 대한 설명

07 다음 중 이러닝 학습활동 지원 수행여부 점검사항에 해당되는 것을 모두 고르면?

(ㄱ) 수강오류 관리활동 수행여부에 대한 고려사항
(ㄴ) 학습자 정보 확인활동 수행여부에 대한 고려사항
(ㄷ) 학습환경 지원활동 수행여부에 대한 고려사항
(ㄹ) 과정만족도 조사 활동 수행여부에 대한 고려사항
(ㅁ) 학습안내 활동 수행여부에 대한 고려사항

① (ㄱ), (ㄴ), (ㄷ)
② (ㄱ), (ㄷ), (ㅁ)
③ (ㄴ), (ㄷ), (ㄹ)
④ (ㄴ), (ㄹ), (ㅁ)

해설

(ㄴ)은 학사관리 수행여부 점검사항, (ㄹ)은 과정평가관리 수행여부 점검사항에 해당한다.

03 ③ 04 ② 05 ④ 06 ② 07 ②

08 다음 중 이러닝의 학습촉진 활동 수행여부에 대한 고려사항에 해당하는 확인 문항이 아닌 것은? `2023 기출`

① 운영계획서 일정에 따라 학습진도를 관리하였는가?
② 학습과정 중에 발생하는 학습자의 질문에 신속히 대응하였는가?
③ 학습에 필요한 온라인 커뮤니티 활동을 지원하였는가
④ 학습자의 PC, 모바일 학습환경을 원격지원하였는가?

해설

④ '학습환경 지원활동 수행여부에 대한 고려사항'에 해당하는 확인문항이다.

09 다음 중 운영결과 관리보고서 작성 활동에 필요한 점검 문항에 해당되는 것은? `2023 기출`

① 학습 진행 중 교·강사 지원이 운영계획서에 맞게 수행되었는지 확인하였는가?
② 제안된 내용의 시스템 반영여부를 확인하였는가?
③ 콘텐츠가 과정 운영의 목표에 맞게 운영되었는지 확인하였는가?
④ 교·강사가 평가기준에 적합하게 활동 하였는지 확인하였는가?

해설

② '시스템 운영결과 관리 활동 수행여부'에 대한 고려사항
③ '콘텐츠 운영결과 관리 활동 수행여부'에 대한 고려사항
④ '교·강사 운영결과 관리 활동 수행여부'에 대한 고려사항

08 ④ 09 ①

Chapter 04 학습평가 설계

01 과정 평가 전략 설계

(1) 과정 성취도 측정을 위한 평가 유형

1) 정성적 평가

① 정의 : **주관적인** 평가로, 주로 주관적인 평가지표를 활용한다. 예를 들어, 논문 작성, 발표, 논리력 평가 등이 있다.

② 장점 : 평가 대상이 주관적인 요소가 있을 때 유용하며, 자세한 피드백을 제공할 수 있다.

③ 단점 : 평가자 간의 주관적인 요소가 크게 작용할 수 있으며, 표준화된 평가 지표가 부족할 수 있다.

2) 정량적 평가 🔎 1회 필기 기출

① 정의 : **객관적인** 평가로, 주로 정량적인 평가지표를 활용한다. 예를 들어, 퀴즈, 시험, 과제물 평가, 프로젝트 평가 등이 있다. 이러닝에서는 주로 정량적 평가가 많이 활용된다.

② 장점 : 평가 대상이 객관적이며, 표준화된 평가 지표를 활용할 수 있다.

③ 단점 : 평가 대상이 주관적인 요소가 있을 때 유용하지 않으며, 자세한 피드백을 제공하기 어렵다.

3) 포트폴리오 평가

① 정의 : 학습자가 수업에서 학습한 내용을 정리하여 제출하고, 이를 평가하는 방식이다.

② 장점 : 평가 대상이 다양하며, 평가 대상의 전반적인 학습 성취도를 파악할 수 있다.

③ 단점 : 평가자 간의 주관적인 요소가 작용할 수 있으며, 평가 대상이 자신의 학습 성취도를 정확하게 파악하지 못할 수 있다.

4) 360도 평가

① 정의 : 학습자 뿐만 아니라 교강사, 동료, 상사 등 다양한 평가자들이 평가하고, 이를 종합하여 평가하는 방식이다.

② 장점 : 다양한 시각에서 평가를 받을 수 있으며, 자세한 피드백을 제공할 수 있다.

③ 단점 : 평가자 간의 주관적인 요소가 작용할 수 있으며, 평가 대상이 자신의 학습 성취도를 정확하게 파악하지 못할 수 있다.

5) 자가 평가

① 정의 : 학습자가 스스로 학습 내용을 평가하고, 이를 개선하는 방식이다.

② 장점 : 평가 대상이 자신의 학습 성취도를 직접 파악할 수 있으며, 개선 방안을 제시할 수 있다.

③ 단점: 평가 대상의 주관적인 요소가 작용할 수 있으며, 다른 평가자들의 피드백이 부족할 수 있다.

각 평가 유형에 따라 장단점이 있으며, 교육 목적, 대상, 내용, 방법 등에 따라 적절한 평가 유형을 선택하여 활용하는 것이 중요하다.

(2) 과정 성취도 측정 시기에 따른 구분

과정 평가를 과정 성취도 측정 시기에 따라 나누면, 다음 3가지와 같다.

1) 진단평가

① 정의
- 진단평가는 학년이나 학기 또는 단원이 시작되는 시기에 학습자들의 수준을 파악하기 위해 실시하는 평가를 의미한다.
- 교수 – 학습이 시작되기 전에 학습자가 소유하고 있는 특성을 체계적으로 측정하는 행위로, 학습자들의 능력과 특성을 사전에 파악하여 교육 목표 및 계획을 세우는 것에 목적이 있다.

② 특징
- 학습자의 특성을 파악하여 학생에게 맞는 적절한 수업을 전개하기 위한 학생 개개인의 진단임
- 학습장애 진단평가 : 학습장애의 원인을 분석하고 진단하는 평가
- 선행지식 확인평가 : 특정 단원의 학습에 필요한 선행 지식을 확인하는 평가
- 진단평가의 예 : 수업시간 전에 실시하는 쪽지검사나 퀴즈, 수업을 실시하기 이전에 복습 여부를 묻는 질문 등
- 진단평가를 위한 평가도구 : 준비도 검사, 적성검사, 자기 보고서, 관찰법 등의 도구

③ 주요 기능
- 학습과제와 관련하여 선행학습의 결손을 진단하고 그에 대한 교정과 보충학습을 위한 평가이다.

- 학습자의 학습과제에 대한 사전 습득 수준을 평가한다.
- 학습자의 흥미, 성격, 학업성취 및 적성 등에 따른 적절한 교수 처방을 내리기 위한 평가이다.
- 학습 실패의 원인이 되는 여러 가지 학습장애 요인을 밝히는 평가이다.

2) 형성평가

① 정의

- 학습 및 교수가 진행되고 있는 유동적인 상태에서 학생에게 피드백을 주고 교육과정과 수업방법을 개선하기 위해 실시하는 평가이다.

② 특징

- 학습자들의 학습 진행 속도를 조절하고, 학생의 학습에 대한 강화 역할을 하며, 학습 곤란을 해결하는 데 도움을 준다.
- 교강사의 학습지도 방법 개선에 도움을 주며, 교수 – 학습 과정 중에 가르치고 배우는 내용을 학습자들이 얼마나 잘 이해하고 있는지를 수시로 점검한다.
- 학습자들의 수업 능력, 태도, 학습 방법 등을 확인하여 교육과정을 개선하고 교재의 적절성을 확인할 수 있다.
- 형성평가의 예 : 수업을 진행하는 과정에서 수시로 가벼운 질문을 하거나 쪽지시험, 숙제를 부여하여 계획대로 학습이 이루어졌는지, 예기치 못한 문제가 발생했는지의 여부를 점검하는 것 등이다.
- 형성평가의 평가도구 : 교강사의 자작검사가 주로 쓰이나 교육전문기관에서 제작한 검사도 이용된다.

③ 주요 기능

- 학습자의 학습 진행 속도를 조절해 준다.
- 학습자의 학습에 대한 강화의 역할을 한다.(학습에 열중할 수 있는 동기부여가 됨)
- 학습 곤란을 진단하고 교정한다.
- 교수방법의 개선에 이바지한다.

3) 총괄평가

① 정의

- 단원, 학기, 학년이 종료되었을 때 학습자들의 학업 성취도를 총괄적으로 평가하여 수업활동의 효율성에 대한 판단을 내리는 평가이다.
- 교수 – 학습이 끝난 다음에 교수목표의 달성, 성취 여부를 종합적으로 판정하는 평가이다.

이러닝 활동 지원

② 특징

- 형성평가를 통해 수정 · 보완을 실시하면서 최종적으로 완성된 교육과정이나 프로그램의 종합적인 성과 및 효율성을 다각적으로 판단하기 위해 실시한다.
- 학기말이나 학년 말에 1~2회 정도 실시한다.
- 총괄평가의 예는 중간고사, 학기말고사, 미술시간에 완성된 작품 평가 등이 있다.
- 평가도구는 교육목표의 성격에 의해 결정되며, 교강사 자작검사, 표준화 검사, 작품 평가 방법 등이 사용된다.

③ 주요 기능

- 학습자의 성적을 결정한다.
- 현재의 성적을 근거로 학습자의 미래 성적을 예측하는 데 도움을 준다.
- 집단 간에 성적을 비교할 수 있는 정보를 제공한다.
- 학습자의 자격을 인정하기 위한 판단의 역할을 한다.

(3) 과정 성취도 측정 주체에 따른 구분

과정 성취도 측정 주체에 따라 과정 평가를 구분하면, 다음과 같이 구분할 수 있다.

1) 교강사 평가

① 정의 : 교강사가 수업을 진행하면서 학습자의 학습 성취도, 수업 참여도, 발표 등을 평가한다.

② 평가 방법

- 수업 관찰 : 교강사가 강의를 진행하면서 학습자의 학습 상황을 관찰한다.
- 학습자 출석부 : 교강사가 학습자의 출석 여부를 확인한다.
- 학습자 평가지 : 교강사가 학습자의 학습 성취도를 평가하기 위해 평가지를 작성한다.

2) 학생 평가

① 정의 : 학습자가 자신의 학습 성취도를 직접 평가한다.

② 평가 방법

- 학생 자기평가 : 학습자가 자신의 학습 성취도를 평가한다.
- 학습일지 작성 : 학습자가 학습에 대한 일지를 작성한다.
- 학습 결과물 작성 : 학습자가 학습 결과물을 작성하여 제출한다.

3) 동료 평가

① 정의 : 학습자끼리 서로의 학습 성취도를 평가한다.

② 평가 방법

- 피드백 시스템 : 학습자가 서로에게 피드백을 제공한다.
- 상호 평가 : 학습자가 서로의 학습 성취도를 평가한다.

4) 외부 전문가 평가

① 정의 : 외부의 전문가가 수업 내용, 학습자들의 학습 성취도 등을 평가한다.

② 평가 방법

- 수업 관찰 : 전문가가 강의를 진행하면서 학습자의 학습 상황을 관찰한다.
- 학습자 평가지 : 전문가가 학습자의 학습 성취도를 평가하기 위해 평가지를 작성한다.

이러한 평가 주체에 따라 평가 방법과 평가 지표가 달라질 수 있으며, 평가 결과를 종합하여 최종 평가를 실시하는 것이 좋다.

(4) 과정 평가 유형에 따른 과제 및 시험 방법

1) 정량적 평가

① 객관식 문항 : 학습자가 여러 보기 중 정답을 선택하는 문항이다.

② 주관식 문항 : 학습자가 직접 답을 작성하는 문항이다.

2) 정성적 평가

① 프로젝트 : 학습자가 특정한 목표를 가지고 일정 기간 동안 진행하는 과정을 평가한다.

② 포트폴리오 : 학습자가 수강한 과정에서 제작한 작품, 보고서, 발표 자료 등을 종합적으로 평가한다.

③ 토론 : 학습자가 주제에 대해 서로 의견을 교환하고 토론하는 과정을 평가한다.

④ 케이스 스터디 : 학습자가 실제 사례를 바탕으로 문제를 해결하는 과정을 평가한다.

⑤ 과제물 : 학습자가 주어진 주제나 문제를 해결하고 결과물을 제출하는 방식으로 평가한다.

3) 포트폴리오 평가

① 작품 제작 : 학습자가 주어진 주제에 대해 작품을 제작하여 제출하는 과정을 평가한다.

② 보고서 작성 : 학습자가 연구한 내용이나 프로젝트를 수행한 내용을 보고서로 작성하여 제출하는 과정을 평가한다.

③ 발표 자료 제작 : 학습자가 특정한 주제에 대한 발표 자료를 제작하여 제출하는 과정을 평가한다.

4) 360도 평가

① 팀 프로젝트 : 학습자가 팀으로 프로젝트를 수행하고, 팀원끼리 서로 평가하여 종합적으로 평가한다.

② 인터뷰 : 학습자의 선배나 동료 등 외부에서 인터뷰를 통해 종합적으로 평가한다.

5) 자가 평가

① 학습 일지 작성 : 학습자가 학습한 내용을 일지 형태로 정리하고, 자신의 학습 성취도를 평가한다.

② 학습 계획서 작성 : 학습자가 학습 계획서를 작성하고, 진행 상황에 따라 자가 평가를 수행한다.

이러한 과제 및 시험 방법은 각각의 특징에 따라 장단점이 있다. 따라서, 과정을 평가하는 목적과 학습자의 학습 특성에 맞게 적절한 과제 및 시험 방법을 선택하여 사용하는 것이 중요하다.

(5) 과정 평가의 활용방법

과정 평가는 학습자들의 학습 효과를 파악하고, 콘텐츠 개발에 대한 피드백을 제공하는데 활용할 수 있다.

과정 평가는 학습자들의 학습 효과를 파악하고, 교육과정을 개선하는데 매우 유용한 도구이다. 과정 평가를 활용함으로써 다음과 같은 이점을 얻을 수 있다.

1) 학습 효과 파악

과정 평가를 통해 학습자들의 학습 효과를 정량적, 정성적으로 파악할 수 있다. 이를 통해 교육과정을 개선하고, 학습자들의 학습 성취도를 높일 수 있다.

2) 적극적인 참여 유도

과정 평가를 통해 학습자들의 의견을 수렴하고, 적극적인 참여를 유도할 수 있다.

3) 학습자들의 학습 수준 파악

과정 평가를 통해 학습자들의 학습 수준을 파악할 수 있다. 이를 바탕으로 각 학습자들에게 맞는 적절한 학습 자료와 방법을 제공할 수 있다.

4) 과정 난이도 평가

과정 평가 결과를 바탕으로 과정의 난이도를 파악할 수 있다. 이를 통해 과정을 보다 적절한 난이도로 제공할 수 있다.

5) 콘텐츠 개발 피드백 제공

과정 평가 결과를 바탕으로 콘텐츠 개발에 대한 피드백을 제공하여 콘텐츠를 보완 및 수정할 수 있다. 이를 통해 개선할 점을 파악하고, 학습자들의 학습 효과를 높일 수 있다. 필요하면 교육과정도 개선할 수 있다.

이와 같이 과정 평가는 학습자들의 학습 효과를 파악하고, 콘텐츠 개발에 대한 피드백을 제공하는데 매우 유용한 도구이다.

02 단위별 평가 전략 설계

(1) 단위별 성취도 측정을 위한 평가 유형

1) 평가 시험

- 과정 중간 또는 끝에 시행하는 평가 시험으로, 학습자들의 학습 성취도를 정량적으로 평가할 수 있다.

2) 프로젝트 🔎 1회 필기 기출

- 과정 내에서 수행하는 프로젝트로, 학습자들의 학습 성취도를 정성적으로 평가할 수 있다.
- 학습 내용을 실제로 적용해보는 기회를 제공하며, 학습자들의 참여도와 창의성을 도출할 수 있다.

3) 포트폴리오

- 과정 내에서 수행한 과제 및 프로젝트를 종합하여 작성하는 문서로, 학습자들의 학습 성취도를 정성적으로 평가할 수 있다.
- 포트폴리오는 학습자들의 참여도와 능력을 보다 정확하게 파악할 수 있다.

4) 토론

- 과정 내에서 수행하는 토론으로, 학습자들의 학습 성취도를 정성적으로 평가할 수 있다.
- 토론은 학습자들이 서로 의견을 나누고 토의하는 과정에서 참여도와 논리적 사고력을 파악할 수 있다.

5) 출석과 참여도

- 과정 출석과 수업 참여도를 평가하는 방법으로, 학습자들의 학습 태도와 참여도를 평가할 수 있다.

(2) 단위별 성취도 측정을 위한 시기

1) 평가 시험

- 평가 시험은 과정의 중간 또는 끝에 시행하는 것이 좋다.
- 중간 평가는 과정 중간에 학습 효과를 파악하고, 문제가 있는 경우 즉각적으로 조치를 취할 수 있다.
- 끝나가는 시점에서 시행하는 평가는 학습 성취도를 종합적으로 평가할 수 있다.

2) 프로젝트

- 프로젝트는 과정 중간 또는 끝에서 시행하는 것이 좋다.
- 중간 평가는 프로젝트를 수행하면서 발생하는 문제를 조기에 파악하고, 적절한 조치를 취할 수 있다.
- 끝나가는 시점에서 시행하는 평가는 학습 성취도와 더불어 창의성과 문제해결 능력을 평가할 수 있다.

3) 포트폴리오

- 포트폴리오는 과정의 끝에서 시행하는 것이 좋다.
- 과정 내에서 수행한 과제와 프로젝트를 종합하여 작성하는 것이다.
- 과정이 끝나기 전에 모든 작업이 완료되어야 한다.

4) 토론

- 토론은 과정 내에서 수시로 시행하는 것이 좋다.
- 학생들이 서로 의견을 나누고 토의하는 과정에서 참여도와 논리적 사고력을 파악할 수 있으므로, 교육과정 내에서 지속적으로 시행하여 학생들의 참여도와 의사소통 능력을 높일 수 있다.

5) 출석과 참여도

- 출석과 참여도는 과정 내에서 지속적으로 평가하는 것이 좋다.
- 학생들의 학습 태도와 참여도를 평가할 수 있으므로, 교육과정 내에서 지속적으로 시행하여 학생들에게 학습 태도와 참여도를 유도할 수 있다.

따라서, 평가의 목적에 따라 시기에 알맞은 평가를 시행하는 것이 좋다.

(3) 단위별 성취도 측정을 위한 주체

각 평가별로 주체가 되는 사람이 다르다. 평가 유형별로 평가의 주체가 누구인지 살펴보자.

1) 평가 시험

- 평가 시험은 교강사가 시행하는 것이 일반적이다.
- 교강사는 과정의 목표와 내용을 기반으로 평가 문항을 작성하고, 학생들의 학습 성취도를 측정한다.

2) 프로젝트

- 프로젝트는 교강사가 지도하는 것이 일반적이지만, 학생들이 직접 수행하는 것이므로 학생들도 주체가 될 수 있다.
- 교강사는 프로젝트 수행을 위한 가이드라인을 제공하고, 학생들의 진행 상황을 모니터링한다.

3) 포트폴리오

- 포트폴리오는 학생들이 주체가 되어 작성하는 것이 일반적이다.
- 학생들은 과정 내에서 수행한 과제 및 프로젝트를 종합하여 작성하며, 자신의 학습 성취도와 능력을 보여줄 수 있다.

4) 토론

- 토론은 교강사가 주도하는 것이 일반적이다.
- 교강사는 주제를 제시하고, 학생들이 서로 의견을 나누고 토론할 수 있도록 도와준다.

5) 출석과 참여도

- 출석과 참여도는 교강사가 모니터링하는 것이 일반적이다.
- 교강사는 학생들의 출석 상황과 수업 참여도를 파악하여, 학생들의 학습 태도와 참여도를 평가한다.

따라서, 각 평가 유형별로 평가의 주체가 다르므로, 이 점을 고려하여 적절한 평가를 시행하는 것이 좋다.

이러닝 활동 지원

(4) 단위별 평가 유형에 따른 과제 및 시험 방법

단위별로 평가 유형과 해당 유형에 적합한 과제 및 시험 방법은 다르다. 단위는 지식 단위, 적용 단위, 분석 단위, 종합 단위로 나누어서 살펴보면 다음과 같다.

1) 지식 단위

- 지식 단위는 기본적인 개념과 지식을 습득하는 데 중점을 두는 단계이다.
- 이러한 단위에서는 **평가 시험**을 시행하는 것이 적절하다.
- 객관식, 서술형, 주관식 등 다양한 유형의 문제를 출제하여 학생들의 이해도와 학습 성취도를 측정할 수 있다.

2) 적용 단위

- 적용 단위는 지식을 바탕으로 문제를 해결하거나, 실생활에서 활용할 수 있는 능력을 기르는 데 중점을 두는 단계이다.
- 이러한 단위에서는 **프로젝트나 과제**를 시행하는 것이 적합하다.
- 학생들은 지금까지 습득한 지식을 활용하여 문제를 해결하거나, 주어진 주제에 대해 연구하고 발표하는 등의 활동을 수행한다.

3) 분석 단위

- 분석 단위는 복잡한 문제나 상황을 분석하고 해결하는 능력을 기르는 데 중점을 두는 단계이다.
- 이러한 단위에서는 **포트폴리오**를 시행하는 것이 적합하다.
- 학생들은 지금까지 습득한 지식과 능력을 바탕으로, 다양한 과제나 프로젝트를 수행하고, 이를 종합하여 자신의 능력을 보여준다.

4) 종합 단위

- 종합 단위는 지식과 능력을 종합하여 응용할 수 있는 능력을 기르는 데 중점을 두는 단계이다.
- 이러한 단위에서는 **다양한 평가 유형**을 사용할 수 있다.
- 프로젝트, 과제, 평가 시험, 포트폴리오 등 다양한 평가 유형을 활용하여 학생들의 종합적인 학습 성취도를 평가할 수 있다.

따라서, 각 단위별로 적합한 평가 유형과 과제, 시험 방법을 선택하여 구성하는 것이 좋다.

(5) 단위별 평가의 활용성

각 단위별 평가의 활용성은 다음과 같다.

1) 학습자의 학습 성취도 파악

- 각 단위별 평가는 학습자의 학습 성취도를 파악하는 데 매우 유용하다.
- 평가 결과를 분석하여, 학습자의 이해도가 부족한 부분이나 개념이 잘못 이해된 부분 등을 파악할 수 있으며, 이를 보완하는 방향으로 추가적인 학습을 할 수 있다.

2) 교육 과정 개선

- 각 단위별 평가는 교육 과정을 개선하는 데에도 매우 유용하다.
- 학습자의 평가 결과를 기반으로 교육 과정의 개선 방향을 설정하고, 보완할 부분을 파악하여 교육 콘텐츠를 수정하거나 보완할 수 있다.

3) 학습자의 학습 동기 부여

- 각 단위별 평가는 학습자의 학습 동기 부여에도 매우 유용하다.
- 학습자가 자신의 학습 성취도를 파악하면서, 학습에 대한 자신감을 높일 수 있으며, 이를 통해 학습 동기를 유지하고, 학습 태도를 개선할 수 있다.

4) 단위별 평가의 난이도 파악

- 학습자의 능력과 수준에 따라 적절한 난이도를 설정하는 것이 중요하다.
- 난이도가 너무 높으면 학습자들이 포기할 가능성이 높으며, 난이도가 너무 낮으면 학습자들의 학습 동기가 저하될 수 있다.
- 적절한 난이도를 설정하여 학습자들의 학습 동기를 유지하고, 학습 효과를 극대화할 수 있도록 해야 한다.

5) 콘텐츠 개발에 대한 피드백

- 학습자들의 피드백을 수집하여 콘텐츠 수정에 적극적으로 반영하는 것이 중요하다.
- 학습자들의 피드백은 학습 콘텐츠의 개선 방향을 제시하는 데에 매우 유용하며, 이를 통해 학습자들의 학습 효과를 극대화할 수 있다.
- 따라서, 학습자들의 피드백에 대해서는 적극적으로 수집하고 반영하여, 학습 콘텐츠를 지속적으로 개선하는 것이 중요하다.

03 평가문항 작성

(1) 성취도 측정 평가도구

학습자의 성취도를 측정하기 위한 항목은 다양하다. 대표적으로는 지식, 이해, 응용, 분석, 종합이 있다. 이러한 항목들은 학습자가 수행한 학습활동에 따라 달라질 수 있으며, 평가 방법 또한 이러한 항목에 맞게 선택되어야 한다.

〈표 4-1〉 성취도 요소별 측정 방법

성취도 요소	측정 방법
지식	객관식, 주관식, 단답형, 서술형 등의 평가 방법
이해도	문제 해결, 설명, 비교, 판단, 해석 등의 평가 방법
응용력	사례 연구, 문제 해결, 프로젝트 수행 등의 평가 방법
분석력	구조화된 문제, 케이스 스터디, 문제 해결 등의 평가 방법
종합력	포트폴리오, 프로젝트, 시험 등의 평가 방법

각각의 항목에 따른 평가 방법은 평가의 목적, 대상, 내용 등에 따라 선택될 수 있다. 각각의 성취도 측정 평가 도구에 대해 좀 더 자세히 살펴보자.

1) 지식 평가 도구

① 평가 도구
- 객관식, 단답형, 서술형 문제 등의 지식 평가 도구를 활용하는 것이 효과적이다.
- 객관식 문제 : 정확한 답을 선택하는 것이 목적이다.
- 단답형 문제 : 지식의 정확성을 평가하는 데 용이하다.
- 주관식 문제 : 학습자가 직접 답을 작성하여 지식의 깊이를 평가할 수 있다.

② 활용 시 유의사항
- 학습자에게 피드백을 제공하여 학습자가 자신의 부족한 부분을 파악하고 보완할 수 있도록 해야 한다.

2) 이해도

① 평가 도구
- 학습자가 학습한 내용을 잘 이해했는지 알고 싶을 때는 개념 맵, 요약문, 비교 분석, 설명 등의 평가 도구를 활용하는 것이 효과적이다.

- 개념 맵 : 개념 간의 관계를 시각적으로 나타내어 개념을 이해하는 데 도움을 주며, 요약문은 핵심 내용을 추려서 요약하여 이해도를 파악할 수 있다.
- 비교 분석 : 여러 개의 개념이나 대상을 비교하여 이해도를 평가하는 데 유용하다.
- 설명 : 학습자가 학습한 내용을 직접 설명하거나 새로운 상황에서 적용하는 등의 방법으로 이해도를 평가할 수 있다.

② 활용 시 유의사항

- 학습자가 이해하지 못한 부분에 대해서는 추가적인 설명이나 보충 자료를 제공해야 한다.

3) 응용력

① 평가 도구

- 사례 연구, 프로젝트 수행, 시뮬레이션, 문제 해결 등의 평가 도구를 활용하는 것이 효과적이다.
- 사례 연구 : 실제 상황에서 발생할 수 있는 문제를 다양한 관점에서 분석하고 해결하는 과정을 평가하는 데 유용하다.
- 프로젝트 수행 : 학습한 내용을 적용하여 실제 문제를 해결하는 데 활용된다.
- 시뮬레이션 : 실제 상황을 가상환경에서 모사하여 학습자의 응용력을 평가하는 데 유용하다.
- 문제 해결 : 실제 문제 상황에서 학습자가 문제를 해결하는 과정을 평가하는 데 활용된다.

② 활용 시 유의사항

- 학습자의 응용력 수준에 맞게 적절한 난이도와 분량을 설정하여 평가 도구를 설계해야 한다.

4) 분석력

① 평가 도구

- 학습자가 학습한 내용을 잘 분석할 수 있는지 파악하고 싶을 때는 사례 연구, 실험, 비판적 사고, 문제 해결 등의 평가 도구를 활용하는 것이 효과적이다.
- 사례 연구 : 실제 상황에서 발생할 수 있는 문제를 다양한 관점에서 분석하는 과정을 평가하는 데 유용하다.
- 실험 : 변수를 조작하여 원인과 결과를 분석하는 데 활용된다.
- 비판적 사고 : 학습한 내용에 대해 비판적으로 분석하고 평가하는 능력을 평가하는 데 유용하다.

– 문제 해결 : 실제 문제 상황에서 학습자가 문제를 해결하는 과정을 평가하는 데 활용
된다.

② 활용 시 유의사항

– 실험 평가의 경우 변수를 정확히 제시해야 한다.

5) 종합력

① 평가 도구

– 종합 보고서 작성, 논문 작성, 프레젠테이션, 토론 등의 평가 도구를 활용하는 것이
효과적이다.

– 종합 보고서 작성 : 학습한 내용을 종합하여 보고서로 작성하는 능력을 평가하는 데
유용하며, 논문 작성은 연구 주제에 대해 종합적으로 분석하고 작성하는 능력을 평가
하는 데 활용된다.

– 프레젠테이션 : 학습한 내용을 종합하여 발표하는 능력을 평가하는 데 유용하며, 토론
은 다양한 의견과 주장을 종합하여 토론하는 능력을 평가하는 데 활용된다.

② 활용 시 유의사항

– 종합력 평가를 실시할 때는, 평가의 목적과 대상, 내용에 맞게 적절한 평가 도구를 선
택하여 사용해야 한다.

– 학습자가 종합적으로 분석하고, 평가하고, 제안하는 능력을 평가할 수 있도록 평가 도
구를 설계하고, 학습자의 종합력 수준에 맞게 적절한 난이도와 분량을 설정해야 한다.

– 이를 통해 학습자의 종합력을 정확하게 파악하고, 보다 효과적인 학습 지원을 제공할
수 있다.

(2) 평가문항 작성지침

1) 문항의 형태

문항유형은 다양하며, 갖가지 형태의 이름으로 불리고 있다. 문항의 형태는 크게 두 종류
로 구분된다. 하나는 선택형 문항이고 다른 하나는 서답형 문항이다. 선택형 문항은 문항 내
에 주어져 있는 답지 중에 하나를 고르는 문항형태를 말하며, 서답형 문항은 답이 문항 내에
주어진 것이 아니라 써넣는 형태의 문항을 말한다.

선택형 문항을 객관식 문항, 그리고 서답형 문항을 주관식 문항으로 부르기도 한다.
Mehrens과 Lehmann(1975)은 선택형 문항과 서답형 문항에 포함되는 문항 형태를 아래와 같
이 구분한다.

선택형 문항	서답형 문항
• 진위형(true-false form) • 선다형(multiple choice form) • 연결형(matching form)	• 논술형(essay) • 단답형(short-answer form) • 괄호형(cloze form) • 완성형(completion form)

2) 좋은 문항의 조건 🔍 1회 필기 기출

① 문항 내용과 평가 목표가 일치해야 한다.

② 복합성을 지녀야 한다.

③ 참신성을 지니고 있어야 한다.

④ 문항이 모호하지 않고 구조화되어야 한다.

⑤ 학습동기를 유발시킨다.

⑥ 윤리적 · 교육적으로 바람직한 내용이어야 한다.

⑦ 특정 집단에 유리하거나 불리하지 않아야 한다.

3) 진위형 문항의 작성 지침

① 주어진 진술문의 정오를 확인하게 하는 유형으로, 단편적인 지식과 기술에 대한 기억이 아니라 유의미한 학습성과를 평가할 수 있는 문항으로 작성한다.

② 평가 시작 전 '정'또는 '오'를 어떻게 표시해야 하는지 정확히 알려주어야 한다.

③ 응답자가 문제의 요점을 정확히 파악할 수 있도록 명확하게 진술해야 한다.

④ 절대적인 의미의 용어(언제나, 절대로 등)나 막연한 용어(일반적으로, 대체로 등)는 가급적 사용을 자제한다.

⑤ 참 또는 거짓 진술 문항의 길이를 비슷하게 작성한다.

〈진위형 예시〉
HRD와 성인교육은 프로그램 또는 교육과정 설계의 다섯가지 구성요소(분석, 설계, 개발, 실행, 평가)를 공통적으로 다룬다. 이 문장은 참인가, 거짓인가?

이러닝 활동 지원

4) 선다형 문항의 작성 지침

① 몇 개의 보기 중에서 정답을 선택하게 하는 유형으로 단편적인 지식이나 기술만을 측정하기 보다는 '어떻게', '왜'등과 같은 의문사를 사용하여 학습자의 보다 고차적인 지적 능력을 평가 할 수 있도록 작성한다.

② 너무 사소한 것을 질문하지 않고 정답과 오답의 위치를 무작위로 배치하여 연속된 번호 형태, 일정한 번호 패턴을 유지하지 않도록 주의한다.

〈선다형 예시〉
인적자원 수레바퀴(HR Wheel Model) 개발 연구를 시행한 학자는 누구인가?
① Jacobs   ② Kuchinke   ③ Spence   ④ McLagan   ⑤ 답 없음

5) 연결형 문항의 작성 지침

① 관련된 것을 서로 연결하게 하는 유형으로 좌측 항목과 우측 항목의 수를 동일하게 하면 마지막 한 개의 항목이 자동적으로 연결될 수 있기 때문에 한쪽 항목의 수를 더 많게 작성하도록 한다.

② 연결 항목의 수가 너무 많은 경우 학습자들이 연결하기에 어려움을 느낄 수 있으므로, 항목의 수를 적당하게 제한한다.

③ 항목은 간단하게 제시하고 긴 문장은 가급적으로 지양하며 학습자의 불필요한 혼란을 방지하기 위해 가급적 연결시키려는 항목끼리는 같은 페이지에 배치한다.

〈연결형 예시〉
다음은 인간의 생애발달 단계에 대한 설명이다. 각 단계별로 갈등 요소를 선을 그어 연결하시오.

〈단계〉	〈갈등요소〉
1단계 •	• 통합성 대 절망감
2단계 •	• 주도성 대 죄의식
3단계 •	• 정체성 대 역할 혼란

6) 논술형 문항의 작성 지침

① 주어진 과제를 논리적 과정을 통해 해결하고 그 과정을 언어로 서술하는 유형으로 '비교하라', '분석하라', '평가하라' 같은 분석, 종합 및 평가 능력을 측정하는 문항을 개발한다.

② 지시문은 명확하고 구체적으로 작성한다.

③ 답안 작성에 소요되는 시간을 충분히 고려하여 작성한다.

〈논술형 예시〉
교육훈련 유형 중 온오프라인 집합교육과 원격교육(e-Learning)을 비교하여 기술하시오.

7) 서술형 문항의 작성 지침

① 주어진 주제나 요구에 대해 자유로운 형식으로 서술하는 유형으로 '열거하라', '기술하라'같은 종합적인 지식을 측정하는 문항을 개발한다.

② 지시문은 명확하고 구체적으로 작성한다.

③ 답안 작성에 소요되는 시간을 충분히 고려하여 작성한다.

〈서술형 예시〉
인적보안관리를 위한 정기점검 결과를 토대로 보안 상의 문제점을 파악하고자 한다. 이때 내부 임직원과 외부자의 보안 상태 점검 방법을 3가지 이상씩 서술하시오.

8) 단답형 문항의 작성 지침

① 진술문의 일부분을 비우고 채우게 하거나 어떤 물음에 대해 한 가지로 답을 하는 유형으로 한 문장에서 빈칸이나 괄호를 지나치게 많이 사용하면 중요한 단어가 빠질 수 있고, 이에 따라 학습자가 무엇을 묻는 것인지 정확하게 이해하기 어려울 수 있으므로 한 문장에 1~2개 정도의 빈칸을 두도록 작성한다.

② 너무 사소한 것을 질문하지 않고 응답자가 문제의 요점을 정확히 파악할 수 있도록 명확하게 진술한다.

〈단답형 예시〉
레빈(K. Lewin)은 변화의 과정을 '해빙 → (   ) → 재결빙'으로 설명하였다.

9) 완성형 문항의 작성 지침

① 중요한 내용을 여백으로 하고, 정답이 가능한 단어나 기호로 응답되도록 질문한다.

② 교재에 있는 문장을 그대로 사용하지 않으며, 질문의 여백 뒤의 조사가 정답을 암시하지 않게 하여야 한다. 예 (   )을/를, (   )이/가

〈완성형 예시〉
다음 괄호 안에 들어갈 알맞은 단어를 작성하시오.
[다음]
단답형 문항을 만들 때 (   )화법에 의한 문장으로 질문을 만들어야 한다.

(3) 문제 난이도

1) 문항 난이도

검사 문항의 쉽고 어려운 정도를 뜻한다. 그러나 문항 난이도 지수는 한 문항에서 총 반응수에 대한 정답 반응 수의 비율로 표시하기 때문에 실제적으로는 한 문항의 쉬운 정도를 나타낸다.

예를 들어, 문항 난이도 지수 30%와 70% 중 어느 것이 더 어려운 문항인지를 살펴볼 때 이 수치는 정답한 사람의 비율을 나타내는 것으로, 수치가 높을수록 좀 더 쉬운 문항이다. 검사 문항 개발 과정에서 문항 난이도를 알아보는 목적은 적절한 수준의 문항을 고르기 위해서이다.

2) 문항 곤란도

개개 문항의 어려운 정도를 뜻한다. 문항형식이 선택형이냐, 서답형이냐에 따라 곤란도의 산출공식이 달라지고 또한 선택형 문항일지라도 미달항과 추측요인의 제거 여부에 따라서도 산출공식이 달라진다.

그러나 어떠한 공식으로 계산되든지 곤란도 산출의 기본방식은 검사를 한 사람 수에 대한 정답 반응 수의 백분율로 표시되기 때문에, 실제 계산된 곤란도 지수가 높을수록 쉬운 문항이고 곤란도 지수가 낮을수록 어려운 문항이다.

3) 문항 변별도 💡 1회 필기 기출

어떤 문항에 정답 또는 오답을 했다는 사실만을 기초로 하여 그 검사에서 높은 점수를 받게될 것인가 혹은 낮은 점수를 받게 될 것인가를 식별할 수 있는 정도를 말한다.

변별도의 계산방법은 다양하나 규준지향 측정에서 선다형 문항의 변별도는 상위집단에서의 정답자수를 Ru, 하위집단의 정답자수를 Rl, 상위집단과 하위집단의 총사례수를 f, 문항변별도 지수를 DI라고 하였을 때 DI=(Ru-Rl)/f로 계산한다.

출제예상문제 Chapter 04 학습평가 설계

01 이러닝 과정 성취도 측정을 위한 평가 중 평가 대상이 다양하며, 평가 대상의 전반적인 학습 성취도를 파악할 수 있는 평가는?

① 정성적 평가   ② 정량적 평가
③ 포트폴리오 평가   ④ 360도 평가

 해설

> 포트폴리오 평가는 학습자가 수업에서 학습한 내용을 정리하여 제출하고 이를 평가하는 방식으로 평가 대상이 다양하며, 평가 대상의 전반적인 학습 성취도를 파악할 수 있다는 장점이 있다. 반면 평가자 간의 주관적인 요소가 작용할 수 있으며, 평가 대상이 자신의 학습 성취도를 정확하게 파악하지 못할 수 있다는 단점이 있다.

02 이러닝에서 학습 및 교수가 진행되고 있는 유동적인 상태에서 학생에게 피드백을 주고 수업방법을 개선하기 위해 실시하는 평가에 대한 특징으로 옳은 것을 모두 고르면?

> (ㄱ) 학습자들의 수업 능력, 태도, 학습 방법 등을 확인하여 교육과정을 개선할 수 있다.
> (ㄴ) 학기말이나 학년 말에 1~2회 정도 실시한다.
> (ㄷ) 준비도 검사, 적성검사, 자기 보고서, 관찰법 등의 도구를 사용한다.
> (ㄹ) 평가도구로 교강사의 자작검사가 주로 쓰이나 교육전문기관에서 제작한 검사도 이용된다.

① (ㄱ), (ㄴ)   ② (ㄱ), (ㄹ)
③ (ㄴ), (ㄷ)   ④ (ㄷ), (ㄹ)

 해설

> 형성평가에 대한 내용으로 (ㄴ)은 총괄평가, (ㄷ)은 진단평가에 대한 특징이다.

01 ③ 02 ②

03 다음 중 이러닝 진단평가에 대한 주요 기능에 해당되는 것은?

① 학습자의 학업성취 및 적성 등에 따른 적절한 교수 처방을 내리기 위한 평가이다.
② 학습자의 학습 진행 속도를 조절해 준다.
③ 현재의 성적을 근거로 학습자의 미래 성적을 예측하는 데 도움을 준다.
④ 집단 간에 성적을 비교할 수 있는 정보를 제공한다.

해설

②는 형성평가의 기능에 해당한다.
③,④는 총괄평가의 기능에 해당한다.

04 다음 중 이러닝 학생 평가 방법에 해당하지 않는 것은?

① 학습자 평가지   ② 학습일지 작성
③ 학습 결과물 작성   ④ 학생 자기평가

해설

'학습자 평가지'는 교강사가 학습자의 학습 성취도를 평가하기 위해 평가지를 작성하는 것으로 교강사 평가에 해당한다.

05 이러닝 과정 평가 유형에 따른 과제 및 시험 방법 중 정량적 평가에 해당되는 것은?

① 포트폴리오   ② 보고서 작성
③ 인터뷰   ④ 주관식 문항

해설

① 포트폴리오는 학습자가 수강한 과정에서 제작한 작품, 보고서, 발표 자료 등을 종합적으로 평가하는 것으로 '정성적 평가'에 해당한다.
② 보고서 작성은 학습자가 연구한 내용이나 프로젝트를 수행한 내용을 보고서로 작성하여 제출하는 과정을 평가하는 것으로 '포트폴리오 평가'에 해당한다.
③ 인터뷰는 학습자의 선배나 동료 등 외부에서 인터뷰를 통해 종합적으로 평가하는 것으로 '360도 평가'에 해당한다.

06 이러닝 과정 중간이나 끝에 시행하며 학습자들의 학습 성취도를 정량적으로 평가할 수 있는 평가 유형은? **2023 기출**

① 포트폴리오　　　　② 토론
③ 평가 시험　　　　④ 출석과 참여도

해설

단위별 성취도 측정을 위한 평가 유형으로 '평가 시험'은 과정 중간 또는 끝에 시행하는 평가 시험이며, 학습자들의 학습 성취도를 정량적으로 평가할 수 있다.

07 다음 중 이러닝 성취도 측정을 위한 평가를 과정 내에서 수시로 시행하는 것이 좋은 것은?

① 평가시험　　　　② 프로젝트
③ 포트폴리오　　　　④ 토론

해설

토론은 학생들이 서로 의견을 나누고 토의하는 과정에서 참여도와 논리적 사고력을 파악할 수 있으므로, 교육과정 내에서 지속적으로 시행하여 학생들의 참여도와 의사소통 능력을 높일 수 있다.
① 평가시험, ② 프로젝트는 과정 중간 또는 끝에서 시행하는 것이 좋으며, ③ 포트폴리오는 과정의 끝에 시행하는 것이 좋다.

08 이러닝에서 교강사가 지도하는 것이 일반적이지만 학생들도 주체가 될 수 있는 평가이며, 교강사가 수행을 위한 가이드라인을 제공하고 학생들의 진행 상황을 모니터링하는 평가는?

① 포트폴리오　　　　② 프로젝트
③ 토론　　　　④ 출석과 참여도

해설

① 포트폴리오는 학생들이 주체가 되어 작성하는 것이 일반적이다.
③ 토론은 교강사가 주도하는 것이 일반적이다.
④ 출석과 참여도는 교강사가 모니터링하는 것이 일반적이다.

03 ① 04 ① 05 ④ 06 ③ 07 ④ 08 ②

09 다음에서 설명하는 이러닝 단위별 평가 유형에 따른 과제 및 시험 방법은?

> • 복잡한 문제나 상황을 분석하고 해결하는 능력을 기르는 데 중점을 두는 단계이다.
> • 학생들은 지금까지 습득한 지식과 능력을 바탕으로, 다양한 과제나 프로젝트를 수행하고, 이를 종합하여 자신의 능력을 보여준다.

① 지식 단위
② 적용 단위
③ 분석 단위
④ 종합 단위

해설

분석 단위는 복잡한 문제나 상황을 분석하고 해결하는 능력을 기르는 데 중점을 두는 단계이다. 이러한 단위에서는 '포트폴리오'를 시행하는 것이 적합하다.
① 지식 단위 : 기본적인 개념과 지식을 습득하는 데 중점을 두는 단계로, 이 단위에서는 '평가 시험'을 시행하는 것이 적절하다.
③ 적용 단위 : 지식을 바탕으로 문제를 해결하거나 실생활에서 활용할 수 있는 능력을 기르는 데 중점을 두는 단계로, 이 단위에서는 '프로젝트나 과제'를 시행하는 것이 적절하다.
④ 종합 단위 : 지식과 능력을 종합하여 응용할 수 있는 능력 향상에 중점을 두는 단계로, 이 단위에서는 여러 가지 다양한 평가 유형을 사용할 수 있다.

10 다음 이러닝 단위별 평가의 활용성 내용 중에서 그 성격이 다른 하나를 고르면?

① 학습자의 능력과 수준에 따라 적절한 난이도를 설정하는 것이 중요하다.
② 학습자의 이해도가 부족한 부분은 이를 보완하는 방향으로 추가 학습을 할 수 있다.
③ 난이도가 너무 낮으면 학습자들의 학습 동기가 저하될 수 있다.
④ 적절한 난이도를 설정하여 학습자들의 학습 효과를 극대화할 수 있어야 한다.

해설

이러닝에서 각 단위별 평가의 활용성은 1. 학습자의 학습 성취도 파악, 2. 교육 과정 개선, 3. 학습자의 학습 동기 부여, 4. 단위별 평가의 난이도 파악, 5. 콘텐츠 개발에 대한 피드백 등으로 구분할 수 있다. 이 중에서 ②는 '학습자의 학습 성취도 파악'에 대한 내용이며, 나머지는 '단위별 평가의 난이도 파악'에 대한 내용이다.

11 다음 중 사례 연구, 문제 해결, 프로젝트 수행 등의 평가 방법을 활용하는 이러닝 성취도 요소는?

① 이해도   ② 응용력

③ 분석력   ④ 종합력

 해설

> 응용력의 평가 도구는 사례 연구, 프로젝트 수행, 시뮬레이션, 문제 해결 등의 도구를 활용하는 것이 효과적이며 학습자의 응용력 수준에 맞게 적절한 난이도와 분량을 설정하여 평가 도구를 설계해야 한다.

12 다음 중 이러닝의 분석력에 대한 성취도 측정 항목에서 실제 상황에서 발생할 수 있는 문제를 다양한 관점에서 분석하는 과정을 평가하는 데 유용한 평가 도구는?

① 문제 해결   ② 비판적 사고

③ 실험   ④ 사례 연구

 해설

> ① '문제 해결'은 실제 문제 상황에서 학습자가 문제를 해결하는 과정을 평가하는 데 활용된다.
> ② '비판적 사고'는 학습한 내용에 대해 비판적으로 분석하고 평가하는 능력을 평가하는 데 유용하다.
> ③ '실험'은 변수를 조작하여 원인과 결과를 분석하는 데 활용된다.

13 다음 중 이러닝 평가에서 서답형 문항에 해당되지 않는 문항 형태는?

① 논술형   ② 진위형

③ 괄호형   ④ 완성형

해설

> 서답형 문항은 주관식 문항으로 불리며 답이 문항 내에 주어진 것이 아니라 써넣는 형태이다. 서답형 문항에는 논술형, 단답형, 괄호형, 완성형이 해당된다. 진위형은 '선택형 문항'에 해당된다.

09 ③   10 ②   11 ②   12 ④   13 ②

14 다음 중 이러닝 평가에서 완성형 문항의 작성 지침에 해당되는 설명은?

① 너무 사소한 것을 질문하지 않고 문제를 명확하게 파악할 수 있도록 진술한다.
② 답안 작성에 소요되는 시간을 충분히 고려하여 작성한다.
③ 절대적인 의미의 용어는 가급적 사용을 자제한다.
④ 질문의 여백 뒤의 조사가 정답을 암시하지 않게 하여야 한다.

해설

① 단답형 문항의 작성 지침이다.
② 논술형 문항과 서술형 문항에 해당되는 작성 지침이다.
③ 진위형 문항의 작성 지침이다.

15 다음 이러닝 검사 문항 중 문항 곤란도에 대한 설명으로 옳은 것을 모두 고르면?

`2023 기출`

(ㄱ) 검사에서 높은 점수를 받게 될 것인가 혹은 낮은 점수를 받게 될 것인가를 식별할 수 있는 정도를 말한다.
(ㄴ) 곤란도 지수가 높을수록 쉬운 문항이고 곤란도 지수가 낮을수록 어려운 문항이다.
(ㄷ) 선택형이냐, 서답형이냐에 따라 해당 지수의 산출공식이 달라진다.
(ㄹ) 한 문항에서 총 반응 수에 대한 정답 반응 수의 비율로 표시하는 지수이다.

① (ㄱ), (ㄴ)
② (ㄴ), (ㄷ)
③ (ㄴ), (ㄹ)
④ (ㄷ), (ㄹ)

해설

문항 곤란도는 개개 문항의 어려운 정도를 뜻하며 실제 계산된 곤란도 지수가 높을수록 쉬운 문항이고 곤란도 지수가 낮을수록 어려운 문항이다
(ㄱ) 문항 변별도에 대한 설명이다.
(ㄹ) 문항 난이도에 대한 설명이다.

14 ④ 15 ②

Part 3
이러닝 운영 관리

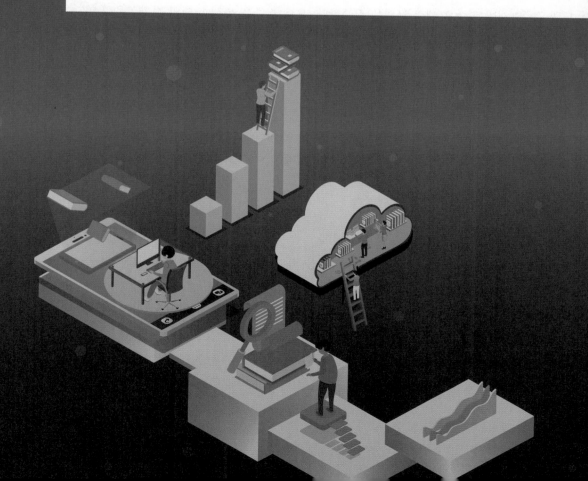

Chapter 01 이러닝운영 교육과정 관리

01 교육과정관리 계획

(1) 교육수요 예측

① 데이터 수집 : 교육과정을 관리하려는 목적에 따라 필요한 데이터를 수집한다. 예를 들어, 과거 교육 이력, 취업률, 원하는 교육 등의 데이터를 설문 조사를 통해 수집할 수 있다.

② 데이터 전처리 : 수집한 데이터를 분석하기 위해 전처리를 수행한다. 데이터 전처리는 데이터의 결측치, 이상치, 중복 등 답을 제대로 하지 않은 설문 문항들을 처리하여 데이터의 정확성을 높이는 과정이다.

③ 데이터 분석 : 전처리된 데이터를 바탕으로 데이터 분석을 수행한다. 데이터 분석은 통계 분석, 머신러닝, 딥러닝 등의 기술을 활용하여 수요 예측 모델을 개발하는 과정이다.

④ 모델 검증 : 개발된 수요 예측 모델을 검증한다. 모델 검증을 통해 모델의 정확성을 확인하고, 필요한 경우 모델을 개선한다.

⑥ 수요 예측 : 검증된 모델을 바탕으로 교육수요를 예측한다. 예측 결과를 바탕으로 교육과정을 계획하고 관리한다.

위와 같은 프로세스를 통해 교육수요 예측을 수행할 수 있다. 그러나 교육수요 예측은 불확실성이 큰 예측 분야 중 하나이므로, 정확한 예측을 위해서는 많은 경험과 전문적인 지식이 필요하다. 따라서 교육전문가와 함께 협업하여 교육수요 예측을 수행하는 것이 좋다.

(2) 학습자 요구 분석 방법 🔘 1회 필기 기출

학습자 요구 분석은 교육과정을 개발하기 전에 학습자들의 요구사항을 파악하는 과정을 말한다. 다양한 방법을 사용하여 학습자 요구사항을 파악할 수 있다. 대표적인 학습자 요구 분석 방법은 다음과 같다.

① 설문조사 : 학습자들에게 설문지를 배포하여 질문에 대한 답변을 수집한다. 이때 설문지는 학습자들의 특성, 학습목표, 교육과정 구성요소 등에 대한 질문으로 구성된다.

② 인터뷰 : 학습자들과 일대일 인터뷰를 진행하여 학습자의 요구사항을 파악한다. 이때 인터뷰는 학습자들의 경험, 지식, 태도, 필요성 등을 파악하는 데 사용된다.

③ 집단 토론 : 학습자들을 집단으로 모아 토론을 진행하여 학습자들의 요구사항을 파악한다. 이때 토론은 학습자들간의 의견교환, 자극, 참여 등을 유도하여 학습자 요구사항을 파악하는 데 사용된다.

④ 관찰 : 학습자들의 학습 활동을 관찰하여 요구사항을 파악한다. 이때 관찰은 학습자들의 행동, 태도, 의견, 선호 등을 파악하는 데 사용된다.

위의 방법을 통해 학습자 요구사항을 파악하면, 교육과정을 학습자들의 요구에 맞게 개발할 수 있다. 또한 학습자들의 특성을 파악하여 학습자 중심의 교육을 제공할 수 있다.

(3) 운영전략 목표 및 체계 수립

교육 운영전략 목표 및 체계를 수립하는 방법은 다음과 같다.

① 목표 설정 : 먼저 교육 운영전략의 목표를 설정한다. 이는 기관의 비전, 미션, 가치 등을 고려하여 수립해야 한다. 만약, 교육을 문의한 B2B 회사가 있다면, 그 기관에서 원하는 교육 운영전략 목표를 설정해야 한다.

② 요구사항 파악 : 다음으로 교육 운영전략 수립에 필요한 요구사항을 파악한다. 이는 기관의 교육 운영 현황, 교육 수요 및 시장 동향 등을 분석하여 수립한다. 만약 교육을 의뢰한 기관에서 요구하는 내용이 있다면, 교육 운영전략에 포함시켜야 한다. 또한, 최신 교육 동향도 파악하여, 교육 운영 전략에 적용하는 것이 좋다.

③ 전략 수립 : 요구사항을 바탕으로 교육 운영전략을 수립한다. 이는 교육 프로그램의 개발 방향, 교육 방법, 교육 시스템 구축 등을 포함한다. 이 단계에서는 다음과 같은 내용들이 포함될 수 있다.

ⓐ 교육 프로그램의 개발 방향 : 교육 운영전략의 목표와 요구사항을 고려하여 교육 프로그램의 개발 방향을 수립한다. 이때 교육 분야, 수요, 경쟁력 등을 고려하도록 한다.

ⓑ 교육 방법 : 교육 프로그램에서 사용할 교육 방법을 수립한다. 이는 교육 대상자의 특성, 교육 목표, 교육 방법의 효율성 등을 고려하여 수립한다.

ⓒ 교육 시스템 구축 : 교육 프로그램의 효율적인 운영을 위하여 교육 시스템을 구축한다. 이 단계에서는 교육 기술, 교육 시설, 교육 장비 등을 고려하여 실행한다.

ⓓ 교육 내용 및 교재 개발 : 교육 프로그램에서 다룰 교육 내용과 교재를 개발하는 단계이다. 이 단계에서는 교육 목표와 교육 방법을 고려하여 실행한다.

ⓔ 교육 평가 방법 개발 : 교육 프로그램의 성과를 평가하기 위한 교육 평가 방법을 개발한다. 이는 교육 대상자의 학습 성과를 정량적으로 측정하는 방법 등을 포함한다.

이러닝 운영 관리

ⓒ **교육 인프라 구축** : 교육 프로그램 운영에 필요한 인프라를 구축한다. 이 단계에서는 교육 시설, 교육 장비, 교육 용역 등을 포함한다.

④ **구현 방안 수립** : 교육 운영전략을 구현하기 위한 방안을 수립한다. 이를 위해 인력, 자금, 기술, 장비 등의 요소를 고려하여 수립하는 것이 좋다.

⑤ **평가 및 개선** : 교육 운영전략의 성과를 평가하고, 문제점을 파악하여 개선 방안을 수립한다. 이 단계는 지속적인 개선을 위해 필수적인 단계이다.

교육 운영전략은 기관의 성과 향상과 더불어 교육 참여자 및 교육 이해관계자들에게도 긍정적인 영향을 미치는 중요한 요소이다. 따라서 목표 설정, 요구사항 파악, 전략 수립, 구현 방안 수립, 평가 및 개선 단계를 체계적으로 수행하여 교육 운영전략을 성공적으로 수립하도록 노력해야 한다.

(4) 교육과정 체계의 정의

교육과정 체계란 교육과정을 구성하는 구성요소들을 체계적으로 정리한 것을 말한다. 교육과정 체계를 구성하기 위해서는 다음과 같은 구성 요소들이 필요하다.

① **학습목표** : 교육과정에서 달성하고자 하는 목표를 세분화하여 구체적으로 정의한다. 이때 목표는 학습자들이 습득해야 할 지식, 기술, 태도 등을 명확히 정의해야 한다.

② **교육과정 구성요소** : 교육과정을 구성하는 구성요소들을 정의한다. 이때 구성요소는 교육과정의 세부 내용, 교육방법, 교육자원 등을 포함한다.

③ **교육과정 일정** : 교육과정에서 다루어질 내용을 일정에 따라 세분화한다. 이때 일정은 학습목표와 교육과정 구성요소를 고려하여 계획한다.

④ **교육자원** : 교육과정에서 필요한 교육자원을 정의한다. 이때 교육자원은 교육과정에서 사용되는 교재, 교육장비, 교육인력 등을 포함한다.

⑤ **교육평가** : 교육과정의 성과를 측정하는 평가 방법을 정의한다. 이때 평가 방법은 학습목표와 교육과정 구성요소를 기반으로 정의한다.

위의 구성요소들을 토대로 교육과정 체계를 구성하면 학습자들에게 효과적인 교육을 제공할 수 있다. 또한 교육과정의 성과를 측정하고 평가하여 교육과정을 개선하는데 도움을 준다.

(5) 교육과정 체계 분석 ✯✯

교육과정 체계를 분석할 때 고려해야 할 것은 다음과 같다.

구분	내용
교육과정 목표	교육과정의 목표를 분석하여, 학습자가 학습을 마친 후 어떤 능력과 지식을 갖출 수 있는지 파악한다.
교육과정 구성	교육과정의 내용, 교육시간, 교육 방법, 교육자와 학습자의 역할 등 교육과정의 구성을 분석한다.
교육과정의 유효성	교육과정이 학습자의 적극적인 참여와 학습 효과를 얼마나 높일 수 있는지 평가한다.
교육과정의 효율성	교육과정이 학습자 및 교육 제공자의 시간과 비용 측면에서 효율적인지 분석한다.
교육과정의 품질	교육과정이 목표 달성을 위한 품질을 충족시키는지 평가한다.
교육과정의 개선 방안	교육과정에서 개선이 필요한 부분을 파악하고, 개선 방안을 제시한다.

교육과정 체계 분석을 통해 교육과정의 목표와 구성, 유효성, 효율성, 품질을 평가하고, 개선 방안을 도출하여 더 나은 교육과정을 제공할 수 있다. 이를 통해 학습자들의 학습 성과를 높이고, 교육 기관의 경쟁력을 향상시킬 수 있다.

(6) 과정별 상세 정보 및 학습목표 수립 방안

교육 운영자의 입장에서 교육과정별 상세 정보와 학습목표를 수립하기 위해서는 다음과 같은 절차를 따른다.

① 교육 대상 및 목적 설정 : 교육 대상 및 목적을 설정하여 해당 교육과정의 목표와 학습내용을 구체화한다.

② 학습 목표 및 내용 수립 : 교육과정에서 달성할 학습 목표와 내용을 수립한다. 이때 목표는 구체적, 측정 가능, 현실적, 시간 지정 등의 조건을 충족해야 한다.

③ 교육 방법 및 평가 방법 결정 : 교육과정에서 적용할 교육 방법과 학습자들의 평가 방법을 결정한다. 교육 방법은 교육 대상, 목적, 내용, 특성 등을 고려하여 적합한 방법을 선택해야 한다.

④ 교육과정 계획 수립 : 학습 목표와 내용, 교육 방법 및 평가 방법을 기반으로 교육과정의 계획을 수립한다. 이때 교육 기간, 교육 비용, 교육 장소 등을 고려하여 구체적인 계획을 수립해야 한다.

⑤ 교육과정 평가 : 교육 과정을 수행하면서 학습자들의 평가 및 피드백을 수집하여 교육과정을 개선한다. 이는 교육과정의 효율성과 효과성을 높이는 데 도움을 준다.

위의 절차를 따르면 교육과정별 상세 정보와 학습목표를 구체적이고 명확하게 수립할 수 있으며, 학습자들에게 효과적인 교육을 제공할 수 있다.

(7) 과정 선정 및 관리

학습자 요구를 반영한 이러닝 교육과정을 선정하고 관리하기 위해서는 다음과 같은 절차를 따를 수 있다.

① 학습자 요구 파악 : 학습자들의 요구사항을 파악한다. 이를 위해 설문조사, 인터뷰, 피드백 등을 활용할 수 있다.

② 이러닝 교육과정 선정 : 학습자 요구사항을 기반으로 적합한 이러닝 교육과정을 선정한다. 이때 교육과정의 효율성, 효과성, 학습자들의 참여도 등을 고려해야 한다.

③ 교육과정 관리 : 이러닝 교육과정을 관리하기 위한 체계를 구축한다. 이는 학습자들의 학습 진도율, 성과 등을 모니터링하고, 교육 과정에 필요한 지원 및 서비스를 제공하는 등의 역할을 수행한다.

④ 교육과정 개선 : 학습자들의 요구사항 및 피드백을 수집하여 교육과정을 개선한다. 이는 교육과정의 효율성과 효과성을 높이는데 도움을 준다.

⑤ 학습자 참여 유도 : 학습자들의 참여율을 높이기 위해, 교육과정에 대한 정보 제공, 참여 동기 부여, 학습자들 간의 상호작용 제공 등의 방법을 활용한다.

위의 절차를 따르면 이러닝 교육과정을 학습자 요구에 맞게 선정하고 관리할 수 있으며, 학습자들의 학습 성과를 높일 수 있다.

(8) 교육과정 운영계획서 세부 내용 🎯 1회 필기 기출

교육과정 운영계획서는 교육과정을 운영하기 위한 계획서로, 다음과 같은 세부 내용을 포함한다.

① 교육과정 개요 : 교육과정의 개요를 설명한다. 이때 교육과정의 목적, 대상, 기간, 교육내용 등을 간략히 설명한다.

② 교육과정 목표 : 교육과정에서 달성하고자 하는 목표를 구체적으로 기술한다. 이때 목표는 학습자들이 습득해야 할 지식, 기술, 태도 등을 포함한다.

③ 교육과정 구성요소 : 교육과정을 구성하는 구성요소들을 설명한다. 이때 구성요소는 교육과정의 세부 내용, 교육방법, 교육자원 등을 포함한다.

④ 교육과정 일정 : 교육과정에서 다루어질 내용을 일정에 따라 세분화한다. 이때 일정은 학습목표와 교육과정 구성요소를 고려하여 계획한다.

⑤ 교육자원 : 교육과정에서 필요한 교육자원을 설명한다. 이때 교육자원은 교육과정에서 사용되는 교재, 교육장비, 교육인력 등을 포함한다.

⑥ 교육방법 : 교육과정에서 사용할 교육방법을 설명한다. 이때 교육방법은 학습자들의 특성, 교육과정의 목적, 내용 등을 고려하여 선정한다.

⑦ 교육평가 : 교육과정의 성과를 측정하는 평가 방법을 설명한다. 이때 평가 방법은 학습 목표와 교육과정 구성요소를 기반으로 정의한다.

⑧ 예산 및 비용 계획 : 교육과정을 운영하기 위해 필요한 예산과 비용을 계획한다. 이때 교육과정의 일정, 교육자원, 교육방법 등을 고려하여 예산과 비용을 산출한다.

위의 세부 내용들을 포함하여 교육과정 운영계획서를 작성하면, 교육과정을 체계적으로 운영할 수 있다. 또한 운영계획서를 기반으로 교육과정의 성과를 측정하고 평가하여 교육과정을 개선하는데 도움을 준다.

(9) Mager의 ABCD 목표 진술 방식 🔎 1회 필기 기출

1) Mager의 목표 진술 방법은 '학생이 학습 성취 행동을 보일 때, 어떤 행동을 보일 것인지 그리고 교사가 그것을 어떻게 알 수 있을지'를 반드시 기술해야 한다는 것이다. 그래서 Mager는 좋은 목표의 조건으로 다음 세 가지를 제시하였다.

① 변화 : 의도하고 있는 학생 행동의 변화(intended student behavior)를 제시해야 한다.

② 조건 : 그 행동의 수행에 따르는 조건(condition of performance)을 제시해야 한다.

③ 성취기준 : 성취 기준(performance criteria)을 제시해야 한다.

2) Mager는 구체적인 목표 진술을 위해 다음의 네 가지 요소를 포함해야 한다고 했다.

① Audience(대상) : 교수자가 아닌 학습자가 무엇을 하는가에 초점을 맞추는 것

② Behavior(행동) : 학습 이후 학습자가 지니게 되는 어떠한 행동 및 능력에 관하여 표시하고 목표를 제시하는 것, 행동동사를 사용하는 것을 권장함

③ Conditions(조건) : 어떤 조건 하에서 관찰 가능한 행동이 야기되는지를 제시하는 것

④ Degree(정도) : 목표 진술 원칙의 최종 조건으로, 수업 목표의 달성 여부를 명확하게 확인할 수 있는 분명한 수치를 통해 실제 달성 정도를 기준으로 제시하는 것

　　예 중1 학생이 일차방정식 1시간을 주었을 때, 20개의 문제 중 15개의 문제를 풀고 답을 정확히 맞힐 수 있다.

02 교육과정관리 진행

(1) 교육 과정관리 프로세스와 항목별 특징

교육과정 관리의 프로세스는 교육과정을 계획, 설계, 구현(개발), 운영, 평가하는 과정을 말한다. 교육과정 관리에 필요한 항목별 특징은 다음과 같다.

1) 교육과정 계획

- 교육과정 계획은 교육과정의 목적, 대상, 내용, 일정 등을 정하는 단계이다.
- 교육과정의 목적과 대상을 고려하여 교육과정의 내용과 일정을 정하고, 필요한 교육자원과 비용을 계산하여 예산을 정한다.

2) 교육과정 설계

- 교육과정 설계는 계획한 교육과정을 구체적으로 설계하는 단계이다.
- 교육과정의 목표와 내용, 교육자원, 평가방법 등을 고려하여 교육과정을 구체적으로 설계한다.

3) 교육과정 구현

- 교육과정 구현은 설계한 교육과정을 실제로 실행하는 단계이다.
- 교육자원을 준비하고, 교육자들을 교육과정에 맞게 교육한다.

4) 교육과정 운영

- 교육과정을 운영하는 과정으로, 교육과정을 계획하고, 교육자원을 활용하여 교육과정을 진행한다.
- 이때 교육과정 운영은 교육과정 일정, 교육방법, 교육자원 등을 고려하여 운영한다.

5) 교육과정 평가

- 교육과정 평가는 교육과정의 효과를 평가하는 단계이다.
- 평가 방법을 정하고, 교육과정의 목표에 따라 교육의 효과를 평가하여, 평가 결과를 토대로 교육과정을 개선한다.

6) 교육자원 관리

- 교육과정에서 사용되는 교육자원을 관리하는 과정으로, 교육과정에서 필요한 교재, 교육장비, 교육인력 등을 관리한다.

- 이때 교육자원 관리는 교육과정의 목적과 요구사항을 고려하여 관리한다.

① 교재 관리

- 교육과정에서 필요한 교재를 선정하고, 그에 따른 구매 및 재고 관리를 담당한다.
- 교재의 정확성과 완성도를 평가하여, 교재의 효과적인 활용을 도모한다.

② 교육장비 관리

- 교육과정에서 필요한 교육장비를 선정하고, 그에 따른 구매 및 유지보수를 담당한다.
- 교육장비의 정확성과 안전성을 평가하여, 교육과정에서 안전하고 효과적으로 활용할 수 있도록 한다.

③ 교육인력 관리

- 교육과정에서 필요한 교육인력을 채용하고, 그에 따른 교육자의 교육 역량 강화 및 보상체계를 담당한다.
- 교육자의 전문성과 교육 능력을 평가하여, 교육과정에서 높은 효과를 발휘할 수 있도록 한다.

위와 같은 교육자원 관리를 통해 교육과정에서 필요한 교재, 교육장비, 교육인력 등을 효율적으로 활용할 수 있으며, 이를 통해 교육과정의 품질을 높일 수 있다.

7) 예산 및 비용 관리

- 교육과정을 운영하기 위한 예산과 비용을 관리하는 과정이다.
- 교육과정의 일정, 교육자원, 교육방법 등을 고려하여 예산을 산출하고, 예산을 효율적으로 사용하는 것이 중요하다.

① 교육과정 일정

- 교육과정 일정을 세울 때는 교육과정의 목적과 대상을 고려하여 적정한 일정을 정하고, 그에 따른 교육자원과 비용을 계산한다.
- 예를 들어, 교육과정의 기간이 길어지면 교육자원과 인력의 유지관리 비용이 높아지기 때문에, 적정한 일정을 선정하여 비용을 절감할 수 있다.

② 교육자원

- 교육자원은 교육과정에서 필요한 교재, 교육장비, 인력 등을 말한다.
- 교육자원을 선정할 때는 교육과정의 목적과 대상을 고려하여 필요한 교육자원을 선택하고, 그에 따른 비용을 계산한다.
- 예를 들어, 교육과정에서 요구하는 교재와 교육장비가 많을 경우, 그에 따른 비용을 고려하여 필요한 교육자원을 선정하고, 비용을 절감할 수 있다.

③ 교육방법

- 교육방법은 교육과정을 진행하는 방법을 말한다.
- 교육방법을 선택할 때는 교육과정의 목적과 대상을 고려하여 적절한 교육방법을 선택하고, 그에 따른 비용을 계산한다.
- 예를 들어, 대규모 온라인 교육과정에서는 인력 비용을 절감하기 위해 자동화된 교육방법을 채택하여 비용을 절감할 수 있다.

위와 같이 교육과정 일정, 교육자원, 교육방법 등을 고려하여 교육 예산과 비용을 관리하면, 교육과정의 목적을 달성하면서 비용을 효율적으로 관리할 수 있다.

(2) 유관부서 협업

온라인 교육을 운영할 때 유관부서와 협업하는 것은 매우 중요하다. 이러닝 운영 담당자는 다음과 같은 부서와 협업을 진행하는 것이 필요하다.

① 교육기획팀 : 온라인 교육 콘텐츠의 기획 및 개발을 담당하는 부서와 함께 협업을 하는 것이 필요하다. 교육 콘텐츠의 수요 파악이나, 수강생들의 피드백을 반영하여 콘텐츠를 개선하거나 추가 제작할 수 있다.

② 시스템팀 : 온라인 교육 시스템의 운영과 관리를 담당하는 부서와 함께 협업을 하는 것이 좋다. 학습자들의 문의나 요청에 빠르게 대응하고, 시스템의 안정성과 기능을 유지할 수 있도록 지원할 수 있다.

③ 학습지원팀 : 온라인 교육에서는 학습자들의 궁금증이나 문제점을 해결하는 학습지원이 중요하다. 학습자들이 수강 중에 발생하는 문제를 해결하고, 학습 효과를 극대화할 수 있도록 지원할 수 있다.

④ 마케팅팀 : 온라인 교육 콘텐츠를 홍보하고, 학습자들의 참여율을 높이기 위해 마케팅 활동을 담당하는 부서와 함께 협업을 하면 좋다. 광고, 이벤트 등을 통해 교육 콘텐츠를 홍보하고, 학습자들의 관심과 참여를 유도할 수 있다.

(3) 과정관리 항목 사전 준비

교육과정 관리시에 필요한 항목들의 사전 준비 여부를 파악하려면 다음과 같은 절차를 따라서 사전 준비 사항을 파악할 수 있다.

1) 교육과정 개발 관리 사전 준비 여부 파악

① 교육과정 개발 목적 파악 : 교육과정 개발의 목적이 명확한가요?
② 교육과정 개발 대상자 파악 : 교육과정 개발 대상자가 누구인가요? 대상자의 특성과 요구사항을 파악하였나요?

③ 교육과정 개발 예산 및 인력 파악 : 교육과정 개발에 필요한 예산과 인력은 충분한가요?

④ 교육과정 개발 계획 수립 여부 : 교육과정 개발 계획이 수립되어 있나요?

2) 교육과정 운영 관리 사전 준비 여부 파악 🔵 1회 필기 기출

① 교육과정 일정 파악 : 교육과정 일정이 수립되어 있나요?

② 교육과정에 필요한 강사 및 교육자원 파악 : 강사 및 교육자원은 충분한가요?

③ 수강생 관리 시스템 파악 : 수강생 등록 및 출결 관리 시스템이 구축되어 있나요?

3) 교육과정 평가 관리 사전 준비 여부 파악

① 교육과정 평가 계획 수립 여부 : 교육과정 평가 계획이 수립되어 있나요?

② 교육과정 평가 대상 및 방법 파악 : 교육과정 평가 대상과 방법이 명확한가요?

③ 교육과정 평가 결과 활용 계획 파악 : 교육과정 평가 결과를 어떻게 활용할 계획이 있나요?

위와 같은 항목을 파악하여 교육과정 관리를 준비할 수 있다. 이를 토대로 교육과정을 체계적으로 운영하고 평가하여 학습자들에게 최적의 교육을 제공할 수 있다.

(4) 과정관리 매뉴얼

교육과정 운영에 필요한 관리 매뉴얼에는 다음과 같은 내용이 포함되어야 한다.

1) 교육운영 계획서

- 교육과정 개발 및 운영시 수립한 계획서이다.
- 교육과정의 목표, 개발 및 운영 일정, 참여자 대상 및 교육 방법 등의 정보가 포함된다.

2) 수강생 관리 매뉴얼

- 수강생 등록, 출결 및 수료 등 수강생 관리에 필요한 내용이 포함된다.
- 수강생 등록 절차, 수강생 출결 관리, 수료 기준 등을 포함한다.

3) 교육과정 운영 매뉴얼

- 교육과정 운영시 필요한 내용이 포함된다.
- 강사 및 교육자원 준비, 교육장소 및 시설 준비, 교육과정 운영 절차 등을 포함한다.

4) 강사 및 교육자원 관리 매뉴얼

- 강사 및 교육자원 관리에 필요한 내용이 포함된다.
- 강사 및 교육자원 선발 절차, 교육자원 관리 방법 등을 포함한다.

5) 교육과정 평가 매뉴얼

- 교육과정 평가에 필요한 내용이 포함된다.
- 교육과정 평가 대상, 평가 방법 및 절차, 평가 결과 활용 방안 등을 포함한다.

6) 예산 및 경비 관리 매뉴얼

- 교육과정 운영을 위한 예산 및 경비 관리에 필요한 내용이 포함된다.
- 예산 수립 방법, 경비 청구 및 결제 절차 등을 포함한다.

위와 같은 교육과정 관리 매뉴얼을 통해 교육과정을 체계적으로 운영할 수 있다. 이를 준수하면서 교육과정 운영 및 평가를 체계적으로 수행하여 효과적인 교육을 제공할 수 있다.

(5) 운영 성과 🎙️1회 필기 기출

운영 성과는 교육과정 운영 목표를 달성하기 위해 수행한 활동의 결과를 평가하고, 개선할 수 있는 지표를 정리하는 것이다. 운영 성과를 정리할 때는 다음과 같은 내용을 고려할 수 있다.

1) 수강생 만족도

- 수강생이 교육과정에 대해 만족한 정도를 파악한다.
- 만족도 조사를 실시하여 수강생의 의견을 수집하고, 그 결과를 바탕으로 개선 방안을 도출한다.

2) 수강생 성적

- 교육과정에서 수강생들이 달성한 성적을 평가한다.
- 평가 기준을 수립하여 수강생들의 성취도를 측정하고, 그 결과를 바탕으로 교육과정을 개선한다.

3) 교육자료 품질

- 교육과정에서 사용한 교육자료의 품질을 평가한다.
- 교육자료의 정확성, 완성도, 유효성 등을 평가하고, 개선 방안을 도출한다.

4) 강사 성과

- 강사의 수업 방식, 전달력, 커뮤니케이션 능력 등을 평가한다.
- 강사의 성과를 평가하여 강사 개선 방안을 도출한다.

5) 예산 집행 및 경비 관리

- 교육과정 운영을 위한 예산 집행과 경비 관리를 평가한다.
- 예산 집행 및 경비 관리 결과를 파악하여 경제적 효율을 도출한다.

6) 교육과정 개선 사항

- 운영 성과 평가 결과를 바탕으로 교육과정 개선 사항을 도출한다.
- 개선 방안을 제안하고, 그에 따른 실행 계획을 수립한다.

위와 같은 내용들을 종합적으로 고려하여 운영 성과를 정리하면, 교육과정 운영에 대한 효과적인 평가와 개선 방안 도출이 가능하다.

(6) 품질기준

교육과정 품질에 대한 기준은 교육과정의 목적과 수강생 대상에 따라 다양하게 존재한다. 일반적으로 교육과정 품질 평가는 다음과 같은 요소들을 고려하여 기준을 잡을 수 있다.

① 목표 및 내용의 명확성 : 교육과정이 목표와 내용이 명확하게 설정되었는가?

② 교육자의 전문성 : 교육과정을 진행하는 교육자의 전문성은 충분한가?

③ 교육 방법의 적절성 : 교육과정에서 채택된 교육 방법이 수강생들의 학습에 적절한가?

④ 교육 자료의 질 : 교육과정에서 사용되는 교육 자료의 질은 어느 수준인가?

⑤ 수강생의 인적 요건 : 교육과정이 수강생의 인적 요건과 맞춰져 있는가?

⑥ 학습 결과의 질 : 교육과정을 수강한 수강생들의 학습 결과의 질은 어느 수준인가?

위와 같은 요소들을 고려하여 교육과정 품질에 대한 기준을 잡을 수 있다. 이러한 기준을 바탕으로 교육과정을 분류하고, 품질을 향상시키기 위한 개선 방법을 세울 수 있다.

---

03 교육과정관리 결과보고

(1) 운영 결과 분석

운영 결과를 통해 운영결과가 의미하는 시사점을 도출하기 위해서는 다음과 같은 단계를 거쳐야 한다.

① 데이터 수집 : 교육 과정에서 수집된 데이터를 정리하고 분석한다. 이 데이터들은 학습자들의 평가, 참여도, 학습 효과 등을 포함한다.

② 데이터 분석 : 수집된 데이터를 분석하여 교육 과정의 각 단계에서 발생한 문제점, 성공적인 부분, 개선이 필요한 부분 등을 파악한다.

③ 시사점 도출 : 데이터 분석을 기반으로 교육 과정에서 발생한 시사점을 도출한다. 이 시사점은 교육의 효과, 향상 방안, 개선할 점 등을 포함한다.

④ 보고서 작성 : 도출된 시사점들을 토대로 완료보고서를 작성한다. 보고서에는 교육 과정

의 개선 사항, 성과, 다음 교육에서 개선할 점 등을 포함시킬 수 있다.

온라인 교육을 마치고 나서 운영 결과를 분석하고 싶다면 교육 과정에서 수집된 데이터를 정리하고 분석해야 한다. 이를 위해서는 다음과 같은 내용들을 정리하고 분석할 수 있다.

1) 데이터 수집의 예시

① 참여자 정보 : 참여자들의 성별, 연령, 직업, 학력 등의 정보를 수집하여 분석한다. 이를 통해 학습자들의 특성을 파악하고, 교육 운영에 대한 인사이트를 얻을 수 있다.

② 참여도 : 참여자들의 참여도를 분석한다. 예를 들어, 참여자들의 로그인 횟수, 강의 수강 시간, 강의 내용에 대한 질문과 답변 등을 분석한다.

③ 만족도 : 참여자들의 만족도를 분석한다. 예를 들어, 강의 내용, 강의 방식, 강사의 역할 등에 대한 만족도를 수집하여 분석한다.

④ 학습 효과 : 교육의 학습 효과를 분석한다. 예를 들어, 강의를 수강한 참여자들의 지식 습득 정도, 역량 향상 정도 등을 분석한다.

⑤ 피드백 : 참여자들의 피드백을 분석한다. 예를 들어, 강의 내용에 대한 피드백, 강사의 역할에 대한 피드백 등을 수집하여 분석한다.

⑥ 비용 대비 효과 : 교육 운영 비용 대비 교육의 효과를 분석한다. 예를 들어, 교육 운영 비용과 교육의 효과를 비교하여 분석한다.

위와 같은 내용들을 수집하여 정리하고 분석함으로써, 교육 운영의 성과를 파악하고 개선할 수 있는 방안을 도출할 수 있다.

2) 데이터 분석의 예시

데이터 수집을 통해, 운영의 성과를 파악할 수 있지만, 교육 과정의 각 단계에서 파악할 수 있는 문제점, 성공적인 부분, 개선이 필요한 부분 등을 분석하는 방법도 있다.

① 교육 계획 단계 : 교육 계획을 수립하고 준비하는 단계에서는 교육의 목표, 교육 방법, 교육 일정 등을 결정한다. 이때, 발생할 수 있는 문제점으로는 교육 목표가 불명확하거나 실제 학습자들의 요구사항이 반영되지 않은 경우 등이 있다. 반면, 성공적인 부분으로는 명확한 교육 목표를 수립하고, 수강생들의 의견을 적극 수렴하여 교육 계획을 수립하는 경우 등이 있다.

② 교육 운영 단계 : 교육 운영 단계에서는 교육하는 과정에서 발생하는 문제점과 성공적인 부분, 개선이 필요한 부분 등을 파악할 수 있다. 예를 들어, 문제점으로는 강의 내용이 복잡하거나 설명이 불명확한 경우, 수강생들의 질문에 대한 답변이 부족한 경우 등이 있다. 반면, 성공적인 부분으로는 수강생들이 활발하게 참여하고, 강의 내용이 명확하게 전달된 경우 등이 있다.

③ 교육 평가 단계 : 교육 평가 단계에서는 교육에 대한 평가를 수행한다. 이 단계에서는 교육의 효과를 파악하고, 개선이 필요한 부분을 파악한다. 예를 들어, 문제점으로는 평가 방법이 적절하지 않은 경우, 평가 결과를 적극적으로 활용하지 못한 경우 등이 있다. 반면, 성공적인 부분으로는 평가 결과를 적극적으로 활용하여 교육의 효과를 개선한 경우 등이 있다.

위와 같이, 교육 과정 각 단계에서 파악할 수 있는 문제점, 성공적인 부분, 개선이 필요한 부분 등을 파악하여 개선해 나가는 것이 교육의 효과를 높이는 데 중요하다.

(2) 운영 결과보고서 양식과 내용 ☆☆ 🔵 1회 필기 기출

온라인 교육을 마친 후 교육과정 결과를 정리하여 보고서로 작성할 때, 다음과 같은 내용들을 넣는 것이 좋다.

1) 교육 대상

- 교육을 받은 학습자들의 정보
- 인원 수, 직급, 직무, 연령대, 학력, 경력 등

2) 교육 일정

- 교육 일정 및 진행 상황

3) 교육 목표

교육 목표와 그 목표를 달성하기 위한 교육 내용이 들어간다.

① 교육 목적
- 교육을 실시하는 목적을 명시함
  예 업무 역량 강화, 신입사원 교육, 업데이트된 기술 습득 등

② 교육 내용
- 교육에서 다룰 내용(주제)을 명시함
  예 파워포인트 활용법, 새로운 IT 기술의 활용 등

③ 목표 수준
- 교육을 통해 달성하고자 하는 수준을 명시함
  예 초보자 수준에서의 이해, 중급 수준에서의 실습 등

④ 학습 목표
- 각 세션별로 목표를 설정하여 학습자들이 목표를 달성할 수 있도록 도움

이러닝 운영 관리

⑤ 학습 방법
- 교육 내용을 달성하기 위해 사용할 학습 방법을 명시함
    예 강의, 실습, 토론 등
⑥ 평가 방법
- 교육을 마친 후 교육 효과를 평가하기 위한 방법을 명시함
    예 시험, 과제물, 만족도 조사 등

4) 교육 방법

이러닝에서 시도해 볼 수 있는 교육 방법에는 다음과 같은 것들이 있다. 다음과 같은 교육 방법을 활용하여 교육을 진행한 내용을 보고서에 정리하면 된다.

① 동영상 강의
- 비대면으로 학습자들에게 강의를 제공하는 방법임
- 학습자들은 동영상을 시청하며 주제에 대한 이해도를 높일 수 있음
② 온라인 강의실
- 비대면으로 학습자들과 교육자가 실시간으로 소통하면서 교육을 진행하는 방법임
- 학습자들은 강의를 듣고 질문을 하며 교육자와 상호작용할 수 있음
③ 토론 게시판
- 학습자들이 주어진 주제에 대해 토론할 수 있는 게시판임
- 학습자들은 서로 의견을 나누면서 주제에 대한 이해도를 높일 수 있음
④ 채팅
- 실시간으로 학습자들끼리 대화할 수 있는 채팅방
- 학습자들은 서로 질문하고 의견을 나누면서 학습을 진행할 수 있음
⑤ 게임 기반 학습
- 게임을 활용하여 학습자들이 주제에 대한 이해도를 높이는 방법임
- 학습자들은 게임을 하면서 주제를 재미있게 학습할 수 있음
⑥ 기타
- 그 외에도 이러닝에서 시도할 수 있는 다양한 교육 방법들이 있음
    예 퀴즈를 통한 학습, 과제물 제출, 웹 기반 학습 등

5) 교육 평가

온라인 교육을 평가할 때, 학습자와 관련된 평가 내용으로는 다음과 같은 것들이 있다.

① 만족도
- 교육을 받은 학습자들이 교육에 대해 얼마나 만족했는지를 평가함

　　　－ 만족도는 교육의 질과 학습자들의 참여도에 큰 영향을 미치는 지표임

　② 학습효과

　　　－ 교육을 받은 학습자들이 교육을 통해 얼마나 실질적인 학습 효과를 얻었는지를 평가함

　　　－ 실제 업무에서 해당 지식을 적용할 수 있는 능력이 향상되었는지를 실무를 통해 측정

　　　　할 수 있음

　③ 개선사항

　　　－ 교육이 진행될 때 불편했던 점, 개선이 필요한 부분, 추가적인 요구사항 등을 평가함

　　　－ 이를 토대로 교육의 질을 높일 수 있음

　④ 참여도

　　　－ 교육을 받은 학습자들이 교육에 얼마나 적극적으로 참여했는지를 평가함

　⑤ 강사 평가

　　　－ 교육을 진행한 강사의 역량, 강의 방식, 커뮤니케이션 능력 등을 평가함

　⑥ 교육 자료 평가

　　　－ 교육에 사용한 자료의 품질, 내용, 구성 등을 평가함

　⑦ 교육 시스템 평가

　　　－ 교육을 진행한 시스템의 안정성, 사용 편의성 등을 평가함

6) 참고 자료

　온라인 교육을 진행한 이후 결과보고서에서 참고 자료란 교육에 사용된 자료나 참고한 자료를 의미한다. 다음은 '참고 자료'란에 작성할 수 있는 것들이다.

　① 강의 자료

　　　－ 교육에서 사용된 강의 자료, 즉 PPT, PDF, 동영상 등을 포함시킬 수 있음

　② 참고 자료

　　　－ 교육에 참고한 다른 자료들을 포함시킬 수 있음

　　　　예 관련 논문, 보고서, 책 등

　③ 교육 관련 법령

　　　－ 교육을 진행하는 데 있어서 관련된 법령과 규정을 포함시킬 수 있음

　④ 교육 플랫폼 관련 자료

　　　－ 교육을 진행하는 데 사용된 온라인 교육 플랫폼에 대한 자료를 포함시킬 수 있음

　⑤ 참석자 명단

　　　－ 교육에 참석한 사람들의 명단을 포함시킬 수 있음

⑥ 기타 자료

　– 교육에 필요한 다른 자료들을 포함시킬 수 있음

위와 같이 '교육 대상, 교육 일정, 교육 목표, 교육 방법, 교육 평가, 참고 자료'와 같은 내용들을 포함한 보고서를 작성하면, 교육과정에 대한 효과적인 평가와 개선이 가능해진다.

(3) 시사점 도출 및 피드백

시사점을 도출하여 정리할 때에는 교육의 효과, 향상 방안, 개선할 점에 대해서 언급하는 것이 좋다. 교육 과정 운영결과에서 도출한 시사점을 바탕으로 내부에 피드백을 주는 것은 교육의 질을 높이고, 향후 교육 운영 계획에 반영하여 개선하는 데 큰 도움이 된다. 이 때 포함시키면 좋을 내용은 다음과 같다.

① 교육의 내용 : 교육의 내용이 명확하고 적절한지 여부, 참여 학습자들이 이해하기 쉬운지 여부 등을 평가한다.

② 교육 방법 : 교육 방법이 효과적인지, 참여 학습자들의 관심과 참여도를 높이는 데 충분한지 여부 등을 평가한다.

③ 교육자의 역할 : 교육자의 역할과 능력이 적절한지 여부, 학습자들과의 상호작용이 원활한지 여부 등을 평가한다.

④ 교육의 효과 : 교육을 통해 목표했던 결과가 달성되었는지, 학습자들이 어떤 변화를 겪었는지 등을 파악한다. 예를 들어, 학습자들의 역량 향상 정도, 지식 습득 정도, 참여도, 만족도 등을 평가할 수 있다.

⑤ 향상 방안 : 교육의 효과를 높이기 위한 방안을 제시한다. 예를 들어, 교육의 내용, 방식, 교육자의 역할 등을 개선하여 교육의 효과를 높이는 방안을 제시할 수 있다.

⑥ 개선할 점 : 교육과정에서 발생한 문제점과 개선할 점을 파악한다. 예를 들어, 교육의 내용, 방식, 교육자의 역할, 교육의 일정 등에서 개선되어야 하는 부분을 언급할 수 있다.

⑦ 학습자들의 의견 : 교육에 참여한 학습자들의 의견을 적극 수렴한다. 학습자들이 교육에 대해 어떤 생각을 가지고 있는지, 어떤 부분이 만족스럽고 불만족스러운지 파악한다.

⑧ 교육의 지속성 : 교육의 효과를 지속적으로 유지하기 위한 방안을 제시한다. 예를 들어, 교육 후에 학습자들이 지속적으로 학습할 수 있는 방안, 교육의 내용을 업데이트하거나 보완하는 방안 등을 제시할 수 있다.

출제예상문제 Chapter 01 이러닝운영 교육과정 관리

01 다음 중 이러닝 교육수요 예측을 위한 방법으로 데이터 결측치, 이상치, 중복 등 답을 제대로 하지 않은 설문 문항들을 처리하여 데이터의 정확성을 높이는 과정은 무엇인가?

① 데이터 전처리 　　　　　　　　② 데이터 분석
③ 모델 검증 　　　　　　　　　　④ 수요 예측

 해설

수집한 데이터를 분석하기 위해 전처리를 수행하며, 데이터 전처리는 데이터의 결측치 · 이상치 · 중복 등 답을 제대로 하지 않은 설문 문항들을 처리하여 데이터의 정확성을 높이는 과정이다.

02 다음의 이러닝 학습자 요구 분석 방법 중 학습자들의 행동, 태도, 의견, 선호 등을 파악하는 데 사용되는 것은?

① 설문조사 　　　　　　　　　　② 인터뷰
③ 집단토론 　　　　　　　　　　④ 관찰

 해설

학습자 요구 분석 방법 중 '관찰'은 학습자들의 학습 활동을 관찰하여 요구사항을 파악한다. 관찰은 학습자들의 행동, 태도, 의견, 선호 등을 파악하는 데 사용된다.

03 다음 중 이러닝 교육 운영전략 목표 및 체계 수립을 위한 순서가 옳게 연결된 것은?

① 요구사항 파악 → 목표 설정 → 구현 방안 수립 → 전략수립 → 평가 및 개선
② 목표 설정 → 요구사항 파악 → 전략수립 → 평가 및 개선 → 구현 방안 수립
③ 요구사항 파악 → 전략 수립 → 목표 설정 → 구현 방안 수립 → 평가 및 개선
④ 목표 설정 → 요구사항 파악 → 전략수립 → 구현 방안 수립 → 평가 및 개선

01 ① 02 ④

이러닝 운영 관리

해설

이러닝 교육 운영전략 목표 및 체계를 수립하는 방법은 다음과 같다.
1) 목표 설정 : 교육 운영전략의 목표를 설정한다.
2) 요구사항 파악 : 교육 운영전략 수립에 필요한 요구사항을 파악한다.
3) 전략 수립 : 요구사항을 바탕으로 교육 운영전략을 수립한다.
4) 구현 방안 수립 : 교육 운영전략을 구현하기 위한 방안을 수립한다.
5) 평가 및 개선 : 교육 운영전략의 성과를 평가하고, 문제점을 파악하여 개선 방안을 수립한다.

04 이러닝 교육 운영전략 목표 및 체계 수립 방법 중 전략 수립 단계에 대한 설명으로 옳지 않은 것은?

① 교육 인프라 구축 단계에서는 교육 시설, 교육 용역에 대한 내용을 고려하여 수립한다.
② 교육 내용 및 교재 개발 단계에서는 교재의 재질과 느낌을 고려하여 실행한다.
③ 교육 시스템 구축 단계에서는 교육 기술, 교육 장비, 교육 시설을 고려하여 실행한다.
④ 교육 프로그램 개발 방향 수립단계에서는 교육 분야와 수요, 경쟁력을 고려하여 수립한다.

해설

'교육 내용 및 교재 개발'은 교육 프로그램에서 다룰 교육 내용과 교재를 개발하는 단계로 교육 목표와 교육 방법을 고려하여 실행한다.
'교육 방법'에서는 교육 프로그램에서 사용할 교육 방법을 수립하며, 이는 교육 대상자의 특성·교육 목표·교육 방법의 효율성 등을 고려하여 수립한다.

05 다음 중 이러닝 교육과정 체계를 분석할 때 고려해야 할 사항이 아닌 것은?

① 교육과정의 효율성
② 교육과정의 품질
③ 교육과정 일정
④ 교육과정 구성

해설

교육과정 체계를 분석할 때 고려해야 할 사항으로는 '교육과정 목표, 교육과정 구성, 교육과정의 유효성, 교육과정의 효율성, 교육과정의 품질, 교육과정의 개선 방안' 등이 있으며 이를 통해 학습자들의 학습 성과를 높이고, 교육 기관의 경쟁력을 향상시킬 수 있다.

06 다음 중 이러닝 교육과정별 상세 정보 및 학습목표 수립을 위한 절차로 두 번째 단계에 해당하는 것은?

① 교육과정 계획 수립   ② 교육 방법 및 평가 방법 결정
③ 교육 대상 및 목적 설정   ④ 학습 목표 및 내용 수립

 해설

교육 운영자의 입장에서 교육과정별 상세 정보와 학습목표를 수립하기 위해서는 다음과 같은 절차를 밟는다.
1) 교육 대상 및 목적 설정
2) 학습 목표 및 내용 수립
3) 교육 방법 및 평가 방법 결정
4) 교육과정 계획 수립
5) 교육과정 평가

07 다음 중 교육인력 관리에 대한 내용이 포함되는 이러닝 교육과정 관리 프로세스는?

① 교육과정 운영   ② 교육과정 설계
③ 교육자원 관리   ④ 예산 및 비용 관리

 해설

'교육자원 관리'는 교육과정에서 사용되는 교육자원을 관리하는 과정으로 교육과정에서 필요한 교재, 교육장비, 교육인력 등을 관리한다.

08 이러닝 교육과정 관리에 필요한 사전준비 여부를 파악하기 위한 항목 중 성격이 다른 것은?

🔆 2023 기출

① 교육과정 일정이 수립되어 있나요?
② 교육과정 개발에 필요한 예산과 인력은 충분한가요?
③ 교육과정 개발 대상자가 누구인가요?
④ 교육과정 개발 계획이 수립되어 있나요?

해설

① 교육과정 일정 파악으로 '교육과정 운영 관리 사전 준비 여부 파악' 항목에 해당한다.
②,③,④는 '교육과정 개발 관리 사전 준비 여부 파악'에 대한 항목이다.

03 ④ 04 ② 05 ③ 06 ④ 07 ③ 08 ①

09 이러닝 교육과정 운영에 필요한 관리 매뉴얼 중 강사와 교육자원 준비, 교육장소와 시설 준비, 교육과정 운영 절차 정보가 포함되는 것은?

① 교육운영 계획서
② 교육과정 운영 매뉴얼
③ 강사 및 교육자원 관리 매뉴얼
④ 예산 및 경비 관리 매뉴얼

📊 **해설**

'교육과정 운영 매뉴얼'에는 교육과정 운영 시 필요한 내용이 포함되며 강사 및 교육자원 준비, 교육장소 및 시설 준비, 교육과정 운영 절차 등을 포함한다.

10 다음 중 이러닝의 운영 성과를 정리할 때 고려해야 할 사항으로 적절하지 않은 것은?

① 수강생 성적
② 학습 목표
③ 예산 집행 및 경비 관리
④ 강사 성과

📊 **해설**

이러닝에서 운영 성과를 정리할 때에는 '수강생 만족도, 수강생 성적, 교육자료 품질, 강사 성과, 예산 집행 및 경비 관리, 교육과정 개선 사항'에 대한 내용들을 종합적으로 고려하여, 교육과정 운영에 대한 효과적인 평가와 개선 방안을 도출하도록 한다.
'학습 목표'는 이러닝 교육과정 체계를 수립할 때 고려해야 할 사항이다.

11 다음 중 이러닝 운영 결과 보고서를 작성할 때 포함되는 내용에 대한 설명으로 옳지 않은 것은?

① 교육 방법에는 교육 만족도, 학습효과, 참여도에 대한 내용이 포함된다.
② 교육 목표에는 학습 방법, 평가 방법에 대한 내용이 포함된다.
③ 교육 평가는 학습자와 관련된 평가 내용으로 교육 시스템 평가가 포함된다.
④ 참고 자료란에는 교육에 참석한 사람들의 명단이 포함될 수 있다.

📊 **해설**

'교육 방법'은 이러닝에서 시도해 볼 수 있는 교육 방법을 활용하여 교육을 진행한 내용을 보고서에 정리하면 된다. '교육 만족도, 학습효과, 참여도'에 대한 내용은 교육 평가에 해당하는 내용이다.

12 다음 중 이러닝 과정 운영결과에서 도출한 시사점을 정리할 때 포함시키면 좋을 내용과 거리가 먼 것은?

① 교육의 효과를 지속적으로 유지하기 위한 방안을 제시한다.

② 교육자의 역할과 능력이 적절한지 여부, 학습자들과의 상호작용이 원활한지 여부 등을 평가한다.

③ 교육의 내용, 방식 등 교육의 효과를 높이기 위한 방안을 제시한다.

④ 교육운영 전략 수립에 필요한 요구사항을 파악한다.

해설

이러닝 교육 과정 후 시사점을 도출하여 정리할 때에는 교육의 효과, 향상 방안, 개선할 점에 대해서 언급하는 것이 좋다. 이때 포함시키면 좋을 내용에는 '교육 내용, 교육 방법, 교육자의 역할, 교육의 효과, 향상 방안, 개선할 점, 학습자들의 의견, 교육의 지속성'이 해당된다.
① 교육의 지속성, ② 교육자의 역할, ③ 향상 방안은 이와 관련된 항목이며 ④는 이러닝 운영전략 목표 및 체계 수립 시 고려하는 사항이다.

13 다음 중 이러닝 교육과정 체계를 구성하기 위한 요소들에 대한 설명으로 틀린 것은?

① 교육평가는 학습 목표, 교육과정 구성요소를 기반으로 한다.

② 학습목표는 교육과정에서 달성하고자 하는 목표를 세분화하여 구체적으로 정의한다.

③ 교육과정 구성요소에는 사용 교재와 장비, 교육 인력을 포함한다.

④ 교육과정 일정은 학습목표와 교육과정 구성요소를 고려하여 계획한다.

해설

'교육과정 구성요소'는 교육과정의 세부 내용, 교육방법, 교육자원 등을 포함하며, '교육자원'에 교육과정에서 사용되는 교재, 교육장비, 교육 인력 등을 포함한다.

이러닝 운영 관리

14 다음 중 온라인 교육 운영 시, 학습자들이 수강 중 발생하는 문제를 해결하고 학습 효과를 극대화할 수 있도록 지원하는 부서는?

① 교육기획팀　　　② 시스템팀　　　③ 학습지원팀　　　④ 마케팅팀

> **해설**
>
> ① '교육기획팀'은 교육 콘텐츠의 수요 파악이나, 수강생들의 피드백을 반영하여 콘텐츠를 개선하거나 추가 제작한다. ② '시스템팀'은 학습자들의 문의나 요청에 빠르게 대응하고, 시스템의 안정성과 기능을 유지할 수 있도록 지원한다. ④ '마케팅팀'은 광고, 이벤트 등을 통해 교육 콘텐츠를 홍보하고, 학습자들의 관심과 참여를 유도한다.

15 다음 중 이러닝 운영 결과 분석을 위해 거쳐야 하는 단계를 순서대로 연결한 것은?

① 데이터 수집 – 데이터 분석 – 시사점 도출 – 보고서 작성
② 시사점 도출 – 데이터 수집 – 데이터 분석 – 보고서 작성
③ 시사점 도출 – 데이터 분석 – 데이터 수집 – 보고서 작성
④ 데이터 분석 – 시사점 도출 – 데이터 수집 – 보고서 작성

> **해설**
>
> 이러닝운영 결과를 통해 운영결과가 의미하는 시사점을 도출하기 위해서는 '데이터 수집 → 데이터 분석 → 시사점 도출 → 보고서 작성'의 단계를 거쳐야 한다.

Chapter 02 이러닝운영 평가관리

---

01 과정만족도 조사

(1) 학습자 만족도 조사

1) 학습자 만족도 조사의 개념

학습자 만족도 조사는 교육 프로그램에 대한 느낌이나 만족도를 측정하는 것을 의미하며, 교육의 과정과 운영상의 문제점을 수정·보완함으로써 교육의 질을 향상시키기 위해 실시한다. 만족도 조사는 학습자의 반응 정보를 다각적으로 분석, 평가하는 것이다. 주요 내용은 다음과 같다.

〈표 2-1〉 학업성취도 평가영역 구분

평가영역	주요 내용
학습자 요인	• 학습동기 : 교육 입과 전 관심/기대 정도, 교육목표 이해도, 행동변화 필요성, 자기계발 중요성 인식 • 학습준비 : 교육 참여도, 교육과정에 대한 사전인식
교·강사 요인	• 열의, 강의 스킬, 전문지식
교육내용 및 교수설계 요인	• 교육내용 가치 : 내용만족도, 자기개발 및 업무에 유용성/적용성/활용성, 시기적절성 • 교육내용 구성 : 교육목표 명확성, 내용구성 일관성, 교과목편성 적절성, 교재구성, 과목별 시간배분 적절성 • 교육수준 : 교육전반에 대한 이해도, 교육내용의 질 • 교수설계 : 교육흥미 유발방법, 교수기법 등
학습위생 요인	교육기간, 교육일정 편성, 학습시간 적절성, 교육흥미도, 심리적 안정성
학습환경 요인	• 교육 분위기 : 전반전 분위기, 촉진자의 활동 정도, 수강인원의 적절성 • 물리적 환경 : 시스템 만족도

2) 학습자 만족도 조사의 방법

학습자 만족도 조사는 다음 표에서 보는 바와 같이 개방형 질문(Open-Ended Question), 체크리스트, 단일 선택형 질문(2-Way Question), 다중 선택형 질문(Multiple Choice Question), 순위 작성법(Ranking Scale), 척도 제시법(Rating Scale) 등이 있다.

〈표 2-2〉 반응도 평가 유형

평가영역	주요 내용
개방형 질문 (Open-Ended Question)	문) 본 과정에서 다루지 않았지만 귀하의 업무와 관련된 중요한 주제를 다룬다면 어떤 것입니까? 답) 서술형으로 기술
체크리스트	문) 다음 중에서 귀하가 사용하고 있는 소프트웨어는 어떤 것입니까? 답) Word Process - Graphics - Spreadsheet
단일 선택형 질문 (2-Way Question)	문) 현재 업무 중 평가기법을 사용하고 있습니까? 답) 예/아니오
다중 선택형 질문 (Multiple Choice Question)	문) Tachometer는 (　　　　)를 나타낸다. 답) a. Road speed, b. Oil pressure…
순위 작성법 (Ranking Scale)	문) 감독자가 행하여야 할 중요한 업무 5가지를 중요 순서대로5(가장 중요함)에서부터 1(가장 중요하지 않음)까지 숫자를 입력하시오. 답) 1 ~ 5번까지 순위가 있는 업무기술
척도 제시법 (Rating Scale)	문) 새 데이터 처리시스템은 사용하기에 답) 매우 쉽다 매우 어렵다 　　1 2 3 4 5

3) 학습자 만족도 조사의 사례

다음은 학습자 만족도 조사의 예시이다.

〈표 2-3〉 반응도 평가 사례

- 과 정 명 : 이러닝 장기보험, 기초부터 설계까지
- 설문제목 : 이러닝 장기보험, 기초부터 설계까지 설문안내
- 설문기간 : 2009. 06. 05 ~ 2009. 07. 10

설문 항목	매우 그렇지 않다	그렇지 않다	보통 이다	그렇다	매우 그렇다
1. 본 과정의 기대사항이 충족되었다고 생각하십니까?					
2. 본 과정은 학습내용이 적절하게 구성되어 있습니까?					
3. 교육운영자는 학습안내 및 학습지원(진도 관리, 문의응대 등)을 충실히 하였습니까?					
4. 교 · 강사는 학습내용에 대한 질의에 성실하게 답변해 주었습니까?					
5. 인재니움 교육 시스템 환경(로딩 속도, 시스템 장애율 등)에 대해서 만족하십니까?					
6. 본 과정은 학습내용을 이해하기 쉽게 전달하고 있습니까?					
7. 본 과정은 학습을 지속할 수 있도록 동기유발을 하고 있습니까?					
8. 화면의 구성 및 메뉴는 학습 진행을 편리하게 하고 있습니까?					
9. 본 과정에 대해 전반적으로 만족하십니까?					
10. 본 과정에서 아쉬웠던 점이 있으시면 말씀해 주세요. 적극적으로 반영하겠습니다.					
11. 이러닝 과정 개발 및 운영에 대한 요구사항이 있으시면 말씀해 주세요.					

(2) 이러닝 만족도 조사

1) 이러닝 학습자 특성

이러닝은 시공간에 구애받지 않고 제공될 수 있어 문화적으로 다양한 배경을 지닌 학습자들의 참여가 가능하다. 이러닝 학습자는 매우 다양한 인적·문화적·사회적 특성을 가지고 있고 학습하는 방식도 매우 다양하다. 기업교육에서 이러닝 학습자는 대부분 성인으로 풍부한 삶의 경험과 직장 경력을 가지고 학업을 병행하는 경우가 많다. 이에 이러닝 학습자들은 학습을 할 때 자신의 경험과 연계하여 접근하려는 경향이 강하다.

성인 이러닝 학습자는 자발적이고 강한 학습 동기를 가지고 있고, 스스로 생애주기 설계에 부합하는 학습을 수행하고자 하는 특성을 보인다.

2) 이러닝 학습 콘텐츠 특성

이러닝 콘텐츠는 교수학습활동을 목적으로 한 학습내용 및 자원을 다양한 멀티미디어 형태로 표현한 것이다. 이러닝 콘텐츠는 일반 오프라인 학습의 '수업(Instruction)'에 해당하는 것으로서 이러닝의 핵심 요소이다. 어떠한 콘텐츠가 제공되느냐에 따라 이러닝의 질을 좌우할 수 있으므로 이러닝 콘텐츠의 질은 매우 중요하다. 일반적으로 이러닝 콘텐츠는 학습목표를 달성할 수 있는 내용으로 구성되고, 학습을 돕기 위한 각종 예제와 연습문제 풀이 같은 교수전략들이 사용된다. 이러닝 콘텐츠는 학습내용에 텍스트뿐 아니라, 그림·사진·동영상·오디오·애니메이션 등 멀티미디어적 요소를 넣어 학습의 이해를 돕는다. 이러닝 콘텐츠는 개별학습 목표나 조직의 수행 향상과 연결되는 지식과 기능들을 개발하고자 하는 구체적인 의도를 갖추어야 한다.

3) 이러닝 학습운영 프로세스 ☆☆

이러닝 학습운영 프로세스는 이러닝 학습 과정의 진행과 흐름에 따라 고려되어야 할 운영과 관리측면에서의 모든 사항들을 추출한 것이다. 하나의 이러닝 과정을 운영하는 데는 이러닝과정 운영자뿐 아니라, 교·강사 등 많은 인력과 노력이 요구된다. 이러닝 학습 운영 프로세스는 이러닝 학습과정 실시 전, 중, 후에 맞추어 체계적인 전략이 요구된다.

이러닝 과정 시작 전에 수강 관리나 오리엔테이션 관리는 매우 중요하다. 교·강사로 대표되는 이러닝 운영 요원에게 이러닝 교육의 특성에 대한 교육과 학사관리 등 학습 진행 방법 등을 사전에 숙지시킴으로써 보다 효과적인 이러닝 과정 운영을 할 수 있다.

① 교육과정 전 관리

교육을 시작하기 전에 수행해야 하는 과정 관리로 과정 홍보 관리, 과정별 코드나 이수 학점, 차수에 관한 행정 관리, 수강신청, 수강여부 결정, 강의 로그인을 위한 ID 지급, 학습자들의 테크놀로지 현황관리 등 과정시작 전 결정되어야 할 사항들이 포함되어야 한다.

② 교육과정 중 관리

교육과정이 시작되면 교육 과정 운영 담당자는 매일 혹은 매주 과정 진행이 원활히 유지되는지를 확인해야 한다. 교·강사와 학습자의 과정 진행상의 문제점들이 발견되면 즉각적으로 해결하고, 학사일정, 시스템 상에서 관리되어야 하는 공지사항, 게시판, 토론, 과제물 등의 기술적인 관리도 해야 한다.

③ 교육과정 후 관리

교육과정이 끝난 후에는 수강생의 과정 수료 처리를 비롯하여 미수료자의 사유에 관한 행정처리, 과정에 대한 만족도 조사, 운영 결과 및 평가결과에 대한 보고서 작성, 업무에 복귀한 교육생들에게 관련정보제공, 교육생 상호간 동호회 구성 여부 확인 등의 운영, 관리업무를 지속한다.

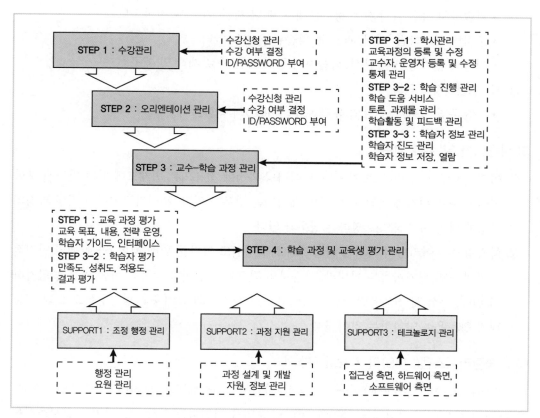

[그림 2-1] 이러닝 학습 진행과정에 따른 학습운영·관리 요소

4) 이러닝 운영인력(교·강사, 운영자 등)의 역할

이러닝 운영인력은 이러닝 과정 운영자, 교·강사 등이 가장 주요하고 대표적인 인력이고 이외에 LMS 운영지원을 위해 시스템 관리자가 필요하다.

① 이러닝 과정 운영자의 역할 ✫
- 이러닝 학습과정을 총괄·관리하는 인력
- 학습자의 학사관리, 학습시작 전·중·후 프로세스에 따른 운영을 담당
- 학습시작안내, 수료기준, 평가일 안내, 학습 후 수료 처리 등과 같은 학사일정 전반에 대한 안내
- 학습자의 학습독려일정을 계획하고 SMS, 이메일, 전화 등을 통해 학습자를 독려
- 인바운드 학습자 질의 상담, 원격지원 등 기술 지원
- 학습자의 학습 방향유도 및 과제 안내 등 학습 방향을 제시
- 이러닝 교·강사 활동에 대한 안내 및 수행활동 모니터링, 독려활동과 평가 활동을 진행

② 이러닝 교·강사의 역할
- 학습자의 학습 질의응답, 평가문제 출제 및 채점, 과제 및 첨삭지도
- 주차별 진도학습, 시험, 과제 등 학습활동 내용 관리
- 지속적인 과정 내용 분석, 학습자 수준별 학습 자료 제작 및 제공

③ 시스템관리자의 역할
- LMS 운영 지원, 사이트의 유지 보수 및 R&D의 역할을 수행

5) 학습평가 및 수료 기준

① 이러닝 학습평가 및 수료 기준은 및 이러닝 과정에 적용되는 법제도에 따라 반드시 포함되어야 하는 평가 항목과 기준 등이 제시되는 경우가 있고, 운영기관에서 이러닝 과정의 특성에 따라 자율적으로 정하는 경우가 있다.

② 학습평가는 이러닝의 특성상 학습자의 학업성취도 평가를 위해 시험, 과제 등의 인지적 측면에 대한 평가항목뿐 아니라, 학습자의 적극적인 참여와 능동적 학습 활동을 평가하기 위해, 출석 및 질의응답, 토론, 프로젝트 등 학습자의 참여율을 평가항목으로 넣는 등 평가 항목을 다양화하는 것이 좋다.

6) 학습관리시스템(LMS)의 기능과 구성 ✫✫

LMS(Learning Management System)는 통상 '학습관리시스템'으로 불리며, '학습운영시스템', '학습 관리 체제'이라 말하기도 하는데, 이러닝 운영을 지원하는 가장 기본적인 기술시스템을 의미한다.

① 학습관리시스템(LMS)은 기본적으로 수강생 등록, 수강신청, 학습과정 제공, 학습자 로그 추적, 테스트 기능을 갖추고 대부분 웹브라우저를 통해 웹기반으로 동작한다.

② 크게 학습과정 개발 및 제공, 학습자 지원, 기간 업무와의 연계 등 3가지로 분류되어 있다.

③ 학습관리 시스템을 통하여 학습자는 이러닝 학습환경에 접속하여 강좌의 콘텐트를 수강하는 것뿐만 아니라 다양한 학습활동에 참여하게 되며, 교수자와 운영자는 교수학습과 관련된 다양한 관리 운영활동을 지원받게 된다.

④ 학습관리시스템은 학습자들의 학습을 진행할 수 있는 학습자용 학습관리시스템 외에 교수자용 학습관리시스템과 운영자용 학습관리시스템이 있어, 이들이 상호 연결되어 교수와 튜터, 운영자가 효과적으로 수업과 운영활동을 할 수 있도록 지원한다.

⑤ 학습자의 각종 학습 관련 정보(로그인 횟수, 학습시간)를 분석해주는 기능과 학습자의 전자노트 기능 등이 보편적으로 추가되었으며, 교수자와 학습자의 학습과정과 결과물을 체계적으로 관리하도록 도와주는 포트폴리오 기능이 보완되었다.

⑥ 학습 분석(Learning Analytic)기술을 활용한 학습행태 예측 및 맞춤형 학습환경 제공에 대한 연구 및 적용이 활발히 이뤄지고 있다.

02 학업성취도 관리

(1) 학업성취도 파악

1) 학업성취도 평가의 개념

학업성취도는 이러닝을 통한 교육훈련의 결과로 학습자의 지식, 기술, 태도 측면이 어느 정도 향상되었는지를 측정하는 것이다. 이러닝 과정이 시작하기 전에 제시된 학습목표를 어느 정도 달성하였는지를 확인하는 것이기도 하다.

교육과정이 종료된 후에 전체적인 학습 효과를 학습목표 달성을 중심으로 평가하는 것이어서 형성평가보다는 총괄평가 성격을 지닌다. 학교교육, 기업교육, 평생교육 등 교육훈련이 이루어지는 대부분의 교육 현장에서 대부분 실시하는 평가로써 교육 프로그램의 효과성을 결정하는 자료로 활용된다.

학업성취도 평가는 이러닝 운영의 기본적인 평가모형으로 활용되고 있는 커크패트릭(Kirkpatrick)의 4단계 평가모형에서 2단계인 학습(Learning)에 해당하는 것으로 학습자가 이해하고 습득한 원리, 개념, 사실, 기술 등의 정도를 파악하는 것이 주요 내용이다.

측정수준		내용	평가 내용	평가 방법
1단계	반응평가 [Reaction]	**교육과정에 대해 학습자들이 만족했는가?** 프로그램에 대한 느낌과 만족도를 측정함	교육과 강사 관련 내용	• 설문지 • 인터뷰
2단계	학습평가 [Learning]	**교육과정에서 무엇을 배웠는가?** 프로그램 이수의 결과로 지식, 기술, 태도 를 얼마나 향상시키고 변화시켰는가를 일 정 시점 이후에 측정함	교육목표 달성도	• 사전/사후 검사비교 • 통제/연수 집단비교 • 지필검사 • 체크리스트
3단계	행동평가 [Behavior]	**참가자들이 학습한 대로 행동하고 있는가?** 프로그램을 통해 학습한 지식, 태도 등을 직무에 얼마나 적용하고 있는가를 측정함	학습내용의 현업 적용도	• 통제/연수 집단비교 • 인터뷰 • 설문지 • 관찰
4단계	성과평가 [Result]	**조직에 어떤 성과를 제공했는가?** 프로그램 이수의 결과가 조직의 사업과 성 장에 어느 정도 영향을 미쳤는가를 측정함	기업이 얻는 이익	• 통제/연수 집단비교 • 사전/사후 검사비교 • 비용/효과 고려

즉 1단계인 반응(Reaction)에서 다루는 교육 프로그램 자체에 대한 문제점이나 수정, 개선 사항 파악보다는 평가 기준, 방법, 결과 활용 측면에서 엄격하게 이루어진다. 학습자의 학업 성취도 평가결과가 현재 교육프로그램의 수료여부와 이후 프로그램의 선택에 직접적인 영향을 미치기 때문이다.

2) 학업성취도 평가의 필요성

학업성취도 평가는 그 자체로 교육목표 달성 여부를 측정하는 것이기는 하지만 그에 따라 교육 프로그램의 효과성을 함께 판단하기도 한다. 또한 교육프로그램의 효과성을 기준으로 교육 프로그램의 개선 사항을 도출하고 반영할 수 있는 기회로 활용할 수 있다.

이러한 학업성취도 평가 결과는 학습자 개개인의 학습성취 수준을 파악하고 이에 따라 교육프로그램의 수료 여부를 결정한다는 점, 교육프로그램의 효과성을 검증하고 이에 따라 프로그램의 수정 및 개선을 실시한다는 점에서 평가의 필요성이 강조되고 있다.

3) 학업성취도 평가 절차

학업성취도 평가는 크게 평가 준비단계, 평가 실시단계, 평가결과 관리단계로 구분되고 각 단계별로 주요 활동이 포함되며 학업성취도 평가 절차의 구조는 다음과 같다.

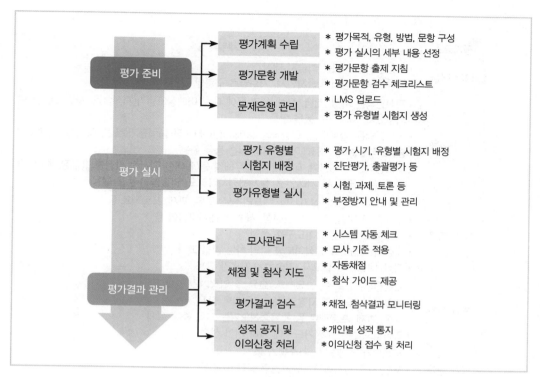

[그림 2-2] 학업성취도 평가 절차

4) 학업성취도 평가 절차의 단계별 주요 활동 ✫✫

학업성취도 평가 절차의 단계별 주요 활동을 학업성취도 평가를 실시하기 위한 일반적인 절차를 제시한 것이므로 교육훈련 기관의 목표, 교육과정의 특징, 학습자 특성, 학습 환경 등 실제 교육훈련이 이후어지는 상황을 고려하여 수정, 변경이 가능하다.

① 평가 준비 단계

ⓐ 평가계획 수립

교육내용을 분석하고 학습목표를 확인하여 교육을 통해 달성하고자 하는 지식, 기술, 태도의 수준을 선정한다. 이러한 평가 목적에 따라 평가 대상, 평가 내용, 평가도구, 평가 시기, 평가 설계, 평가 영역 등을 선정한다. 학업성취도 평가계획을 수립하기 위한 평가 요소는 다음과 같이 제시된 세부내용을 참고하여 활용할 수 있다.

〈표 2-4〉 학업성취도 평가계획 수립을 위한 평가 요소의 세부 내용

평가요소	세부내용
평가 대상	• 학업성취도 평가는 학습자 대상 • 해당교육 과정의 학습자인지, 기수별로 구분할 것인지 확인
평가 내용	• 지식영역은 사실, 개념, 절차, 원리 등에 대한 이해정도평가(지식습득, 사고스킬 등)로 지필고사, 사례연구 등을 활용 • 기능영역은 업무수행, 현장적용 등에 대한 신체적 능력평가(쓰기, 타이핑, 기계조작 등)로 역할놀이, 시뮬레이션, 실험/실습 등을 활용 • 태도영역은 문제상황, 대인관계, 업무해결 등에 대한 정서적 감정평가(감정, 흥미, 반응 등)로 지필고사, 사례연구, 문제해결시나리오, 역할놀이 등을 활용
평가 도구	• 지필고사, 문답법, 실기시험, 체크리스트, 토론, 과제, 프로젝트 등 • 선다형, 진위형, 단답형, 완성형, 서술형, 순서나열형 등 • 과정별로 특화된 평가도구를 선정 • 과정의 학습목표 달성여부를 확인 하는 방법 고려 • 지식, 태도는 지필고사, 기술은 수행평가 활용
평가 시기	• 교육전후, 교육 중, 교육직후, 교육 후 일정기간 경과 등 • 학업성취도평가의 지필고사는 교육직후 실시 • 토론, 과제, 프로젝트 등 활동중심평가는 교육 중에 실시 • 과정별로 선정된 평가도구에 따라 시기 선정
평가 설계	• 사전평가, 직후평가, 사후평가 등 • 사전/사후 검사비교, 통제/연수 집단 비교 등 • 학업성취도 평가목적에 따라 선정
평가 영역	• 지식영역은 업무수행에 요구되는 필요지식의 학습정도 • 기능영역은 업무수행에 요구되는 기능의 보유정도 • 태도영역은 업무수행에 요구되는 태도의 변화정도

ⓑ 평가 문항 개발

학업성취도 평가 문항은 평가문항 출제 지침에 따라 개발하고 출제된 문항은 검토위원회 등을 통해 내용타당도 및 난이도 등을 검토하는 것이 필요하다. 문항 출제는 주로 교육과정의 내용전문가로 참여한 교수자가 담당하게 되고 교육기관의 내부심의를 통해 출제자로 선정하는 과정을 거친다.

평가 문항은 지필고사의 경우 실제 출제 문항의 최소 3배수를 출제하고, 과제의 경우 5배수를 출제하여 문제은행 방식으로 저장하고 문항별로 오탈자 등을 검토하고 수정한다. 평가 문항 수는 평가계획 수립 시 3~5배 내에서 출제하도록 선정하고 평기 기준에 대한 비율(100점 중 60% 이하 과락 적용 등)도 선정한다.

개발된 평가문항은 평가 문항 간에 유사도와 난이도를 조정하는 과정을 거쳐 완성도를 확보하여야 하는데 일반적으로 외부 전문가에 의한 평가문항 사전검토제를 실시하고 최종 평가 문항을 확보한다. 즉 평가문항에 대한 검수 체크리스트를 활용하여 검토하고 개발을 완료한다.

평가 문항은 교육과정에서 선정한 평가 도구에 따라 개발되는데 이러닝 교육과정에서 주로 활용하는 평가 도구로는 지필고사 시험, 과제 제출이 있다. 최근에는 학습활동에 초점을 둔 토론 평가가 확대되고 있기는 하지만 구체적인 토론방법 및 운영에 대한 계획이 마련되지 않으면 학업성취도 평가로써의 효과를 기대하기는 어려운 경우가 있다.

ⓒ 문제은행 관리

평가 문항이 개발되고 나면 평가 문항들을 학습관리시스템(LMS)의 문제은행 기능에 업로드하고 저장하여 관리한다. 문제은행 메뉴에는 다양한 시험지 문항 유형을 구성하거나 배수 출제를 구성할 때 활용할 수 있다.

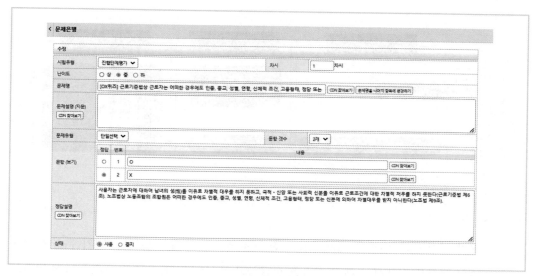

[그림 2-3] 문제은행 등록 화면

② 평가 실시 단계

ⓐ 평가 유형별 시험지 배정

교육과정에서 평가 도구를 선정하고 그에 따라 평가 문항을 개발하여 문제은행에 저장하면 평가 실시 준비는 완료된 것으로 판단한다. 평가 실시 단계에서는 학습자마다 문제은행으로부터 평가 문항을 임의(Random)로 배정받는다. 시스템을 통해 무작위로 배정하면서 동시에 문항들 간의 난이도와 유형 등을 고려한다.

평가 시험지는 지필고사, 과제 등 평가 도구마다 미리보기를 통해 점검하고 모의테스트를 통해 오류를 점검한다.

ⓑ 평가 유형별 실시

평가 시험지 배정이 완료되면 실제 시험인 평가가 실시된다.

공정한 평가를 실시하기 위해 동일 기관, 동일 시점의 학습자에게는 서로 다른 유형의 시험지가 자동으로 배포되도록 관리하고 시험 시간은 시스템을 통해 철저히 관리되도록 설정하여야 한다.

부정행위 방지를 위해 부정행위 대한 불이익을 평가 참여 전에 필수로 확인 가능하도록 안내한다. 평가 중에는 부정행위 방지를 위한 프로그램으로써 학습자 이중로그인 방지 및 본인인증시스템 활용, 복사 및 붙여넣기 기능 제어, 캡처 프로그램 및 출력기능 실행 방지, 마우스 오른쪽 클릭 불가 기능 등을 활용할 수 있다. 대부분의 이러닝 교육훈련 기관에서 이러한 프로그램을 적용하고 있다.

③ 평가 결과관리 단계

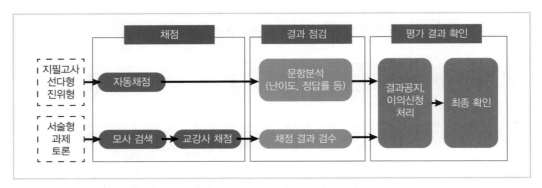

[그림 2-4] 평가 결과관리 프로세스

ⓐ 채점 및 첨삭 지도

평가 실시 이후 채점은 체계적인 채점 프로세스를 통해 진행된다. 평가 문항의 유형별로 채점을 진행하고 채점 결과를 점검하고 분석한 후 최종 결과를 확정하게 된다.

지필고사의 경우 시스템에 의한 자동 채점으로 진행되고 평가 문항별로 난이도, 정답률 등이 분석 자료로 제공된다. 서술형의 경우 교·강사, 튜터 등이 직접 채점하는 방식으로 진행되는데 서술 내용에 대한 모사여부를 모사관리 프로그램을 통해 검색하고 조치하게 된다.

과제에 대한 채점은 교·강사가 첨삭지도를 포함하여 진행한다. 첨삭 지도에 대한 안내는 교육과정의 첨삭지도 가이드를 활용하고 첨삭 내용은 가정요인, 피드백 등을 구체적으로 포함한다. 피드백 작성은 평가 유형마다 필수적으로 작성해야 한다. 예를 들어 지필고사는 150자, 과제는 500자 이상으로 포함하고 단순한 의견보다는 해당 내용에 대한 보충심화 지식을 전달할 수 있도록 관리한다.

ⓑ 모사관리

모사관리는 서술형 평가에서 발생할 수 있는 내용 중복성을 검토하는 것이다. 프로그램을 통해 여러 학습자가 같은 내용을 복사하여 과제를 작성하고 제출하는 경우를 확인하고 필터링한다. 모사관리는 부정행위를 방지하는 방법의 하나로 활용된다. 한편, 모사관리를 통한 평가 사후관리도 중요하지만 처음부터 모사 답안이 발생하지 않도록 개별화된 과제를 제시하거나, 단순 개념을 작성하는 과제가 아닌 창의적인 아이디어를 작성하도록 평가 문제를 출제하는 것이 더욱 중요하다.

과제의 경우 모사관리는 교·강사의 채점 이전에 모사여부를 먼저 판단하고 교육과정의 평가계획 수립에서 선정한 모사 기준(80% 이상 등)에 따라 채점 대상을 분류하고 모사 자료로 판단되면 원본과 모사 자료 모두 부정행위로 간주하여 0점 처리한다.

ⓒ 평가결과 검수

평가에 대한 채점 결과와 첨삭 내용을 중심으로 모니터링을 실시한다. 시스템에 의한 자동 채점이 아닌 교·강사, 튜터 등에 의한 수작업으로 진행되므로 만일에 발생할 수 있는 오류를 검토하고 평가 기준에 따라 일관성 있게 처리되었는지를 점검하는 것이 평가에 대한 신뢰도를 높이는 측면에서 필요하다.

이러한 검수 과정은 주로 운영자가 참여하고 있고 이에 대한 분석 자료는 교·강사, 튜터를 포상하거나 퇴출하는 교·강사 평가 자료로도 활용될 수 있다.

ⓓ 성적 공지 및 이의신청 처리

평가결과가 산출되어 검수가 마무리되면 평가 결과를 개별 학습자에게 공지하고 확인한 후 이의신청이 가능하도록 관리한다. 평가에 대한 정오답 여부, 평가별 득점, 기관별 석차, 수료 여부, 우수 여부 등을 공개함으로써 교육프로그램 참여에 대한 진단과 컨설팅이 이루어질 수 있다. 이의신청에 대한 피드백 처리가 완료되면 평가 결과를 최종 확정하고 과정 평가결과 보고서에 반영하여 보고한다.

(2) 학업성취도 분석

1) 학업성취도 평가 설계 방법 🔦1회 필기 기출

학업성취도 평가에서 교육내용의 완전 습득 평가를 위한 설계방법이 다양하게 활용되고 있다. 사전평가, 직후평가, 사후평가가 각각 실시될 수 있고 이들을 혼합한 형태도 실시될 수 있다. 각 평가 설계 방법의 장점과 단점을 살펴보면 다음과 같다.

학업성취도 평가 설계가 어떻게 구성되어 진행되었는지에 따라 학업성취도 결과 분석은 달라질 수 있다. 교육 내용이 지식(K), 기능(S), 태도(A)의 학습목표 달성 정도를 파악하는 평가가 학업성취도 평가이기 때문에 설계된 평가 방법에 따라 습득되는 정보가 다르고 이로 인해 학습 효과를 측정하는 범위도 달라질 수 있다. 즉 학업성취도 평가결과를 분석하기 위해서는 학업성취도 평가에 적용한 설계 방법을 먼저 파악하고 해당 설계 방법이 가지는 특성을 이해하는 것이 필요하다.

〈표 2–5〉 학업성취도 평가 설계 방법

설계 방법	습득되는 정보와 장점	단점
사전 평가	교육입과 전 교육생의 선수지식 및 기능습득 정도진단가능	교육 직후 평가 자료가 없는 관계로 교육 효과 유무 판단 불가
직후 평가	교육직후 KSA 습득정도, 학습목표 달성 정도 파악에 유용	사전평가 자료가 없는 관계로 교육 효과 판단 불가
사후 평가	교육종료 후 일정기간이 지난 다음 학습목표 달성 정도 파악에 유용	사전, 직후평가 자료가 없는 관계로 교육 효과 또는 교육종료 후 습득된 KSA의 망각 여부 판단 불가
사전/직후 평가	교육입과 전, 직후 KSA 습득 정도 파악 및 비교가능	사후평가 자료가 없는 관계로 시간이 지남에 따라 습득된 KSA의 지속적 파지 여부 판단 불가
사전/사후 평가	교육입과 전, 사후 KSA 습득 정도 파악	교육종료직후 평가자료가 없는 관계로 진정한 교육효과 평가 미약
직후/사후 평가	교육효과 직후, 사후 습득된 KSA 정도 파악	사전평가 자료가 없는 관계로 교육효과 판단 불가
사전/직후/사후 평가	교육입과 전,직후, 사후 습득된 KSA 정도 파악	고난도 가장 완벽한 설계

2) 학업성취도에 영향을 미치는 평가 요소

평가 요소의 세부 내용 중 무엇을 선정하고 어떻게 적용하느냐에 따라 학업성취도 평가 결과는 달라질 수 있다. 특히 평가 내용인 지식, 기술, 태도 영역에 따라 어떤 평가 도구를 선정하느냐는 결과에 중요한 역할을 하므로 학업성취도를 분석하기 위해서는 실제 평가에서 평가 내용과 평가 도구, 그에 따른 평가시기를 중심으로 살펴보는 것이 필요하다.

① 평가 내용

학업성취도 평가를 위한 평가 내용은 학습목표 달성 여부를 판단하기 위한 내용이므로 지식(K), 기능(S), 태도(A) 영역으로 구분된다.

ⓐ 지식(Knowledge) : 교육의 인지적 영역에 해당하는 것으로 학습 주제와 관련된 지식을 습득하는 방식을 측정한다. 인지적 영역은 지식, 이해력, 분석력, 종합력, 문제해결력, 논리적 사고력, 창의력 등의 지적 행동 특성을 포함한다. 이러닝 과정에서는 학습자가 업무 수행에 필요한 지식을 습득하고 보유한 정도를 개념, 원리, 사실, 절차 등을 중심으로 평가한다.

ⓑ 기능(Skill) : 교육의 신체적 영역에 해당하는 것으로 학습자의 조작적 기능, 운동기능

등의 숙련 정도와 운동기능을 사용하고 조절하는 행동능력을 측정한다. 이러닝 과정에서는 학습자가 기계 및 장비 조작과 같이 특정 업무를 수행하거나 적용하는데 필요한 신체적 능력을 평가한다.

ⓒ 태도(Attitude) : 교육의 정의적 영역에 해당하는 것으로 학습 주제와 관련된 정서와 감정을 측정한다. 정의적 영역의 특성은 흥미, 가치, 선호, 불안 등이 포함된다. 이러닝 과정에서는 학습자가 업무를 수행하는 특정 상황, 대인 관계, 문제해결 과정에서 필요한 흥미, 감정을 평가한다.

② 평가 도구

- 평가 도구는 평가내용에 따라 지필고사, 문답, 실기시험, 체크리스트, 구두발표, 역할놀이, 토론, 과제수행, 사례연구, 프로젝트 등의 다양한 도구를 선택할 수 있고 하나 또는 둘 이상을 혼용하여 선택할 수도 있다.

- 학업성취도 평가에서 지식(K) 영역은 지필고사, 사례연구, 과제 등을 활용할 수 있고 기능(S) 영역은 실기시험, 역할놀이, 프로젝트 등을 활용할 수 있으며 태도(A) 영역은 지필고사, 문제해결 시나리오, 역할놀이, 구두발표, 사례연구 등을 활용할 수 있다. 교육과정의 학습목표달성 여부를 확인하는 방법을 고려하고 학업성취도 평가를 통해 기대하는 평가결과에 따라 각 평가 도구가 가지는 특징을 잘 파악하여 선택하는 것이 중요하다.

- 평가 도구들은 도구 특성을 반영한 평가 문항이 활용되는데 가장 많이 활용되고 있는 지필고사의 평가 문항 유형을 살펴보면 다음과 같다. 지필고사의 평가 문항 유형 종류로는 대표적인 선다형이 있고 3개 이상 보기를 활용하고 정답 1개형, 다답형, 부정형 등이 포함된다. 이외에도 진위형, 조합형(단순조합형, 복합조합형, 분류조합형), 단답형, 순서나열형, 정정형, 완성형(불완전 문장형, 불완전 도표형) 등이 활용된다.

③ 평가 시기

- 평가 시기는 평가 내용에 따라 평가 방법을 선정한 후 언제 실시할 것인지를 결정한다. 일반적으로 평가 시기는 교육 전, 교육 중, 교육 후, 교육 후 일정기간 경과 등으로 구분되는데 교육과정의 평가 설계 방법에 따라 평가시기를 결정하면 된다. 예를 들어 사전/사후 평가를 평가 설계로 진행하는 경우에는 교육 전에 사전 평가를 실시하고 교육 후에 사후 평가를 실시하여 비교하는 것이 필요하기 때문이다.

- 일반적인 학업성취도 평가는 지필고사를 평가 도구로 선정하고 선다형과 단답형의 평가문항을 구성하며 교육 직후 실시한다. 다만 교육과정 특성상 토론이나 프로젝트가 실시되는 경우에는 교육 전에 일정을 공지하고 교육 중에 평가에 참여하며 교육 후에 채점하여 모든 평가 방법의 결과를 종합한 학업성취도 평가 결과를 확인하게 된다.

이러닝 운영 관리

03 평과결과 보고

(1) 과정 평가 결과 정리

1) 과정만족도 평가 구성

과정만족도 평가는 교육훈련 과정에 참여한 학습자들이 어떻게 반응하였고 자신의 경험에 대해 어떤 인식을 하고 있는지를 측정하는 것이다.

학습하는 과정과 연관된 여러 요인들에 대한 만족도를 평가하여 측정할 수 있는데 크게 학습자 요인, 강사와 튜터 요인, 교육내용 및 교수설계 요인, 학습 환경 요인 등이 포함된다.

일반적으로 과정만족도 평가의 주요 내용으로 활용 가능한 요인들을 살펴보면 다음 표와 같이 구성할 수 있다.

〈표 2-6〉 과정만족도 평가의 주요 내용 예시

평가 영역	주요 내용
학습자 요인	• 학습동기 : 교육 입과 전 관심 / 기대정도, 교육목표 이해도, 행동변화 필요성, 자기계발 중요성 인식 • 학습준비 : 교육 참여도, 교육 과정에 대한 사전지식
강사/튜터 요인	• 열의, 강의스킬, 전문지식
교육내용 및 교수설계 요인	• 교육내용 가치 : 내용 만족도, 자기 계발 및 업무에 유용성 / 적용성 / 활용성, 시기 적절성 • 교육내용 구성 : 교육 목표 명확성, 내용구성 일관성, 교과목 편성 적절성, 교재 구성, 과목별 시간 배분 적절성 • 교육수준 : 교육 전반에 대한 이해도, 교육 내용의 질 • 교수설계 : 교육 흥미 유발 방법, 교수 기법 등
학습위생 요인	• 피로 : 교육기간, 교육일정 편성, 학습시간 적절성, 교육 흥미도, 심리적 안정성
교육환경 요인	• 교육 분위기 : 전반적 분위기, 촉진자의 활동정도, 수강 인원의 적절성 • 물리적 환경 : 시스템 만족도

2) 교 · 강사 만족도 평가 결과 정리

이러닝 과정 운영에서 교 · 강사 만족도 평가는 교육훈련이 시작된 이후 과제 수행, 시험피드백, 학습활동 지원 등 학습이 완료되기까지 제공되는 다각적인 활동에 대해 평가할 수 있다. 교 · 강사 만족도 평가는 학습자, 운영자 모두 평가에 참여할 수 있다. 일반적으로 학습자에 의한 교 · 강사 평가를 학습자 만족도 평가에 포함하여 실시하는 경우가 대부분이다.

교 · 강사 평가 내용은 교육훈련과정에 수반되는 교 · 강사 활동을 중심으로 선정하는데 다음과 같은 평가 영역으로 구성하여 실시할 수 있다. 교 · 강사 만족도 평가 결과는 평가영역별로 구분하여 정리하거나 전체 영역을 통합적으로 분석하여 정리한다.

평가 결과는 교·강사에 대한 선발, 유지, 퇴출 등의 교·강사 관리의 기초자료로 활용되고 표창 등의 인센티브를 제공하거나 재교육 등의 교·강사 지원 계획 수립에도 활용할 수 있다. 특히 교·강사 만족도가 낮은 평가영역이나 평가 항목을 별도로 파악하여 개선함으로써 교육훈련의 질적 개선을 도모할 수 있는 중요한 자료로 활용할 수 있다.

〈표 2-7〉교·강사 평가의 평가 영역 예시

평가 영역	비율(%)	평가 도구	평가 결과
교·강사 만족도	30%	설문지, 5점 척도 기타 의견 서술형	정량적 평가 정성적 평가
주관식 시험 채점의 질	10%	서술형 의견, 체크리스트	정성적 평가 정량적 평가
서술형 과제 채점의 질	20%	서술형 의견, 체크리스트	정성적 평가 정량적 평가
학습활동 지원의 질	30%	설문지, 5점 척도 체크 리스트	정량적 평가
과정별 학습자 수료율	10%	통계 자료	정량적 평가

교·강사의 주요 활동에 초점을 두고 운영자가 평가를 실시하는 경우에는 교·강사가 학습자에게 제공한 지원활동에 맞게 평가 문항을 구성할 수 있다. 다음과 같은 예시 자료를 활용하여 평가 목적에 맞게 구성할 수 있다.

〈표 2-8〉교·강사의 주요활동에 대한 평가 내용 예시

구분	체크 포인트	가중치
Q&A 답변 및 과정평가 의견	Q&A 피드백은 신속히 이루어졌는가? Q&A 답변에 성의가 있는가? Q&A 답변에 전문성이 있는가? 감점 사항에 대한 적절한 피드백이 이루어졌는가? 최신의 과제를 유지하는가?	35%
자료실 관리	과제 특성에 맞는 자료가 제시되었는가? 게시된 자료의 양이 적당한가? 학습자가 요청한 자료에 대한 피드백이 신속한가?	25%
메일발송 관리	주1회 메일을 발송하였는가? 메일의 내용에 전문성이 있는가? 운영자와 학습자의 요청에 대한 피드백이 신속한가?	25%
공지 등록 관리	입과 환영 공지가 시작일에 맞게 공지되었는가? 학습 특이사항에 대한 공지가 적절히 이루어졌는가?	15%

3) 학습자 만족도 평가 결과 정리

이러닝 과정 운영에서 학습자 만족도 평가는 교육훈련과 관련하여 학습자에게 제공되는 모든 요소가 평가 영역이 될 수 있다. 학습내용을 전달하는 콘텐츠부터 학습내용에 질의응답 해 주는 교·강사/튜터 활동, 이러닝 과정을 안내하고 지원하는 운영자 활동, 학습관리시스템 환경을 지원하고 개선하는 시스템관리자 활동에 이르기까지 매우 포괄적이다.

이러닝 과정 운영에 대한 수요자는 학습자이기 때문에 과정 운영에 대한 학습자 의견 수렴 및 결과 분석은 과정 운영을 위한 중요한 기초자료라고 할 수 있다. 학습자 만족도 평가는 다음 표와 같은 평가 영역으로 구성하여 실시할 수 있고 이러닝 과정이 완료된 시점에 바로 실시하는 경우가 대부분이다.

학습자 만족도 평가 결과는 해당 과정별로 분석하여 과정 운영을 위한 개선사항 도출 자료로 활용한다. 하나의 과정이 여러 차수로 운영된 경우 개별 차수 결과 정리는 물론 연간 결과 정리를 함께 실시하여 다음의 교육계획 수립에 반영할 수 있다. 또한 동일한 이러닝 과정이라도 고객사가 다른 경우 분리하여 분석하고 결과정리함으로써 교육기관별로 특징 및 개선점을 파악할 수도 있다.

〈표 2-9〉 학습자 평가의 평가 영역 예시

평가 영역	비율(%)	평가 도구	평가 결과
학습내용 만족도	30%	설문지, 5점 척도 기타의견 서술형	정량적 평가 정성적 평가
교·강사 만족도	30%	설문지, 5점 척도 기타의견 서술형	정량적 평가 정성적 평가
운영자, 시스템관리자 만족도	20%	설문지, 5점 척도 기타의견 서술형	정량적 평가 정성적 평가
학습환경 만족도	20%	설문지, 5점 척도 체크리스트 기타의견 서술형	정량적 평가 정성적 평가

4) 학업성취도 평가 결과 정리 1회 필기 기출

이러닝 과정에서 학업성취도 평가는 교육훈련이 실시된 후 학습자의 지식, 기능, 태도 영역이 어느 정도 향상되었는지를 학습목표를 기준으로 측정하는 것이다. 학습자들의 교육과정에 대한 느낌이나 만족도를 조사하는 것이 아니라 실제 학습을 통해 나타난 교육적 효과성을 측정하는 것이기 때문에 총괄평가라고 할 수 있다.

학업성취도 평가 결과는 좁은 의미에서 개별 학습자의 수료 여부를 판단할 수 있고 넓은 의미로 교육과정 자체의 효과성 검증 및 수정 보완 사항 확인, 교육과정의 지속 여부에 대한 경영의사 결정 등의 자료로 활용할 수 있기 때문에 학업성취도 평가 결과는 이러닝 과정 운영의 마무리 단계로 중요한 역할을 하고 있다.

이러닝 과정 운영에서 학업성취도 평가의 구성요소는 이러닝 운영계획을 수립할 때부터 구체적으로 제시되어야 한다. 평가 요소 선정 및 수립에 따라 과정 운영에 대한 지원 전략 및 관리 방안이 달라질 수 있기 때문이다. 예를 들어 과제 수행이 포함되는 경우 과제 작성을 지원하는 별도의 학습활동 지원이 마련되어야 하고 실습 작품 제출이 포함되는 경우 실습 시기, 장소, 방법 등 세부적인 운영 방안이 모색되어야 한다.

이러닝 과정 운영에서 학업성취도 평가는 평가 내용에 따라 다양한 평가 도구를 활용하여 측정할 수 있는데 다음 표와 같은 예시를 활용할 수 있다.

〈표 2-10〉 학업성취도 평가의 평가 영역 예시

평가 영역	세부 내용	평가 도구	평가 결과
지식영역	사실, 개념, 절차 원리 등에 대한 이해 정도	지필고사, 문답법, 과제, 프로젝트 등	정량적 평가
기능 영역	업무수행, 현장적용 등에 대한 신체적 능력 정도	수행평가, 실기시험 등	정량적 평가 정성적 평가
태도 영역	문제해결, 대인관계 등에 대한 정서적 감정이나 반응 정도	지필고사, 역할놀이 등	정성적 평가

5) 학습자별 학업성취도 평가 결과 정리

학업성취도 평가 결과는 평가 요소별로 분석하고 정리하는데 지필시험의 경우 문제은행방식으로 출제된 시험 문제가 개별 학습자에게 온라인으로 제공되고 시스템에 의해 자동으로 채점이 이루어진다.

주관식 서술형의 경우 교·강사가 별도로 채점하여 점수를 부여하면 된다. 과제 수행의 경우 전체 학습자를 대상으로 모사여부를 판단하고 운영계획서에 명시된 일정 수준의 모사율을 넘으면 채점 대상에서 제외한다. 일반적으로 70~80% 이상으로 모사율 기준을 적용하고 있다. 과제 채점은 개별 자료로 진행하며 구체적인 평가 기준에 따라 감정 및 감점 사유를 명시하여 제공한다. 학습진도율의 경우 매주별 달성해야 하는 진도율을 기준으로 학습자의 달성 여부를 그래프로 표시해 준다.

학업성취도 평가 결과는 개인의 이러닝 과정 수료 여부 판단에 결정적인 자료로 활용한다. 교·강사에게는 문제 출제와 과제 구성에 대한 분석 자료로 제공되어 향후 과정 운영의 개선을 위해 활용할 수 있다. 경영진에게는 해당 과정의 지속여부를 판단하는 기초자료로 제공될 수 있다.

이러닝 운영 관리

〈표 2-11〉 학업성취도 평가의 평가 도구별 예시

평가 영역	비율(%)	평가 도구	평가 결과
지필 시험	60%	문제은행 시험지 선다형, 단답형, 서술형	정량적 평가
과제 수행	30%	과제 양식 서술형	정량적 평가, 정성적 평가
학습진도율	10%	통계 자료	정량적 평가

(2) 과정 평가 보고서 작성

1) 과정만족도 보고서 구성 요소

과정만족도는 해당 과정에 대한 학습자 의견 및 반응을 확인하는 것이므로 만족도 문항 구성이 중요하다. 과정만족도 평가의 목적에 따라 수렴하고자 하는 문항을 구성하여야 하며 이를 평가 영역별로 분류하여 생성하면 평가결과 보고서 작성 및 관리에 도움이 된다.

과정만족도 평가 결과는 교육훈련기관의 학습관리시스템의 기능에 따라 보고서로 제공되는 경우도 있고 운영자가 별도로 엑셀과 같은 프로그램으로 작성하는 경우가 있다. 일반적으로 과정만족도 평가를 실시한 과정명, 대상 인원, 교육기간, 평가 시기, 참여율, 문항별 분포, 주관식 의견 등이 포함된다.

〈표 2-12〉 과정만족도 평가 문항의 분류 화면 예시

번호	평가분류명	평가 문항
1	목표 제시	학습목표가 명확하게 제시되었다.
2	내용 설계	필요한 정보를 습득할 수 있도록 충분한 기회가 제공되었다.
3	인터페이스	학습화면 구성은 편리하게 설계되었다.
4	인터페이스	학습 진행 중에 원하는 곳으로 편리하게 이동할 수 있었다.
5	적합도	학습 내용은 자기계발이나 직무 향상에 도움이 되었다.
6	미디어 활용	학습 내용에 적합한 동영상, 음성, 애니메이션, 이미지 등이 적합하게 활용되었다.
7	운영 만족도	학습에 필요한 정보를 적절하게 제공받았다.
8	운영 만족도	운영자는 학습 활동을 지속적으로 관리하고 적절한 격려를 제공하였다.
9	운영 만족도	학습 진행에 대해 신속하고 정확한 답변을 제공받았다.
10	교·강사 만족도	학습 내용에 대해 전문적이고 구체적인 답변을 제공받았다.
11	교·강사 만족도	학습 평가에 대한 첨삭지도가 도움이 되었다.
12	시스템 환경	학습 과정은 시스템의 오류나 장애 없이 진행되었다.
13	시스템 환경	학습에 필요한 응용프로그램을 편리하게 설치하고 사용하였다.

2) 과정만족도 보고서 작성

과정만족도 평가 결과에 대한 보고서 작성은 보고서의 기본적인 구성요소를 포함하여 분석하면서 동시에 시사점 및 개선방안을 포함하여야 한다. 특히 만족도 평가 참여율은 결과 해석에 중요한 요인이 될 수 있으므로 유의하여야 한다. 일반적으로 70% 이상 참여하도록 독려하는 것이 바람직하고 50% 이하의 참여율인 경우 만족도 결과 해석 및 활용에 유의하는 것이 필요하다.

과정만족도 평가 문항별로 평가 도구에 따라 평가 결과 정리가 달라질 수 있다. 설문조사의 5점 척도인 경우 문항별로 막대그래프를 활용하여 제시하고 체크리스트인 경우 빈도비율을 숫자로 표현하여 제시한다. 또한 각 문항별로 나타난 결과를 해석하는 설명이 포함되어야 하고 이를 개선하는 의견이 반영되어야 보고서의 역할을 할 수 있다. 주관식 의견 작성의 경우 가공하지 않은 문장을 그대로 취합하거나 일정한 카테고리별로 분류하여 정리하면서 빈도수를 포함할 수도 있다. 문장을 수정하여 정리하는 경우 문장 해석에 오류가 발생하지 않도록 유의하여야 한다. 가급적 있는 그대로의 문장을 정리하는 것이 도움이 되지만 수강생 규모가 50명 이상으로 큰 경우 분류하여 정리하는 것이 효과적일 수 있다.

온라인 교육 주간 결과 보고

교육기간 : 21. 9. 6(수) ~ 10. 13(수) 1개월 간(복습기간 1년)

날짜	09.10(금)	09.17(금)	09.24(금)	10.05(월)	10.08(금)	10.13(수)
전체 학습자 수료율	8.00%	14.00%	20.00%	51.00%	60.00%	74.00%
수료인원	8/100	14/100	20/100	51/100	60/100	74/100
평균 진도율	13.6%	19.61%	24.87%	53.87%	62.47%	74.67%

[그림 2-5] 주간결과 보고 예시

과정만족도 보고서 내용은 해당 과정의 운영상에서 발생한 문제점을 파악하고 즉시 개선하는데 도움이 되고 이후 운영할 과정에서 요구되는 학습활동 지원 요소를 발굴하는데 도움이 될 수 있다. 동일한 과정이 여러 차수 운영되거나 유사한 과정이 운영되거나 고객사별로 특징을 파악하는데도 도움이 될 수 있다.

이러닝 운영 관리

3) 과정 운영 결과 분석

이러닝 과정이 운영되고 나면 해당 과정에 대한 전체적인 자료를 정리하여 과정 운영 결과 보고서를 작성한다. 교육훈련 기관의 과정 운영 목적 및 당초 과정 운영계획에 따라 잘 운영 되었는지를 파악하는 자료로써 활용할 수 있다.

운영과정에 대한 결과를 분석하는 것은 과정 운영 중에 생성된 자료를 수집하고 분석하여 그 결과의 의미를 파악하기 위함이다. 과정 운영 결과를 분석하는 활동에 포함되는 영역은 학습자의 운영 만족도 분석, 운영 인력의 운영 활동 및 의견 분석, 운영 실적 자료 및 교육효 과분석, 학습자 활동 분석, 온라인 교·강사의 운영활동 분석 등으로 다양하다. 교육훈련 기 관의 과정 운영 결과 분석의 목적과 범위에 따라 결과 분석 요소를 선정할 수 있는데 다음과 같은 체크리스트 예시 자료를 참고하면 도움이 될 수 있다.

〈표 2-13〉 과정 운영 결과 분석을 위한 체크리스트 예시

구분	확인 사항	확인 여부	
		Y	N
필수사항	• 만족도 평가결과는 관리되는가?		
	• 내용이해도(성취도) 평가결과는 관리되는가?		
	• 평가결과는 개별적으로 관리되는가?		
	• 평가결과는 과정의 수료기준으로 활용되는가?		
권고사항	• 현업적용도 평가결과는 관리되는가?		
	• 평가결과는 그룹별로 관리되는가?		
	• 평가결과는 교육의 효과성 판단을 위해 활용되는가?		
	• 동일 과정에 대한 평가 결과는 기업간 교류 및 상호인정이 되는가?		

4) 과정 운영 결과 보고서 작성 ☆☆ 💡1회 필기 기출

과정 운영 결과 보고서는 해당 과정 운영에 대한 과정명, 인원, 교육 기간 등이 운영 개요로 포함되고 교육결과로 수료율이 제시되며 설문조사 결과, 학습자 의견, 교육기관 의견 등이 포함된다. 교육훈련기관 마다 기관의 특징 및 요구사항을 반영한 과정 운영 결과 보고서 양 식을 활용하고 있으므로 다음과 같은 예시 자료를 참고하여 수정보완 후 활용할 수 있다.

과정 운영 결과 보고서 작성은 교육 결과로 나타난 기본적인 통계자료를 정리하여 작성하 면서 동시에 운영결과에 대한 해석 의견과 피드백이 포함하여야 한다. 특히 교육기관 입장에 서 작성하는 의견은 교육을 의뢰한 고객사에게 추후 교육 참여를 결정하는 중요한 정보가 될 수 있기 때문에 긍정적이든 부정적이든 전문가 입장에서 의견을 제시하여야 한다. 일반적으 로 고객사가 가지는 특징을 명시하고 고객사가 교육훈련을 통해 향상되기를 기대하는 목표 와 연계하여 설명해 주면 더욱 도움이 될 수 있다.

과정 운영결과 보고서는 하나의 과정에 대해 작성하기도 하지만 여러 과정을 종합하여 제공하는 경우도 있다. 즉 연간 또는 분기별로 여러 과정을 종합 분석함으로써 과정 운영 및 참여에 대한 경영진의 의사결정을 도와주는 기초자료로 활용이 가능한 것이다. 따라서 해당 과정별로 제시된 수료율 기준을 포함하는 것이 필요하고 이에 따른 수료율을 제시하며 고객사별로 수료율을 분석해서 제공하면 도움이 될 수 있다. 고객사의 학습자마다 서로 다른 과정 운영에 참여한 경우도 많으므로 고객사별로 학습자를 모아서 작성하는 것도 필요하다.

과정 운영 결과 보고서는 학업성취도 평가를 포함하고 있기 때문에 교육적 효과성을 판단하는 자료가 될 수 있다. 교육훈련 기관 입장에서는 동일한 과정 운영의 지속 여부를 판단하는 자료가 되고 고객사 입장에서는 조직원인 학습자의 교육훈련 지원을 판단하는 자료가 될 수 있다. 정확하고 명확한 통계자료 분석은 물론 결과 보고서를 통해 얻고자 하는 시사점을 수요자 입장에서 구체적으로 명시하는 것이 효과적이며 여기에 운영보고서 작성자인 운영자의 역할이 매우 중요하게 작용한다. 운영자는 다음과 같이 과정별로 학습자의 운영결과를 정리하고 수료여부를 파악하는 자료를 작성할 수 있다.

[그림 2-6] 과정 운영 결과의 학습자별 수료여부 예시

(3) 평균/중앙값/최빈값 🔎1회 필기 기출

1) 평균(Mean)

① Average라고도 하며, 모든 관측값의 합을 자료의 개수로 나눈 값임
② 모든 관측값이 반영되므로 극적으로 큰 값이나 작은 값이 존재할 경우 영향을 많이 받음

2) 중앙값(Median)

① 중간값, 중위수라고도 하며, 전체 관측값을 크기 순서로 배열했을 때 가장 중앙에 위치함
② 극단적 관측값의 영향을 크게 받지 않고, 관측값의 변화에 민감하지 않음
③ 자료가 홀수 개이면 정중앙 값이 중앙값이 되지만, 짝수 개이면 중앙에 위치한 값이 두 개가 되므로 이 경우에는 두 값의 평균을 중앙값으로 함

3) 최빈값(Mode)

전체 관측값 중 가장 많이 관찰되는 값을 말함

(4) 좋은 평가도구의 조건 4가지 🔎1회 필기 기출

1) 타당도

① 평가도구가 측정하고자 하는 구체적인 목표나 내용을 제대로 측정하고 있는가의 정도
② '무엇을 얼마만큼 충실하게 재고 있느냐?'의 개념으로 반드시 준거의 개념이 따라옴
③ 타당도는 무엇에 비추어 본 기준을 중심으로 판가름할 수 있는 것임

2) 신뢰도

① 평가도구가 측정하려는 것을 얼마나 안정적으로 일관성 있게 측정하느냐 하는 측정의 일관성과 안전성을 말함
② '어떻게, 얼마나 정확하게 측정하고 있느냐?'에 중점을 둠
③ 신뢰도는 측정하려는 것을 안정적이고 일관성 있게 오차 없이 측정하는 것을 중요시하며, 오차가 클수록 신뢰도는 낮아짐
④ 측정오차가 발생하는 이유는 검사의 실시 및 채점 과정에서 생기는 오차, 측정도구에 기인한 오차, 검사 대상에 의한 오차 등이 있음

3) 객관도

① 평가자나 채점자의 채점에 대한 일관성 정도를 말함
② 채점자 간 신뢰도 : 하나의 반응 결과에 대해 여러 사람의 채점 및 평가가 일치하는 정도

③ 채점자 내 신뢰도 : 시간 간격이나 상황의 차이에 관계없이 한 사람의 채점자가 나타내는 일관성

4) 실용도

① 평가 방법이나 도구의 제작과정 뿐만 아니라 시행방법이나 절차, 평가 결과를 채점하거나 분석하기 위해 소요되는 인적·물적 자원의 양과 질이 주변 여건에 비추어서 실용적인지를 나타내는 정도

② 평가방법 실시의 편리성, 비용이나 시간의 경제성, 채점의 용이성, 해석의 용이성이 실용도와 관련이 깊음

(5) 확률적 표본추출 & 비확률적 표본추출 🎯 1회 필기 기출

1) 확률적 표본추출(Probability Sampling)

① 표본으로 뽑힐 가능성을 모집단을 구성하는 모든 요소에 부여하는 표본추출법

② 확률적 표본추출방법을 이용하면, 모집단을 구성하는 모든 일원들이 표본으로써 뽑힐 확률이 존재하는 것임

③ 확률적 표본추출법은 무작위성(randomness)에 기초하게 됨

2) 비확률적 표본추출(Non-probability Sampling)

① 표본으로 뽑힐 가능성이 모집단의 모든 일원에게 부여되지 않음

② 무작위성도 보장되지 않음

③ 표본이 대표성을 갖기 위해 성립되어야 하는 조건이 비확률적 표본추출에는 적용되지 않아서, 확률적 표본추출보다 비교적 적은 비용으로 수행됨

④ 표본의 대표성이 보장되지 않아 편향(sampling bias)의 가능성이 더 커지게 됨

확률적 표본 추출을 사용하면, 비확률적 표본추출을 사용했을 때보다, 추출된 표본들이 모집단을 더 잘 대표하게 됨

- 확률적 표본추출 : 단순 임의 추출, 체계적 추출, 층화적 임의 추출, 군집 추출
- 비확률적 표본추출 : 편의 추출, 자발적 표본추출, 유의 표본추출, 눈덩이

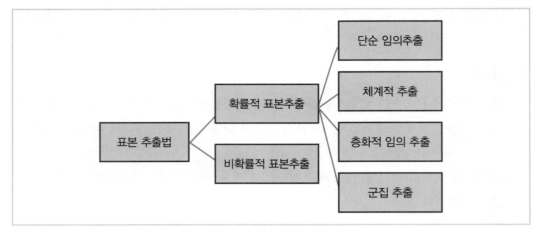

[그림 2-7] 표본추출법의 종류

(6) 확률적 표본추출을 구성하는 표본추출법들 1회 필기 기출

1) 단순 임의 추출(Simple Random Sampling)

① 모집단으로부터 뽑힐 확률이 균등한 샘플을 무작위로 추출하는 방법

② 모집단의 모든 요인들이 표본으로 뽑힐 기회가 동등하게 제공되는 표본추출법임

③ 단순 임의 추출은 모집단을 가장 잘 대표하는 표본을 구성할 수 있다는 장점이 있지만, 실제로 모집단의 모든 요인을 표본추출 틀에 포함시켜야 한다는 점에서 현실적으로 가장 구성하기 어려운 표본추출법임

2) 체계적 추출(Systematic Sampling)

① 무작위성이 충족된 표본 추출 방법임

② 단순 임의 추출에서와 마찬가지로 배열된 모집단에 일련 번호를 부여한 후, 설정한 등간격인 표집간격(sampling interval)보다 작은 하나의 수를 랜덤으로 추출하고, 이로부터 표집간격의 배수만큼 떨어져 있는 번호를 가진 요인들을 추출하는 방법임

3) 층화 임의 추출(Stratified Random Sampling)

① 모집단을 몇 가지 특징을 기준 삼아 서브그룹으로 나누고, 각 그룹의 원소로부터 임의로 추출하는 방법

② 특징을 바탕으로 나누어진 그룹을 계층(stratum)이라고 부름

③ 특성(characteristics)를 기반으로 모집단을 몇 개의 계층으로 나누었다면, 각 층별로 표본추출틀(sampling frame)을 작성함

④ 모집단에서 추출하고자 하는 표본의 크기를 n으로 정했다면, 이 n을 각 계층에 적절히 분배함

4) 군집 추출(Cluster sampling)

① 모집단이 전체 모집단을 설명하기에 적절한 여러 군집(cluster, block)으로 이루어져 있을때, 군집을 무작위로 선택한 후, 이 군집에서 표본을 추출하는 방법
② 층화 임의 추출과 유사하지만, 차이가 있음

층화 임의 추출	군집 추출
계층이 특성(character)에 의해 나뉨	각 군집(cluster)이 모집단을 대표할 수 있어야 함 – 각 군집이 모집단과 유사한 특성을 가져야 함
각 계층에서 일정 수의 표본을 무작위 추출	일정 수의 군집을 무작위 추출한 후 표본 추출
각 계층, 군집에서 표본을 추출할 때 단순 임의 추출 or 체계적 추출을 이용하여 추출	

(7) 백분위 점수, Z 점수, T 점수, 스테나인 점수 1회 필기 기출

① 백분위 점수 : 한 과목 내의 모집단에서 개인의 상대적 서열을 백분율로 나타낸 점수
② Z점수 : 표준정상분포에서 평균으로부터 편차점수를 해당 분포의 표준편차로 나누어 얻는 값
③ T점수 : Z점수를 평균 50, 표준편차 10인 분포로 변환시켜 소수점을 보완한 것
④ 스테나인 점수 : 9개의 범주를 가진 표준점수로 평균을 5, 표준편차를 2로 표준화한 점수

- 백분위 점수 : $\frac{r}{n} \times 100$
- Z 점수 : $Z = \frac{x - \mu}{\sigma}$
- T 점수 : $T = 10Z + 50$
- 스테나인 점수 : 수능 / 내신 9등급

출제예상문제   Chapter 02 이러닝운영 평가관리

01 다음 중 이러닝학습자 만족도 조사에서 행동변화 필요성, 교육 참여도에 대한 내용이 포함되는 평가 영역은?

① 학습자 요인
② 교·강사 요인
③ 학습위생 요인
④ 학습환경 요인

📊 **해설**

> 학습자 요인의 주요 내용으로는 교육목표 이해도, 행동변화 필요성, 자기계발 중요성 인식, 교육 참여도, 교육과정에 대한 사전인식 등이 해당된다.

02 다음의 예시를 보고 이러닝학습자 만족도 조사 방법을 순서에 맞게 나열한 것은?

평가영역	주요 내용
(ㄱ)	문) 새 데이터 처리시스템은 사용하기에 답) 매우 쉽다 매우 어렵다 1 2 3 4 5
(ㄴ)	문) 다음 중에서 귀하가 사용하고 있는 소프트웨어는 어떤 것입니까? 답) Word Process – Graphics – Spreadsheet
(ㄷ)	문) 본 과정에서 다루지 않았지만 귀하의 업무와 관련된 중요한 주제를 다룬다면 어떤 것입니까? 답) 서술형으로 기술
(ㄹ)	문) Tachometer는 ( )를 나타낸다. 답) a. Road speed, b. Oil pressure…

	(ㄱ)	(ㄴ)	(ㄷ)	(ㄹ)
①	척도 제시법	다중 선택형 질문	개방형 질문	체크리스트
②	다중 선택형 질문	개방형 질문	체크리스트	순위 작성법
③	순위 작성법	다중 선택형 질문	체크리스트	단일 선택형 질문
④	척도 제시법	체크리스트	개방형 질문	다중 선택형 질문

📊 **해설**

> (ㄱ) 척도 제시법(Rating Scale), (ㄴ) 체크리스트, (ㄷ) 개방형 질문(Open–Ended Question), (ㄹ) 다중 선택형 질문(Multiple Choice Question)

03 다음 중 이러닝 학습운영 프로세스에 대한 설명으로 옳지 않은 것은?

① 교육과정이 시작되면 교육 과정 운영 담당자는 매일 과정에 대한 만족도 조사를 실시한다.

② 교 · 강사와 학습자의 과정 진행상 문제점이 발견되면 즉각적으로 해결한다.

③ 교육과정이 끝난 후에는 업무에 복귀한 교육생들에게 관련정보를 제공하고 교육생 상호간 동호회 구성 여부 확인 등 관리업무를 지속한다.

④ 교육을 시작하기 전에 학습자들의 테크놀로지 현황관리, 차수에 관한 행정 관리 사항을 결정한다.

해설

교육 과정에 대한 만족도 조사는 교육과정 후 관리에 해당한다.

04 다음 중 이러닝 과정 운영자의 역할에 해당하지 않는 것은?

① 학습자의 학습 방향유도 및 과제 안내를 통한 학습 방향 제시

② 주차별 진도학습, 시험, 과제 등의 학습활동 내용 관리

③ 인바운드 학습자 질의 상담, 원격지원 등의 기술 지원

④ 학습시작안내, 수료기준 학사일정 전반에 대한 안내

해설

주차별 진도학습, 시험, 과제 등 학습활동 내용 관리는 '이러닝 교 · 강사'의 역할에 해당한다.

05 다음 중 이러닝 학업성취도 평가에 대한 설명과 거리가 먼 것은?

① 대부분의 교육 현장에서 대부분 실시하는 평가로써 교육 프로그램의 효과성을 결정하는 자료로 활용된다.

② 학업성취도 평가는 커크패트릭의 4단계 평가모형에서 2단계인 학습에 해당한다.

③ 교육과정 진행 중에 학습 효과 달성을 평가하는 것이어서 형성평가의 성격을 지닌다.

④ 학업성취도 평가는 학습자가 이해하고 습득한 원리, 개념, 사실, 기술 등의 정도를 파악하는 것이 주요 내용이다.

01 ① 02 ④ 03 ① 04 ②

이러닝 운영 관리

해설

학업성취도 평가는 교육과정이 종료된 후에 학습목표 달성을 중심으로 전체적인 학습 효과를 평가하는 것이므로 형성평가보다는 총괄평가 성격을 지닌다.

06 다음 중 학업성취도 평가계획 수립을 위한 평가 요소에 대한 내용 설명으로 틀린 것은?

① 평가 도구로 지식 및 태도는 지필고사, 기술은 수행평가를 활용한다.

② 기능 영역의 평가는 업무수행에 대한 신체적 능력평가로 시뮬레이션 및 실습을 활용한다.

③ 학업성취도평가의 지필고사는 교육직후, 활동중심평가는 교육 중에 평가를 실시한다.

④ 개발된 평가 문항은 내부 운영자가 평가문항 사전검토제를 실시하고 최종 평가 문항을 확보한다.

해설

개발된 평가문항은 평가 문항 간에 유사도와 난이도를 조정하는 과정을 거쳐 완성도를 확보하여야 하는데 일반적으로 외부 전문가에 의한 평가문항 사전검토제를 실시하고 최종 평가 문항을 확보한다.

07 다음 중 학업성취도 평가 채점 및 첨삭 지도에 대한 설명으로 옳은 것을 모두 고르면?

(ㄱ) 지필고사의 경우 내용에 대한 모사여부를 모사관리 프로그램을 통해 검색하고 조치하게 된다.

(ㄴ) 서술형의 경우 교·강사, 튜터 등이 직접 채점하는 방식으로 진행된다.

(ㄷ) 과제에 대한 첨삭 지도 피드백 작성은 평가 유형마다 필수적으로 작성해야 한다.

(ㄹ) 첨삭 지도의 피드백 작성은 해당 내용에 대한 단순한 의견을 작성하게 한다.

① (ㄱ), (ㄴ)   ② (ㄱ), (ㄷ)

③ (ㄴ), (ㄷ)   ④ (ㄷ), (ㄹ)

해설

(ㄱ) 지필고사의 경우 시스템에 의한 자동 채점으로 진행되고 평가 문항별로 난이도, 정답률 등이 분석 자료로 제공된다. 서술형의 경우 교·강사, 튜터 등이 직접 채점하는 방식으로 서술 내용에 대한 모사여부를 모사관리 프로그램을 통해 검색하고 조치하게 된다.

(ㄹ) 과제에 대한 첨삭 지도의 피드백 작성은 평가 유형마다 필수적으로 작성해야 하며, 단순한 의견보다는 해당 내용에 대한 보충심화 지식을 전달할 수 있도록 관리한다.

08 다음 중 이러닝 학업성취도 평가 결과관리 단계 중 서술형 평가에서 발생할 수 있는 내용 중복성을 검토하는 것에 해당하는 설명은?

① 부정행위를 방지하는 방법의 하나로 주로 프로그램을 통해 필터링한다.

② 발생 가능한 오류를 검토하고 평가 기준에 따라 처리되었는지를 점검한다.

③ 평가별 득점, 기관별 석차 등을 공개함으로써 교육프로그램 참여에 대한 진단과 컨설팅을 진행한다.

④ 자동 채점이 아닌 교·강사, 튜터 등에 의한 수작업으로 진행된다.

해설

'모사관리'에 대한 설명으로 프로그램을 통해 여러 학습자가 같은 내용을 복사하여 과제를 작성하고 제출하는 경우를 확인하고 필터링한다.
②, ④는 '평가결과 검수'에 대한 설명이다.
③은 '성적 공지 및 이의신청 처리'에 대한 설명이다.

09 이러닝의 학업성취도 평가 설계 방법 중 다음이 설명하는 것은?

> 교육입과 전 교육생의 선수지식 및 기능습득 정도진단을 파악할 수 있으나, 교육 직후 평가 자료가 없는 관계로 교육 효과의 유무는 판단할 수 없다.

① 사후 평가   ② 사전 평가

③ 직후 평가   ④ 사전/사후 평가

해설

① 사후 평가 : 교육종료 후 일정기간이 지난 다음 학습목표 달성 정도 파악에 유용하나 사전, 직후평가 자료가 없는 관계로 교육효과 또는 교육종료 후 습득된 KSA의 망각여부는 판단할 수 없다.
③ 직후 평가 : 교육직후 KSA 습득정도, 학습목표 달성정도 파악에 유용하나, 사전평가 자료가 없는 관계로 교육 효과의 여부는 판단할 수 없다.
④ 사전/사후 평가 : 교육입과 전, 사후 KSA 습득 정도를 파악할 수 있으나, 교육종료 직후 평가자료가 없는 관계로 진정한 교육효과에 대한 평가는 미약하다.

05 ③   06 ④   07 ③   08 ①   09 ②

10 다음 중 학업성취도 평가에서 지식, 기능, 태도 중 태도 영역에 해당하는 설명은?

① 기계 및 장비 조작과 같이 특정 업무를 수행하거나 적용하는데 필요한 신체적 능력을 평가한다.
② 학습자가 지식을 습득하고 보유한 정도를 개념, 원리, 사실, 절차 중심으로 평가한다.
③ 평가 도구로 지필고사, 문제해결 시나리오, 역할놀이, 구두발표, 사례연구 등을 활용할 수 있다.
④ 교육의 인지적 영역에 해당하는 것으로 학습 주제와 관련된 지식을 습득하는 방식을 측정한다.

해설

①은 학업성취도 평가 중 '기능' 영역에 대한 설명이다.
②,④는 학업성취도 평가 중 '지식' 영역에 대한 설명이다.

11 다음 중 이러닝 교·강사 만족도 평가에 대한 설명으로 옳지 않은 것은?

① 교·강사 만족도 평가는 학습자, 운영자 모두 평가에 참여할 수 있다.
② 교·강사 만족도 평가 결과는 영역별로 구분하거나 전체 영역을 통합적으로 분석하여 정리한다.
③ 평가 결과는 교·강사에 대한 선발, 유지, 퇴출 등의 교·강사 관리의 기초자료로 활용된다.
④ 교·강사 만족도 평가 영역에서 과정별 학습자 수료율의 평가 도구는 정성적 평가에 해당한다.

해설

교·강사 만족도 평가 영역에서 과정별 학습자 수료율의 평가 결과는 정량적 평가에 해당한다.

12 다음의 학습자 평가의 평가 영역 중 체크리스트를 평가 도구로 활용할 수 있는 영역은?

① 학습내용 만족도　　　　　　　　② 교·강사 만족도
③ 운영자, 시스템관리자 만족도　　　④ 학습환경 만족도

해설

학습환경 만족도에서 활용할 수 있는 평가 도구는 '설문지, 5점 척도, 체크리스트, 기타 의견 서술형'이 있으며 ①,②,③의 평가 도구는 '설문지, 5점 척도, 기타의견 서술형'이 있다.

13 다음 중 이러닝 학업성취도 평가 결과 정리에 대한 내용으로 틀린 것은? 🔘 2023 기출

① 이러닝 과정 운영의 마무리 단계이다.

② 학습자들의 교육과정에 대한 느낌이나 만족도를 조사하는 평가이다.

③ 학업성취도 평가의 구성요소는 이러닝 운영계획을 수립할 때부터 구체적으로 제시되어야 한다.

④ 교육훈련 실시 후 학습자의 지식, 기능, 태도 영역이 어느 정도 향상되었는지를 측정한다.

📊 **해설**

학업성취도 평가는 학습자들의 교육과정에 대한 느낌이나 만족도를 조사하는 것이 아니라 실제 학습을 통해 나타난 교육적 효과성을 측정하는 것으로 총괄평가라고 할 수 있다.

14 다음 중 이러닝 과정만족도 평가 결과에 대한 보고서 작성에 대한 설명으로 옳은 것은?

① 주관식 의견 작성의 경우 가공하지 않은 문장을 그대로 취합한다.

② 과정만족도 평가에 대한 보고서에 시사점은 포함시킬 필요가 없다.

③ 만족도 평가 참여율은 일반적으로 50% 이상 참여하도록 독려하는 것이 바람직하다.

④ 과정만족도 평가 문항은 평가 도구에 관계없이 평가 결과를 정리한다.

📊 **해설**

주관식 의견 작성의 경우 가공하지 않은 문장을 그대로 취합하거나 일정한 카테고리별로 분류하여 정리하면서 빈도수를 포함할 수도 있다. 문장을 수정하여 정리하는 경우 문장 해석에 오류가 발생하지 않도록 유의하여야 한다.
② 과정만족도 평가 결과에 대한 보고서는 보고서의 기본적인 구성요소를 포함하여 분석하면서 동시에 시사점 및 개선방안을 포함하여야 한다.
③ 만족도 평가 참여율은 일반적으로 70% 이상 참여하도록 독려하는 것이 바람직하고 50% 이하의 참여율인 경우 만족도 결과 해석 및 활용에 유의해야 한다.
④ 과정만족도 평가 문항별로 평가 도구에 따라 평가 결과 정리가 달라질 수 있다.

15 다음 중 이러닝 학습에 대한 설명으로 거리가 먼 것은?

① 이러닝 학습자는 다양한 인적 · 문화적 · 사회적 특성을 가지며 학습 방식도 다양하다.
② 이러닝 학습운영 프로세스는 전략을 수립하지 않아도 순차적으로 자동 진행된다.
③ 성인 이러닝 학습자는 자발적이고 강한 학습 동기를 가지고 있다.
④ 이러닝 콘텐츠는 오프라인 학습의 수업에 해당하는 것으로 이러닝의 핵심 요소이다.

> **해설**
>
> 이러닝 학습운영 프로세스는 이러닝 학습과정 실시 전 · 중 · 후에 맞춘 전략이 요구된다.

16 다음 중 이러닝 학습관리시스템에 대한 설명으로 틀린 것은?

① 학습관리시스템은 대부분 웹브라우저를 통해 웹기반으로 동작한다.
② 학습관리시스템에서 교수자와 운영자는 교수학습과 관련된 관리 운영활동을 지원받게 된다.
③ 학습관리시스템은 학습자, 교수자, 운영자가 모두 활용하며 시스템은 통합되어 있다.
④ 학습관리시스템은 학습과정 개발 및 제공, 학습자 지원, 기간 업무와의 연계로 3가지로 분류되어 있다.

> **해설**
>
> 학습관리시스템은 학습자들의 학습을 진행할 수 있는 학습자용 학습관리시스템 외에 교수자용 학습관리시스템과 운영자용 학습관리시스템이 있다.

17 다음 중 이러닝 학업성취도 평가 절차에 대한 설명으로 옳지 않은 것은?

① 평가 문항은 지필고사는 실제 출제 문항의 최소 3배수를, 과제의 경우 5배수를 출제한다.
② 평가 결과 공지 후 이의신청이 가능하도록 관리하고 피드백 처리가 완료되면 평가 결과를 최종 확정한다.
③ 평가 문항은 학습관리시스템의 문제은행 기능에 업로드하여 저장 및 관리한다.
④ 학습자에게는 서로 다른 유형의 시험지가 배포되도록 수동으로 관리한다.

> **해설**
>
> 공정한 평가를 실시하기 위해 동일 기관, 동일 시점의 학습자에게는 서로 다른 유형의 시험지가 자동으로 배포되도록 관리하고 시험 시간은 시스템을 통해 철저히 관리되도록 설정하여야 한다.

18 다음 중 이러닝 학업성취도 평가 시기에 대한 설명으로 옳지 않은 것은?

① 사전/사후 평가는 교육 전에 사전 평가를 실시하고 교육 후에 사후 평가를 실시하여 비교한다.

② 일반적인 학업성취도 평가는 지필고사를 평가 도구로 선정하여 교육 후 일정기간 경과 후 실시한다.

③ 토론은 교육 전 일정을 공지하고 교육 중 평가에 참여하며 교육 후 채점하여 모든 결과를 종합한 학업성취도 평가 결과를 확인한다.

④ 평가 시기는 일반적으로 교육 전, 교육 중, 교육 후, 교육 후 일정기간 경과로 구분된다.

해설

일반적인 학업성취도 평가는 지필고사를 평가 도구로 선정하고 선다형과 단답형을 평가문항을 구성하며 교육 직후 실시한다.

19 다음 중 이러닝 학습자 만족도 평가 결과에 대한 설명으로 거리가 먼 것은?

① 학습자 만족도 평가는 고객사가 달라도 동일한 이러닝 과정이라면 결과를 합쳐서 정리한다.

② 학습자 만족도 평가는 학습자에게 제공되는 모든 요소가 평가 영역이 될 수 있다.

③ 학습자 만족도 평가 결과는 해당 과정별로 분석하고 과정 운영 개선사항 도출 자료로 활용한다.

④ 학습자 만족도 평가는 이러닝 과정이 완료된 시점에 바로 실시하는 경우가 대부분이다.

해설

학습자 만족도 평가는 동일한 이러닝 과정이라도 고객사가 다른 경우 분리하여 분석하고 결과를 정리함으로써 교육기관별로 특징 및 개선점을 파악할 수 있다.

Chapter 03 이러닝운영 결과 관리

01 콘텐츠 운영결과 관리

(1) 콘텐츠 내용 적합성 평가 관리 ✯✯✰

콘텐츠 내용 자체의 적합성은 학습콘텐츠를 개발하는 과정에서 내용전문가와 콘텐츠개발자의 품질 관리 절차를 통해 다루어진다. 또한 개발된 이후에는 품질관리 차원의 인증과정을 통해 내용전문가들에 의해서 관리된다.

1) 학습내용 적합성 평가의 필요성

이러닝 과정을 운영하는 기관에서 **학습내용 적합성을 평가하는 이유**는 다음과 같다.

첫째, 이러닝 학습콘텐츠의 학습내용이 운영하고자 하는 교육과정의 특성에 적합한지를 확인하기 위함이다. 운영기관이 이러닝 과정운영을 준비하는 단계에서 교육과정에 적합한 학습콘텐츠의 유형과 특징이 결정되고 필요한 준비가 이루어지기 때문이다.

둘째, 학습내용을 수정하거나 보완할 부분은 없는지 등의 측면에서 적합성을 평가하고 관리 하기 위함이다. 이러닝 과정을 운영하는 동안 다루어지는 학습콘텐츠의 내용을 실제 학습자들은 어떻게 인식하고 받아들이는지를 확인하여 개선하거나 보완할 필요가 있는 내용이 있다면 차후 운영을 위해 변경해야 하기 때문이다.

2) 학습내용 적합성 평가의 기준 🟡 1회 필기 기출

학습내용은 교육의 핵심이라 할 수 있는 '무엇을 가르칠 것인가'를 의미하는 것으로, 학습자에게 제공되는 지식과 기술, 학습자원 등의 정보를 포괄한 학습 내용물을 의미한다.

학습내용은 학습자의 수준, 학습시간, 발달단계 등과 같은 학습자의 여러 특성을 고려하여 구성된다. 학습내용에 대한 적합성을 평가하기 위한 준거는 다음과 같다.

① 학습목표 : 학습목표가 명확하고 적절하게 제시되고 있는가?

② 학습내용 선정 : 학습내용이 학습자의 지식, 기술, 경험의 수준에 맞게 적합한 학습내용으로 구성되어 있는가?

③ 학습내용 구성 및 조직 : 학습내용을 체계적이고 조직적으로 구성하여 제시하고 있는가?

④ 학습난이도 : 학습내용은 학습자의 지식수준이나 발달단계에 맞게 구성되어 있는가?

⑤ 학습분량 : 학습시간은 학습내용을 학습하기에 적절한 학습시간을 고려하고 있는가?

⑥ 보충 심화 학습자료 : 보충심화 학습 자료는 학습내용의 특성과 학습자의 수준과 특성을 고려하여 제공하고 있는가?

⑦ 내용의 저작권 : 저작권은 저작자가 자기 저작물의 복제, 반영 등에 대해 독점적으로 이용할 수 있는 권리를 의미한다. 학습내용이나 보조 자료에 대한 저작권은 확보되어 있는가?

⑧ 윤리적 규범 : 학습내용과 관련하여 윤리적인 편견은 없는가? 즉, 특정 국가, 민족, 문화, 인물, 상품, 단체, 종교, 지역, 이념, 성, 계층, 다문화가정 등에 대한 편향적인 내용 및 윤리적 편견이나 선입관이 없으며, 사회적으로 문제가 될 수 있는 내용이 없는가?

3) 교육과정의 운영목표와 학습콘텐츠의 적합성 여부를 확인하는 방법

이러닝 교육 운영기관 담당자는 과정운영 목표를 확인하기 위한 방법으로 운영기획서에 나와 있는 내용을 확인하거나 운영기관의 홈페이지에 접속하여 운영과정에 대한 운영 목표와 학습 콘텐츠의 적합성 여부를 확인할 수 있다. 이를 위한 방안은 다음과 같다.

① 운영기획서의 과정 운영목표와 학습 콘텐츠의 내용 일치 여부 확인

이러닝 운영담당자는 이러닝 교육과정 운영기획서에 제시되어 있는 과정운영의 목표에 해당하는 내용을 확인하여 실제 운영된 학습 콘텐츠의 내용이 과정운영 목표에 부합하는지 여부를 확인한다.

② 운영기관 홈페이지의 과정 운영 목표와 학습 콘텐츠의 내용 일치 여부 확인

이러닝 운영담당자는 이러닝 교육과정을 운영하고 있는 기관의 홈페이지에 접속하여 과정 운영 목표와 해당 과목의 학습 콘텐츠 내용이 부합하는지 여부를 확인한다.

4) 과정운영 목표

과정운영 목표는 이러닝 학습과정을 운영하는 기관에서 설정한 교육과정 운영을 위한 목표를 의미한다. 교육기관에서 운영되는 교육과정의 내용은 과정운영을 위한 목표에 적합한 내용으로 구성되어야 하고 운영목표의 적합성에 해당되지 않은 내용은 배제되어야 한다.

과정운영 목표는 교육기관에서 다루고 있는 교육내용의 방향성과 범위를 결정하는 주요한 지표로 작용할 수 있다. 그러므로 과정운영 목표의 적합성을 평가한다는 것은 교육기관에서 운영된 학습콘텐츠의 내용이 이러닝 운영과정의 특성에 맞는 과정인가의 여부를 평가하는 것을 의미한다.

5) 교육과정 운영 목표와 학습 콘텐츠의 내용이 적합한 것으로 판단된 경우

이러닝 교육 운영기관 담당자는 과정기획서와 운영 홈페이지에 제시된 과정운영 목표와 학습 콘텐츠의 내용이 일치하거나 다루는 내용에 별 차이가 없어 적합하다고 판단될 경우에는 현재의 내용을 그대로 인정하고 향후 운영 과정에서 교육과정 안내 및 홍보 등에 활용하면 된다.

6) 교육과정 운영 목표와 학습 콘텐츠의 내용이 적합하지 않은 것으로 판단된 경우

이러닝 교육 운영기관 담당자는 과정기획서와 운영 홈페이지에 제시된 과정운영 목표와 학습 콘텐츠의 내용이 일치하지 않거나 다루는 내용에 차이가 있어 적합하지 않다고 판단될 경우에는 다음과 같은 절차를 통해 수정 및 보완을 고려해야 한다.

① 운영기획서의 과정 운영목표와 학습 콘텐츠의 내용이 부합하지 않는 경우

이러닝 운영담당자는 이러닝 교육과정 운영기획서에 제시되어 있는 과정운영의 목표와 실제 운영된 학습 콘텐츠의 내용이 부합하지 않을 때에는 다음의 절차로 진행한다.

ⓐ **상급자에게 보고하기**
이러닝 운영담당자는 이러닝 교육과정 운영기획서에 제시되어 있는 과정운영의 목표와 실제 운영된 학습 콘텐츠의 내용이 부합하지 않을 때 운영담당자는 상급자에게 보고하고 운영기획서의 문제인지, 학습 콘텐츠의 내용 구성상의 문제인지를 확인하여 해당 부분의 내용을 변경해야 한다.

ⓑ **학습콘텐츠 내용구성상의 문제인 경우 처리하기**
학습 콘텐츠의 내용 구성상의 문제가 발생한 경우, 이러닝 운영담당자는 관련 내용전문가에게 연락하여 과정 운영의 목표에 적합한 내용으로 변경을 요청해야 한다.

ⓒ **운영기획서의 문제인 경우 처리하기**
운영기획서의 문제가 발생한 경우, 이러닝 운영담당자는 운영기관 내부 관련 팀이나 담당자들의 협의를 통해 변경하고 후속 조치를 취해야 한다. 후속 조치로는 운영기획서의 내용을 변경하거나 운영 홈페이지 해당 부분의 내용을 변경하도록 요청해야 한다.

② 운영기관 홈페이지의 과정 운영 목표와 학습 콘텐츠의 내용이 부합하지 않는 경우

이러닝 운영담당자는 이러닝 과정 운영 홈페이지에 제시되어 있는 과정운영의 목표와 실제 운영된 학습 콘텐츠의 내용이 부합하지 않는 것으로 판단될 때에는 그 원인이 무엇인지 파악하여 차기 운영을 위해 보완할 필요가 있다. 이를 위해 다음의 절차로 진행한다.

ⓐ **상급자에게 보고하기**
이러닝 운영담당자는 상급자에게 보고하고 운영 홈페이지의 문제인지, 학습 콘텐츠의 내용 구성상의 문제인지를 확인하여 해당 부분의 내용을 변경해야 한다.

ⓑ **학습콘텐츠 내용구성상의 문제인 경우 처리하기**
학습 콘텐츠의 내용 구성상의 문제가 발생한 경우, 이러닝 운영담당자는 관련 내용전문가에게 연락하여 과정 운영의 목표에 적합한 내용으로 변경한 후 해당 학습 콘텐츠의 내용을 변경해야 한다.

ⓒ **운영 홈페이지의 문제인 경우 처리하기**
운영 홈페이지의 문제가 발생한 경우, 이러닝 운영담당자는 내부 회의를 거쳐 신속하게 홈페이지의 내용을 수정해야 한다. 이는 차기에 해당 과정을 운영하기 위해 매우 시급하고 중요한 일이므로 반드시 해당 부분의 콘텐츠를 수정하거나 재개발해야 한다. 그 후에 해당 홈페이지의 내용을 변경해야 한다.

(2) 콘텐츠 개발 적합성 평가 관리

1) 학습콘텐츠 개발 적합성 평가의 필요성

학습콘텐츠의 품질은 학습목표를 달성하는데 매우 중요하기 때문에, 이러닝 운영기관에서는 이러닝 과정운영에 활용되는 학습콘텐츠의 품질이 교육과정의 목표를 달성하는데 적합하게 개발되어 있는지를 확인하고 보장해야 할 의무가 있다.

콘텐츠 개발 적합성은 이러닝 학습을 운영하는 과정에서 활용된 학습콘텐츠의 품질이 운영기관의 교육과정 운영목표를 달성하는데 활용될 수 있도록 구현되어 있는지를 평가하는 것을 의미한다.

일반적으로 학습콘텐츠 품질의 적합성은 학습콘텐츠를 개발하는 과정과 개발 후 인증하는 과정을 통해 다루어진다. 인증과정을 통과한 학습콘텐츠는 운영기관에서 교육목표를 달성하기 위해 활용해도 좋을 만큼 품질이 양호하다는 의미를 갖는다. 이러한 과정을 통해서 이러닝 학습콘텐츠의 전반적인 품질이 관리되는 것이 보편적이다.

2) 학습콘텐츠 개발 적합성 평가의 기준

이러닝 운영기관에서 학습콘텐츠의 개발 적합성을 평가하는 것은 무엇보다 해당 교육과정의 운영목표에 맞게 학습콘텐츠가 개발되어 있는가 하는 맥락에서 콘텐츠의 품질을 평가하는데 목적이 있다. 또한, 이미 운영된 학습콘텐츠라면 향후 운영을 위해 수정하거나 보완할 사항이 운영과정에서 도출된 것은 없는지를 확인하고 개선하기 위함이다.

이러닝 교육 운영기관 담당자는 과정운영 목표를 확인하기 위한 방법으로 운영기획서에 나와 있는 내용을 확인하거나 운영기관의 홈페이지에 접속하여 운영과정에 대한 운영 목표를 확인할 수 있다. 이를 위한 방안은 다음과 같다.

① 학습목표 달성 적합도

운영된 학습콘텐츠가 해당 과정의 학습목표를 달성하는데 도움이 되었는가? 이를 파악하기 위해서 이러닝 운영 과정에서 실시한 학업성취도 평가의 결과를 검토하여 학습자들의 학습과정 목표 달성도가 어느 정도인지를 산출할 수 있다.

ⓐ **운영기획서의 과정 운영목표 확인**
이러닝 운영담당자는 실제 운영된 학습 콘텐츠의 개발 적합성을 평가할 때 활용하기 위해 이러닝 교육과정 운영기획서에 제시되어 있는 과정운영의 목표에 해당하는 세부 내용을 확인한다.

ⓑ **운영기관 홈페이지의 과정 운영 목표 확인**
이러닝 운영담당자는 실제 운영된 학습 콘텐츠의 개발 적합성을 평가할 때 활용하기 위해 이러닝 교육과정을 운영하고 있는 기관의 홈페이지에 접속하여 과정운영 목표에 해당하는 세부 내용을 확인한다.

ⓒ **학습콘텐츠의 학습목표 달성 적합도 확인하기**
이러닝 운영담당자는 실제 운영된 학습 콘텐츠의 학습목표 달성 적합도를 확인하기 위해 이러닝 운영기관에서 보유하고 있는 학습관리시스템(LMS)에 접속하여 해당 평가결과 정보 중 학업성취도를 확인하고, 평가결과 정보 중 학업성취도를 검토하여 학습자들의 학습과정 목표 달성도를 산출한다.

② 교수설계 요소의 적합성

학습자들이 이러닝 학습을 수행하는 과정에서 제공된 학습콘텐츠는 체계적으로 학습활동을 수행하는데 도움이 되도록 설계되었는가?

이를 파악하기 위해서 학습목표제시, 수준별 학습, 학습요소자료, 화면구성, 인터페이스, 교수학습 전략, 상호작용 등과 같은 교수설계 요소에 대한 검토가 필요하다.

ⓐ **만족도 검사 결과 확인하기**
이러닝 운영기관에서 보유하고 있는 학습관리시스템(LMS)에 접속하여 학습만족도에 대한 결과를 확인한다.

ⓑ **교수설계 요소에 대한 반응 확인하기**
학습만족도에 대한 결과 중 학습콘텐츠의 교수설계 요소에 대한 학습자들의 반응을 확인한다.

③ 학습콘텐츠 사용의 용이성

학습자들은 해당 이러닝 학습콘텐츠를 사용하는 학습 과정에서 어려움을 겪지는 않았는가? 이를 파악하기 위해서 특정 이러닝 운영 과정에서 학습자들이 해당 학습콘텐츠의 사용에 불편하거나 어려워했던 사항은 없었는지를 검토하여 학습콘텐츠 사용의 용이성을 산출할 수 있다.

ⓐ **불편사항 확인하기**
이러닝 운영기관에서 보유하고 있는 학습관리시스템(LMS)에 접속하여 학습콘텐츠에 대한 학습자들의 불편하거나 어려워했던 사항에 대한 자료를 수집하여 확인한다.

ⓑ **불편사항을 보완하기**
학습자들이 해당 학습콘텐츠의 사용에 불편하거나 어려워했던 사항을 보완한다.

④ 학습평가 요소의 적합성

학습콘텐츠에서 활용하고 있는 학습내용에 대한 평가 내용과 방법은 적절한가? 이를 파악하기 위해서 학습콘텐츠에서 다루고 있는 평가 내용과 방법에 대해 학습자들의 의견을 수렴할 필요가 있다. 또한 학습평가 요소가 적합하지 않은 경우에는 관련 내용전문가와 상의하여 해당 내용과 방법에 대한 보완을 요청한다.

⑤ 학습 분량의 적합성

학습콘텐츠의 전체적인 학습시간은 학습에 요구되는 학습시간을 충족하고 있는가?
이를 파악하기 위해서 이러닝 과정운영에 사용된 학습콘텐츠의 학습시간(러닝타임)을 확인해 볼 필요가 있다. 일반적으로 동영상 학습콘텐츠의 경우 1차시 학습시간(러닝타임)이 최소한 25분 이상으로 구성되어야 한다. 이러닝 운영담당자는 실제 운영된 학습콘텐츠의 학습 분량이 적합하지 않은 원인이 무엇인지 파악하여 차기 운영을 위해 보완할 필요가 있다. 학습콘텐츠의 학습 분량은 대학과 기업, 평생교육기관에서 운영하는 과정에 다소 차이가 있을 수 있으므로 운영 시 관련 법 제도를 고려하여 해결 방안을 강구해야 한다.

3) 학습콘텐츠 품질

일반적으로 학습콘텐츠는 학습목표의 달성에 적합한 학습내용과 효과적인 교수학습 전략으로 구성된다. 학습콘텐츠는 **교육용 콘텐츠 품질인증**을 통해 개발된 콘텐츠의 품질에 대한 적합성 여부를 결정한다.

교육용 콘텐츠 품질인증이란 이러닝 제공기관이나 이러닝 개발자들의 자체 기준에 의해 개발된 콘텐츠가 교육적 활용이 가능한지 적부 판정을 하는 콘텐츠 품질인증으로 이러닝에 활용되는 콘텐츠들의 현장 적용 가능성에 대한 평가라고 할 수 있다.

교육용 콘텐츠의 품질인증은 교육지원용과 교수학습용으로 구분할 수 있다. 교육지원용 콘텐츠는 교수 – 학습활동에 직접적으로 활용되지는 않지만 교육기관의 교육활동을 지원하기 위한 각종자료 및 응용 S/W 등이 해당하고, 교수학습용 콘텐츠는 교수학습활동에 직접적으로 활용 가능한 학습콘텐츠를 의미한다.

이와 같은 학습콘텐츠의 품질관리는 학습자의 학습 수준과 경험을 반영한 요구분석, 학습환경과 학습 내용 특성을 반영한 교수설계, 최신의 정보와 구조화된 학습내용설계, 적절한 교수·학습 전략, 다양한 상호작용, 명확한 평가 기준 등의 요소로 구성되어 평가된다.

이러닝 학습콘텐츠는 사용기관에 따라 평생교육기관에서 사용되는 콘텐츠, 대학교육을 위해 사용되는 콘텐츠, 기업의 직무교육훈련을 위해 사용되는 콘텐츠, 교사들의 원격교원연수를 위해 사용되는 콘텐츠 등 다양하게 구분하여 개발되고 활용될 수 있다.

(3) 콘텐츠 운영 적합성 평가 관리 ✡

1) 콘텐츠 운영 적합성

이러닝의 학습효과를 보장하기 위해서 학습콘텐츠의 품질과 함께 이러닝 과정 운영의 중요성은 매우 중요하다. 똑같은 학습 콘텐츠로 학습하더라도 어떻게 학습을 지원하고 운영하느냐 하는 이러닝 운영 프로세스에 따라 그 성과는 달라질 수 있다.

이러한 맥락에서 학습콘텐츠와 함께 이러닝의 학습효과를 결정짓는 주요한 요인인 이러닝 운영 프로세스를 이해할 필요가 있다. 이러닝 운영 프로세스는 이러닝을 통해 실제로 교수-학습활동이 이루어지는 과정과 이를 지원하고 관리하는 활동을 의미한다.

다시 말하면, 이러닝 운영 프로세스는 이러닝을 기획하고 준비하는 단계에서부터 이러닝 학습활동과 평가활동을 수행한 후, 평가결과와 운영결과를 활용하고 관리하는 단계에 이르는 전반적인 과정을 의미한다.

2) 학습콘텐츠 운영 적합성 평가의 필요성

① 이러닝 학습콘텐츠가 교육과정의 운영 목표를 달성하는데 적합하게 활용되었는지를 확인하고 관리하기 위함이다. 이러닝 운영기관에서는 교육과정에 적합한 학습콘텐츠를 도입하거나 개발하여 운영하는데 실제로 그 목적을 달성하도록 활용되고 있는지 여부를 확인하고 관리할 필요가 있다.

② 학습과정을 운영한 이후에 학습콘텐츠의 활용에 대해 보완할 부분은 없는지 등의 측면에서 적합성을 평가하고 관리할 필요가 있다. 이러닝 운영 프로세스에서 학습콘텐츠는 단순히 학습내용을 제공할 뿐 아니라 학습활동을 유발하도록 동기를 부여하고 학습활동과 연계하는 기능을 수행하므로 운영과정에서의 콘텐츠의 적합한 활용에 대한 평가 및 관리는 매우 중요하다.

3) 학습콘텐츠 운영 적합성 평가의 기준

① 운영준비 과정에서 학습콘텐츠 오류 적합성 확인

운영하고자 하는 학습콘텐츠의 오류 여부에 대한 확인이 이루어졌는가? 이러닝 과정의 운영을 준비하는 과정 중 운영환경을 분석하는 단계에서 향후 운영과정에서 개설할 학습콘텐츠의 오류 여부를 점검하여 오류가 발견되었다면 수정을 요청하고 수정되었는지를 확인해야 한다. 점검 방법은 다음과 같다.

ⓐ 운영자료 확인하기

이러닝 운영담당자는 운영을 준비하는 과정에서 운영하고자 하는 학습콘텐츠의 오류 여부를 확인했는지, 확인 결과 오류가 개선되었는지 등에 관한 내용을 검토하기 위해 해당 과정의 운영 자료를 확인한다.

ⓑ 학습콘텐츠 오류 확인하기

운영 자료를 검토한 결과, 학습콘텐츠 오류에 대한 확인과 수정여부를 확인할 수 있으면 확인했음을 명시하고 다음 절차로 진행한다.

ⓒ 기타 오류 확인하기

운영 자료를 검토한 결과, 학습콘텐츠 오류에 대한 확인이나 수정여부가 불분명한 상태에서 운영되었음이 확인된다면 향후 운영을 위해 그 시점에서 오류사항에 대한 확인을 하고 필요시 수정을 요청해야 한다. 그렇지 않으면 해당 과정의 추후 운영 시 학습자들의 불만이 야기될 수 있기 때문이다.

② 운영준비 과정에서 학습콘텐츠 탑재 적합성 확인

운영하고자 하는 학습콘텐츠가 학습관리시스템(LMS)에 정상적으로 등록되었는지 여부에 대한 확인이 이루어졌는가? 이러닝 과정의 운영을 준비하는 과정 중 교육과정을 개설하는 단계에서 운영할 학습콘텐츠의 모든 차시가 학습관리시스템(LMS)에 오류 없이 정상적으로 탑재되었는지 확인하여 오류가 발견되었다면 수정을 요청하고 수정되었는지를 확인해야 한다. 점검 방법은 다음과 같다.

ⓐ 학습콘텐츠 탑재 여부 확인하기

이러닝 운영담당자는 학습콘텐츠가 학습관리시스템(LMS)에 정상적으로 등록되어 운영되었는지 여부를 확인해야 한다. 이를 위해 이러닝 과정의 운영을 준비하는 과정 중 교육과정을 개설하는 단계에서 운영할 학습콘텐츠의 모든 차시가 학습관리시스템(LMS)에 오류 없이 정상적으로 탑재되었는지, 문제가 있어 콘텐츠의 탑재를 위해 프로그램을 수정했는지 등을 확인해야 한다.

ⓑ 학습콘텐츠 탑재 오류 확인하기

이러닝 운영담당자는 모든 차시의 학습콘텐츠가 운영할 학습관리시스템(LMS)에 올바로 탑재되지 못한 이유를 확인한다. 만약 탑재되지 못했다면 해당 과정의 운영은 정시에 전개될 수 없으므로 향후 이러닝 과정의 원활한 운영을 위해 매우 중요하다.

③ 운영과정에서 학습콘텐츠 활용 안내 적합성 확인

이러닝 운영과정에서 학습콘텐츠의 활용 등 학습과정에 대한 정보를 다양한 방법을 통하여 정확하고 충분하게 제공하였는가? 이러닝 과정을 체계적으로 운영하기 위해서 이러닝 과정 학습활동지원을 위한 학습과정 안내하기 단계에서 학습과정에 대한 정보를 학습자들에게 안내할 때 학습콘텐츠의 특성과 활용에 대해 적절하게 안내했는지 여부를 확인해야 한다. 점검 방법은 다음과 같다.

ⓐ **학습콘텐츠 활용 안내 확인하기**
　이러닝 운영담당자는 이러닝 운영과정에서 학습콘텐츠의 활용 등 학습과정에 대한 정보를 다양한 방법을 통해서 학습자들에게 적시에 정확하고 충분하게 제공하였는지 여부를 확인해야 한다.
ⓑ **학습콘텐츠 활용 안내 개선하기**
　이러닝 운영담당자는 학습정보를 안내하는 과정에서 학습콘텐츠의 구성 및 활용 등에 대한 정확한 정보가 적절하게 제공되지 못했거나 소홀하게 제공되었다고 판단되면 향후 운영을 위해 개선방안을 고려해야 한다.

④ 운영평가 과정에서 학습콘텐츠 활용의 적합성 확인

　　학습과정에서 학습콘텐츠 활용에 관한 불편사항은 없었는가? 이를 파악하기 위해서 이러닝 과정을 평가하는 단계에서 학습자들이 학습콘텐츠에 관해 경험하고 느낀 사항을 중심으로 만족도를 평가할 수 있는 기회를 제공하여 불편사항을 개선할 필요가 있다.

ⓐ **학습콘텐츠 활용 만족도 확인하기**
　이러닝 운영 과정에서 만족도 조사를 통해 학습콘텐츠 전반에 관한 불편사항을 확인해야 한다. 확인 결과, 만족도 조사를 통해 학습콘텐츠 전반에 관한 불편사항이나 개선사항을 수렴하였다면 이를 반영하는 개선방안을 도출해야 한다.
ⓑ **학습콘텐츠 활용 개선사항 도출하기**
　이러닝 운영담당자는 이러닝 운영과정이나 운영 후 평가과정에서 학습콘텐츠 활용에 대한 불편사항이나 개선사항이 수렴되지 않았다면 향후 운영을 위해 운영 후 시점에서라도 반드시 확인한다. 이러한 노력을 통해 학습콘텐츠 내용 보완에서부터 이러닝 운영과정의 개선에 이르기까지 이러닝 학습효과 극대화를 위한 전략을 발전시킬 수 있다.

4) 이러닝 운영 프로세스

　이러닝 운영 프로세스는 이러닝 학습환경에서 교수 - 학습을 효율적이고 체계적으로 수행할수 있도록 지원하고 관리하는 총체적인 활동을 의미하며 기획, 준비, 실시, 관리 및 유지의 과정으로 구성된다.
　① 교수학습지원활동 : 이러닝을 활용한 교수학습활동이 수행되는 과정에서 교수자와 학습자가 최적의 교수학습활동을 수행할 수 있도록 다양한 지원활동을 수행하는 것이다.
　② 행정관리지원활동 : 이러닝을 운영하는 과정에서 수행되는 제반 행정적인 측면의 지원 및 관리활동을 의미하는 것으로 수강생관리, 수료 기준 및 절차 안내, 교수 및 튜터 관리, 학습평가 지원 및 결과 관리 등과 같은 활동이 포함된다.

　교육과정 운영 목표와 학습 콘텐츠의 운영이 적합하지 않은 것으로 판단된 경우 이러닝 교육 운영기관 담당자는 과정기획서와 운영 홈페이지에 제시된 과정운영 목표와 운영된 학습 콘텐츠의 운영 특성이 일치하지 않은 부분이 있어 적합하지 않다고 판단될 경우에는 다음과 같은 요소에 대한 수정 및 보완을 고려해야 한다.

③ 학습콘텐츠의 오류로 인해 운영에 문제가 발생하는 경우

이러닝 운영기관에서는 학습콘텐츠 오류로 인한 문제가 발생하지 않도록 운영을 준비하는 과정에서부터 운영이 종료될 때까지 지속적으로 관리해야 한다. 세부 절차는 다음과 같다.

ⓐ **내용전문가의 수정 요청하기**
이러닝 운영담당자는 이러닝 운영담당자는 실제 운영된 학습 콘텐츠의 오류로 인해 운영이 적합하지 않은 것으로 판단된 경우에 해당 학습콘텐츠의 내용에 대한 검토를 관련 내용전문가에게 요청하여 수정한다.
ⓑ **개발자의 수정 요청하기**
이러닝 운영담당자는 실제 운영된 학습 콘텐츠의 오류로 인해 운영이 적합하지 않은 것으로 판단된 경우에 개발자들에게 학습콘텐츠 오탈자 여부에서 기능의 안정화를 요청한다.

④ 학습콘텐츠의 불안전한 탑재로 인해 운영에 문제가 발생하는 경우

ⓐ **학습콘텐츠 내용 검토 요청하기**
이러닝 운영담당자는 실제 운영된 학습 콘텐츠가 학습과정을 개설하는 단계에서 운영할 학습콘텐츠의 모든 차시가 학습관리시스템(LMS)에 오류 없이 정상적으로 탑재되었는지 확인한다.
ⓑ **학습콘텐츠 탑재 오류 확인하기**
이러닝 운영담당자는 실제 운영된 학습 콘텐츠에 문제가 있어 콘텐츠 탑재를 위하여 프로그램을 수정했는지 등을 확인하고 운영과정에서 문제가 발생하지 않도록 필요한 조치를 취해야 한다.

⑤ 학습콘텐츠 활용에 대한 안내활동 부족으로 문제가 발생하는 경우

이러닝 운영담당자는 학습정보를 안내하는 과정에서 학습자들에게 학습콘텐츠의 구성 및 활용 등에 대한 정확한 정보를 적절하게 제공하지 못했거나 소홀하게 제공했다면 이를 해결하기 위해 이러닝 운영과정에서 학습콘텐츠의 활용 등 학습과정에 대한 정보를 다양한 방법을 통해서 학습자들에게 적시에 정확하고 충분하게 제공한다.

⑥ 학습콘텐츠의 만족도가 부족해서 문제가 발생하는 경우

이러닝 운영담당자가 학습과정에서 학습콘텐츠 활용에 관한 불편사항 및 애로사항을 점검하지 못했다면 향후 운영을 위해 반드시 운영과정에서 만족도 조사를 수행해야 한다. 이를 통해 학습자들이 학습콘텐츠에 관해 경험하고 느낀 사항을 중심으로 만족도를 평가할 수 있는 기회를 제공하고 학습콘텐츠 전반에 관한 불편사항이나 개선사항을 수렴하여 개선사항을 도출해야 한다.

02 교·강사 운영결과 관리

(1) 교·강사 활동 평가 관리

1) 교·강사 활동 평가의 중요성

이러닝 과정의 운영활동이 중요한 이유는 학습자들이 학습성과를 효과적으로 달성하도록 지원하고 관리하는데 있다. 이에 영향을 미치는 교·강사 활동에 대한 평가와 관리는 이러닝 과정의 운영 성과를 관리하기 위해 아주 중요한 활동의 하나이다. 그러므로, 이러닝 운영과 정에서 교·강사들의 적극적인 운영활동 참여를 끌어내기 위해서는 보상체계와 연계되어 운영되는 것이 필요하다.

2) 교·강사의 주요 활동

교·강사가 수행하는 주요 활동의 내용을 기반으로 교·강사의 활동에 대한 평가가 수행되어야 한다. 이러닝 운영과정에서의 교·강사 활동은 내용전문가, 촉진자, 안내자 및 관리자로서의 역할을 중심으로 활동을 수행하는 것이 일반적이다.

역할	역할 설명
내용전문가	내용전문성을 기초로 학습내용에 관해 설명하고, 학생들의 질의에 답변하는 등의 활동을 수행하는 것으로 교·강사의 가장 핵심적인 역할
촉진자	학습활동을 수행하는 과정에서 학습자들에게 동기를 부여하고 상호작용을 기반으로 학습활동을 촉진할 수 있도록 지원하는 활동을 수행하는 역할
안내자 및 관리자	학습활동을 위해 필요한 정보를 공지하고 학습활동을 관리하는 활동을 수행하는 역할

이와 같은 교·강사의 역할은 이러닝 과정을 운영하는 기관(예 기업교육기관, 학교교육기관, 평생교육기관 등)에 따라 그 운영 형태나 특성에 다소 차이가 있고 이를 기반으로 과정이 운영된다.

각 기관별로 교·강사의 수행 활동에 대해 조사한 결과, 리포트 출제 및 채점활동에서 가장 우선순위가 높았고, 질의에 대한 답변, 보충학습자료 제공 등의 순으로 활동의 중요성이 높은 것으로 나타났다.

기업교육의 경우, 교·강사의 주요 활동은 학습자 질문에 대한 답변, 평가문항 출제, 과제 출제, 첨삭, 채점, 학습자와의 상호작용, 학습활동에 필요한 보조자료 등록 등으로 나타났다.

사이버대학과 같은 학교교육기관의 경우 교·강사의 주요 활동은 학습내용에 대한 설명과 학생들의 질의에 대한 답변, 과제, 토론 등의 학습활동에 대한 촉진 활동에 중요성이 더 높을 수 있다.

그러나 학교교육기관이나 평생교육기관 등에 따라서는 그 운영형태나 특성에 차이가 있으므로 이를 일반화하기는 어려울 수 있다.

3) 교·강사 활동 평가의 개념

교·강사 활동에 대한 평가는 이러닝 학습과정의 운영이 완료된 이후에 운영계획서에 따라 운영된 과정에 대한 운영성과를 분석하고 관리하는 활동의 하나이다. 교·강사 활동에 대한 평가는 이러닝 과정의 운영성과를 관리하는 직무의 하나로 교·강사가 이러닝 과정의 교수활동을 수행하는 과정에서 어떠한 역할을 수행하였는가를 객관적으로 평가하는 것을 의미한다.

즉, 이러닝 학습과정에서 학습자들이 학습목표를 잘 성취할 수 있도록 교·강사가 학습자들의 학습과정을 모니터링하고 학습활동을 독려하며 관리하는 활동 전반에 대한 평가를 의미한다.

4) 교·강사 활동 평가를 위한 고려사항

이러닝 과정 운영자는 운영과정에서 교·강사들의 튜터링 활동을 지속적으로 모니터링하고 필요한 지원을 제공하고 관리할 수 있도록 이러닝 학습관리시스템(LMS)의 기능을 잘 활용할 필요가 있다.

이를 위해서 이러닝 과정운영자가 교·강사의 튜터링 활동 전반에 대한 모니터링과 관리가 가능하도록 학습관리시스템(LMS)의 기능이 지원되어야 한다. 즉, 교·강사가 학습자들의 학습활동을 지원하고 관리하는 튜터링 활동을 수행하는 내용을 교·강사의 활동요소별(예, 질문에 대한 답변의 시간, 내용, 빈도, 과제물에 대한 첨삭 활동 등)로 수행내용에 대한 기록 등과 같은 제반 사항들을 모두 학습관리시스템(LMS)을 통해 조회하고 관리할 수 있어야 한다.

5) 교·강사 활동 평가 기준

교·강사 활동 평가기준은 이러닝 과정을 운영하는 운영기관의 특성에 따라 다소 차이가 있을 수 있다.

① 기업교육기관의 평가기준

질의응답의 충실성, 첨삭지도 및 채점, 보조자료 등록, 학습상호작용 독려 등과 같은 교·강사의 튜터링 활동 내용에 대한 평가 기준이 활용된다.

② 학교교육 중 초중등기관에서 활용된 평가기준

대표적인 사례인 사이버가정학습에서의 경우, 사이버교사의 만족도를 평가하기 위해 콘텐츠 속성·시도교육청 지원·콘텐츠 기능·수업운영·학습지원 기능 등의 준거가 활용된다.

③ 학교교육 중 사이버대학과 같은 고등교육기관에서의 평가기준

학습내용, 수업콘텐츠, 교수의 강의, 수업운영, 강의 추천 등과 같은 내용을 기준으로 교수자의 활동이 평가된다.

교·강사 활동 평가기준의 차이
- 기업교육기관의 경우 : 주로 교·강사의 수업운영 활동에 초점을 맞추고 있음
- 학교교육기관의 경우 : 교수자의 수업운영은 물론 학습콘텐츠 자체의 속성 등과 같은 요소를 파악하고 있음

다음의 예시 자료는 기업교육기관에서 활용되는 교·강사 활동을 모니터링하고 평가할 때 활용될 수 있는 평가 기준의 하나이다.

〈표 3-1〉 교·강사 활동 평가 기준의 예(기업교육기관)

구분	Check-Point	가중치
질의 답변 및 과정평가 의견	질의에 대한 피드백은 신속히 이루어졌는가?	35%
	질의에 대한 답변에 성의가 있는가?	
	질의에 대한 답변내용에 전문성이 있는가?	
	감점 사항에 대한 적절한 피드백이 이루어졌는가?	
	최신의 과제를 유지하는가?	
자료실관리	과정 특성에 맞는 자료가 게시되었는가?	25%
	게시된 자료의 양이 적당한가?	
	학습자가 요청한 자료에 대한 피드백이 신속한가?	
메일발송 관리	주 1회 메일을 발송하였는가?	25%
	메일의 내용에 학습촉진을 위한 전문성이 있는가?	
	운영자와 학습자의 요청에 대한 피드백이 신속한가?	
공지등록 관리	입과 환영 공지가 학습시작 일에 맞게 게시되었는가?	15%
	학습특이 사항에 대한 공지가 적절히 이루어졌는가?	

예시 자료에 따르면 교·강사는 이러닝 과정을 운영하는 과정에서 학습자의 질의응답에 대한 관리, 과제평가 및 피드백, 학습보조자료 게시, 학습활동에 대한 촉진활동 등을 수행하고 있으며, 교·강사의 활동에 대해 각 영역에 대한 가중치를 부여하여 평가가 이루어지고 있음을 알 수 있다.

(2) 교·강사 활동 결과 관리

1) 교·강사 활동 결과 분석

교·강사 활동 평가 기준은 이러닝 과정을 운영하는 운영기관의 특성에 따라 다소차이가 있을 수 있으나 교·강사의 수업운영과정에 초점을 맞추고 활동 결과를 분석하는 것이 보편적이다. 이러한 면에서 교·강사의 활동 결과를 분석하기 위해서는 질의응답의 충실성, 첨삭지도 및 채점, 보조자료 등록, 학습 상호작용 독려, 학습참여 독려, 모사답안 여부 확인 등을 봐야 한다.

① 질의응답의 충실성 분석

교·강사는 학습자의 질문에 대해 24시간 이내에 신속하고 정확하게 답변을 하는 것이 이상적이다. 답변은 아무리 늦어도 48시간 이내에는 제공되어야 한다.

만약, 학습자들이 제기한 질문에 대해 온라인 튜터가 신속하게 답변을 해주지 않거나, 장시간 간격을 두고 답변을 하게 되면 질문을 제기한 학습자들은 학습과정활동에 대한 의욕을 잃게 되고 궁극적으로는 원하는 기간에 학습활동을 하지 못할 수도 있다.

질의에 대한 답변은 질문을 제기한 학습자는 물론 과정을 수강하는 전체 학습자들이 공유할 수 있도록 질의응답 게시판에 등록하는 것도 학습자들에게 도움이 된다. 이러닝 과정 운영자는 교·강사의 튜터링 활동을 지속적으로 모니터링하여 이러한 질의응답 활동을 교·강사가 게을리 하지 않도록 독려해야 하고, 이러한 활동에 대한 실적을 평가해야 한다.

이러닝 과정운영자는 교·강사가 과정을 운영하는 과정에서 수행한 질의응답에 대한 활동결과를 분석하기 위해 다음과 같은 절차로 진행한다.

ⓐ 학습관리시스템(LMS)의 질의응답 게시판 기록 확인
이러닝 과정운영자는 학습관리시스템(LMS)의 관리자 메뉴에서 교·강사 질의응답 게시판에 접속하여 질의에 대한 횟수, 응답 횟수, 응답 내용, 응답 소요 시간 등의 기록을 확인한다.

ⓑ 교·강사의 질의응답 결과 자료 분석
이러닝 과정운영자는 교·강사의 질의응답 결과 자료를 활용하여 해당 교·강사의 응답시간의 적절성, 응답 횟수의 적절성, 응답내용의 질적 적절성 및 분량 등의 활동결과에 대해 분석한다. 이와 함께 학습자들이 수행한 이러닝 과정 만족도 검사에서 교·강사의 질의에 대한 응답의 적절성 관련 문항이 있다면 학생들의 반응 결과를 확인하여 기록하고 반영한다.

ⓒ 분석된 교·강사의 질의응답 결과 기록
이러닝 과정운영자는 분석된 교·강사의 질의응답 충실성에 관한 분석 결과를 학습관리시스템(LMS)의 해당 부분에 기록하여 저장한다.

② 첨삭지도 및 채점활동 분석

이러닝 과정의 운영자는 교·강사가 자신의 내용전문성을 기반으로 학습자들이 작성하여 제출한 과제리포트의 내용을 검토하고 미흡한 내용에 대한 첨삭 활동과 제출된 과제물의 채점을 수행하는 활동을 잘 수행하고 있는지 모니터링하고 관리할 필요가 있다.

ⓐ 학습관리시스템(LMS)의 과제(리포트) 게시판 기록 확인
　　이러닝 과정운영자는 학습관리시스템(LMS)의 관리자 메뉴에서 교·강사 과제(리포트) 게시판에 접속하여 학습자들의 과제 제출 횟수, 제출과제의 내용(첨부 파일), 과제에 대한 첨삭 횟수, 첨삭 소요 시간, 첨삭 내용, 채점 점수 등의 기록을 확인한다.
ⓑ 교·강사의 과제(리포트) 첨삭지도 및 채점활동 결과 자료 분석
　　이러닝 과정운영자는 확인된 교·강사의 첨삭지도 및 채점활동 결과 자료를 활용하여 교·강사가 과제물에 대한 첨삭지도와 채점을 적절하게 수행했는지의 여부를 분석한다. 분석된 자료를 활용하여 교·강사의 개선이 필요한 세부 활동을 확인한다. 특히 교·강사가 제출한 과제(리포트)에 대해 정해진 기간 내에 채점하고 필요한 첨삭활동 등의 조치를 수행했는지를 확인한다.
ⓒ 분석된 교·강사의 첨삭지도 및 채점활동 결과 기록
　　이러닝 과정운영자는 분석된 교·강사의 첨삭지도 및 채점활동에 관한 분석 결과를 학습관리시스템(LMS)의 해당 부분에 기록하여 저장한다.

③ 보조자료 등록 현황 분석

이러닝 과정의 운영자는 교·강사가 학습과 관련된 자료를 주기적으로 학습자료 게시판에 등록하고 관리하는지를 모니터링하고 그 실적을 평가해야 한다.

온라인 튜터는 참고 사이트, 사례, 학습콘텐츠의 내용을 요약한 교안, 관련 주제에 대한 보충자료, 특정 학습내용을 요약한 정리자료 등과 같은 학습주제와 관련된 다양한 자료를 학습자료 게시판을 활용하여 주기적으로 등록하고 학습자들이 활용할 수 있도록 촉진하는 활동을 수행할 필요가 있다.

ⓐ 학습관리시스템(LMS)의 보조자료 등록 활동 기록 확인
　　이러닝 과정운영자는 학습관리시스템(LMS)의 관리자 메뉴에서 교·강사 보조자료 등록을 위한 게시판(학습자료실)에 접속하여 참고 사이트, 사례, 학습콘텐츠의 내용을 요약한 교안, 관련 주제에 대한 보충자료, 특정 학습내용을 요약한 정리자료 등과 같은 학습주제와 관련된 다양한 학습보조자료를 업로드(등록)한 기록을 확인한다.
ⓑ 교·강사의 보조자료 등록 활동 결과 자료 분석
　　이러닝 과정운영자는 확인된 교·강사의 학습보조자료 등록(업로드) 결과를 활용하여 교·강사가 학습자들의 학습과정에 필요한 유관자료를 적절하게 제공했는지의 여부를 분석한다. 분석된 자료를 활용하여 교·강사의 개선이 필요한 세부 활동을 확인한다.
ⓒ 분석된 교·강사의 보조자료 등록 활동 결과 기록
　　이러닝 과정운영자는 분석된 교·강사의 학습보조자료 제공 활동에 관한 분석 결과를 학습관리시스템(LMS)의 해당 부분에 기록하여 저장한다.

④ 학습 상호작용 활동 분석

이러닝 학습은 제공되는 학습콘텐츠를 학습자들이 읽고 학습하는 것만으로는 최적의 학습 성과를 달성하기가 어렵기 때문에 학습과정에서 다양한 상호작용을 중심으로 학습활동이 수행되어야 하고, 이러닝 교·강사는 이를 지원하고 촉진할 책임이 있다.

따라서 운영자는 교·강사의 수행활동의 정도를 평가에 반영할 필요가 있다. 이를 위해서 교·강사와 학습자 사이에 전개된 상호작용 활동이나 학습자와 학습자 사이에 이루어진 상호작용 활동이 있었는지를 확인해야 한다.

ⓐ **학습관리시스템(LMS)의 상호작용 활동 기록 확인**
이러닝 과정운영자는 학습관리시스템(LMS)의 관리자 메뉴에서 학습상호작용(교·강사학습자, 학습자–학습자 상호작용 활동)을 파악할 수 있는 환경(게시판 혹은 커뮤니티)에 접속하여 학습과정에서 이루어진 다양한 상호작용에 관한 기록을 확인한다.

ⓑ **교·강사의 상호작용 활동 결과 자료 분석**
이러닝 과정운영자는 확인된 상호작용 활동 결과 자료를 활용하여 교·강사가 학습과정에서 다양한 상호작용(토론, 과제, 피드백, 의견교류 등)을 지원하기 위해 적절한 활동을 수행했는지의 여부를 분석한다. 분석된 자료를 활용하여 교·강사의 개선이 필요한 세부 활동을 확인한다.

ⓒ **분석된 교·강사의 상호작용 활동 결과 기록**
이러닝 과정운영자는 분석된 교·강사의 상호작용 활동에 관한 분석 결과를 학습관리시스템(LMS)의 해당 부분에 기록하여 저장한다.

⑤ 학습참여 독려 현황 분석

학습참여 독려 현황은 교·강사가 학습자들의 학습과정에서 참여를 위해 학습자들의 학습활동을 촉진하거나 독려활동을 수행하는 역할에 대한 현황을 의미한다. 이러닝 과정운영자는 학습관리시스템(LMS)에 저장된 교·강사의 학습참여 촉진 및 독려활동에 대한 현황 정보를 확인하고 분석 시 반영해야 한다.

ⓐ **학습관리시스템(LMS)의 학습참여 촉진 및 독려 기록 확인**
이러닝 과정운영자는 학습관리시스템(LMS)의 관리자 메뉴에서 교·강사 학습독려를 위한 게시판에 접속하여 학습자들의 과목공지 조회, 질의응답 참여, 토론 참여, 강의내용에 대한 출석, 동료학습자들과 자유게시판을 통한 의견 교환 등에 관한 독려 횟수 등의 기록을 확인한다.

ⓑ **교·강사의 학습참여 촉진 및 독려 활동 결과 자료 분석**
이러닝 과정운영자는 확인된 교·강사의 학습참여 촉진 및 독려활동 결과 자료를 활용하여 교·강사가 학습자들의 학습참여 촉진 및 독려활동을 적절하게 수행했는지의 여부를 분석한다. 분석된 자료를 활용하여 교·강사의 개선이 필요한 세부 활동을 확인한다.

ⓒ **분석된 교·강사의 학습참여 촉진 및 독려 활동 결과 기록**
이러닝 과정운영자는 분석된 교·강사의 학습참여 및 독려활동 결과에 관한 분석 내용을 학습관리시스템(LMS)의 해당 부분에 기록하여 저장한다.

⑥ 모사답안 여부 확인 활동 분석

교·강사는 이러닝 학습과정에서 학습자들이 제출한 과제물에 대한 모사답안 여부를 확인하고 모사율이 일정 비율(예 70%)을 넘을 경우, 교육운영기관의 규정에 따라 학습자를 처분해야 한다.

이러닝 과정 운영자는 교·강사가 이와 같은 규정을 잘 지키고 있는지를 실제 학습자들이 제출한 과제 자료의 채점 등 처리결과를 중심으로 확인하고 관리해야 한다. 교육운영기관의 학습관리시스템(LMS)에서는 학습자들이 제출한 과제물 등의 자료에 대해 모사율을 처리하는 프로그램이나 기능이 지원되어야 이러한 모사답안 여부 확인 및 처리를 할 수 있다.

모사답안의 처리는 학습자들이 제출한 과제 파일의 내용을 상호 비교하여 모사율을 제시하는 프로그램과 이와 함께 인터넷 검색을 통해 모사율을 제시하는 프로그램이 있을 수 있다. 만약 이와 같은 모사율을 자동으로 체크하고 관리하는 프로그램이 지원되지 않는다면 교·강사가 직접 수행해야 한다. 이 경우 모사율을 구분하는 것은 현실적으로 어렵다.

> ⓐ 학습관리시스템(LMS)의 모사답안 기록 확인
> 이러닝 과정운영자는 학습관리시스템(LMS)의 관리자 메뉴에서 교·강사 과제(리포트) 게시판에 접속하여 학습자들이 제출한 과제물에 대한 모사답안 처리에 관한 기록을 확인한다.
> ⓑ 교·강사의 모사답안 처리 결과 자료 분석
> 이러닝 과정운영자는 확인된 교·강사의 모사답안 처리 결과 자료를 활용하여 교·강사가 모사답안 처리에 관한 규정을 잘 지키고 있는지를 확인한다.
> ⓒ 분석된 교·강사의 모사답안 처리 결과 기록
> 이러닝 과정운영자는 분석된 교·강사의 모사답안 처리 활동 결과를 학습관리시스템(LMS)의 해당 부분에 기록하여 저장한다.

2) 교·강사 활동 분석 결과 피드백

이러닝 과정 운영자는 교·강사의 주요 활동을 평가하고 개선점을 도출하여 피드백을 줌으로써 교·강사가 학습자의 학습활동을 지원하는 과정에서 튜터링 활동에 대한 전문성을 강화하고 보다 열정적으로 이러닝 과정을 운영할 수 있도록 돕는다.

> ⓐ 교·강사 활동 분석 결과 제공
> 이러닝 과정운영자는 교·강사들의 과정 운영 활동에 대한 결과를 분석하여 개선방안과 함께 해당 교·강사들에게 안내하는 역할을 충실하게 수행한다. 이러한 과정을 통해서 이러닝 과정의 운영이 보다 충실하게 수행될 수 있다. 교·강사들의 활동에 대한 분석결과와 개선방안은 교·강사 운영활동보고서를 통해 전달되는 것이 바람직하다.

ⓑ 교 · 강사 활동 개선하기

이러닝 과정운영자는 교 · 강사에게 제공된 분석결과와 개선방안을 중심으로 해당 교 · 강사들에게 필요한 이러닝 과정 운영에 관한 교육훈련을 이수할 수 있는 기회를 부여하고 참여를 요청할 수 있다. 이를 통해 교 · 강사의 전문성 강화를 도모한다. 한편 이와 같은 활동은 교 · 강사의 과정운영 이력에 반영하여 관리할 필요가 있다.

한편, 기업교육을 운영하는 교육기관의 경우 현재 이러닝 운영과정에 참여하는 대부분의 교 · 강사는 기업의 내부 교수요원(사내강사 요원)이나 온라인 튜터의 자격을 갖추고 있는 내용전문가들이 담당하고 있다. 이들은 본업과 비교할 때, 이러닝 과정 운영을 부가적인 업무나 부수적인 과제로 인식하고 수행하는 경향이 있다.

이로 인해 학습자들의 학습과정을 능동적으로 모니터링하고 필요한 촉진활동을 수행하는 데 한계를 가진다. 이를테면 개개인 학습자의 다양한 요구(질의응답, 부가자료 요청, 과제 등에 대한 질의 등)에 대하여 소극적으로 역할을 수행하거나 역할을 수행하는 능력 자체가 부족할 수 있다. 이를 개선하기 위해서는 교 · 강사들이 튜터링에만 전념할 수 있도록 전문직화하는 것이 바람직하나, 처우 문제 등으로 인해 현실화하기가 어려운 실정이다.

그럼에도 이러닝 과정에 대한 효과를 높이기 위해서는 교 · 강사의 역할을 능동적으로 수행할 수 있는 여건을 마련할 필요가 있다.

현재 이러닝 운영과정에 참여하는 교 · 강사의 전문성 강화를 위한 교육내용을 보면, 과제물 채점 및 피드백과 같은 평가에 관한 내용, 학습운영시스템(LMS) 사용방법에 대한 내용, 학습활동 촉진에 관한 내용(진도체크, 학습독려 등), 상호작용활동 촉진에 관한 내용(질의응답, 토론 등) 등으로 나타난다.

이러한 내용은 교 · 강사로 하여금 학습자의 학습활동을 지원하고 촉진시킬 수 있는 학습지원자로서의 역할을 원활하게 수행하도록 돕는다. 그러나 실제로 수행하는 역할은 질의응답, 과제물 채점 및 피드백 등이 주를 이루므로 이 부분을 향상시킬 수 있도록 튜터링 전문성 강화에 대한 교육이 보다 수행될 필요가 있다.

3) 교 · 강사 활동 평가 결과 등급 구분

이러닝 운영기관의 운영 담당자는 해당 기관에서 운영하는 이러닝 과정 운영에 참여하는 교 · 강사들의 활동 결과를 등급화하여 구분하고 관리해야 한다. 이를 통해 활동이 우수한 교 · 강사에 대해서는 인센티브를 부여하고 활동이 저조한 교 · 강사에 대해서는 향후과정을 운영할 때 불이익을 주거나 과정 운영에서 배제하는 식의 관리가 가능하다.

이와 같이 교 · 강사의 활동 결과를 기반으로 하는 관리 방식은 이러닝 과정 운영의 질을 높이는 추천할만한 방법의 하나이다. 일반적으로 교·강사 활동에 대한 평가결과 등급 구분은 학습자들의 만족도 평가와 학습관리시스템(LMS)에 저장된 활동 내역에 대한 정보를 활용하여 수행할 수 있다. 교·강사 활동 평가 결과를 기반으로 하는 교·강사의 등급은 A, B, C, D 등으로 산정될 수 있다.

A등급은 매우 양질의 우수한 교·강사를 의미하며, B등급은 보통 등급의 교·강사, C등급은 활동이 미흡하거나 다소 부족한 교·강사, D등급은 교·강사로서의 활동이 불량하여 다음 과정의 운영 시에 배제해야 할 대상이 된다. C등급의 경우는 일부 교육훈련을 통해서 양질의 교·강사로서의 역할을 수행하도록 지원하는 것이 바람직하다.

03 시스템 운영결과 관리

(1) 이러닝 시스템

이러닝을 실시할 때, 학습콘텐츠의 중요성 못지않게 이러닝 학습관리시스템 (LMS), 네트워크, 인적자원 등의 이러닝을 위한 학습인프라가 매우 중요하다. 이러닝 학습인프라의 대표적인 것이 이러닝 시스템이다. 이러닝 시스템은 이러닝 학습 활동을 위한 기반 환경 중의 하나이다. 이러닝 시스템의 기능 여하에 따라 학습 활동을 효율적으로 수행할 수 있느냐 그렇지 못하느냐가 결정되고 결국은 학습 효과에 영향을 미칠 수 있다.

1) 학습관리시스템(Learning Management System)의 개념 ◉1회 필기 기출

① LMS의 정의 : 학습운영관리시스템, 학습운영시스템, 교육관리시스템, 사이버교육시스템, 이러닝시스템, 이러닝플랫폼, 이러닝솔루션 등의 다양한 명칭으로 사용됨
② 웹 기반 온라인 학습환경에서의 교수-학습을 효율적이고 체계적으로 준비, 실시, 관리할 수 있도록 지원해주는 시스템을 의미

2) 학습관리시스템(Learning Management System)의 기능 구성 ◉1회 필기 기출

① 교수자의 교수활동 지원 기능
  - 이러닝 학습과정이 원활하게 진행될 수 있도록 교수자가 학습에 대한 계획, 지원 및 관리를 할 수 있는 기능으로 구성됨
  - 교수자가 웹을 기반으로 운영되는 학습과정을 준비하기 위하여 교수-학습과정을 설계하고, 학습 자료를 개발하며, 교수-학습을 실시하고, 그 후에 사후관리를 하는데

필요한 기능들을 지원해 줌으로써 컴퓨터 사용에 익숙하지 않은 교수자들도 부담 없이 새로운 교수-학습환경을 활용할 수 있도록 도와주는 기능
- 수업을 설계하고 수업과정에서의 질문에 대한 답변, 과제제출 및 평가, 퀴즈 및 평가문항 출제 및 평가, 학생들의 학습 진도 체크, 학습공지, 학생관리 등을 수행할 수 있는 기능을 제공함

② 학습자의 학습활동 지원 기능
- 이러닝 학습과정에서 교수자와 학습자, 학습콘텐츠와 학습자간에 이루어지는 학습활동이 효율적으로 진행될 수 있도록 지원하는 기능으로 구성됨
- 학습자가 웹을 기반으로 운영되는 학습과정에 등록하고 학습하는데 필요한 기능들을 제공해 줌으로써 학습자가 새로운 학습환경에서 어려움 없이 학습과정을 마칠 수 있도록 도와 줄 수 있는 기능을 의미
- 질의응답, 토론참여, 과제작성 및 제출, 학습콘텐츠 학습, 진도조회, 평가 및 성적확인, 자유게시 활동 등을 수행할 수 있는 기능을 제공함

③ 운영 및 관리자의 운영관리활동 지원 기능
- 이러닝 교육과정 운영자가 학습에 대한 전반적인 학사운영을 수행하기 위해 필요한 관리기능으로 구성됨
- 교수자와 학습자가 웹을 기반으로 교수-학습을 할 수 있도록 강의 개설에서부터 평가결과의 학적부 반영까지 관련된 기능을 시스템에 의해서 지원받을 수 있도록 도와주는 기능
- 학생 및 교수, 조교에 대한 정보관리, 과목별 학생관리, 과목정보관리, 학습현황분석 및 각종 통계처리 및 출력, 과목이수정보 관리 등을 수행할 수 있는 기능을 제공

(2) 이러닝 시스템 운영 결과

1) 운영 준비과정을 지원하는 시스템 운영결과 구성요인

이러닝 시스템 운영결과는 이러닝 운영을 준비하는 과정, 운영을 실시하는 과정, 운영을 종료하고 분석하는 과정에서 취합된 시스템 운영결과를 의미한다.

① 운영환경 준비를 위한 시스템 운영결과
- **확인사항** : 학습사이트 이상 유무 분석결과, 학습관리시스템(LMS) 이상 유무 분석결과, 멀티미디어 기기에서의 콘텐츠 구동에 관한 이상 유무 분석결과, 단위 콘텐츠 기능의 오류 유무 분석결과 등에 대한 내용

〈표 3-2〉 운영환경 준비를 위한 시스템 운영결과 확인

시스템 지원 기능	지원결과	결과 관련 설명
학습사이트		
학습관리시스템		
멀티미디어 기기에서의 콘텐츠 구동		
단위 콘텐츠 기능 오류		

② 교육과정 개설 준비를 위한 시스템 운영결과
- **확인사항** : 개강 예정인 교육과정의 특성과 세부 차시, 과정 관련 공지사항, 강의계획서, 학습관련자료, 설문을 포함한 여러 가지 사전 자료, 교육과정별 평가문항을 등록할 때 있었던 시스템 기능 오류 분석결과 등에 대한 내용

〈표 3-3〉 교육과정 개설 준비를 위한 시스템 운영결과 확인

시스템 지원 기능	지원결과	결과 관련 설명
교육과정 특성		
세부 차시		
공지사항		
깅의계획서		
학습 관련 자료		
설문 등의 사전 자료		
평가문항 등록		

③ 학사일정 수립 준비를 위한 시스템 운영결과
- **확인사항** : 학사일정 수립에 대한 시스템 운영결과는 연간 학사일정을 기준으로 과정별 학사일정을 수립하고, 수립된 학사일정을 교·강사와 학습자에게 공지하는 활동을 수행하는데 학습관리시스템(LMS) 기능에 문제가 없었는지를 확인하는 내용

〈표 3-4〉 학사일정 수립 준비를 위한 시스템 운영결과 확인

시스템 지원 기능	지원결과	결과 관련 설명
과정별 학사일정 수립		
학사일정 교·강사 공지		
학사일정 학습자 공지		

④ 수강신청 관리 준비를 위한 시스템 운영결과
  • **확인사항** : 수강신청 관리에 대한 시스템 운영결과는 수강 승인명단에 대한 수강 승인, 교육과정 입과 안내, 운영 예정과정에 대한 운영자 정보 등록, 교·강사 지정 등록, 학과목별 수강 변경사항에 대한 처리 등의 기능이 학습관리시스템(LMS)에서 원활하게 지원되었는지를 확인하는 내용

〈표 3–5〉 수강신청 관리 준비를 위한 시스템 운영결과 확인

시스템 지원 기능	지원결과	결과 관련 설명
과정별 수강 승인		
과정별 교육과정 입과 안내		
과정별 운영자 정보 등록		
과정별 교·강사 지정 등록		
과정별 수강변경사항 처리		

2) 운영 실시과정을 지원하는 시스템 운영결과 구성요인

① 학사관리 기능 지원을 위한 시스템 운영결과
  • **확인사항** : 학사관리 기능 지원을 위한 시스템 운영결과는 학습자 관리 기능(과정 등록 학습자 현황 확인, 등록 학습자 정보 관리, 중복신청자 관리, 수강 학습자 명단 관리 등), 성적처리 기능(평가기준에 따른 평가항목 조회, 평가비율 조회, 성적 이의신청, 최종 성적 확정, 과정별 이수 학습자 성적 분석 등), 수료 관리 기능(수료기준 확인, 수료자 구분, 출결 등 미수료 사유 안내, 수료증 발급, 수료결과 신고 등)의 내용

〈표 3–6〉 학사관리 기능 지원을 위한 시스템 운영결과 확인

시스템 지원 기능	지원결과	결과 관련 설명
학습자 관리 기능		
성적처리 기능		
수료관리 기능		

② 교·강사 활동 기능 지원을 위한 시스템 운영결과
  • **확인사항** : 교·강사 선정 관리 기능(자격과 과정 운영전략에 부합하는 교·강사 선정, 관리, 활동 평가 및 교체 등), 교·강사 활동 안내 기능(학사일정, 교수학습환경, 학습촉진방법, 학습평가지침, 활동평가기준 등), 교·강사 수행 관리 기능(답변등록, 평가문항출제, 과제출제, 첨삭, 채점, 상호작용 활성화, 보조자료 등록 등의 독려활동, 근태 관리 등), 교·강사 불편사항 지원 기능(불편사항 조사, 해결방안 마련, 실무 부서 전달 및 처리결과 확인, 의견 및 개선 아이디어 조사 등)에 대한 지원 유무 등

〈표 3-7〉 교 · 강사 활동 기능 지원을 위한 시스템 운영결과 확인

시스템 지원 기능	지원결과	결과 관련 설명
교 · 강사 선정 관리 기능		
교 · 강사 활동 안내 기능		
교 · 강사 수행 관리 기능		
교 · 강사 불편사항 지원 기능		

③ 학습자 학습활동 기능 지원을 위한 시스템 운영결과
- **확인사항** : 학습환경 지원 기능(PC 및 모바일 등의 학습환경 확인, 특성 분석, 원격지원, 문제 상황에 대한 대응방안 수립 등), 학습과정 안내 기능(학습절차, 과제수행 방법, 평가기준, 상호작용 방법, 자료등록방법 등), 학습촉진 기능(학습 진도 관리, 과제 및 평가 참여 독려, 상호작용 활성화 독려, 온라인 커뮤니티 활동 지원, 질의에 대한 응답 등), 수강오류 관리 기능(사용상 오류, 학습 진도 오류, 과제 및 성적처리 오류에 대한 해결 등)에 대한 지원에 이상 유무가 있었는지를 확인

〈표 3-8〉 학습자 학습활동 기능 지원을 위한 시스템 운영결과 확인

시스템 지원 기능	지원결과	결과 관련 설명
학습환경 지원 기능		
학습과정 안내 기능		
학습 촉진 기능		
수강오류 관리 기능		

④ 이러닝 고객활동 기능 지원을 위한 시스템 운영결과
- **확인사항** : 고객유형 분석 기능(교육기관 고객유형 특성 분석, 학습데이터 기반 고객유형 분류, 질의사항 기반 문제 사항 분류, 관리대상자 선정 등), 고객채널 관리기능(SMS, 쪽지, 매일, 게시판, 웹진, 전화, SNS의 채널 선정, 채널별 응대자료 작성 등), 게시판 관리 기능(게시판 모니터링, 문제 사항 처리, 미처리 사항 담당부서 이관, FAQ 작성 등), 고객요구사항 지원 기능(핫라인 활용, 고객요구사항 처리, 학습과정 이외 요구사항 처리, 요구사항 실무부서 전달, 처리결과 피드백, 요구사항 유목화 정리 등)에 대한 지원에 이상 유무가 있었는지를 확인

〈표 3-9〉 이러닝 고객활동 기능 지원을 위한 시스템 운영결과 확인

시스템 지원 기능	지원결과	결과 관련 설명
고객유형 분석 기능		
고객채널 관리 기능		
게시판 관리 기능		
고객 요구사항 지원 기능		

3) 운영 완료 후 시스템 운영결과 구성요인

① 이러닝 과정 평가관리 기능 지원을 위한 시스템 운영결과

- **확인사항** : 과정만족도 조사 기능(교육과정, 운영자 지원활동, 교·강사 지원활동, 시스템 사용 등에 대한 학습자 만족도 등), 학업성취도 관리 기능(학업성취도 확인, 원인분석, 향상 방안 등), 과정평가 타당성 검토 기능(평가의 운영계획서 일치여부, 평가기준 적절성, 평가방법 적절성, 평가시기 적절성 등), 과정평가 결과 보고 기능(과정별 학업성취도 현황, 교·강사 만족도, 학습자 만족도, 만족도 분석결과, 운영결과 등)에 대한 지원에 이상 유무가 있었는지를 확인

〈표 3-10〉 이러닝 과정평가 관리 기능 지원을 위한 시스템 운영결과 확인

시스템 지원 기능	지원결과	결과 관련 설명
과정 만족도 조사 기능		
학업 성취도 관리 기능		
과정평가 타당성 검토 기능		
과정평가 결과 보고 기능		

② 이러닝 과정 운영성과 관리 기능 지원을 위한 시스템 운영결과

- **확인사항** : 이러닝 과정 운영성과 관리 기능 지원을 위한 시스템 운영결과는 콘텐츠 평가 관리기능(학습내용 구성, 콘텐츠 개발, 콘텐츠 운영의 적절성 등), 교·강사 평가 관리 기능(평가기준 수립, 활동 평가, 활동결과 분석, 분석결과 피드백, 등급 구분 등), 시스템운영 결과 관리 기능(운영성과, 하드웨어 요구사항, 시스템 기능, 제안 내용 반영 등), 운영활동 결과 관리 기능(학습 전 운영준비, 학습 중 운영활동 수행, 학습 후 운영성과 관리 등), 개선사항 관리 기능(운영성과 결과분석, 개선사항 확인, 전달, 실행여부 확인 등), 최종 평가보고서 작성 기능(내용분석, 보고서 작성, 운영기획 반영 등)에 대한 지원에 이상 유무가 있었는지를 확인

이러닝 운영 관리

〈표 3-11〉 이러닝 과정 운영성과 관리 기능 지원을 위한 시스템 운영결과 확인

시스템 지원 기능	지원결과	결과 관련 설명
콘텐츠 평가 관리 기능		
교·강사 평가 관리 기능		
시스템 운영결과 관리 기능		
운영활동 결과 관리 기능		
개선사항 관리 기능		
최종 평가보고서 작성 기능		

(3) 이러닝 시스템 운영성과 분석

1) 운영 준비과정 시스템 운영성과 분석

운영 준비과정을 수행하는 과정에서 필요한 시스템 지원기능의 지원결과를 토대로 운영성과를 작성한다. 운영성과는 운영목표 달성도와 이에 대한 개선 사항은 무엇인지를 기록한다.

〈표 3-11〉 운영 준비과정 시스템 운영성과 분석

시스템 지원 기능	지원결과	운영성과	
		운영목표 달성도	개선사항
운영환경 준비 기능			
교육과정 개설 준비 기능			
학사일정수립 준비 기능			
수강신청관리 준비 기능			

2) 운영 실시과정 시스템 운영성과 분석

운영을 실시하는 과정에서 필요한 시스템 지원기능의 지원결과를 토대로 운영성과를 작성한다. 운영성과는 운영목표 달성도를 얼마나 달성했는지, 이에 대한 개선 사항은 무엇인지를 기록한다.

시스템 지원 기능	지원결과	운영성과	
		운영목표 달성도	개선사항
학사관리 지원 기능			
교·강사 활동 지원 기능			
학습자 학습활동 지원 기능			
이러닝 고객활동 지원 기능			

3) 운영 완료 후 시스템 운영성과 분석

운영을 완료한 후에 필요한 시스템 지원기능의 지원 결과를 토대로 운영성과를 작성한다. 운영성과는 운영목표 달성도를 얼마나 달성했는지, 이에 대한 개선 사항은 무엇인지를 기록한다.

시스템 지원 기능	지원결과	운영성과	
		운영목표 달성도	개선사항
평가관리 지원 기능			
운영성과 관리 지원 기능			

04 운영결과 관리 보고서 작성

(1) 과정 운영성과 결과 관리

이러닝 운영에 대한 결과를 분석하여 운영과정의 성과를 도출할 수 있다. 이러닝 운영에 대한 결과를 분석하기 위해서는 운영 과정 전반에 관여하였던 요소들을 살펴볼 필요가 있다. 이러닝 과정의 운영을 준비하는 과정, 운영을 실시하는 과정, 운영을 종료하고 결과를 관리하는 과정에 관계되었던 요소들은 콘텐츠, 교·강사, 시스템, 운영 활동과 그 결과로 구분할 수 있다. 이러닝 운영성과를 분석하기 위해서는 이러닝 운영 과정에서 수행되었던 제반 활동에 대해 수행여부를 확인하고 수행의 과정에서 발생되었던 특이사항이 있었는지 검토하여 정리해야 한다. 이러한 수행 활동에 대한 확인과 검토의 과정을 통해 과정 운영성과에 대한 결과를 정리할 수 있기 때문이다.

1) 이러닝 운영 성과 관련 자료

이러닝 과정 운영 성과에 대한 결과를 정리하고 분석하기 위해서는 각각의 활동 과정에 관한 자료를 수집해야 한다. 이를 위해서 운영을 준비하는 과정, 운영을 실시하는 과정, 운영을 종료하고 결과를 정리하는 과정으로 구분하여 해당 자료를 수집하고 확인할 필요가 있다.

다음의 자료는 이러닝 운영 과정에서 수행되는 업무 내용을 기준으로 수행결과 확인과정에서 활용할 수 있는 자료의 목록을 보여준다.

	운영과정	세부 수행 내용	관련 자료
운영 준비	운영기획과정	운영요구 분석 운영제도 분석 운영계획 수립	운영계획서 운영 관계 법령
	운영준비과정	운영환경 분석 교육과정 개설 학사일정 수립	학습과목별 강의계획서 교육과정별 과정개요서
운영 실시	학사관리	학습자 관리 성적 처리 수료 관리	학습자 프로파일 자료
	교 · 강사 활동지원	교 · 강사 선정 관리 교 · 강사 활동 안내 교 · 강사 수행 관리 교 · 강사 불편사항 지원	교 · 강사 프로파일 자료 교 · 강사 업무현황 자료 교 · 강사 불편사항 취합 자료
	학습활동지원	학습환경 지원 학습과정 안내 학습 촉진 수강오류 관리	학습활동 지원 현황 자료
	고객지원	고객유형 분석 고객채널 관리 게시판 관리 고객요구사항 지원	고객지원 현황 자료
	과정평가관리	과정만족도 조사 학업성취도 관리 과정평가 타당성 검토 과정평가 결과보고	과정만족도 조사 자료 학업성취 자료 과정평가 결과보고 자료
운영 종료 후	운영 성과관리	콘텐츠 평가 관리 교 · 강사 평가 관리 시스템 운영 결과 관리 운영활동 결과 관리 개선사항 관리 최종 평가보고서 작성	과정 운영 계획서 콘텐츠 기획서 교 · 강사 관리 자료 시스템 운영 현황 자료 성과 보고 자료
	유관부서 업무지원	매출업무 지원 사업기획업무 지원 콘텐츠업무 지원 영업업무 지원	매출 보고서 과정 운영계획서 운영결과 보고서 콘텐츠 요구사항 정의서

과정 운영자는 이러닝 과정의 운영 성과를 분석하기 위해 다음의 목록을 활용하여 필요한 자료의 확보여부를 체크할 수 있다. 관련 자료를 확보한 경우는 O표, 미확보한 경우는 X표로 표기하면 된다.

운영 과정		관련 자료 목록	자료 확보 여부	
			확보(O)	미확보(X)
운영 준비	운영기획과정	운영계획서		
		운영 관계 법령		
	운영준비과정	학습과목별 강의계획서		
		교육과정별 과정개요서		
운영 실시	학사관리	학습자 프로파일 자료		
	교·강사 활동지원	교·강사 프로파일 자료		
		교·강사 업무현황 자료		
		교·강사 불편사항 취합 자료		
	학습활동지원	학습활동 지원 현황 자료		
	고객지원	고객지원 현황 자료		
	과정평가관리	과정만족도 조사 자료		
		학업성취 자료		
		과정평가 결과보고 자료		
운영 종료 후	운영 성과관리	과정 운영 계획서		
		콘텐츠 기획서		
		교·강사 관리 자료		
		시스템 운영 현황 자료		
		성과 보고 자료		
	유관부서 업무지원	매출 보고서		
		과정 운영계획서		
		운영결과 보고서		
		콘텐츠 요구사항 정의서		

이러닝 운영 관리

2) 이러닝 운영 준비 과정 관련 자료⭐

이러닝 운영 준비과정은 운영 기획 과정과 운영 준비 과정으로 구성된다. 이 과정에 해당되는 주요 관련 자료는 운영계획서, 운영 관계 법령, 학습과목별 강의계획서, 교육과정별 과정개요서 등이 해당한다.

관련 자료 명칭	내용 설명
과정 운영계획서	이러닝 과정을 운영하기 위한 계획을 담고 있는 자료로 학습자, 고객, 교육과정, 학습환경 등에 관한 운영 요구를 분석한 내용, 최신 이러닝 트랜드, 우수 운영사례, 과정 운영 개선사항 등의 내용, 운영 제도의 유형 및 변경사항, 과정 운영을 위한 전략, 일정계획, 홍보계획, 평가전략 등의 운영계획을 포함한 내용으로 구성된다.
운영 관계 법령	이러닝 운영에 영향을 미치는 주요 법령을 의미하며 고등교육법, 평생교육법, 직업능력개발법, 학원의 설립, 운영 및 과외 교습에 관한 법률 등에 관한 내용으로 구성된다.
학습과목별 강의계획서	단위 운영과목에 관한 세부 내용을 담고 있는 문서로 강의명, 강사, 연락처, 강의목적, 강의구성 내용, 강의 평가기준, 세부 목차, 강의 일정 등의 내용으로 구성된다.
교육과정별 과정개요서	교육과정에 관한 세부 내용을 담고 있는 문서로 교육목표를 달성하기 위해 교육내용과 학습활동을 체계적으로 편성, 조직한 것으로 단위 수업의 구성요소와는 구별되는 내용으로 구성된다.

3) 이러닝 운영실시 과정 관련 자료⭐⭐

이러닝 실시 과정은 학사관리, 교·강사 활동 지원, 학습활동 지원, 고객지원, 과정평가 관리로 구성된다. 이 과정에 해당되는 주요 관련 자료는 학습자 프로파일 자료, 교·강사 프로파일 자료, 교·강사 업무현황 자료, 교·강사 불편사항 취합 자료, 학습활동 지원 현황 자료, 고객지원 현황 자료, 과정만족도 조사 자료, 학업성취도 자료, 과정평가 결과보고 자료 등이 해당한다.

관련 자료 명칭	내용 설명
학습자 프로파일	학습자에 관한 제반 정보를 담고 있는 자료로 학습자의 신상 정보, 학습이력 정보, 학업성취 정보, 학습선호도 정보 등으로 구성된다. 학습자 프로파일 정보에 관한 자료는 학습자가 수강신청을 하고 과정을 이수하여 수료한 결과를 모두 포함하는 내용으로 구성되어 지속적으로 관리가 된다. 학습자 프로파일에 관한 표준화가 이루어지면 운영되는 과정이 무엇이든 상관없이 학습자에 관한 세부 특성 자료를 공유하고 호환할 수 있지만 표준화가 이루어지지 않은 상태에서는 운영기관별로 관리하므로 기관끼리 상호 호환할 수 없는 특성을 지닌다.
교·강사 프로파일	교·강사에 관한 정보를 담고 있는 자료로 기본적인 신상에 관한 정보, 교·강사의 전공 및 전문성에 관한 정보, 교·강사의 자격에 관한 정보, 교상사의 과정 운영 이력에 관한 정보 등으로 구성된다.

교·강사 업무현황 자료	과정 운영 과정에서 교·강사가 수행한 업무활동에 관한 내용을 담고 있는 자료로 교·강사가 수행해야 할 활동(학사일정, 교수학습환경, 학습촉진방법, 학습평가지침, 자신들의 활동에 대한 평가기준 등)에 대한 인식정도와 운영과정에서 교·강사 수행역할(질의에 답변 등록, 평가문항출제, 과제출제, 채점 및 첨삭, 상호작용 독려, 보조자료등록, 근태 등)에 관한 수행정보 등으로 구성된다.
교·강사 불편사항 취합자료	과정 운영 과정에서 교·강사가 불편함을 호소한 내용을 어떻게 처리했는가에 대한 자료로 운영자가 해결방안을 마련하고 실무부서에 전달하여 처리했는지에 대한 내용으로 구성된다.
학습활동 지원 현황 자료	학습자가 이러닝 학습을 수행하는 과정에서 적절한 지원을 받았는지에 대한 현황을 담고 있는 자료로 학습자들의 학습 환경을 분석하고 지원하는 방안, 학습과정에 대한 안내활동(학습절차, 과제수행 방법, 평가기준, 상호작용 방법, 자료등록 방법 등), 학습촉진활동(학습진도 관리, 과제 및 평가참여 독려, 상호작용 독려, 커뮤니티 활동 지원, 질문에 대한 신속한 응답 등), 수강오류관리(사용상 오류, 학습진도 오류, 성적처리 오류 등) 등에 관한 내용으로 구성된다.
고객지원 현황 자료	이러닝 고객에 대한 자료로 고객의 유형분석, 고객채널 관리, 게시판 관리, 고객 요구사항 지원하기 등의 내용으로 구성된다.
과정만족도 조사 자료	이러닝 과정의 학습활동에 관한 학습자 만족도를 조사하는 자료로 주로 설문을 통해 관리된다. 주로 교육과정의 내용, 운영자의 지원활동, 교·강사의 지원활동, 학습시스템의 용이성, 학습콘텐츠의 만족도 등의 내용으로 구성된다.
학업성취도 자료	학습관리시스템에 등록된 학습자의 학업성취 기록에 관한 자료를 의미한다. 시험성적, 과제물 성적, 학습과정 참여(토론, 게시판 등) 성적, 출석관리자료(학습시간, 진도율 등)에 관한 내용으로 구성된다.
과정평가 결과 보고자료	이러닝 운영 과정의 전반적인 결과를 보고하는 자료로 학습자별 학업성취 현황, 교·강사 만족도 현황, 학습자 만족도 현황, 운영과정의 전반적인 만족도 분석 결과, 수료현황, 만족도, 개선사항 등의 운영 결과로 구성된다.

이러닝 운영 관리

4) 이러닝 운영 종료 후 과정 관련 자료

이러닝 운영 종료 후 과정은 운영성과 관리와 유관부서 업무지원 과정으로 구성된다. 이 과정에 해당되는 주요 관련 자료는 과정 운영 계획서, 콘텐츠 기획서, 교·강사 관리 자료, 시스템 운영 현황 자료, 성과 보고 자료, 매출 보고서, 운영결과 보고서, 콘텐츠 요구사항 정의서 등이 해당된다.

관련 자료 명칭	내용 설명
과정 운영계획서	이러닝 과정을 운영하기 위한 계획을 담고 있는 자료로 학습자, 고객, 교육과정, 학습환경 등에 관한 운영 요구를 분석한 내용, 최신 이러닝 트랜드, 우수 운영사례, 과정 운영 개선사항 등의 내용, 운영 제도의 유형 및 변경사항, 과정 운영을 위한 전략, 일정계획, 홍보계획, 평가전략 등의 운영계획을 포함한 내용으로 구성된다.
콘텐츠 기획서	이러닝 콘텐츠에 관한 기획 내용을 담고 있는 자료로 내용 구성, 교수학습 전략, 개발 과정, 개발 일정 및 방법, 개발 인력, 질 관리 방법 등의 내용으로 구성된다.
교·강사 관리자료	과정 운영에 참여한 교·강사 활동에 관한 관리 자료로 교·강사 활동에 관한 평가기준, 평가활동 수행의 적합성 여부, 교·강사 활동(질의응답, 첨삭지도, 채점 독려, 보조자료 등록, 학습상호작용, 학습참여, 모사답안 여부 확인 등)에 관한 결과, 교·강사 등급 평가 등의 내용으로 구성된다.
시스템 운영 현황 자료	이러닝 시스템의 운영결과를 취합한 성과 분석 자료로 이러닝 과정의 운영 결과 중 이러닝 시스템의 기능 분석, 하드웨어 요구사항 분석, 기능 개선 요구사항에 대한 시스템 반영 여부 등의 내용으로 구성된다.
성과 보고 자료	이러닝 과정 운영활동에 대한 결과를 보고하는 자료로 운영준비 활동, 운영 실시 활동, 운영 종료 후 활동에 대한 결과를 분석한 내용으로 구성된다.
매출 보고서	이러닝 운영결과에 대한 매출 자료를 의미하며 매출 자료를 작성하고 보고하는 내용으로 구성된다.

(2) 과정 운영성과 개선사항 관리

이러닝 운영자는 과정 운영을 준비하는 활동에서부터 결과를 분석하고 운영성과를 관리하는 과정까지 작성되거나 도출되는 모든 것을 기록할 필요가 있다. 이러닝 과정 운영 성과에 대한 분석결과를 기반으로 개선사항을 도출하는 것은 이러닝 과정을 추후 지속적으로 운영하기 위해 매우 중요하기 때문이다.

즉, 이러닝 과정 운영을 위한 개선사항은 이러닝 과정 운영 준비과정, 진행과정, 종료 후 결과 관리과정의 수행활동과 결과를 고려하여 도출해야 한다. 이를 위해서 참조할 수 있는 내용은 다음과 같다.

1) 이러닝 운영 준비과정에 대한 개선사항 도출

이러닝 운영 준비과정에 대한 개선사항은 이러닝 과정 운영을 준비하는 활동과 지원 사항을 검토하고 미흡하거나 개선해야 할 사항이 있는지를 확인하는 것이다. 이를 위해서 이러닝 운영계획에 의거해 운영 환경 준비, 과정 개설, 학사일정 수립 및 수강신청 업무를 수행한 관련 자료와 결과를 분석하고 미흡한 부분이 있는지를 체크하여 정리해야 한다.

준비과정	자료 및 결과 확인 문항	개선사항 입력
운영환경준비	이러닝 서비스를 제공하는 학습사이트를 점검하여 문제점을 해결하였는가?	
	이러닝 운영을 위한 학습관리시스템(LMS)을 점검하여 문제점을 해결하였는가?	
	이러닝 학습지원도구의 기능을 점검하여 문제점을 해결하였는가?	
	이러닝 운영에 필요한 다양한 멀티미디어 기기에서의 콘텐츠 구동 여부를 확인하였는가?	
	교육과정별로 콘텐츠의 오류 여부를 점검하여 수정을 요청하였는가?	
교육과정개설 1회 필기 기출	학습자에게 제공 예정인 교육과정의 특성을 분석하였는가?	
	학습관리시스템(LMS)에 교육과정과 세부 차시를 등록하였는가?	
	학습관리시스템(LMS)에 공지사항, 강의계획서, 학습관련자료, 설문, 과제, 퀴즈 등을 포함한 사전 자료를 등록하였는가?	
	이러닝 학습관리시스템(LMS)에 교육과정별 평가 문항을 등록하였는가?	
학사일정수립	연간 학사일정을 기준으로 개별 학사일정을 수립하였는가?	
	원활한 학사진행을 위해 수립된 학사일정을 협업부서에 공지하였는가?	
	교 · 강사의 사전 운영준비를 위해 수립된 학사 일정을 교 · 강사에게 공지하였는가?	
	학습자의 사전 학습준비를 위해 수립된 학사일정을 학습자에게 공지하였는가?	
	운영예정인 교육과정에 대해 서식과 일정을 준수하여 관계기관에 절차에 따라 신고하였는가?	
수강신청관리	개설된 교육과정별로 수강신청 명단을 확인하고 수강승인 처리를 하였는가?	
	교육과정별로 수강 승인된 학습자를 대상으로 교육과정 입과를 안내하였는가?	
	운영 예정 과정에 대한 운영자 정보를 등록하였는가?	
	운영을 위해 개설된 교육과정에 교 · 강사를 지정하였는가?	
	학습과목별로 수강변경사항에 대한 사후처리를 하였는가?	

2) 이러닝 운영 진행과정에 대한 개선사항 도출

이러닝 운영 진행과정에 대한 개선사항은 이러닝 운영을 실시하는 활동과 지원 사항을 검토하고 미흡하거나 개선해야 할 사항이 있는지를 확인하는 것이다. 이를 위해서 이러닝 운영 계획에 의거해 이러닝 학사관리(학습자의 정보 확인, 성적처리, 수료처리), 이러닝 교·강사 지원(교·강사의 선정, 사전교육, 수행활동 안내, 활동에 대한 개선사항 관리), 학습활동 지원(학습환경 최적화, 수강오류 처리, 학습활동 촉진), 평가관리(학습자 만족도, 학업성취도, 과정평가결과 보고) 업무를 수행한 관련 자료와 결과를 분석하고 미흡한 부분이 있는지를 체크하여 정리해야 한다.

진행과정		자료 및 결과 확인 문항	개선사항 입력
학사관리	학습자 정보	과정에 등록된 학습자 현황을 확인하였는가?	
		과정에 등록된 학습자 정보를 관리하였는가?	
		중복신청을 비롯한 신청 오류 등을 학습자에게 안내하였는가?	
		과정에 등록된 학습자 명단을 감독기관에 신고하였는가?	
	성적처리	평가기준에 따른 평가항목을 확인하였는가?	
		평가항목별 평가비율을 확인하였는가?	
		학습자가 제기한 성적에 대한 이의신청 내용을 처리하였는가?	
		학습자의 최종성적 확정여부를 확인하였는가?	
		과정을 이수한 학습자의 성적을 분석하였는가?	
	수료관리	운영계획서에 따른 수료기준을 확인하였는가?	
		수료기준에 따라 수료자, 미수료자를 구분하였는가?	
		출결, 점수미달을 포함한 미수료 사유를 확인하여 학습자에게 안내하였는가?	
		과정을 수료한 학습자에 대하여 수료증을 발급하였는가?	
		감독기관에 수료결과를 신고하였는가?	
교강사지원	교·강사 선정	자격요건에 부합되는 교·강사를 선정하였는가?	
		과정 운영전략에 적합한 교·강사를 선정하였는가?	
		교·강사 활동평가를 토대로 교·강사를 변경하였는가?	
		교·강사 정보보호를 위한 절차와 정책을 수립하였는가?	

	교·강사 사전교육	과정별 교·강사의 활동이력을 추적하여 활동 결과를 정리하였는가?	
		교·강사 자격심사를 위한 절차와 준거를 마련하여 이를 적용하였는가?	
		교·강사 교육을 위한 매뉴얼을 작성하였는가?	
		교·강사 교육에 필요한 자료를 문서화하여 교육에 활용하였는가?	
		교·강사 교육목표를 설정하여 이를 평가할 수 있는 준거를 수립하였는가?	
	교·강사 안내	운영계획서에 기반하여 교·강사에게 학사일정, 교수학습환경을 안내하였는가?	
		운영계획서에 기반하여 교·강사에게 학습평가지침을 안내하였는가?	
		운영계획서에 기반하여 교·강사에게 교·강사 활동평가기준을 안내하였는가?	
		교·강사 운영매뉴얼에 기반하여 교·강사에게 학습촉진방법을 안내하였는가?	
	교·강사 개선활동	학사일정에 기반하여 과제 출제, 첨삭, 평가문항출제, 채점 등을 독려하였는가?	
		학습자 상호작용이 활성화될 수 있도록 교·강사를 독려하였는가?	
		학습활동에 필요한 보조자료 등록을 독려하였는가?	
		운영자가 교·강사를 독려한 후 교·강사 활동의 조치 여부를 확인하고 교·강사 정보에 반영하였는가?	
		교·강사 활동과 관련된 불편사항을 조사하였는가?	
		교·강사 불편사항에 대한 해결 방안을 마련하고 지원하였는가?	
		운영자가 처리 불가능한 불편사항을 실무부서에 전달하고 처리 결과를 확인하였는가?	
		운영 예정 과정에 대한 운영자 정보를 등록하였는가?	
학습활동지원	학습환경 지원	수강이 가능한 PC, 모바일 학습환경을 확인하였는가?	
		학습자의 학습환경을 분석하여 학습자의 질문 및 요청사항에 대처하였는가?	
		학습자의 PC, 모바일 학습환경을 원격지원 하였는가?	
		원격지원상에서 발생하는 문제 상황을 분석하여 대응방안을 수립하였는가?	
	학습안내 활동	학습을 시작할 때 학습자에게 학습절차를 안내하였는가?	
		학습에 필요한 과제수행 방법을 학습자에게 안내하였는가?	
		학습에 필요한 평가기준을 학습자에게 안내하였는가?	
		학습에 필요한 상호작용 방법을 학습자에게 안내하였는가?	
		학습에 필요한 자료등록 방법을 학습자에게 안내하였는가?	
		운영을 위해 개설된 교육과정에 교·강사를 지정하였는가?	

학 습 촉 진 활 동	학습촉진 활동	운영계획서 일정에 따라 학습진도를 관리하였는가?	
		운영계획서 일정에 따라 과제와 평가에 참여할 수 있도록 학습자를 독려하였는가?	
		학습에 필요한 상호작용을 활성화할 수 있도록 학습자를 독려하였는가?	
		학습에 필요한 온라인 커뮤니티 활동을 지원하였는가?	
		학습과정 중에 발생하는 학습자의 질문에 신속히 대응하였는가?	
		학습활동에 적극적으로 참여하도록 학습동기를 부여하였는가?	
		학습자에게 학습의욕을 고취시키는 활동을 수행하였는가?	
		학습자의 학습활동 참여의 어려움을 파악하고 해결하였는가?	
	수강오류	학습 진도 오류 등 학습 활동에서 발생한 각종 오류를 파악하고 이를 해결하였는가?	
		과제나 성적처리상의 오류를 파악하고 이를 해결하였는가?	
		수강오류 발생 시 내용과 처리방법을 공지사항을 통해 공지하였는가?	
과 정 평 가 관 리	과정평가 관리	과정만족도 조사에 반드시 포함되어야 할 항목을 파악하였는가?	
		과정만족도를 파악할 수 있는 항목을 포함하여 과정만족도 조사지를 개발하였는가?	
		학습자를 대상으로 과정만족도 조사를 수행하였는가?	
		과정만족도 조사 결과를 토대로 과정만족도를 분석하였는가?	
	학업성취 관리	학습관리시스템(LMS)의 과정별 평가결과를 근거로 학습자의 학업성취도를 확인하였는가?	
		학습자의 학업성취도 정보를 과정별로 분석하였는가?	
		학습자의 학업성취도가 크게 낮을 경우 그 원인을 분석하였는가?	
		학습자의 학업성취도를 향상시키기 위한 운영전략을 마련하였는가?	

3) 이러닝 운영 종료 후 과정에 대한 개선사항 도출

이러닝 운영 종료 후 과정에 대한 개선사항은 이러닝 운영을 종료한 이후에 운영성과를 분석하고 최종보고서를 작성하는 활동과 지원 사항을 검토하고 미흡하거나 개선해야 할 사항이 있는지를 확인하는 것이다. 이를 위해서 콘텐츠, 교·강사, 시스템, 운영활동의 성과를 분석하고 개선사항을 관리하는 업무를 수행한 관련 자료와 결과를 분석하고 미흡한 부분이 있는지를 체크하여 정리해야 한다.

종료과정	자료 및 결과 확인 문항	개선사항 입력
콘텐츠 운영 결과	콘텐츠의 학습내용이 과정 운영 목표에 맞게 구성되어 있는지 확인하였는가?	
	콘텐츠가 과정 운영의 목표에 맞게 개발 되었는지 확인하였는가?	
	콘텐츠가 과정 운영의 목표에 맞게 운영 되었는지 확인하였는가?	
교 · 강사 운영 결과	교 · 강사 활동의 평가기준을 수립하였는가?	
	교 · 강사가 평가기준에 적합하게 활동 하였는지 확인하였는가?	
	교 · 강사의 질의응답, 첨삭지도, 채점 독려, 보조자료 등록, 학습 상호작용, 학습참여, 모사답안여부 확인을 포함한 활동의 결과를 분석하였는가?	
	교 · 강사의 활동에 대한 분석결과를 피드백 하였는가?	
	교 · 강사 활동 평가결과에 따라 등급을 구분하여 다음 과정 운영에 반영하였는가?	
시스템 운영 결과	시스템운영결과를 취합하여 운영성과를 분석하였는가?	
	과정 운영에 필요한 시스템의 하드웨어 요구사항을 분석하였는가?	
	과정 운영에 필요한 시스템 기능을 분석하여 개선 요구사항을 제안하였는가?	
	제안된 내용의 시스템 반영여부를 확인하였는가?	
운영 결과 관리	학습 시작 전 운영준비 활동이 운영계획서에 맞게 수행되었는지 확인하였는가?	
	학습 진행 중 학사관리가 운영계획서에 맞게 수행되었는지 확인하였는가?	
	학습 진행 중 교 · 강사 지원이 운영계획서에 맞게 수행되었는지 확인하였는가?	
	학습 진행 중 학습활동지원이 운영계획서에 맞게 수행되었는지 확인하였는가?	
	학습 진행 중 과정평가관리가 운영계획서에 맞게 수행되었는지 확인하였는가?	
	학습 종료 후 운영 성과관리가 운영계획서에 맞게 수행되었는지 확인하였는가?	

이러닝 운영 관리

(3) 최종 평가보고서 작성

1) 최종 보고서 작성의 의미

- 이러닝 운영과정의 내용을 전체, 분야별, 과정별, 학습자별로 운영결과를 산출하여 일정 기간별로 보고하는 활동임
- 일반적으로 주차, 중간 및 최종 과정의 운영결과를 취합하고 분석하는데 운영 프로세스에 따른 결과, 특이사항, 문제점 및 대응책, 향후 운영을 위한 개선사항 등이 포함됨
- 운영 과정과 결과를 기반으로 최종적으로 성과를 산출하고 개선사항을 도출하여 향후 운영과정에 반영하기 위한 목적으로 작성되어 보고됨

2) 이러닝 과정 운영자가 해야 할 것 🔘 1회 필기 기출

- 이러닝 운영프로세스에 대한 지식과 통계처리에 대한 지식을 갖추어야 하고, 학습운영시스템(LMS) 사용능력, 통계분석력, 보고서 작성 능력, 의사소통 능력 등을 갖추어야 함
- 세부 내용과 결과는 학습운영시스템(LMS)에 저장된 자료와 기록을 활용하는 것이 좋음
- 수행된 활동에 관한 결과 자료를 취합하여 구비여부를 확인하고 분석함

3) 작성 시 고려할 것 ✮✮

- 이러닝 운영 과정의 활동과 결과를 중심으로 작성해야 함
- 콘텐츠 평가에 관한 내용, 교·강사 평가에 관한 내용, 시스템 운영결과에 관한 내용, 운영활동 결과에 관한 내용 및 개선사항 등을 포함하여 작성해야 함
- 이러닝 과정 운영에 대한 최종 평가보고서는 운영과정과 운영결과를 기반으로 콘텐츠, 교·강사, 시스템 운영, 과정 운영 활동과 개선사항에 대한 내용으로 구성된다. 이에 대한 세부 내용은 다음과 같다.

① 콘텐츠 평가에 관한 내용

　　이러닝 운영과정에서 활용된 콘텐츠가 과정 운영 목표에 맞는 내용으로 구성되어, 개발되고, 운영되었는지 여부를 평가한 결과가 반영되어야 한다.

② 교·강사 활동 평가에 관한 내용

　　최종 평가보고서 작성자는 교·강사 활동 평가기준을 기반으로 이러닝 운영 과정에서 교·강사가 과정의 운영목표에 적합한 교수활동을 수행했는지의 여부를 평가한 결과를 반영해야 한다.

③ 시스템운영 결과에 관한 내용

　　이러닝 시스템 운영결과는 이러닝 운영을 준비하는 과정, 운영을 실시하는 과정, 운영을 종료하고 분석하는 과정에서 취합된 시스템 운영결과를 의미한다. 최종 평가보고서

에는 하드웨어 요구사항, 시스템 기능, 과정 운영에 필요한 개선 요구사항 등의 시스템 운영 결과에 관한 내용이 반영되어야 한다.

④ 운영활동 결과에 관한 내용

이러닝 운영활동 결과는 이러닝 과정의 운영을 통해서 수행된 제반 운영활동에 대한 취합된 결과를 의미한다. 최종 평가보고서에는 운영계획서에 의거하여 운영활동 전반에서 수행된 활동의 특성과 결과에 관한 내용이 반영되어야 한다.

⑤ 개선사항에 관한 내용

최종 평가보고서를 작성하는 사람은 운영 관련 자료나 결과물을 기반으로 운영결과를 분석하는 과정에서 이러닝 과정 운영자가 도출한 개선사항을 반영해야 한다.

⑥ 결과물 취합

NCS 기반 이러닝 운영과정에서 수행된 활동에 관한 결과 자료를 취합하여 구비여부를 확인하고 분석한다. 이를 구체적으로 살펴보면, 운영을 준비하는 과정, 운영을 실시하는 과정, 운영을 종료하고 결과를 정리하는 과정으로 구분하여 해당 자료를 취합하고 확인할 필요가 있다.

관련 자료를 확보한 경우는 O표, 미확보한 경우는 X표로 표기하면 된다.

〈표 3-12〉 최종 평가보고서 작성을 위한 이러닝 운영과정 결과물 취합 여부

운영과정		관련 자료 목록	자료 확보 여부	
			확보(O)	미확보(X)
운영 준비	운영기획과정	운영계획서		
		운영 관계 법령		
	운영준비과정	학습과목별 강의계획서		
		교육과정별 과정개요서		
운영 실시	학사관리	학습자 프로파일 자료		
	교·강사 활동지원	교·강사 프로파일 자료		
		교·강사 업무현황 자료		
	학습활동지원	교·강사 불편사항 취합 자료		
	고객지원	학습활동 지원 현황 자료		
	과정평가관리	고객지원 현황 자료		
		과정만족도 조사 자료		
		학업성취 자료		

운영 종료 후	운영 성과관리	과정평가 결과보고 자료		
		과정 운영 계획서		
		콘텐츠 기획서		
		교 · 강사 관리 자료		
		시스템 운영 현황 자료		
	유관부서 업무지원	성과 보고 자료		
		매출 보고서		
		과정 운영계획서		
		운영결과 보고서		

⑦ 개선사항 반영

이러닝 과정 운영자는 NCS 기반 이러닝 운영과정에서 수행된 활동에 관한 결과 자료를 취합하여 분석한 후에 과정별로 도출된 개선사항을 확인하여 최종 평가보고서 작성 시 반영해야 한다. 이를 위해서 이러닝 과정 운영 성과관리의 개선사항 관리하기에서 작성한 개선사항에 관한 세부 내용을 운영과정별로 확인하고 내용분석 시 필요한 내용은 반영한다.

〈표 3-13〉 이러닝 운영과정에 관한 개선사항 반영 여부 확인

운영 과정		개선사항 도출 내용	분석 시 반영 여부	
			반영(O)	미반영(X)
운영 준비	운영기획과정			
	운영준비과정			
운영 실시	학사관리			
	교 · 강사 활동지원			
	학습활동지원			
	고객지원			
	과정평가관리			
운영 종료 후	운영 성과관리			
	유관부서 업무지원			

⑧ 결과물 분석

이러닝 운영과정별로 해당하는 산출물에 대한 자료를 취합하였으면 이에 대한 분석을 실시한다. 취합된 운영과정별 결과물에 대한 내용분석은 최종 평가보고서에 반영될 내용 분석기준을 참조한다.

〈표 3-14〉 최종 평가보고서 작성을 위한 이러닝 운영과정 결과물 내용 분석 기준

운영 성과	과정별 내용분석 기준
콘텐츠 평가	콘텐츠의 학습내용이 과정 운영 목표에 맞게 구성되었는가? 콘텐츠가 과정 운영의 목표에 맞게 개발되었는가? 콘텐츠가 과정 운영의 목표에 맞게 운영되었는가?
교 · 강사 평가 💡 1회 필기 기출	교 · 강사 활동의 평가 기준은 수립되었는가? 교 · 강사가 평가기준에 적합하게 활동을 수행했는가? 교 · 강사의 질의응답, 첨삭지도, 채점 독려, 보조자료 등록, 학습상호작용, 학습참여, 모사답안여부 확인을 포함한 활동 결과는 분석했는가? 교 · 강사의 활동에 대한 분석결과를 피드백 했는가? 교 · 강사의 활동 평가결과에 따라 등급을 구분하여 다음 과정 운영에 반영했는가?
시스템 운영결과 평가	시스템운영결과를 취합하여 운영성과를 분석했는가? 과정 운영에 필요한 시스템의 하드웨어 요구사항을 분석했는가? 과정 운영에 필요한 시스템 기능을 분석하여 개선 요구사항을 제안했는가? 제안된 내용의 시스템 반영여부가 이루어졌는가?
운영활동 결과	학습 시작 전 운영준비 활동이 운영계획서에 맞게 수행되었는가? 학습 진행 중 학사 관리가 운영계획서에 맞게 수행되었는가? 학습 진행 중 교 · 강사 지원이 운영계획서에 맞게 수행되었는가? 학습 진행 중 학습활동 지원이 운영계획서에 맞게 수행되었는가? 학습 진행 중 과정평가 관리가 운영계획서에 맞게 수행되었는가?
개선사항	과정 운영상에서 수집된 자료를 기반으로 운영성과 결과를 분석했는가? 운영성과 결과분석을 기반으로 개선사항을 도출했는가? 도출된 개선사항을 실무 담당자에게 정확하게 전달했는가? 전달된 개선사항이 실행되었는가?

9) 최종 평가보고서 작성 양식

이러닝 과정 운영에 대한 최종 평가보고서는 운영과정과 운영결과를 기반으로 콘텐츠, 교·강사, 시스템 운영, 과정 운영 활동과 개선사항에 대한 내용을 중심으로 구성된다. 이러한 내용을 반영하여 작성될 최종 평가보고서 양식은 다음과 같다.

〈표 3-15〉 최종 평가보고서(이러닝 과정 운영 결과보고서) 작성 양식

이러닝 과정 운영 결과보고서

과정명			
교육대상		인원수	( )명
교육기간			
교육목표			
교육내용			
교육방법			
운영결과 및 분석			
운영목표			
운영실적			
수강현황			
만족도 결과			
콘텐츠 평가			
교·강사 활동			
시스템 운영			
운영활동 결과			
개선 사항			
교육실적 재고방안	미수료 학습자 대책: 학습참여 활성화 방안: 수요자 만족도 제고 방안:		
향후 방안			

〈표 3-16〉 최종 평가보고서(이러닝 과정 운영 결과보고서) 작성 양식 예시자료

이러닝 과정 운영 결과보고서

과정명	운영 과정명을 작성한다.		
교육대상	교육대상을 작성한다.	인원수	( )명
교육기간	교육과정의 운영 기간을 작성한다.		
교육목표	과정의 교육목표를 작성한다.		
교육내용	교육내용의 목록을 작성한다.		
교육방법	교육방법(이러닝, 플립러닝, 문제기반 학습 등)을 작성한다.		
운영결과 및 분석			
운영목표	과정 운영 목표를 작성한다.		
운영실적	과정의 운영 실적(참여인원수, 과정 수, 학업성취도 평균 등)을 작성한다.		
수강현황	수강인원, 수료율, 미수료율 등의 현황을 작성한다.		
만족도 결과	학습자들의 만족도 조사결과를 작성한다.		
콘텐츠 평가	본 과정에서 운영에 활용한 이러닝 학습콘텐츠의 운영결과를 작성한다. (예 본 과정의 이러닝 콘텐츠는 운영목표에 맞는 내용으로 구성되어 개발되었으며 과정에서 적절하게 운영되었다 등)		
교·강사 활동	교·강사 활동의 특성(예 교·강사 선정 기준, 사전교육 실적, 교·강사 활동 평가 결과 등)을 작성한다.		
시스템 운영	시스템 운영 결과(예 운영결과, 하드웨어 구성, 학습관리시스템(LMS) 기능의 적절성 등)를 작성한다.		
운영활동 결과	이러닝 준비과정에서부터 운영을 실시하고 결과를 분석한 과정에 이르는 운영활동의 특성을 작성한다.		
개선 사항	이러닝 운영과정에서 도출된 개선사항에 대해 작성한다.		
교육실적 재고방안	미수료 학습자 대책 : 학습참여 활성화 방안 : 수요자 만족도 제고 방안 :		
향후 방안	향후 이러닝 과정 운영을 위해 고려할 사항을 작성한다.		

출제예상문제 Chapter 03 이러닝 운영 결과 관리

01 다음 중 이러닝 콘텐츠 학습내용의 적합성을 평가하기 위한 준거가 옳게 연결된 것은?

① 학습내용 구성 및 조직 : 학습내용이 학습자의 지식, 기술, 경험의 수준에 맞게 적합한 학습내용으로 구성되어 있는가?

② 학습난이도 : 학습내용은 학습자의 지식수준이나 발달단계에 맞게 구성되어 있는가?

③ 학습목표 : 학습내용을 학습하기에 적절한 학습시간을 고려하고 있는가?

④ 윤리적 규범 : 학습내용이나 보조 자료에 대한 저작권은 확보되어 있는가?

 해설

① '학습내용 선정'에 해당하는 내용이다.
③ '학습분량'에 해당하는 내용이다.
④ '내용의 저작권'에 대한 설명이다.

02 이러닝 학습콘텐츠 개발 적합성 평가 중 학습목표 제시, 학습요소 자료, 화면 구성, 인터페이스, 교수학습 전략, 상호작용 요소 등의 검토로 알 수 있는 것은?

① 학습 분량의 적합성
② 교수설계 요소의 적합성
③ 학습콘텐츠 사용의 용이성
④ 학습평가 요소의 적합성

해설

교수설계 요소의 적합성
'학습자들이 이러닝 학습을 수행하는 과정에서 제공된 학습콘텐츠가 체계적으로 학습활동을 수행하는데 도움이 되도록 설계되었는가'를 파악하기 위해서 학습목표 제시, 수준별 학습, 학습요소 자료, 화면 구성, 인터페이스, 교수학습 전략, 상호작용 등과 같은 교수설계 요소에 대한 검토가 필요하다.

03 다음 중 이러닝 콘텐츠 내용 적합성 평가 관리에 대한 내용으로 옳지 않은 것은?

① 과정운영 목표를 확인하기 위한 방법으로 운영기획서에 나와 있는 내용을 확인하거나 운영기관의 홈페이지에 접속하여 적합성 여부를 확인할 수 있다.

② 과정운영 목표는 교육기관에서 다루고 있는 교육내용의 방향성과 범위를 결정하는 주요한 지표로 작용한다.

③ 교육과정 운영 목표와 학습 콘텐츠의 내용이 적합한 것으로 판단된 경우, 향후 운영 과정에서 교육과정 안내 및 홍보 등에 활용한다.

④ 운영기관 홈페이지의 과정 운영 목표와 학습 콘텐츠의 내용이 부합하지 않는 경우, 이러닝 운영담당자는 관련 내용전문가에게 연락하여 목표에 적합한 내용과 학습 콘텐츠 내용을 변경 후 상급자에게 보고한다.

📊 해설

운영기관 홈페이지의 과정 운영 목표와 학습 콘텐츠의 내용이 부합하지 않는 경우, 이러닝 운영담당자는 상급자에게 보고하고 운영 홈페이지의 문제인지, 학습 콘텐츠의 내용 구성상의 문제인지를 확인하여 해당 부분의 내용을 변경해야 한다.

04 다음 중 이러닝 학습목표 달성 적합도 파악을 위한 방안으로 거리가 먼 것은?

① 학습만족도에 대한 결과 중 학습콘텐츠의 교수설계 요소에 대한 학습자들의 반응을 확인한다.

② 이러닝 교육과정 운영기획서에 제시되어 있는 과정운영 목표에 해당하는 세부 내용을 확인한다.

③ 이러닝 교육과정을 운영하고 있는 기관의 홈페이지에 접속하여 과정운영 목표에 해당하는 세부 내용을 확인한다.

④ 학습관리시스템에 접속하여 해당 평가결과 정보 중 학업성취도를 확인하고 평가 결과 정보 중 학업성취도를 검토한다.

📊 해설

①은 '교수설계 요소의 적합성' 파악을 위한 방안이다.

01 ② 02 ② 03 ④ 04 ①

05 다음 중 이러닝 운영준비 과정에서 학습콘텐츠 운영 적합성 평가를 위한 내용으로 거리가 먼 것은?

① 이러닝 운영담당자는 운영을 준비하는 과정에서 운영할 학습콘텐츠의 오류 여부를 검토하기 위해 운영 자료를 확인한다.

② 이러닝의 교육과정 개설 단계에서 운영할 학습콘텐츠의 모든 차시가 학습관리시스템에 오류 없이 탑재되었는지 확인한다.

③ 이러닝 운영 과정에서 만족도 조사를 통해 학습콘텐츠 전반에 관한 불편사항을 확인해야 한다.

④ 학습콘텐츠 오류와 수정여부를 확인할 수 있으면 확인했음을 명시하고 다음 절차로 진행한다.

해설

③은 운영평가 과정에서 학습콘텐츠 활용의 적합성 확인을 위한 방법이다.

06 다음 중 이러닝 학습콘텐츠의 오류로 인해 운영에 문제가 발생하는 경우 해결 방안으로 옳은 것은?

① 학습자들에게 학습과정에 대한 정보를 다양한 방법으로 충분히 제공한다.

② 이러닝 운영과정에서 만족도 조사를 수행한다.

③ 콘텐츠 탑재를 위해 프로그램을 수정했는지 확인한다.

④ 학습콘텐츠의 내용에 대한 검토를 관련 내용전문가에게 요청하여 수정한다.

해설

① 학습콘텐츠 활용에 대한 안내활동 부족으로 문제가 발생하는 경우의 방안이다.
② 학습콘텐츠의 만족도가 부족해서 문제가 발생하는 경우의 방안이다.
③ 학습콘텐츠의 불안전한 탑재로 인해 운영에 문제가 발생하는 경우의 방안이다.

07 다음 중 이러닝 교·강사 활동 결과 분석에 대한 내용으로 옳지 않은 것은?

① 이러닝 과정 운영자는 교·강사가 학습과 관련된 자료를 주기적으로 학습자료 게시판에 등록하고 관리하는지를 모니터링하고 그 실적을 평가해야 한다.

② 이러닝 과정 운영자는 이러닝 학습과정에서 학습자들이 제출한 과제물에 대한 모사답안 여부를 확인해야 한다.

③ 이러닝 과정 운영자는 학습관리시스템에 저장된 교·강사의 학습참여 촉진 및 독려활동에 대한 현황 정보를 확인하고 분석 시 반영해야 한다.

④ 교·강사는 학습자의 질문에 대해 24시간 이내에 신속하고 정확하게 답변하는 것이 이상적이다.

해설

모사답안 여부 확인은 이러닝 운영자가 아닌 교·강사가 담당 업무이다.

08 다음 중 이러닝 교·강사 활동 결과 분석 중 첨삭지도 및 채점활동에 대한 분석에 해당하는 것은?

① 이러닝 과정운영자는 교·강사가 제출한 과제를 기간 내 채점하고 필요한 첨삭활동 등의 조치를 수행했는지를 확인한다.
② 이러닝 과정운영자는 교·강사가 학습과정에서 토론, 과제, 피드백 등 다양한 상호작용을 지원하기 위해 적절한 활동을 수행했는지를 분석한다.
③ 이러닝 과정운영자는 해당 교·강사의 응답시간, 응답횟수, 응답내용의 질적 적절성 등의 활동결과에 대해 분석한다.
④ 이러닝 과정운영자는 교·강사의 모사답안 처리 결과 자료를 활용하여 교·강사가 모사답안 처리 규정을 잘 지키고 있는지 확인한다.

해설

② '학습 상호작용 활동 분석'에 대한 내용이다.
③ '질의응답의 충실성 분석'에 대한 내용이다.
④ '모사답안 여부 확인 활동 분석'에 대한 내용이다.

09 다음 중 운영 실시과정을 지원하는 시스템 운영결과 구성요인에 해당하는 것은?

① 교육과정 개설 준비를 위한 시스템 운영결과
② 학사관리 기능 지원을 위한 시스템 운영결과
③ 수강신청 관리 준비를 위한 시스템 운영결과
④ 학사일정 수립 준비를 위한 시스템 운영결과

해설

①,③,④는 운영 준비과정을 지원하는 시스템 운영결과 구성요인이다.

05 ③ 06 ④ 07 ② 08 ① 09 ②

10 다음 중 이러닝 과정 평가관리 기능 지원을 위한 시스템 운영결과의 확인사항에 해당하는 것을 모두 고르면?

> (ㄱ) 과정평가 결과 보고 기능
> (ㄴ) 시스템운영 결과 관리 기능
> (ㄷ) 과정만족도 조사 기능
> (ㄹ) 학업성취도 관리 기능
> (ㅁ) 개선사항 관리 기능

① (ㄱ), (ㄴ)　　　　　　　　② (ㄷ), (ㅁ)
③ (ㄱ), (ㄷ), (ㄹ)　　　　　④ (ㄷ), (ㄹ), (ㅁ)

📊 **해설**

(ㄴ), (ㅁ)는 이러닝 과정 운영성과 관리 기능 지원을 위한 시스템 운영결과 확인사항에 해당한다.

11 이러닝 운영 준비 과정 관련 자료에서 다음이 설명하는 것은?

> 단위 운영과목에 관한 세부 내용을 담고 있는 문서로 강의명, 강사, 연락처, 강의목적, 강의구성 내용, 강의 평가기준, 세부 목차, 강의 일정 등의 내용으로 구성된다.

① 과정 운영계획서　　　　　② 운영 관계 법령
③ 학습과목별 강의계획서　　④ 교육과정별 과정개요서

📊 **해설**

① 과정 운영계획서는 이러닝 과정을 운영하기 위한 계획을 담고 있는 자료이다.
② 운영 관계 법령은 이러닝 운영에 영향을 미치는 주요 법령을 의미한다.
④ 교육과정별 과정개요서는 교육과정에 관한 세부 내용을 담고 있는 문서이다.

12 다음 이러닝 운영실시 과정 관련 자료 중 학습자별 학업성취 현황, 교·강사 만족도 현황, 학습자 만족도 현황, 운영과정의 전반적인 만족도 분석 결과, 수료현황, 만족도, 개선사항 등의 운영 결과로 구성되는 것은?

① 학습활동 지원 현황 자료　　② 과정평가 결과 보고자료
③ 과정만족도 조사 자료　　　　④ 학업성취도 자료

해설

① 학습활동 지원 현황 자료는 학습자가 이러닝 학습을 수행하는 과정에서 적절한 지원을 받았는지에 대한 현황을 담고 있다.
③ 과정만족도 조사 자료는 이러닝 과정의 학습활동에 관한 학습자 만족도를 조사하는 자료로 주로 설문을 통해 관리된다.
④ 학업성취도 자료는 학습관리시스템에 등록된 학습자의 학업성취 기록에 관한 자료를 의미한다.

13 다음 중 이러닝 운영 종료 후 과정 관련 자료에서 콘텐츠 기획서에 해당하는 내용과 거리가 먼 것은?

① 교수학습 전략
② 개발 인력
③ 질 관리 방법
④ 홍보계획

해설

홍보계획은 '과정 운영계획서'에 대한 자료로 학습자, 고객, 교육과정, 학습환경 등에 관한 운영 요구를 분석한 내용, 최신 이러닝 트렌드, 우수 운영사례, 과정 운영 개선사항 등의 내용, 운영 제도의 유형 및 변경사항, 과정 운영을 위한 전략, 일정계획, 홍보계획, 평가전략 등의 운영계획을 포함한 내용으로 구성된다.

14 다음 중 이러닝 운영 준비과정에 대한 개선사항 도출 확인 문항에 해당하지 않는 것은?

① 이러닝 서비스를 제공하는 학습사이트를 점검하여 문제점을 해결하였는가?
② 이러닝 학습관리시스템에 교육과정별 평가 문항을 등록하였는가?
③ 원활한 학사진행을 위해 수립된 학사일정을 협업부서에 공지하였는가?
④ 학습에 필요한 상호작용 방법을 학습자에게 안내하였는가?

해설

④는 이러닝 운영 진행과정에 대한 개선사항 도출을 위한 학습활동 지원 중 '학습안내 활동'에 해당하는 문항이다.
나머지 보기는 이러닝 운영 준비과정 개선사항 도출을 위한 문항으로 ①은 운영환경 준비, ②는 교육과정 개설, ③은 학사일정 수립에 해당한다.

10 ③ 11 ③ 12 ② 13 ④ 14 ④

15 다음은 이러닝 과정 운영 결과보고서이다. 각 항목에 대한 설명으로 옳지 않은 것은?

이러닝 과정 운영 결과보고서

과정명			
교육대상		인원수	( )명
교육기간			
교육목표			
교육내용			
교육방법			
운영결과 및 분석			
운영목표			
운영실적			
수강현황			
만족도 결과			
콘텐츠 평가	①		
교·강사 활동			
시스템 운영	②		
운영활동 결과	③		
개선 사항	④		
교육실적 재고방안	미수료 학습자 대책: 학습참여 활성화 방안: 수요자 만족도 제고 방안:		
향후 방안			

① 이러닝 운영과정에서 활용된 콘텐츠가 과정 운영 목표에 맞는 내용으로 개발되고 운영되었는지 여부를 평가한 결과가 반영되어야 한다.

② 최종 평가보고서 작성자는 이러닝 운영 과정에서 교·강사가 과정의 운영목표에 적합한 교수활동을 수행했는지 평가한 결과를 반영해야 한다.

③ 운영계획서에 의거하여 운영활동 전반에서 수행된 활동의 특성과 결과에 관한 내용이 반영되어야 한다.

④ 최종 평가보고서를 작성하는 사람은 운영 관련 자료를 기반으로 운영결과를 분석하는 과정에서 이러닝 과정 운영자가 도출한 개선사항을 반영해야 한다.

해설

②는 '교·강사 활동 평가'에 관한 내용이며 '시스템 운영 결과'에 관한 내용으로 최종 평가보고서에는 하드웨어 요구사항, 시스템 기능, 과정 운영에 필요한 개선 요구사항 등의 시스템 운영 결과에 관한 내용이 반영되어야 한다.

16 다음 중 이러닝 학습콘텐츠에 대한 설명으로 옳지 않은 것은?

① 이러닝 학습콘텐츠는 사용기관에 따라 다양하게 구분하여 개발되고 활용될 수 있다.

② 교육용 콘텐츠 품질인증은 자체 기준에 의해 개발된 콘텐츠가 교육적 활용이 가능한지 적부 판정하는 것이다.

③ 학습콘텐츠 품질 평가를 위한 구성요소에는 적절한 교수·학습전략, 명확한 평가 기준이 포함된다.

④ 교육용 콘텐츠 중 교수학습용 콘텐츠는 교육활동을 지원하기 위한 자료와 응용 S/W가 해당한다.

해설

교육지원용 콘텐츠는 교수 학습활동에 직접적으로 활용되지는 않지만 교육기관의 교육활동을 지원하기 위한 각종자료 및 응용 S/W 등이 해당하고, 교수학습용 콘텐츠는 교수학습활동에 직접적으로 활용 가능한 학습콘텐츠를 의미한다.

이러닝 운영 관리

15 ② 16 ④

이러닝운영관리사
필기

북스케치
합격을 스케치하다

Part 4
기출문제 모의고사

2023년 제1회 기출문제를
복원하여 구성한 모의고사

※ 본 문제의 저작권은 북스케치에 있습니다.

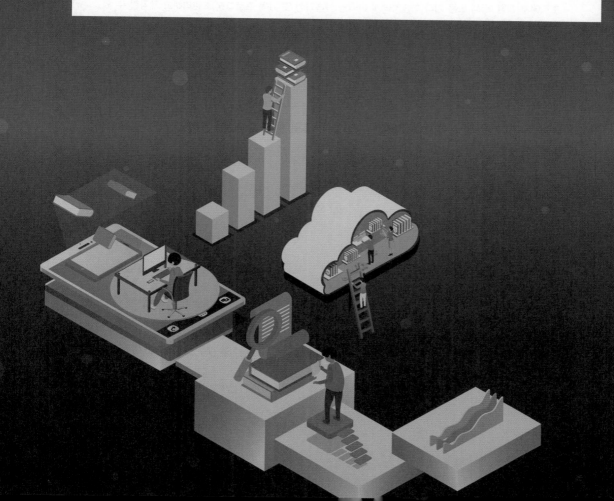

기출문제 모의고사

100문항 / 2시간 30분

※ 2023년 제1회 기출문제를 복원하여 구성한 모의고사입니다.

☑️ **1과목 이러닝 운영계획 수립**

01 다음 중 이러닝 학습관리시스템에 대한 설명이 아닌 것은?

① 학습자의 학습을 지원하고 관리하는 시스템이다.
② 보통 가상학습시스템이라고 한다.
③ 학습 객체를 관리하는 시스템이다.
④ 이러닝 학습과정을 제공하는 소프트웨어 플랫폼이다.

📊 **해설**

학습 객체를 관리하는 시스템은 학습콘텐츠관리시스템(LCMS, learning contents management system)이다.
학습관리시스템(LMS, learning management system)
– 학습자의 학습을 지원하고 관리하는 시스템
– 보통은 가상학습시스템이라고도 함
– 조직에서 직원, 학생 또는 기타 학습자에게 이러닝 학습과정 및 교육 프로그램을 관리하고 제공할 수 있도록 하는 소프트웨어 플랫폼

정답 ③

02 다음 중 '누구나, 언제 어디서나 원하는 강좌를 무료로 들을 수 있는 온라인 공개 강좌 서비스'를 뜻하는 것은?

① 스마트 러닝
② 웹세미나
③ MOOC
④ 소셜러닝

📊 **해설**

③ MOOC : Massive, Open, Online, Course의 줄임말로 누구나, 언제 어디서나 원하는 강좌를 무료로 들을 수 있는 온라인 공개강좌 서비스이다.
① 스마트 러닝(smart-learning) : 기계가 사람의 학습 방법에 스마트하게 지원하는 학습 형태를 의미하는 사람 중심의 학습 방법이다.
② 웹세미나 : 인터넷을 통해 실시간으로 제공되는 온라인 세미나 또는 프레젠테이션을 의미한다.
④ 소셜러닝 : 사회적 학습을 뜻하며, 사람들이 다른 사람을 통해 새로운 지식을 배우는 지속적인 과정을 의미하기도 한다.

정답 ③

03 다음이 설명하는 이러닝 직종으로 옳은 것은?

> 콘텐츠에 대한 기획력을 갖고 학습목적을 고려하여 학습 내용과 자원을 분석하고, 학습 목표와 교수 방법을 설정하여 학습 내용이 학습 목표를 달성하는 데 도움이 될 수 있도록 콘텐츠 개발의 전 과정을 진행 및 관리하는 업무에 종사하는 자

① 이러닝 콘텐츠개발자　　　　　　② 이러닝 영상제작자
③ 이러닝 시스템개발자　　　　　　④ 이러닝 교수설계자

 해설

제시문이 설명하는 직종은 이러닝 교수설계자이다.
① 이러닝 콘텐츠개발자 : 이러닝 콘텐츠에 대한 기획력을 갖고, 교수설계 내용을 이해하며, 멀티미디어 요소를 활용하여, 콘텐츠를 구현하는 역할을 수행하는 업무에 종사하는 자
② 이러닝 영상제작자 : 이러닝 콘텐츠 구현에 필요한 교육용 영상을 기획하고, 촬영 및 편집 등을 포함한 전반적인 영상제작 관련 업무에 종사하는 자
③ 이러닝 시스템개발자 : 온라인 학습과 관련된 다양한 시스템에 대한 기획, 프로젝트 관리를 포함하여 학습의 운영과 관리에 필요한 소프트웨어를 설계하고 개발하는 업무에 종사하는 자

정답 ④

04 다음 중 저작물에 대한 표시에서 '저작자 표시-비영리'를 뜻하는 것은?

① CC BY　　　　　　　　　　② CC BY-NC
③ CC BY-ND　　　　　　　　④ BY-NC-ND

해설

② CC BY-NC : 저작자 표시-비영리
① CC BY : 저작자 표시
③ CC BY-ND : 저작자 표시-변경 금지
④ BY-NC-ND : 저작자 표시-비영리-변경 금지

정답 ②

05 다음 중 학습자의 학습 경험을 추적하고 분석하는 데 사용되는 국제표준은 무엇인가?

① SCORM　　　　　　　　　② OER
③ PLN　　　　　　　　　　　④ xAPI

④ xAPI(Experience API) : 학습자의 학습 경험을 추적하고 분석하는 데 사용되는 국제 표준
① SCORM(Sharable Content Object Reference Model) : 학습 콘텐츠를 다양한 LMS나 LCMS에서 사용하기 위한 국제 표준
② OER : 공개 교육 리소스, 자유롭게 사용할 수 있는 오픈 라이센스가 있는 공개된 교육 자료
③ PLN : 개인 학습 네트워크, 학습자가 개인 학습 목표 및 관심사를 지원하기 위해 사용하는 비공식 학습 네트워크

정답 ④

06 다음 저작권 표시 마크 중, '2차적 저작물 제작을 허용하되, 원저작물과 동일한 라이센스를 적용'하라는 뜻을 가진 것은?

①  ②   ③   ④

④ SA(Share Alike, 동일 조건 변경 허락) : 2차 저작물을 만들 수 있지만, 2차 저작물에 원 저작물과 동일한 라이센스를 적용한다는 의미
① BY(Attribution, 저작자 표시) : 저작자의 이름, 출처 등 반드시 표시해야 하는 필수조항
② NC(Noncommercial, 비영리) : 저작물을 영리 목적으로 쓰지 말라는 의미
③ ND(No Derivative Works) : 변경금지

정답 ④

07 다음 중 화면 속 화면(Picture-in-picture, PiP)에 대한 설명으로 적절하지 않은 것은?

① 두 개 이상의 영상 소스를 한 화면에 띄워 송출하는 방식이다.
② 어떤 화면에 다른 화면이 동시에 같이 올라가 구현된다.
③ 소리의 경우 메인 프로그램과 팝업이 함께 재생된다.
④ 모바일에서도 멀티 윈도우 및 팝업 화면을 지원한다.

소리의 경우 메인 프로그램의 소리만 들리는 것이 보통이다.

정답 ③

08 다음이 설명하는 것은 무엇인가?

> xAPI 형태로 축적된 빅데이터 트래킹 정보로 DSL(Domain Specific Language)를 정의하고 이를 통해 빅데이터에 대한 복합조회 및 다형성 결과 도출을 위한 Query[Language]를 지원하는 시스템

① CMS

② LRS

③ Microlearning

④ LCMS

해설

LRS(Learning Record Store)에 대한 설명이다.
① CMS(Content Management System) : 웹사이트나 애플리케이션 등의 콘텐츠를 관리하는 시스템, 이러 닝에서는 학습 콘텐츠를 관리하는 데 사용됨
③ Microlearning : 5분 이내의 짧은 시간 동안 1~2개의 주제를 담아서 학습할 수 있도록 제작한 작은 용량 의 콘텐츠를 활용하여 학습하는 방법
④ LCMS(Learning Content Management System) : 학습 콘텐츠 관리 시스템으로, 학습 콘텐츠를 생성 · 관리 · 배포하는 데 사용되는 시스템

정답 ②

09 다음은 원격교육 학점인정 기준에 대한 내용이다. 옳지 않은 것은?

① 수업일수는 출석을 포함하여 15주 이상 지속되어야 한다.

② 학업성취도 평가는 학사운영플랫폼 또는 학습관리시스템 내에서 처리하여야 한다.

③ 원격교육기관의 원격교육 비율은 수업일수의 70% 이상 운영하여야 한다.

④ 원격 콘텐츠의 순수 진행시간은 25분 이상을 단위시간으로 하여 제작해야 한다.

해설

원격교육기관의 원격교육 비율은 수업일수의 60% 이상 운영하여야 한다.

정답 ③

10 다음은 우편 원격훈련에 대한 내용이다. 옳지 않은 것은?

① 교재를 중심으로 훈련과정을 운영해야 한다.
② 훈련생의 진도관리는 웹으로 이루어져야 한다.
③ 훈련기간이 1개월 이상이어야 한다.
④ 월 1회 이상 평가를 실시해야 한다.

> **해설**
>
> 훈련기간은 2개월 이상이어야 한다.

정답 ③

11 다음 중 '이러닝 산업 발전 및 이러닝 활용 촉진에 관한 법률'이 규정하는 이러닝산업의 정의가 아닌 것은?

① 이러닝을 수행하는 데 필요하다고 대통령령이 정하는 업
② 이러닝의 수행 · 평가 · 자문과 관련된 서비스업
③ 이러닝 활용 촉진 정책을 총괄 · 추진하는 업
④ 이러닝콘텐츠 운용소프트웨어를 연구 · 개발 또는 유통하는 업

> **해설**
>
> 이러닝산업 발전 및 이러닝 활용 촉진 정책의 총괄 · 조정에 관한 사항은 이러닝진흥위원회에서 심의 및 의결한다.

정답 ③

12 다음 중 이러닝 직종에 대한 설명이 옳지 않은 것은?

① 이러닝 컨설턴트 – 학습 운영과 관리에 필요한 소프트웨어를 설계하고 개발하는 업무에 종사하는 자
② 이러닝 교수설계자 – 콘텐츠 개발의 전 과정을 진행 및 관리하는 업무에 종사하는 자
③ 이러닝 콘텐츠 개발자 – 이러닝 콘텐츠에 대한 기획력을 갖고, 멀티미디어 요소를 활용하여 콘텐츠를 구현하는 역할은 수행하는 업무에 종사하는 자
④ 이러닝 과정운영자 – 학습 관련 불편사항을 개선해주고, 학습목표 달성을 지원하는 자

해설

①의 설명은 '이러닝 시스템개발자'에 대한 설명이다. 이러닝 컨설턴트는 이러닝 사업 전체를 이해하고, 이러닝 사업에 대한 제안과 문제점 진단, 해결 등에 대하여 자문하며, 이러닝 직무 분야 중 하나 이상의 전문 역량을 보유한 자이다.

정답 ①

13 다음 중 '이러닝 콘텐츠 제작'에 대한 순서로 알맞은 것은?

① 목표 설정 → 콘텐츠 설계 → 콘텐츠 개발 → 피드백 및 평가 → 배포 및 관리
② 목표 설정 → 콘텐츠 설계 → 콘텐츠 개발 → 배포 및 관리 → 피드백 및 평가
③ 콘텐츠 설계 → 목표 설정 → 콘텐츠 개발 → 배포 및 관리 → 피드백 및 평가
④ 콘텐츠 설계 → 목표 설정 → 콘텐츠 개발 → 피드백 및 평가 → 배포 및 관리

해설

목표 설정 → 콘텐츠 설계 → 콘텐츠 개발 → 피드백 및 평가 → 배포 및 관리

정답 ①

14 다음 중 이러닝 개발 산출물에 해당하지 않는 것은?

① 학습 흐름도
② 스토리보드
③ 스크린캐스트
④ 교육 계획서

해설

이러닝 개발 산출물 : 학습 목표 및 교육 계획서, 학습 흐름도, 스토리보드, 동영상, 기술 문서, 평가 및 피드백 산출물
스크린캐스트(screencast) : 컴퓨터 화면 출력의 디지털 녹화를 의미함. 비디오 스크린 캡처라고도 한다.

정답 ③

15 다음 중 LMS 점검 시 필요한 문서가 아닌 것은?

① 기능 명세서
② 디자인 문서
③ 테스트 결과 보고서
④ 운영 결과보고서

해설

운영 결과보고서는 이러닝 운영을 모두 마친 후에 작성하는 문서이다.

정답 ④

16 데일이 제시한 경험의 원추모형에서 시청각적 경험에 해당하지 않는 것은?

① 견학
② 녹음
③ 전시
④ 극화 경험

📊 **해설**

데일의 경험의 원추모형 : 1946년에 에드거 데일(Edgar Dale)이 제시한 개념으로 사실주의에 근거하여 시청각 교재를 구체성과 추상성에 따라 분류하였다. 원추의 꼭대기로 올라갈수록 짧은 시간 내에 더 많은 정보와 학습내용 전달이 가능하나, 추상성이 높아진다.
– 상징적 경험 : 언어적 상징, 시각적 상징
– 시청각적 경험 : 녹음, 라디오, 사진, 영화, 텔레비전, 전시, 견학, 시범
– 행동적 경험 : 극화 경험, 고안된 경험, 직접 경험

정답 ④

17 다음은 비고츠키가 개발한 근접발달영역에 대한 내용이다. 3단계에 해당하는 것은?

① 타인의 도움을 받거나 모방하는 단계, 과제에 대한 책임감을 갖고 상호작용을 통해 이해하고 수행
② 탈자동화 단계, 새로운 능력의 발달을 위한 근접발달영역 순환 과정
③ 학습자 스스로 과제를 수행하는 단계, 학습자 수준 내에서 자기주도성을 시도하는 과도기적 단계
④ 지식을 내면화하고 자동화하는 단계, 타인의 도움 없이 무의식적이고 자기주도적인 학습활동이 자유로움

📊 **해설**

①은 1단계, ②는 4단계, ③은 2단계에 해당하는 내용이다.

정답 ④

18 다음 중 가네(Gagné)가 제시한 9가지 수업사태 중 '부호화'는 어떤 내용과 연결되는가?

① 선수학습의 회상 – 이전에 학습한 지식과 기능을 회상시킨다.
② 자극 제시 – 변별적 특성을 갖는 내용을 제시한다.
③ 학습자 수행 유도 – 학습자가 수행하도록 요구한다.
④ 학습 안내 제공 – 유의미한 조직을 제시한다.

해설

학습자의 내적 과정	수업사태	행동사례
주의집중	1. 주의집중 획득	갑자기 자극을 변화시킨다.
기대	2. 학습자에게 목표제시	학습자에게 학습 후 수행할 수 있게 되는 것이 무엇인지를 알려준다.
장기기억 재생	3. 선수학습의 회상	이전에 학습한 지식이나 기능을 회상시킨다.
선택적 지각	4. 자극 제시	변별적 특성을 갖는 내용을 제시한다.
부호화	5. 학습안내 제공	유의미한 조직을 제시한다.
재생 · 반응	6. 학습자 수행 유도	학습자가 수행하도록 요구한다.
강화	7. 피드백 제공	정보적 피드백을 제공한다.
인출 · 강화	8. 수행 평가	피드백과 함께 학습자에게 추가적인 수행을 요구한다.
일반화	9. 파지와 전이 증진	다양한 연습과 시간적인 간격을 두고 재검토한다.

정답 ④

19 다음 이러닝 표준화의 목적 중 한번 개발된 학습 자료는 새로운 기술이나 환경변화에 큰 비용부담 없이 쉽게 적응될 수 있는 특성과 연결되는 것은?

① 재사용 가능성 ② 접근성
③ 항구성 ④ 상호운용성

해설

한번 개발된 학습 자료는 새로운 기술이나 환경변화에 큰 비용부담 없이 쉽게 적응될 수 있는 특성은 항구성 (durability)이다.

정답 ③

20 다음 중 학습시스템 리스크 관리 중 '시스템 업데이트'에 포함되지 않는 것은?

① 보안 강화 ② 서버 분산
③ 시스템 최적화 ④ 오류 수정

해설

시스템 업데이트 : 보안 강화, 기능 개선, 오류 수정, 시스템 최적화, 정기적인 업데이트
서버 관리 : 서버 용량 증설, 서버 분산, 네트워크 성능 모니터링, 캐시 서버 구축, 대역폭 제한

정답 ②

기출문제 모의고사

21 다음은 이러닝 콘텐츠 유형별 서비스 환경 및 대상에 대한 설명이다. 아래 제시된 내용은 어느 유형에 가장 적절한가?

> • 대부분 문화 · 역사 · 인문학 등의 분야를 대상으로 함
> • 학습자들의 이해도와 학습 흥미를 높일 수 있음
> • 주요 대상은 문화 · 역사 · 인문학 등에 관심이 있는 일반인이나 학생들임

① 개인교수형   ② 반복연습용

③ 정보제공형   ④ 스토리텔링형

 해설

스토리텔링형은 이야기나 스토리를 활용하여 학습을 수행하는 학습 콘텐츠로, 학습자들이 스토리의 흐름을 따라가면서 지식을 습득하기 때문에 이해도와 학습 흥미를 높일 수 있다.

정답 ④

22 다음 중 학습자 활동 분석을 위해 확인해야 할 것이 아닌 것은?

① 학습자의 학습 이력   ② 학습 스타일 및 선호도

③ 학습자의 학습 행동   ④ 학습자의 학습 복장

해설

④는 온라인 교육에서 확인하지 않아도 되는 사항이다. 학습자 활동 분석을 위해 확인해야 할 것은 다음과 같다. 학습자의 학습 이력, 학습자의 학습 스타일 및 선호도, 학습자의 학습 동기와 목적, 학습자의 학습 행동, 학습자의 학습 성과가 그것이다.

정답 ④

23 다음 중 교수설계자의 역할과 필요한 능력에 대한 설명으로 적절하지 않은 것은?

① 내용과 개발의 중간적 위치에 있으며 교육의 목적을 살려 개발물을 설계하는 사람을 의미한다.

② 인터뷰나 자료분석을 통하여 학습자의 요구와 현황을 파악하고, 이에 따른 전략과 가이드라인을 만들어낼 수 있어야 한다.

③ 기술에 대한 기본적인 이해와 실제 구현이 가능한지에 대한 판단 능력과 성인학습에 대한 원리를 이해하고 콘텐츠에 적용시킬 수 있는 능력이 요구된다.

④ 특정 업무분야에 해박한 지식을 가지고 있으면서, 그 지식을 타인에게 전달할 수 있는 능력이 필요하다.

해설

교수 설계자(Instructional Designer)
- 주제전문가의 내용을 교육적인 의도를 가지고 개발물을 설계하는 사람을 의미
- 내용과 개발의 중간적 위치에 있다고 볼 수 있음
- 내용과 기술에 대한 이해가 충분할 경우, 보통 프로젝트 매니저(PM)의 역할을 같이하는 경우가 있음
- 분석부터 평가의 모든 부분에 참여함

정답 ④

24 다음 중 온라인 교육에서 교수자가 지녀야 할 역량으로 적절하지 않은 것은?

① 교수자는 학습자의 특성에 맞는 학습 방법을 고민해야 한다.
② 교수자는 학습자 중심의 교육 방식을 이해하고 이를 적용할 수 있는 능력이 필요하다.
③ 교수자는 학습자들의 다양한 상황을 적극적으로 대처할 수 있어야 한다.
④ 교수자는 효과적인 강의 녹화나 영상 편집 등의 제작 능력은 없어도 된다.

해설

온라인 교육에서는 교수자가 강의 녹화, 동영상 편집 등 다양한 디지털 기술을 사용해야 한다. 따라서 교수자는 컴퓨터 활용 능력과 디지털 교육 자료 제작 능력 등이 필요하다.

정답 ④

25 학습사이트 점검 시 문제점 및 해결방안의 내용으로 옳지 않은 것은?

① 테스트용 ID를 통해 로그인 후 메뉴를 클릭해 가면서 정상적으로 페이지가 표현되는지 확인
② 문제될 소지를 발견했다면 시스템 관리자에게 문제를 알리기 전 먼저 해결방안을 시행
③ 동영상 재생 오류, 진도 체크 오류, 웹브라우저 호환성 오류 등이 가장 많이 발생함
④ 문제 발생 시 팝업 메시지 등을 통해 학습자가 강의를 정상적으로 이수할 수 있도록 안내

해설

문제가 될 소지를 미리 발견했다면 시스템 관리자에게 문제를 알리고 해결 방안을 마련하도록 공지한 뒤, 팝업 메시지, FAQ 등을 통해 학습자가 강의를 정상적으로 이수할 수 있도록 도와야 함

정답 ②

기출문제 모의고사

26 다음 중 이러닝 콘텐츠 점검 내용 중 그 항목이 다른 것은?

① 이러닝 콘텐츠의 제작 목적과 학습 목표가 부합되는지 점검

② 내레이션이 학습자의 수준과 과정의 성격에 맞는지 점검

③ 최종 납품 매체의 영상 포맷을 고려한 콘텐츠인지 점검

④ 학습자가 반드시 알아야 할 핵심 정보가 화면상에 표현되는지 점검

해설

③은 '제작 환경' 점검 항목에 해당하는 점검 내용이다. 나머지는 '교육 내용' 항목에 대한 점검 내용이다.

정답 ③

27 다음은 이러닝 학습자에게 제공해야 할 자료이다. 같은 단계에 해당하지 않는 것은?

① 학습 기간에 대한 설명　　　② 학습 시 주의사항

③ 수료하기 위한 필수 조건　　④ 만족도 설문 조사

해설

④는 학습 후 자료에 해당하고, ①~③은 학습 전 제공해야 할 자료이다.

정답 ④

28 다음 중 이러닝 교육과정의 학습 자료에 대한 설명으로 옳지 않은 것은?

① 학습자에게 제공되는 학습 자료들은 과정이 시작되기 전에 등록되어야 한다.

② 학습 기간 설명과 주의사항, 오류 대처 방법은 공지사항으로 사전에 알려준다.

③ 강의계획서는 학습 전 자료에 해당한다.

④ 학습이 끝난 학습자들이 성적 확인 후, 설문 조사를 실시하도록 한다.

해설

일반적으로 학습자들이 필수적으로 하는 '평가' 또는 '성적 확인' 전에 설문을 먼저 실시하도록 한다. 설문 조사는 강의나 과정 운영의 만족도뿐만 아니라 시스템이나 콘텐츠의 만족도도 물어 과정의 품질을 높일 수 있는 중요한 정보이다.

정답 ④

29 다음 이러닝 학사일정 수립에 대한 내용으로 옳지 않은 것은?

① 연간 학사일정은 연초에 계획을 수립한다.
② 개별 학사일정을 통해 학습자에게 일정을 공지한다.
③ 학사일정은 과정 홈페이지에 팝업이나 공지로 안내한다.
④ 학사일정은 원활한 학사 진행을 위해 협업부서에도 전달한다.

 해설

1년 간의 주요 일정(강의 신청일, 연수 시작일, 종료일, 평가일)이 제시되는 연간 학사일정은 주로 전년도 연말에 계획을 수립한다.

정답 ①

30 다음 중 이러닝 활용 촉진법 기본 계획에 포함되어 있지 않은 것은?

① 이러닝 활용 촉진 제도 개선
② 이러닝 관련 소비자 보호
③ 이러닝 활용 촉진 기반 조성
④ 이러닝 활용 촉진 인력 조건

 해설

이러닝 촉진을 위한 인력 조건은 기본 계획에 포함되어 있지 않다.

정답 ④

31 다음 중 Keller의 ARCS 동기 이론의 4가지 요소 중, '학습자가 자신의 통제 하에 스스로 성공할 수 있다고 느끼고 믿도록 도와주는 것'은 어느 항목에 해당하는 내용인가?

① 주의집중
② 관련성
③ 자신감
④ 만족감

 해설

자신감을 불러일으키는 활동을 통해 학습자의 학습 동기를 올릴 수 있다. '학습자가 자신의 통제 하에 스스로 성공할 수 있다고 느끼고 믿도록 도와주는 것'은 학습자의 '자신감'을 불러 일으키는 활동이다.

정답 ③

32 비고츠키의 인지발달 이론에서 다음의 내용은 어느 용어에 대한 설명인가?

> 스스로의 힘으로는 달성할 수 없지만, 유능한 타인의 도움을 받으면 달성할 수 있는 영역

① 근접발달 영역   ② 인지발달 영역

③ 협동학습 영역   ④ 발달수준 영역

 해설

근접발달영역은 타인의 작은 도움(비계설정)을 통해서 달성할 수 있는 영역을 의미한다.

정답 ①

33 다음 중 직업훈련기관으로 인가를 받을 수 없는 곳은 어디인가?

① 평생직업교육학원   ② 초중고 입시학원

③ 고등교육법에 따른 학교   ④ 평생교육시설

해설

직업훈련기관으로 인가를 받을 수 있는 시설은 직업능력개발 훈련시설, 평생직업교육학원, 평생교육시설, 고등교육법에 따른 학교, 정부 부처 및 법령에 의한 시설, 사업주 및 사업주 단체 등의 시설이다.

정답 ②

34 다음 중 이러닝에서 사용하는 LMS라는 용어는 무엇의 약자인가?

① Learning Massive System   ② Learning Message System

③ Learning Management System   ④ Learning Multimedia System

해설

LMS는 Learning Management System의 약자로, '학습관리시스템'이라고 불린다.

정답 ③

35 다음 중 LCMS의 기능을 잘 나타낸 것은 무엇인가?

① 콘텐츠 등록　　　　　　　　② 과정 등록
③ 문자 발송 기능　　　　　　　④ 채점 기능

 해설

LCMS는 Learning Contents Management System의 약자로, '학습콘텐츠관리시스템'이라고 불린다. 즉, 콘텐츠와 관련된 기능들을 갖추고 있다.

정답 ①

36 다음 중 이러닝 교강사의 능력을 평가하는 기준에 해당하지 않는 것은?

① 질의 응답　　　　　　　　　② 첨삭 지도
③ 학습 상호작용　　　　　　　④ 시스템 분석

 해설

④는 교강사를 평가하는 기준에 해당하지 않는다. '시스템 운영 결과'를 평가할 때 필요한 평가 기준이다.

정답 ④

37 다음 중 이러닝 산업 분류에 속하지 않는 것은?

① 콘텐츠　　　　　　　　　　② 홍보
③ 하드웨어　　　　　　　　　④ 솔루션

 해설

이러닝 산업 분류는 콘텐츠, 솔루션, 서비스, 하드웨어 4가지로 나누어진다.

정답 ②

38 다음 중 각 차시가 종료된 후에 이루어지는 평가는 무엇인가?

① 진단평가   ② 사전평가
③ 형성평가   ④ 총괄평가

 해설

① · ② 진단평가, 사전평가 – 강의 진행 전에 이루어진다.
③ 형성평가 – 각 차시가 종료된 후에 이루어진다.
④ 총괄평가 – 강의 종료 후에 이루어진다.

정답 ③

39 다음 중 연간 학사일정의 주요 일정에 포함되지 않는 것은?

① 강의 신청일   ② 연수 시작일
③ 평가일   ④ 과제 제출일

해설

연간 학사일정에서는 1년 간의 주요 일정인 강의 신청일, 연수 시작일, 종료인, 평가일이 제시되며, 과제 제출일은 개별 학사일정을 통해 안내가 된다.

정답 ④

40 다음 중 이러닝 교육과정 세부 등록 시 평가문항 등록에 포함되는 정보가 아닌 것은?

① 응시가능 횟수   ② 수료조건
③ 정답과 해설   ④ 시간체크 여부

해설

수료조건 안내는 교육과정 자료 등록 시, '과정 소개'에 등록한다.
평가문항을 등록할 때는 시험명, 시간체크 여부, 응시가능 횟수, 정답해설 사용 여부, 응시 대상 안내 등을 입력한다.

정답 ②

☑ 2과목 **이러닝 활동 지원**

41 다음 상호작용 중 학습자들의 피드백을 1:1 질문하기나 고객센터를 활용하여 수용한 후에 학습시스템을 개선하는 데 큰 도움을 주는 활동은 어느 상호작용에 속하는가?

① 학습자 – 학습자
② 학습자 – 교강사
③ 학습자 – 콘텐츠
④ 학습자 – 운영자

 해설

> 운영자는 학습자들의 피드백을 수용하고 학습시스템을 개선하는 데 도움을 주는 상호작용을 한다. 주로 시스템에 있는 1:1 질문하기 기능이나 고객센터 등에 마련되어 있는 별도의 채널을 활용한다. 전화나 채팅을 통해서 학습자와 상호작용을 하기도 한다.

정답 ④

42 다음 이러닝 학습지원도구와 예가 바르게 연결되지 않은 것은?

① 과정개발 지원도구 – 콘텐츠 저작도구
② 운영 지원도구 – 설문시스템
③ 운영 지원도구 – 역량진단시스템
④ 학습 지원도구 – 학습이력 관리시스템

 해설

> 역량진단시스템은 학습 지원도구에 속한다.

정답 ③

43 다음 운영 지원도구별 개선점 중, 게시판과 관련된 내용이 아닌 것은?

① 욕설 등 등록 용어 제한 설정
② 파일 등록 시 용량 제한 설정
③ 다양한 템플릿 설정
④ 동영상 등록 및 음성녹음 지원

해설

> ④는 '자료실'과 관련된 내용이다.

정답 ④

44 다음 운영 지원도구별 개선점 중, 개선 요청이 많았던 기능이 아닌 것은?

① 쪽지 보내기 기능 개선　　　　　　② 진도 관리 기능 개선
③ 프로필 업데이트 기능 개선　　　　④ 토론 관리 기능 개선

 해설

개선 요청이 많았던 기능은 다음과 같다. 쪽지 보내기 기능 개선, 진도 관리 기능 개선, 토론 관리 기능 개선, 과제 관리 기능 개선이다.

정답 ③

45 다음 운영지원도구의 활용 예시는 누구를 대상으로 한 예시인가?

> 수업 중 수업활동 게시판에 조별 수업활동 산출물을 올리는 과정에서 학생 간 상호작용이 활성화되었고, 수업 후에도 학생 간 활동을 지속하며, 상호작용이 증진되었다.

① 초등학생 대상 수업　　　　　　② 대학생 대상 수업
③ 노인 대상 수업　　　　　　　　④ 사이버 대학 수업

해설

위의 예시는 대학생 대상 수업에서 활용한 운영지원도구의 예시이다.

정답 ②

46 운영자 지원 시스템의 '회원 관리 기능'에서 할 수 있는 것은?

① 협력업체 정보 등록 및 관리　　　② 협력업체와의 수익배분 등 관리
③ 교재배송요청 및 배송현황 조회　④ 설문내용 분석 및 결과 제시

해설

① 회원 관리, ② 비용관리, ③ 교재관리, ④ 설문관리에 해당된다.

정답 ①

47 다음 중 이러닝 수강 시 원격지원으로 해결할 수 있는 문제 상황은?

① 로그인이 안되는 경우
③ 동영상 파일이 ×로 나오는 경우
② 학습 팝업창이 뜨지 않는 경우
④ 인증서가 만료된 경우

 해설

②는 원격지원으로 운영자가 해결할 수 있는 경우이지만, 나머지는 시스템과 콘텐츠 담당자에게 요청해서 해결할 수 있는 경우이다.

정답 ②

48 다음 중 이러닝 운영 시 활용할 수 있는 학습 독려 방법이 아닌 것은?

① 문자로 공지 사항 발송
③ 푸시 알림 메시지
② 이메일 개별 발송
④ 실시간 팩스 발송

 해설

④는 실시간 상호작용이 가능하지 않은 방법이므로 적합하지 않다. 학습 독려 방법에는 전화를 직접 걸어서 독려하는 경우도 있다.

정답 ④

49 다음 중 학습에 특화되어 있으며, 원하는 주제와 관련된 배움을 원하는 사람들이 모이는 모임을 지칭하는 용어는?

① 공유 경제
③ 학습 커뮤니티
② 이러닝 메이트
④ 상호작용 모임

 해설

학습 커뮤니티는 배움을 원하는 사람들의 모임이기 때문에, 학습 커뮤니티에 오는 사람들의 목적을 달성할 수 있도록 운영자가 지원해야 한다.

정답 ③

기출문제 모의고사

50 이러닝을 진행할 때 발생하는 수강 오류 중, 학습자에 의한 원인인 것은?

① 학습자의 PC가 고장난 경우 ② 웹 사이트에 접속이 안되는 경우
③ 학습 진도 체크가 안되는 경우 ④ 시험 문제가 안 뜨는 경우

해설

①은 학습자에 의한 원인이지만, 나머지는 학습지원 시스템에 의한 원인이라고 할 수 있다.

정답 ①

51 이러닝을 진행할 때 발생하는 오류 중 운영자가 직접 수정할 수 없는 오류는?

① 자료 오류 ② 진도율 오류
③ 과정 소개 오타 ④ 수료증 오타

해설

②는 운영자가 직접 수정하기 어려운 경우가 많다. 시스템에서 자동으로 체크하기 때문에 기술 지원팀에 별도의 요청을 통해 처리해야 한다.

정답 ②

52 다음 중 학습자의 이러닝 학습환경에 해당하지 않는 것은?

① 소프트웨어 ② 학습기기
③ 인터넷 접속 환경 ④ 교육 과정

해설

④는 학습 내용에 해당된다. 나머지는 이러닝을 하기 위해 필요한 학습 환경에 해당한다.

정답 ④

53 다음 중 학습자의 이러닝 학습 환경에 해당하지 않는 것은?

① 소프트웨어 ② 학습 기기
③ 인터넷 접속 환경 ④ 교육 과정

해설

④는 학습 내용에 해당된다. 나머지는 이러닝을 하기 위해 필요한 학습 환경에 해당한다.

정답 ④

54 다음 중 이러닝에서 시행하는 평가의 종류에 해당하지 않는 것은?

① 과제
② 진도율
③ 총괄평가
④ 만족도 조사

 해설

성적에 반영되는 평가에는 진도율, 형성평가, 총괄평가, 과제가 있다.

정답 ④

55 다음 중 교육과정 개설활동 수행여부를 점검하는 문항에 속하는 것은?

① 학습자에게 제공 예정인 교육과정의 특성을 분석하였는가?
② 수립된 학사 일정을 교·강사에게 공지하였는가?
③ 교육과정에 대한 서식과 일정을 관계기관에 신고하였는가?
④ 수강신청 명단을 확인하고, 수강승인 처리를 하였는가?

해설

①이 교육과정 개설활동 수행여부를 점검하는 문항에 속한다. ②와 ③은 학사일정 수립활동 수행여부를 점검하는 문항, ④는 수강신청 관리활동 수행여부를 점검하는 문항이다.

정답 ①

56 다음 중 학사일정 수립활동 수행여부를 점검하는 문항에 속하는 것은?

① 시스템에 교육과정과 세부 차시를 등록하였는가?
② 학습과목별로 수강변경사항에 대한 사후처리를 하였는가?
③ 원활한 학사진행을 위해 수립된 학사 일정을 협업부서에 공지하였는가?
④ 학습지원도구의 기능을 점검하여 문제점을 해결하였는가?

해설

①은 교육과정 개설활동 확인 문항, ②는 수강신청 관리활동 확인 문항, ③은 학사일정 수립활동 확인 문항, ④는 운영환경 준비활동 확인 문항이다.

정답 ③

57 다음 중 콘텐츠 운영결과 관리활동 확인 문항이 아닌 것은?

① 콘텐츠의 학습내용이 과정 운영 목표에 맞게 구성되어 있는지 확인하였는가?
② 콘텐츠가 과정 운영의 목표에 맞게 개발되었는지 확인하였는가?
③ 콘텐츠가 과정 운영의 목표에 맞게 운영되었는지 확인하였는가?
④ 교 · 강사 활동 평가결과에 따라 등급을 구분하여 다음 과정 운영에 반영하였는가?

해설

①, ②, ③은 콘텐츠 운영결과 관리활동 확인 문항, ④는 교 · 강사 운영결과 관리활동 확인 문항이다.

정답 ④

58 다음 중 객관적인 평가이며, 퀴즈 · 시험과 같은 유형으로 출제하는 평가 유형은?

① 정성적 평가
② 정량적 평가
③ 포트폴리오 평가
④ 360도 평가

해설

②는 객관적인 평가로 주로 정량적인 평가지표를 활용한다. 이러닝에서는 주로 정량적 평가를 활용한다. 평가 대상이 객관적이며, 표준화된 평가 지표를 활용할 수 있다.

정답 ②

59 다음 중 학습자의 학업 성취도를 정성적으로 평가할 수 있으며, 학습 내용을 실제로 적용해 보는 기회를 제공하는 평가는?

① 프로젝트
② 포트폴리오
③ 토론
④ 참여도

해설

①은 학습자들의 학습 성취도를 정성적으로 평가할 수 있으며, 학습 내용을 실제로 적용해 보는 기회를 제공한다. 또한 학습자들의 참여도와 창의성을 도출할 수 있다.

정답 ①

60 다음 중 좋은 문항의 조건이 아닌 것은?

① 문항 내용과 평가 목표가 일치해야 한다.
② 문항이 모호할수록 좋은 문항이다.
③ 교육적으로 바람직한 내용이어야 한다.
④ 특정 집단에 유리하거나 불리하지 않아야 한다.

 해설

좋은 문항은 문항이 모호하지 않고 구조화되어야 한다.

정답 ②

61 이러닝 과정 중간이나 끝에 시행하며 학습자들의 학습 성취도를 정량적으로 평가할 수 있는 평가 유형은?

① 포트폴리오
③ 평가 시험
② 토론 활동
④ 출석과 참여도

 해설

평가 시험은 과정 중간 또는 끝에 시행하며, 학습자들의 학습 성취도를 정량적으로 평가할 수 있다.

정답 ③

62 다음 설명은 학습지원도구 중 어떤 것에 대한 설명인가?

실시간으로 학습자들 간의 의사소통을 가능하게 하며, 질문·피드백 및 아이디어 교환을 즉각적으로 할 수 있게 해주는 도구

① 자유게시판
③ 채팅 도구
② 전자메일
④ 비디오 컨퍼런스

 해설

채팅도구는 학습자들이 실시간으로 의사소통을 할 수 있게 해주는 도구이다. 학습자들은 서로 즉각적인 피드백과 아이디어를 교환할 수 있으며, 학습 과정에서의 협업과 상호작용을 강화할 수 있다.

정답 ③

기출문제 모의고사

63 다음 중 이러닝에 대한 학습자의 피드백을 수집하고 활용하는 방법은?

① 강사의 의견 수렴 ② 세미나를 통한 의견 수립
③ 학습자 대상 설문조사 ④ SNS 모니터링 조사

해설

학습자를 대상으로 설문조사를 실시하여, 학습자의 요구와 기대를 파악하고, 과정의 내용과 강의 방식을 수정할 수 있다.

정답 ③

64 다음 중 학습관리시스템에서 교수자에게 필요한 기능으로 보기 어려운 것은?

① 토론 답변 기능 ② 쪽지 전송 기능
③ 학습자 대상 공지 기능 ④ 아이디별 권한 부여 기능

해설

④번 기능은 교수자가 아니라, 관리자에게 필요한 기능이다.

정답 ④

65 다음은 어떤 평가에 대한 설명인가?

학습 종료 시점에서 실시하며, 학습자의 전반적인 성취도와 학습 결과를 평가한다.

① 자율평가 ② 총괄평가
③ 형성평가 ④ 진단평가

해설

총괄평가는 학습 종료 시점에서 실시하며, 학습자의 전반적인 성취도와 학습 결과를 평가한다.

정답 ②

66 다음 설문은 어떤 문서에 대한 설명인가?

> 강의명, 강사, 연락처, 강의 목적, 강의 구성 내용 등과 같은 단위 운영 과목에 관한 세부
> 내용을 담고 있는 문서

① 과정운영계획서　　　　　　　② 과정 개요서

③ 강의계획서　　　　　　　　　④ 교강사 프로필

 해설

학습과목별 강의계획서에 대한 설명이다.

정답 ③

67 다음 중 이러닝 운영지원도구를 분석할 때, 어떤 기술을 활용하는 것이 효과적인가?

① 게시판 내용 수집　　　　　　② 데이터 분석

③ 모니터링 시스템　　　　　　　④ 교재 인쇄기술

 해설

데이터 분석을 통해 학습자의 행동, 학습 효과, 시스템 성능 등을 평가할 수 있다.

정답 ②

68 다음 중 수료 기준을 설정할 때 고려해야 할 사항은?

① 학습자 수　　　　　　　　　　② 학습자 참여도

③ 학습 환경　　　　　　　　　　④ 과정 소개

 해설

학습자가 과정에 참여하는 정도와 성과를 고려하여 수료 기준을 설정해야 한다.

정답 ②

69 다음 중 서답형 문항에 해당되지 않는 문항 형태는?

① 논술형　　　　　　　　　　　② 진위형

③ 괄호형　　　　　　　　　　　④ 완성형

기출문제 모의고사

> **해설**
>
> 서답형 문항은 주관식 문항으로 불리며 답이 문항 내에 주어진 것이 아니라 써넣는 형태이다. 서답형 문항에는 논술형, 단답형, 괄호형, 완성형이 해당된다. 진위형은 '선택형 문항'에 해당된다.

정답 ②

70 다음 중 완성형 문항의 작성 지침에 해당되는 설명은?

① 응답자가 문제의 요점을 정확히 파악할 수 있도록 명확하게 진술한다.
② 답안 작성에 소요되는 시간을 충분히 고려하여 작성한다.
③ 절대적인 의미의 용어는 가급적 사용을 자제한다.
④ 질문의 여백 뒤의 조사가 정답을 암시하지 않게 하여야 한다.

> **해설**
>
> ① 단답형 문항의 작성 지침이다.
> ② 논술형 문항과 서술형 문항에 해당되는 작성 지침이다.
> ③ 진위형 문항의 작성 지침이다.

정답 ④

> **3과목 이러닝 운영 관리**

71 다음 중 학습자 요구 분석 방법이 아닌 것은?

① 설문조사   ② 인터뷰
③ 집단 토론   ④ 신문 정독

> **해설**
>
> 학습자 요구 분석 방법에는 설문조사, 인터뷰, 집단 토론, 관찰 등이 있다.

정답 ④

72 다음 중 교육과정 체계를 분석할 때 고려해야 할 것이 아닌 것은?

① 교육과정의 유효성   ② 교육과정의 효율성
③ 교육과정의 개발자   ④ 교육과정의 개선 방안

해설

교육과정 체계를 분석할 때 고려할 것은 다음과 같다. 교육과정 목표, 교육과정 구성, 교육과정의 유효성, 교육과정의 효율성, 교육과정의 품질, 교육과정의 개선 방안이 있다.

정답 ③

73 다음 중 교육과정 운영계획서의 세부 내용에 해당되지 않는 것은?

① 교육 수요 예측
② 교육 운영 비용
③ 교육 운영 일정
④ 교재 및 교육장비

해설

교육과정 운영계획서의 세부 내용에 해당되는 것은 다음과 같다. 교육과정 개요, 교육과정 목표, 교육과정 구성요소, 교육과정 일정, 교육지원, 교육방법, 교육평가, 예산 및 비용 계획이 있다.

정답 ①

74 다음 중 교육과정 운영관리 사전준비 여부를 파악할 수 있는 질문은?

① 교육과정 평가 계획이 수립되어 있나요?
② 교육과정 일정이 수립되어 있나요?
③ 교육과정 평가 대상과 방법이 명확한가요?
④ 교육과정 개발의 목적이 명확한가요?

해설

①,③은 교육 과정 평가관리 사전준비 여부 파악을 할 수 있는 질문이고, ④는 교육과정 개발관리 사전준비 여부를 파악 할 수 있는 질문이다.

정답 ②

75 다음 중 과정관리 매뉴얼에 포함되지 않는 것은?

① 강사 관리 매뉴얼
② 예산 관리 매뉴얼
③ 수강생 관리 매뉴얼
④ 시스템 관리 매뉴얼

해설

④는 과정관리 매뉴얼에 포함되지 않는다. 과정관리 매뉴얼에는 다음과 같은 것들이 포함된다. 교육운영 계획서, 수강생 관리 매뉴얼, 교육과정 운영 매뉴얼, 강사 및 교육자원 관리 매뉴얼, 교육과정 평가 매뉴얼, 예산 및 경비 관리 매뉴얼이 이에 해당된다.

정답 ④

76 다음 중 운영 성과를 정리할 때 고려해야 할 사항이 아닌 것은?

① 과정 개발 매뉴얼
② 수강생 만족도
③ 교육자료 품질
④ 예산 집행 및 경비 관리

📊 해설

운영 성과를 정리할 때 고려해야 할 사항은, 수강생 만족도, 수강생 성적, 교육자료 품질, 강사 성과, 예산 집행 및 경비 관리, 교육과정 개선 사항이 해당된다.

정답 ①

77 다음 중 운영 결과보고서에 들어가야 할 내용이 아닌 것은?

① 교육 대상
② 교육 방법
③ 개발자 이름
④ 참석자 명단

📊 해설

운영 결과보고서에는 교육 대상, 교육 일정, 교육 목표, 교육 방법, 교육 평가, 참고 자료(참석자 명단 등)가 포함되어 있어야 한다.

정답 ③

78 다음 운영 결과보고서 양식과 내용 중 '교육 목표'에 해당하지 않는 것은?

① 교육 목적
② 교육 내용
③ 토론 게시판
④ 학습 목표

📊 해설

'교육 목표'에는 교육 목적, 교육 내용, 목표 수준, 학습 목표, 학습 방법, 평가 방법 등이 들어가며, 토론 게시판은 '교육 방법'에 해당한다.

정답 ③

79 다음 설명은 어떤 용어에 대한 설명인가?

> 교육 프로그램에 대한 느낌이나 만족도를 측정하는 것을 의미함

① 학습자 요구 분석
② 단체 의견 토론
③ 커뮤니티 활동
④ 학습자 만족도 조사

해설

해당 내용은 학습자 만족도 조사에 대한 설명이다. 교육의 과정과 운영상의 문제점을 수정·보완하여 교육의 질을 향상시키기 위해 실시한다.

정답 ④

80 학업성취도 평가영역 중 교수설계 요인과 관련된 내용이 아닌 것은?

① 교육 분위기
② 교육수준
③ 교육내용 가치
④ 교육내용 구성

 해설

①은 '학습환경 요인'에 해당된다.

정답 ①

81 다음 중 학습자 만족도 조사의 방법에 속하지 않는 것은?

① 순위 작성법
② 개방형 질문
③ 체크리스트
④ 연결선 긋기

 해설

학습자 만족도 조사의 방법에는 개방형 질문, 체크리스트, 단일 선택형 질문, 다중 선택형 질문, 순위 작성법, 척도 제시법 등이 있다.

정답 ④

82 다음 중 사회적 취약계층에 속하지 않는 대상은?

① 저소득자
② 계약직 직원
③ 장애인
④ 결혼이민자

 해설

사회적 취약계층은 다음과 같다. 저소득자(전국 가구 월평균 소득의 60% 이하인 자), 고령자(55세 이상인 자), 장애인, 성매매피해자, 청년·경력단절여성 중 신규 고용촉진장려금 대상자, 북한이탈주민, 가정폭력피해자, 한부모가족지원법에 의한 보호대상자, 결혼이민자, 갱생보호대상자, 범죄구조피해자, 1년 이상 장기 실업자 등이다.(사회적 기업 육성법 시행령 제2조)

정답 ②

기출문제 모의고사

83 다음 중 메이거의 ABCD 목표진술 방식에 포함되는 요소가 아닌 것은?

① 대상(Audience) : 학습할 대상이 누구인지를 확인
② 행동(Behavior) : 학습자가 성취해야 할 목표를 관찰할 수 있는 행동 동사로 진술
③ 조건(Condition) : 목표에 도달하는 데 필요한 자원, 시간, 제약을 포함
④ 도착점(Destination) : 목표에 도달했는지를 판단할 도착점 행동

 해설

> 메이거(Mager, 1984)는 구체적인 목표 진술을 위해 다음의 네 가지 요소를 포함해야 한다고 주장하였다.
> – 대상(Audience): 학습할 대상이 누구인지를 확인
> – 행동(Behavior): 학습자가 성취해야 할 목표를 관찰할 수 있는 행동 동사로 진술
> – 조건(Condition): 목표에 도달하는 데 필요한 자원 · 시간 · 제약을 포함
> – 준거(Degree): 목표에 도달했는지를 판단할 기준 혹은 준거(시간제한, 정확성의 범위, 정확한 반응의 비율, 질적표준)를 포함

정답 ④

84 다음 중 전체 데이터에 일련번호를 부여한 후 K배수를 표본으로 추출하는 방법은?

① 체계적 추출
② 군집 추출
③ 층화 임의 추출
④ 단순 임의 추출

해설

> 데이터에 일련번호를 부여한 후 K배수를 표본으로 추출하는 방법은 계통 표집이다. 체계적 추출이라고도 한다.

정답 ①

85 다음은 평가도구의 조건 중 무엇에 대한 설명인가?

> 평가도구가 평가하고자 하는 평가 목표를 정확하게 측정할 수 있는가?

① 평가도구 다양성
② 평가도구 신뢰도
③ 평가도구 타당도
④ 평가도구 합리성

해설

① 평가도구 타당도 : 무엇을 얼마만큼 충실하게 재고 있는가?
② 평가도구 신뢰도 : 어떻게, 얼마나 정확하게 측정하고 있는가?
③ 평가도구 객관도 : 채점자의 채점에 대한 일관성 정도
④ 평가도구 실용성 : 평가방법 실시의 편리성, 비용이나 시간의 경제성, 채점의 용이성, 해석의 용이성

정답 ②

86 다음 중 1부터 100까지 줄을 세웠을 때 가장 빠르게 확인할 수 있는 값은?

① 중앙값
② 최빈값
③ 전체 평균
④ 표준편차

해설

중앙값은, 전체 관측값을 크기 순서로 배열했을 때 가장 중앙에 위치하는 값이다.

정답 ①

87 다음은 무엇에 대한 설명인가?

> Z점수를 평균 50, 표준편차 10인 분포로 변환시켜 소수점을 보완한 것

① T점수
② 스테나인 점수
③ 백분위
④ 군집 추출

해설

T점수는 Z점수를 평균 50, 표준편차 10인 분포로 변환시켜 소수점을 보완한 것으로 $T = 10Z + 50$로 나타낸다.

정답 ①

88 이러닝 교육과정 관리 프로세스 중 교육인력 관리에 대한 내용이 포함된 단계는?

① 교육과정 설계
② 교육과정 운영
③ 교육자원 관리
④ 예산 및 비용 관리

해설

교육자원 관리 단계에서는 교육과정에서 필요한 교재, 교육장비, 교육인력 등을 관리한다.

정답 ③

89 다음 중 온라인 교육 운영 시, 학습자들이 수강 중 발생하는 문제를 해결하고 학습 효과를 극대화할 수 있도록 지원하는 부서는?

① 마케팅팀　　　　　　　　　② 시스템팀
③ 학습지원팀　　　　　　　　④ 교육기획팀

 해설

학습지원팀에서 학습자들의 문제를 해결하고 지원한다.

정답 ③

90 다음 중 학업성취도 평가에 대한 설명이 옳지 않은 것은?

① 지식, 기능, 태도의 학습목표 달성 정도를 파악하는 평가이다.
② 서술형 평가에서 발생할 수 있는 내용 중복성을 검토하는 평가이다.
③ 평가 도구에는 지필고사, 문답, 사례연구 등이 있다.
④ 교육과정의 평가 설계 방법에 따라 평가시기를 결정하면 된다.

 해설

②는 모사관리를 의미한다.

정답 ②

91 다음 중 과정만족도 평가에 대한 설명이 옳지 않은 것은?

① 교육에 참여한 학습자들의 반응을 측정하는 것이다.
② 학습자 요인, 강사나 튜터, 교육내용, 학습환경 등을 평가한다.
③ 강사나 튜터를 평가하는 요인에는 강의비 수준이 있다.
④ 환경요인에는 시스템만족도도 들어간다.

해설

③ 강사나 튜터를 평가하는 요인에는 열의, 강의 스킬, 전문지식이 있다.

정답 ③

92 다음 중 학업성취도 평가에 활용하는 도구가 적합하지 않은 것은?

① 지식 영역 – 역할놀이
② 기능 영역 – 수행평가
③ 기능 영역 – 실기시험
④ 태도 영역 – 지필고사

해설

- 지식 영역 – 지필고사, 문답법, 과제, 프로젝트 등
- 기능 영역 – 수행평가, 실기시험 등
- 태도 영역 – 지필고사, 역할놀이 등

정답 ①

93 다음 중 문항변별력에 대한 설명이 바른 것은?

① 한 문항의 어렵고 쉬움에 대한 정도이다.
② 학습자의 능력차이를 구분하는 정도이다.
③ 숫자가 클수록 문항이 쉽다.
④ 0에서 1까지 범위 내에 분포한다.

해설

①, ③, ④는 문항난이도이다.

정답 ②

94 다음 중 T점수에 대한 설명이 옳지 않은 것은?

① 평균값은 항상 50이 된다.
② 학생들의 성적을 비교하기 좋다.
③ 표준편차는 항상 20이 된다.
④ 모든 정수가 동일한 척도에 맞춰진다.

해설

③ 표준편차는 항상 10이 된다.

정답 ③

95 다음 중 학습목표를 기술할 때, 포함시켜야 하는 요소가 아닌 것은?

① 기준   ② 조건
③ 행위 동사   ④ 교수자 수

 해설

④ 교수자 수는 포함시킬 필요가 없다.
메이거(Mager, 1984)는 구체적인 목표 진술을 위해 다음의 네 가지 요소를 포함해야 한다고 주장하였다.
– 대상(Audience) : 학습할 대상이 누구인지를 확인
– 행동(Behavior) : 학습자가 성취해야 할 목표를 관찰할 수 있는 행동 동사로 진술
– 조건(Condition) : 목표에 도달하는 데 필요한 자원, 시간, 제약을 포함
– 준거(Degree) : 목표에 도달했는지를 판단할 기준 혹은 준거(시간제한, 정확성의 범위, 정확한 반응의 비율, 질적표준)를 포함

정답 ④

96 다음 중 Kirkpatrick의 4단계 평가 모형에서 교육 참가자의 지식 및 기술적 향상이 이루어졌음을 측정하는 단계는 무엇인가?

① 반응평가 단계   ② 학습평가 단계
③ 행동평가 단계   ④ 결과평가 단계

해설

② 학습평가 단계에서 학습자들의 학습 정도에 대한 평가가 이뤄진다.

정답 ②

97 다음 중 타당도의 종류가 옳지 않은 것은?

① 예언 타당도   ② 내용 타당도
③ 구성 타당도   ④ 상관 타당도

해설

타당도는 내용 타당도, 구성 타당도, 준거 타당도가 있으며, 준거 타당도는 공인 타당도와 예측 타당도로 나뉘어진다.

정답 ④

98 다음 중 과정 운영 결과 보고서를 작성할 때 내용 중 옳은 것은?

① 부정적인 내용은 보고서에 넣지 않는 것이 좋다.

② 하나의 과정에 대해서만 작성해야 한다.

③ 고객사별 수료율을 분석해서 제공한다.

④ 학업성취도 평가를 넣을 필요는 없다.

 해설

① 부정적인 내용도 전문가 입장에서 제시하여야 경영진의 의사결정에 도움을 준다.
② 하나의 과정에 대해서 작성하지만, 또는 여러 과정을 종합하여 제공하기도 한다.
④ 학업성취도 평가를 포함하여 작성한다.

정답 ③

99 다음 중 학습내용에 대한 적합성을 평가하는 준거가 아닌 것은?

① 학습목표 ② 학습내용 선정

③ 학습난이도 ④ 진도율 비율

 해설

학습내용에 대한 적합성을 평가하는 준거에는 '학습목표, 학습내용 선정, 학습내용 구성 및 조직, 학습난이도, 학습분량, 보충 심화 학습자료, 내용의 저작권, 윤리적 규범'이 있다.

정답 ④

100 다음 중 이러닝 운영자가 갖추어야 할 지식이 아닌 것은?

① 영상 편집 기술 ② 운영 프로세스 방법

③ 통계 분석 지식 ④ LMS 사용 방법

해설

이러닝 운영자는 '운영 프로세스에 대한 지식, 통계처리에 대한 지식, 학습운영시스템(LMS) 사용 능력, 통계분석력, 보고서 작성 능력, 의사소통 능력' 등을 갖추어야 한다.

정답 ①

기출문제 모의고사

참고 문헌 및 자료

※ 이 책에 수록된 이론 내용은 NCS 국가직무능력표준 통합 포털 사이트에 게재된 학습자료를 참고하였습니다.

- 『2022 이러닝산업 실태조사 보고서』, 산업통상자원부, 소프트웨어정책연구소(2023)
- 『한국형 웹 콘텐츠 접근성 지침 2.2』, 방송통신표준심의회(2022)
- 『초등학생의 자기주도학습을 위한 LMS 활용방안』, 이주성, 전석주(2019)
- 『이러닝 신기술 동향』, 한국전자통신연구원, 노진아 외(2014)
- 『소프트웨어 프로젝트관리』, 생능출판사, 고석하(2014)
- 『요구분석을 통한 원격교육기관 학습관리시스템 비교분석 및 개선방안 도출』, 손경아, 우영희(2010)
- 『이러닝 기술 동향』, 한국전자통신연구원, 정보과학회지 제26권 제12호, 지형근 외(2008)
- 『이러닝과 학습양식』, 인터비젼, 안광식(2006)
- 『이러닝산업발전 및 활성화를 위한 기본계획(안)』, 한국전자거래진흥원(2005)
- 『이러닝 프로젝트 가이드』, 다산서고, 김덕중(2004)
- 『교육정보 국제표준화 동향』, 교육정보기술 세미나, 산업자원부 기술표준원, 곽덕훈(2004)

인터넷 사이트
- NCS 국가직무능력표준(https://www.ncs.go.kr/)
- NCS 학습모듈 이론
  학습모듈 → 대분류 04. 교육 · 자연 · 사회과학 → 중분류 03. 직업교육 → 소분류 02. 이러닝
- 맑은소프트, Learning Management System(https://www.malgnsoft.com)